图解育儿知识一本通

朱定华◎编著

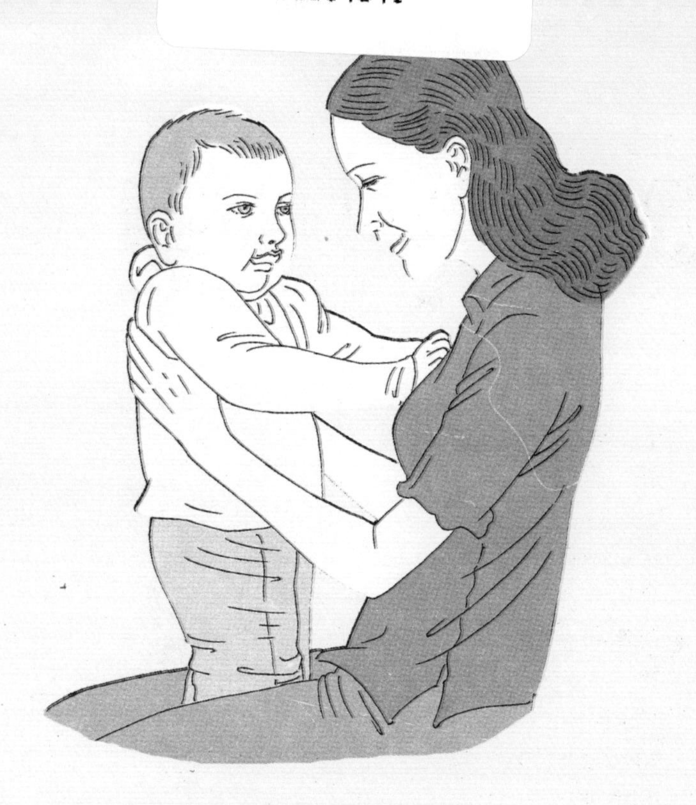

中医古籍出版社

图书在版编目（CIP）数据

图解育儿知识一本通 / 朱定华编著. -- 北京 ：中医古籍出版社，2016.6
ISBN 978-7-5152-1177-0

Ⅰ. ①图… Ⅱ. ①朱… Ⅲ. ①婴幼儿－哺育－图解 Ⅳ. ①TS976.31-64

中国版本图书馆CIP数据核字（2016）第068590号

朱定华◎编著

责任编辑 于 峥
封面设计 张 楠
出版发行 中医古籍出版社
社 址 北京东直门内南小街 16 号（100700）
印 刷 北京富达印务有限公司
开 本 787mm × 1092mm 1/16
印 张 22
字 数 320千字
版 次 2016年 6月第 1 版第 1 次印刷
书 号 ISBN 978-7-5152-1177-0
定 价 49.80元

抚育世界上最与众不同的宝宝

十月怀胎，一朝分娩，在爸爸妈妈殷切的期盼下，宝宝终于出生了。宝宝是爸爸妈妈爱的结晶，在爸爸妈妈眼里，自己的宝宝是世界上最可爱、最与众不同的宝宝。从此以后，爸爸妈妈会全身心地投入到将宝宝扶养长大的伟大工程中去！

“一岁看大，三岁看老”的说法不无道理，这是因为宝宝出生以后的最初几年是身体和智力发育的关键时期。借着初为人母、初为人父的这份热情，所有的爸爸妈妈都决定让自己的宝宝成为最健康、最聪明的宝宝。很多的爸爸妈妈也不禁要问：宝宝的体重和身高值是多少时才是正常的？如何对宝宝进行早期教育？应该怎么样喂养宝宝？宝宝有了小红臀该怎么护理？怎样给宝宝接种疫苗？……

凡事都有其章法可循，宝宝的生长发育也是有规律的，如果爸爸妈妈对抚育宝宝的常识了熟于心，那么在育儿的过程中将会取到事半功倍的效果。

鉴于许多新手爸爸妈妈对育儿知识的迫切需求，我们出版了此书。总的来讲，此书主要有以下4个方面的特点：

1.分类清晰，内容翔实

本书从宝宝的生长发育、宝宝的饮食营养、爸爸妈妈该怎样对宝宝进行科学护理和医疗保健这四个大方面展开，基本包含了家庭育儿的所有相关知识。一书在手，育儿知识即刻拥有。

2.实用性很强

如第一章是关于宝宝的生长发育，我们在这一章介绍了新生儿、婴幼儿以及学龄前儿童的身体发育特点，如刚出生的宝宝体重是多少才是正常的，学龄前儿童骨骼和肌肉的发育特点等，通过参照第一章您可以了解宝宝的身体发育是否在正常水平上。

3.切实结合当今父母的需求，与时俱进

现在的爸爸妈妈都非常关心宝宝的早期教育问题，本书中我们非常详细地介绍了当今为许多爸爸妈妈所关心的早期智能开发的知识——八大智能，相信您读过以后肯定对如何对自己的宝宝进行早期智力开发有了新的看法。

4.注重细节

如在第三章的科学护理中，我们具体介绍了应该如何给宝宝冲奶粉、如何给宝宝垫尿布等；在第四章医疗保健中，我们介绍了宝宝在哪个月龄应该进行什么样的预防接种、当宝宝不小心被狗咬了以后该怎么办等。我们所介绍的相关内容都是您在日常生活中护理宝宝时肯定会遇到的一些细节。

在我国，每个家庭一般都只有一个宝宝，宝宝在家庭中的重要性及意义也不言而喻，每一位爸爸妈妈都对自己的宝宝充满浓浓的爱怜，抚育宝宝也是一个巨大的、系统的工程，真诚地希望本书能够帮助到您！

目录

育儿小常识

1. 简单的姿势反射检查

2. 抚触宝宝的重要性

第一章 关心宝宝的生长发育

2. 婴幼儿身体发育

3. 学龄前儿童的身体发育特点

4. 婴幼儿早期培育：开发八大智能

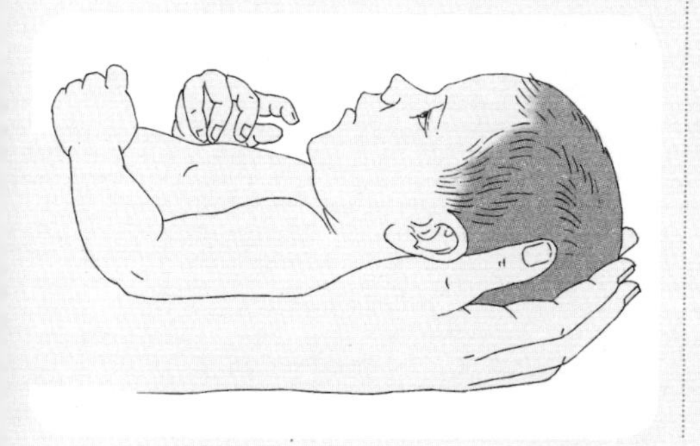

第二章 饮食营养

1. 新生儿时期

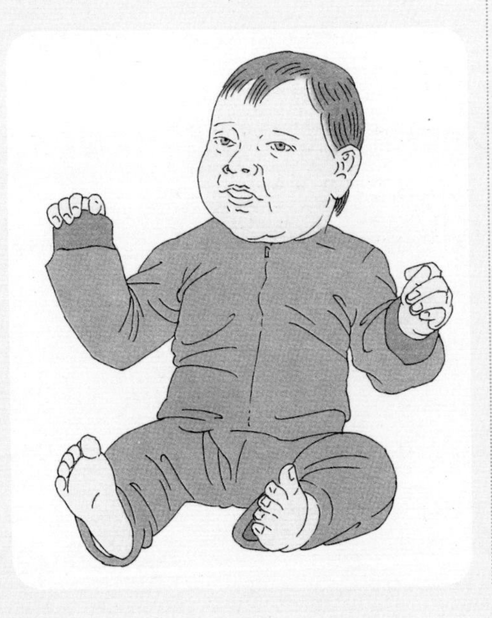

2. 1~3个月的宝宝

3. 4~6个月的宝宝

第三章 科学护理

1. 新生儿的护理

2. 1~3个月宝宝的护理

3. 4~6个月宝宝的护理

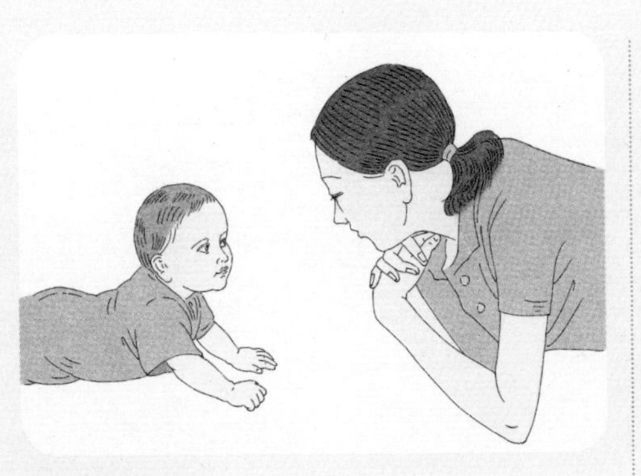

第四章 医疗保健

2. 宝宝常见疾病

5. 宝宝的用药

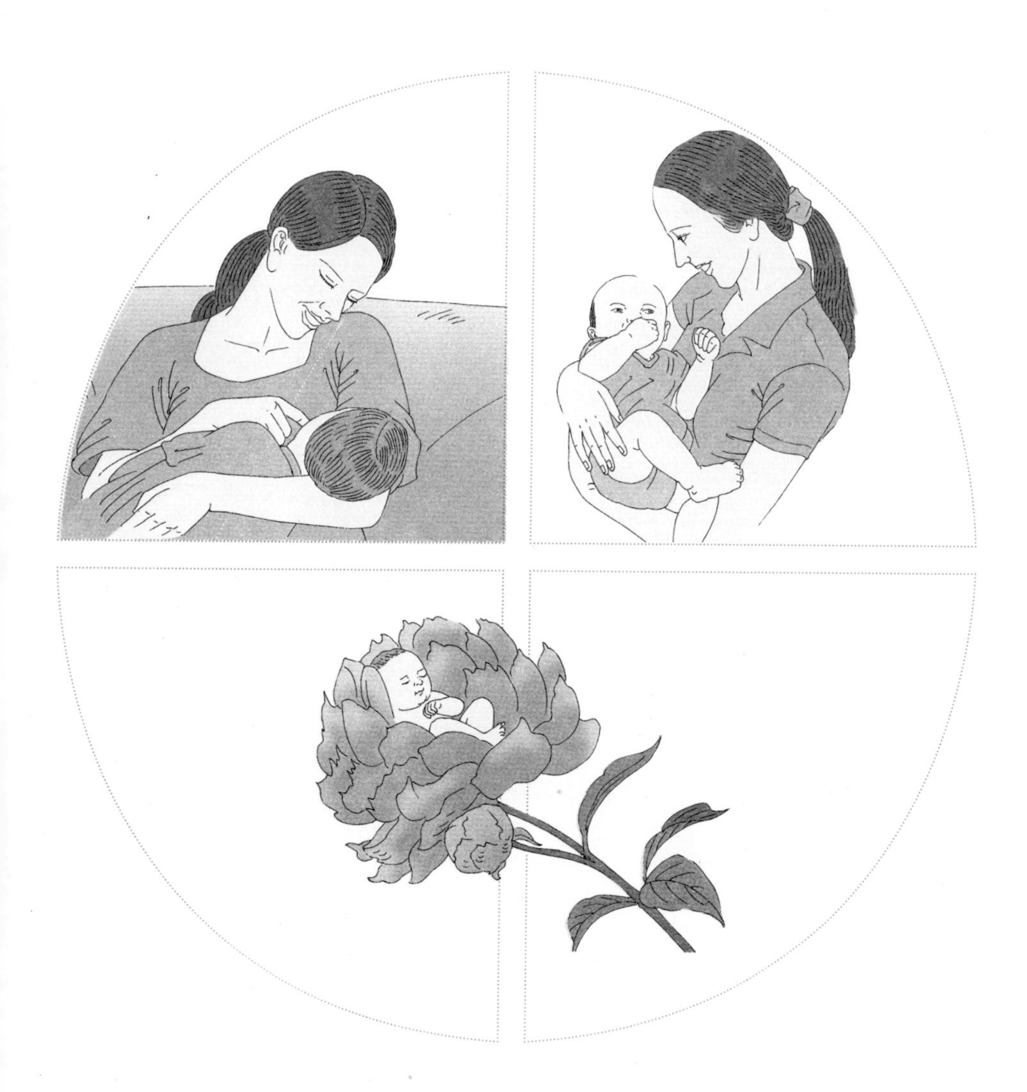

仰卧位、头正中。将拇指伸入婴儿手掌，其余4指握住腕部（注意不要触碰手背），将宝宝从床上拉起，使躯干与床面成45度角。

通过拉起反射检查的正常反应

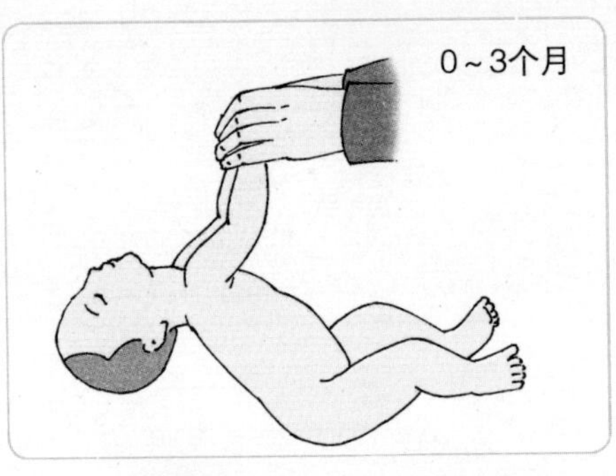

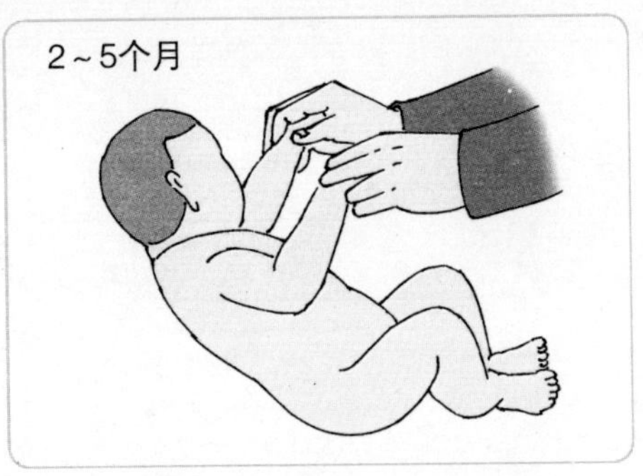

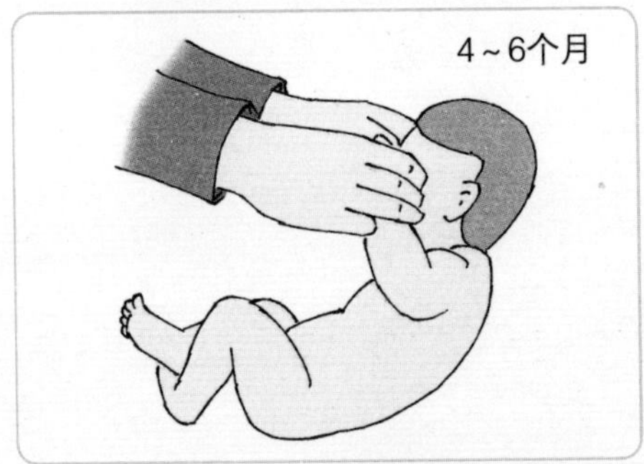

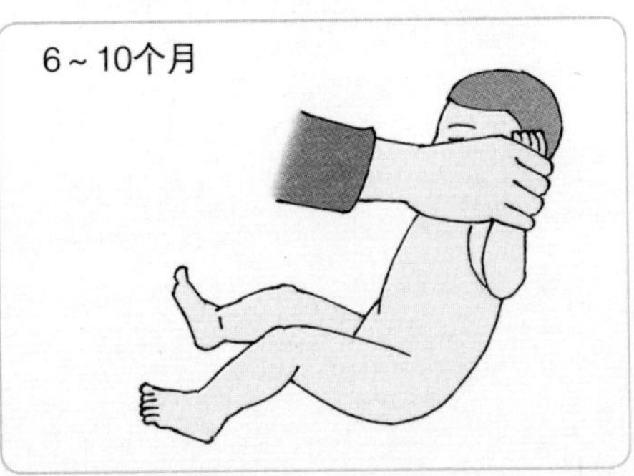

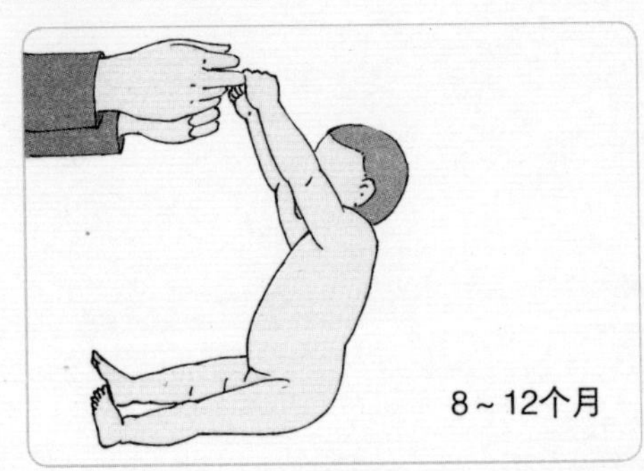

简单的姿势反射检查

拉起反射

有以下反应或较正常反应有3个月以上的延迟。

通过拉起反射检查的异常反应

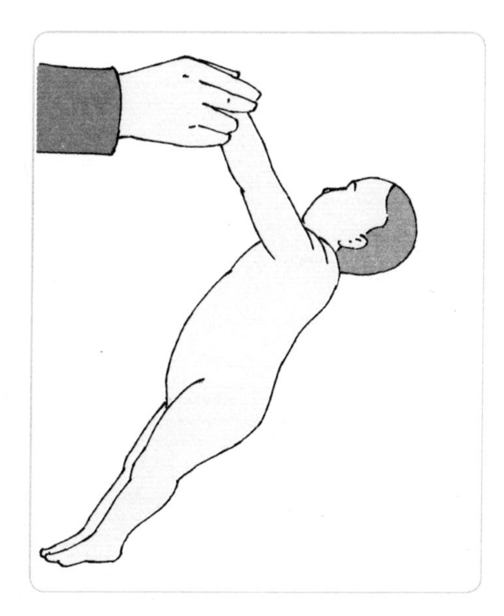

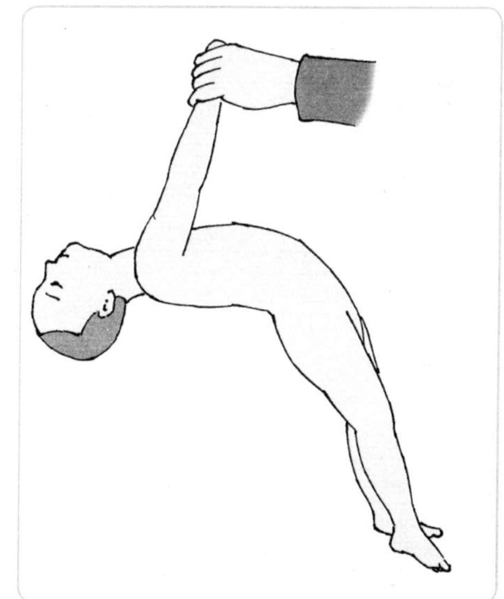

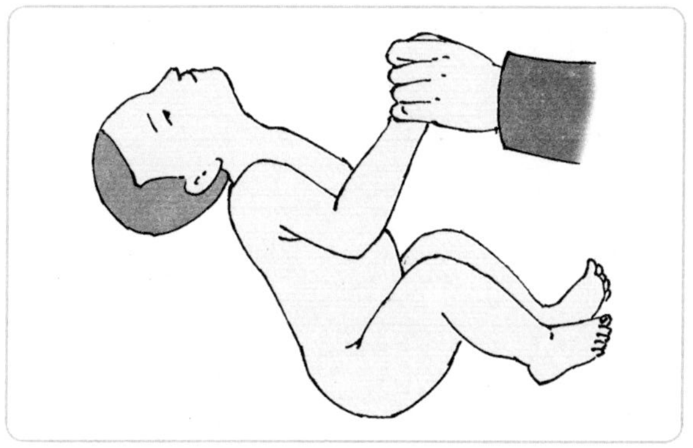

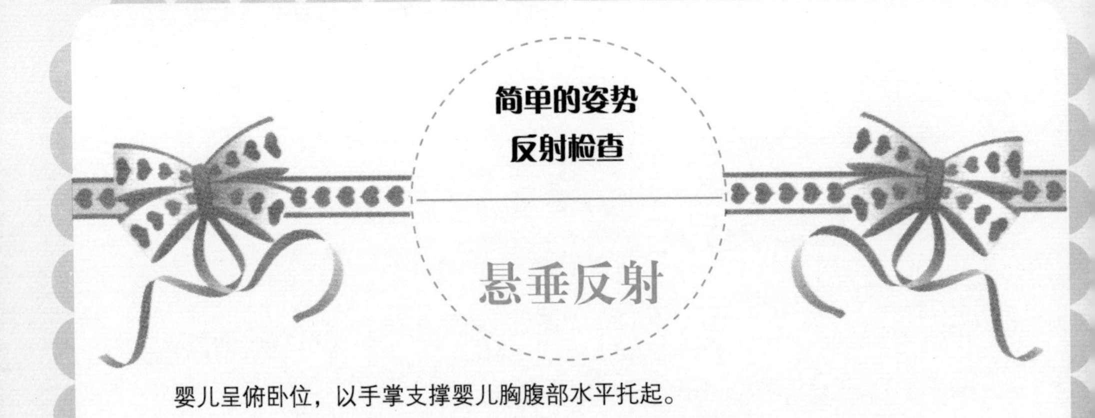

婴儿呈俯卧位，以手掌支撑婴儿胸腹部水平托起。

俯卧位悬垂反射检查的正常反应

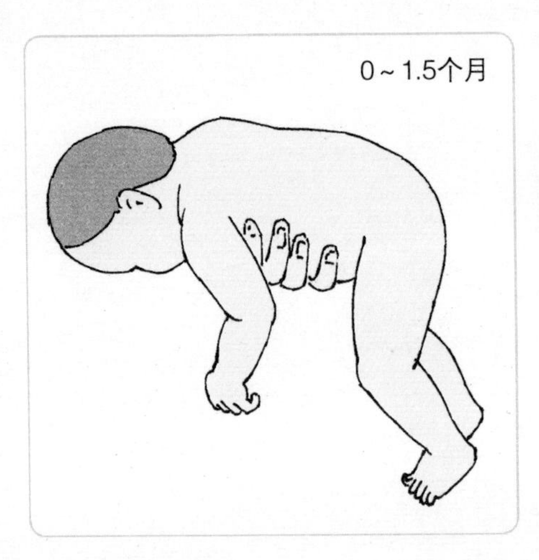

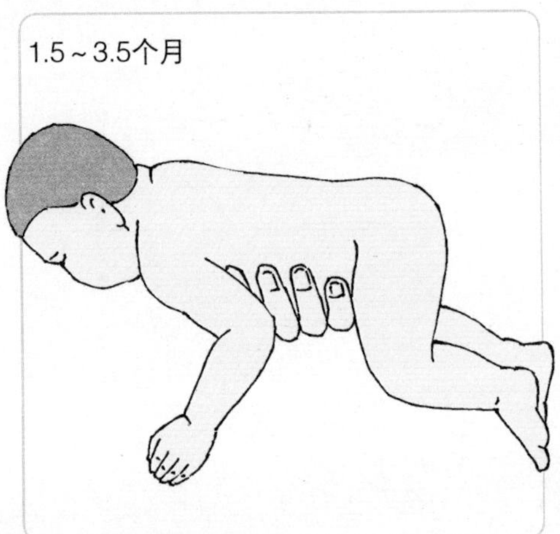

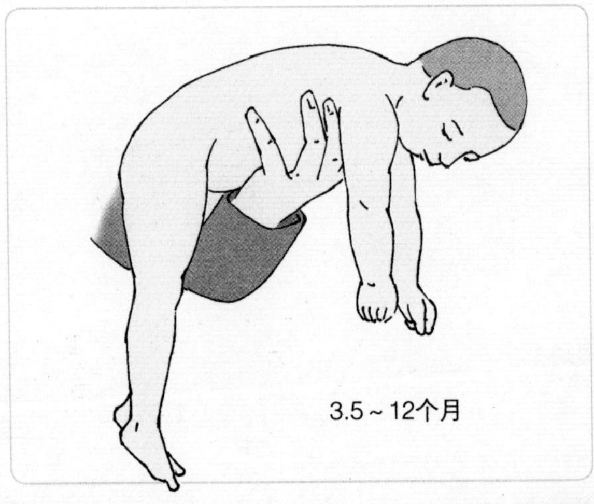

简单的姿势反射检查

悬垂反射

婴儿作出以下反应或较正常反应有3个月以上的延迟。

俯卧位悬垂反射检查的异常反应

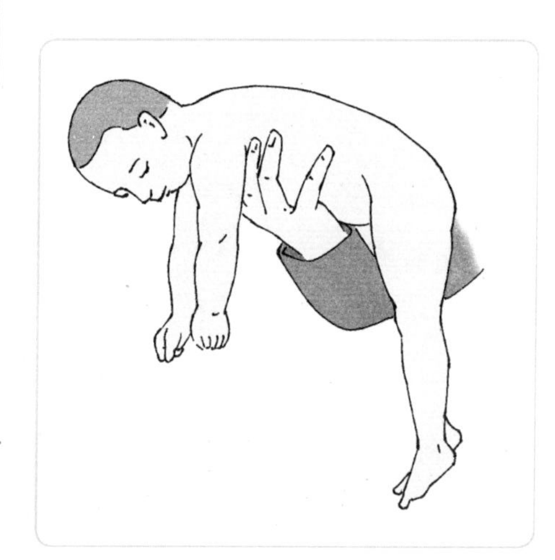

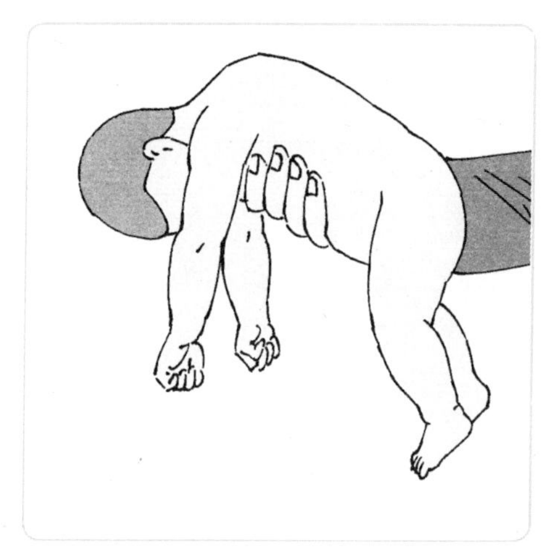

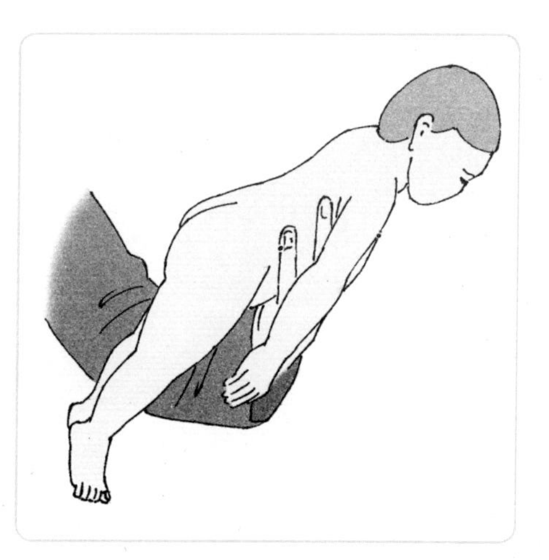

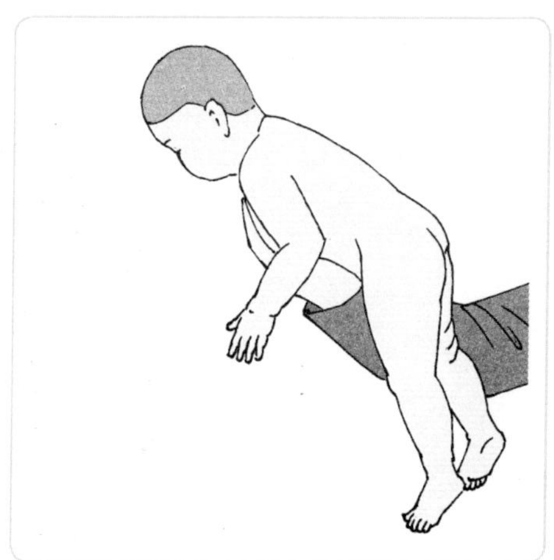

简单的姿势反射检查

立位悬垂反射

婴儿呈俯卧位或垂直位。在宝宝背后，用双手支撑宝宝腋下将其垂直提起。（注意不要触碰宝宝背部）

立位悬垂反射检查的正常反应

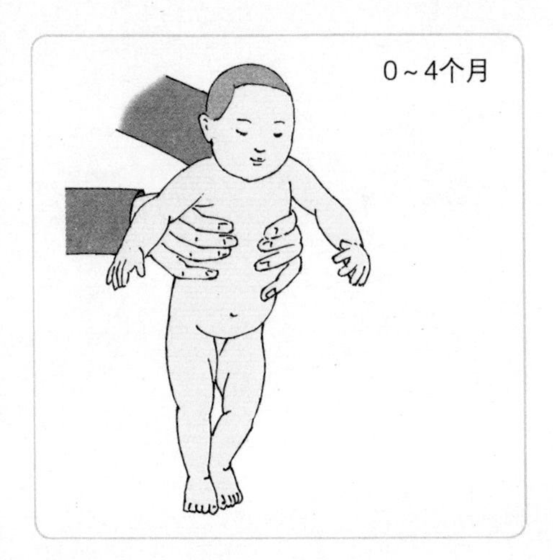
0～4个月

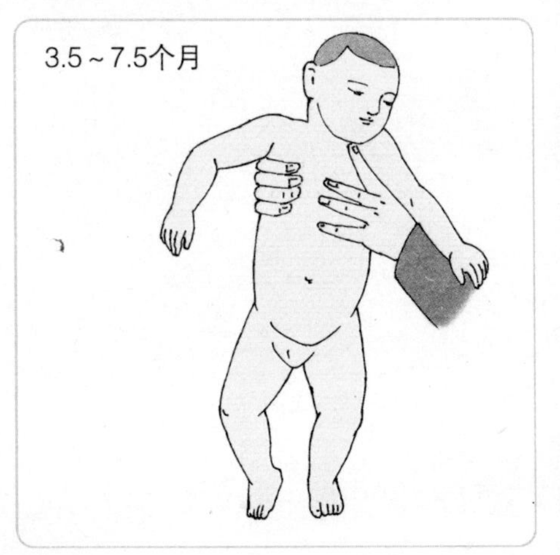
3.5～7.5个月

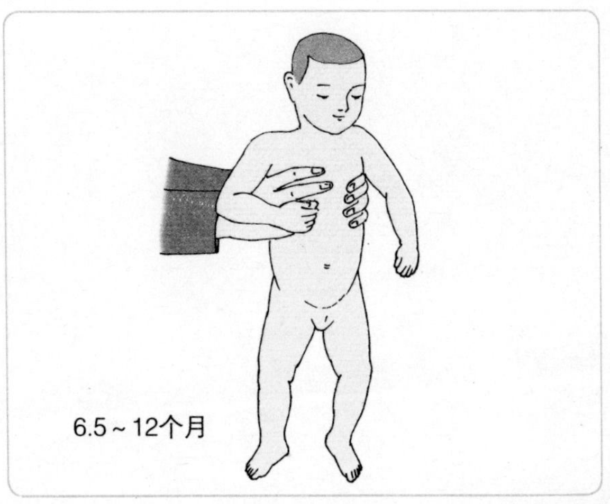
6.5～12个月

简单的姿势
反射检查

立位悬垂反射

婴儿有以下反应或较正常反应有3个月以上的延迟。

立位悬垂反射检查的异常反应

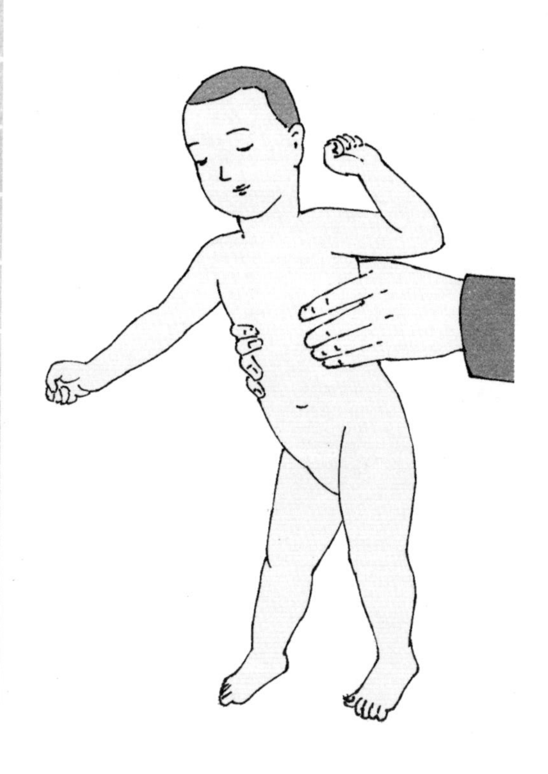

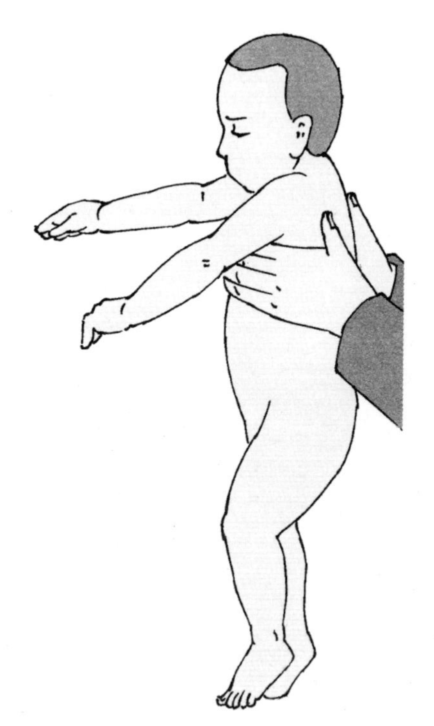

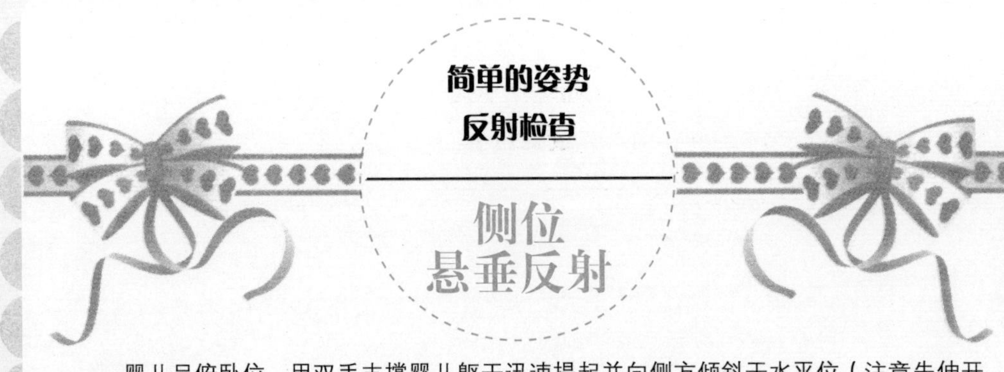

婴儿呈俯卧位，用双手支撑婴儿躯干迅速提起并向侧方倾斜于水平位（注意先伸开上侧的手指）。

侧位悬垂反射检查的正常反应

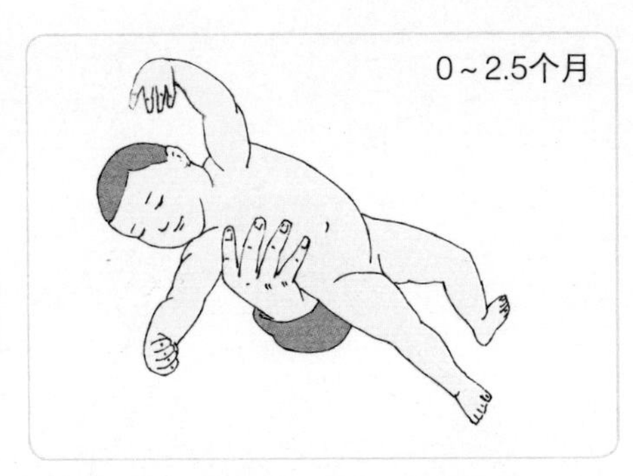

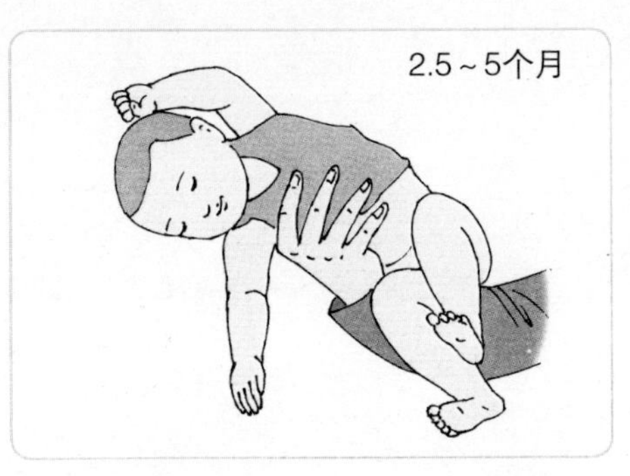

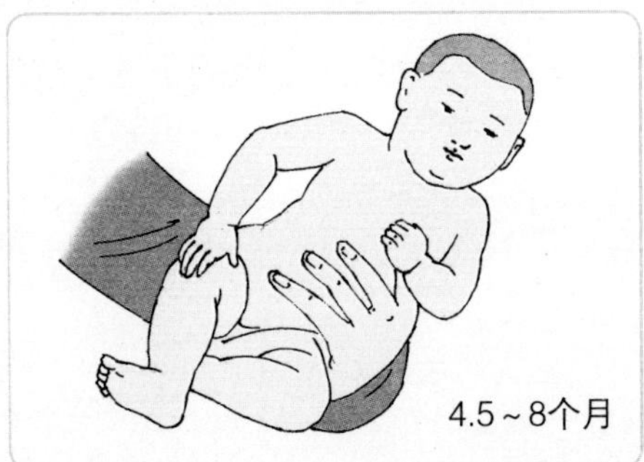

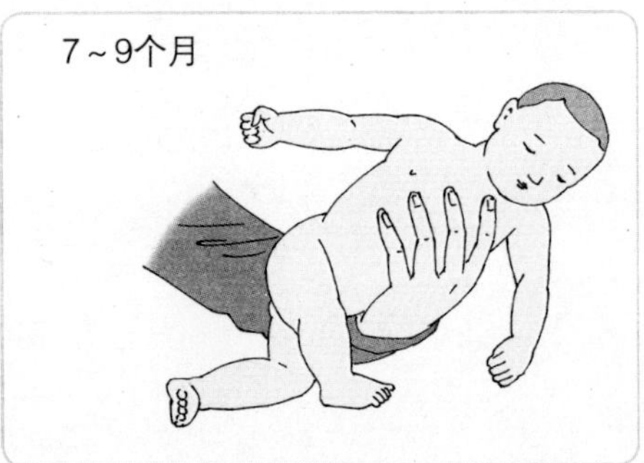

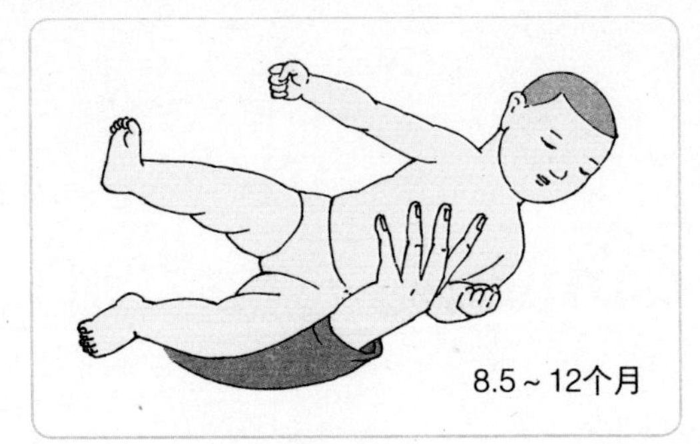

简单的姿势反射检查

侧位悬垂反射

婴儿有以下反应或较正常反应有3个月以上的延迟。

侧位悬垂反射检查的异常反应

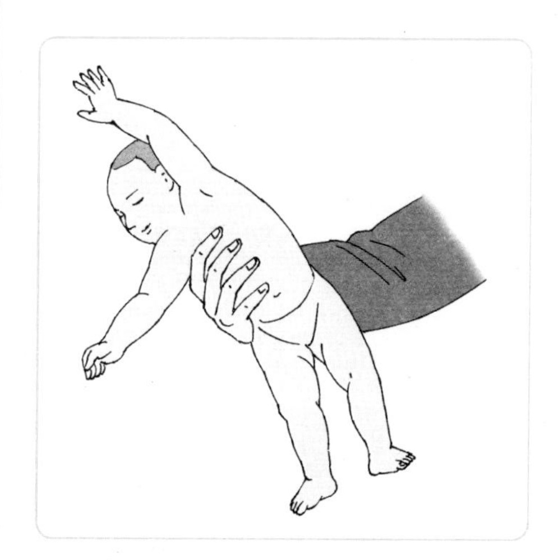

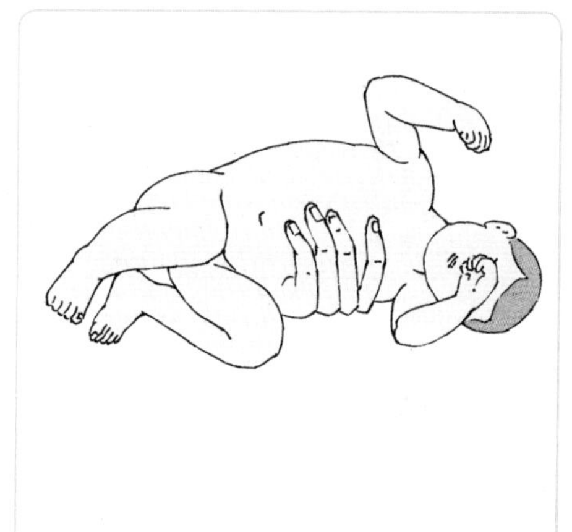

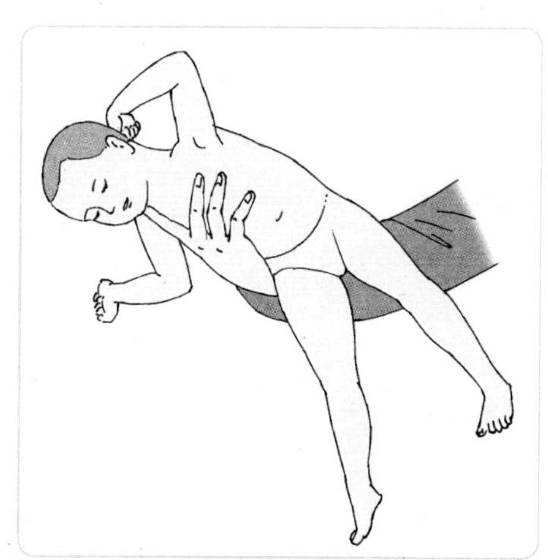

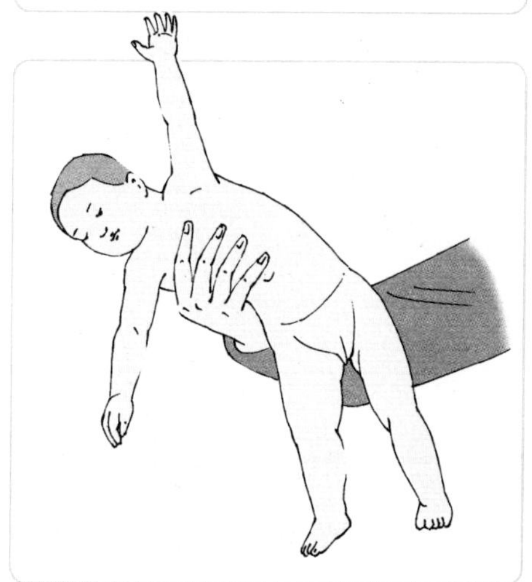

婴儿呈仰卧位或侧卧位。握住一侧的上下肢将宝宝从床上水平提起（注意先张开手指）。

Collis 水平反射检查的正常反应

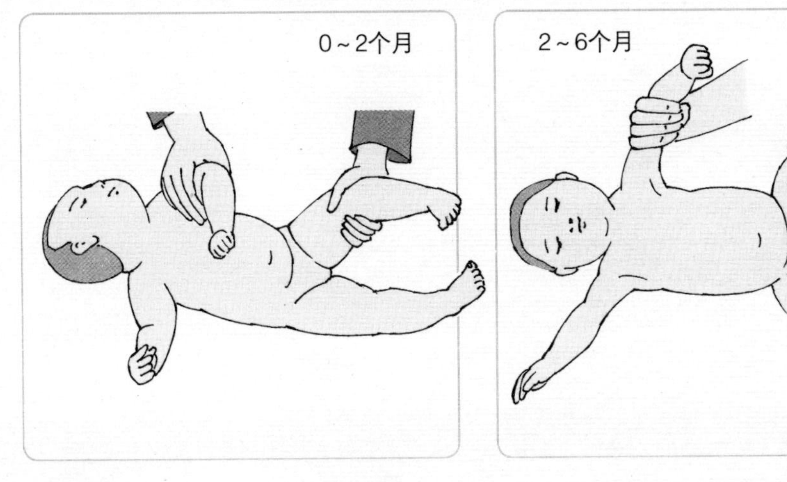

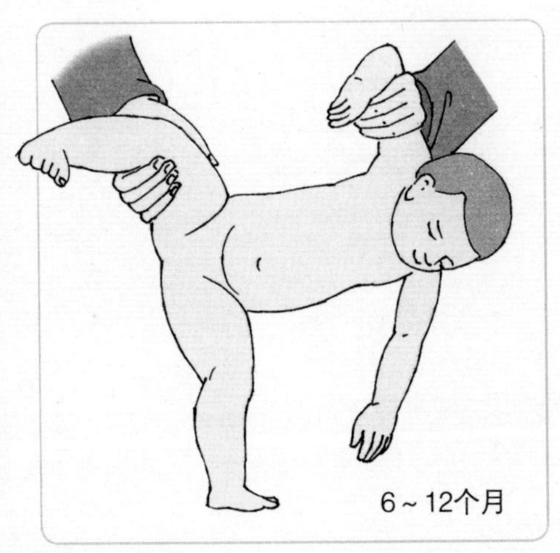

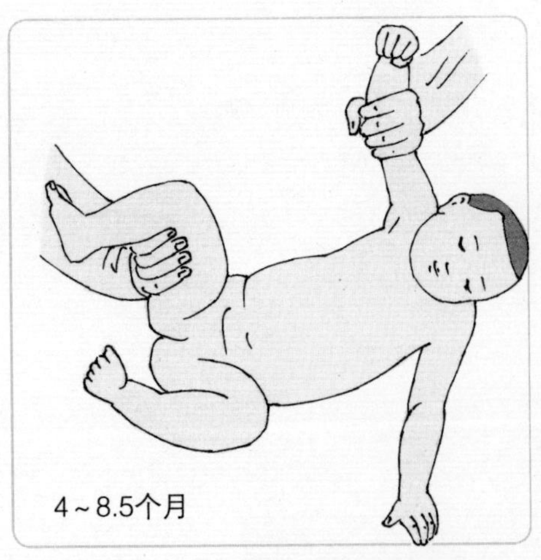

婴儿有以下反应或较正常反应有3个月以上的延迟。

Collis 水平反射检查的异常反应

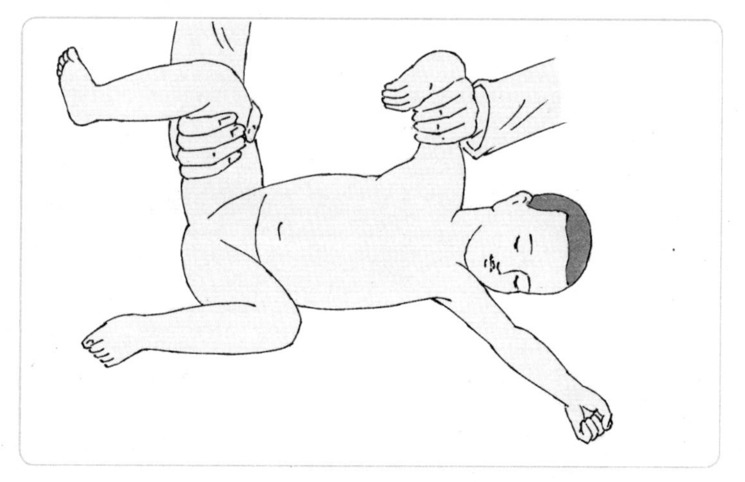

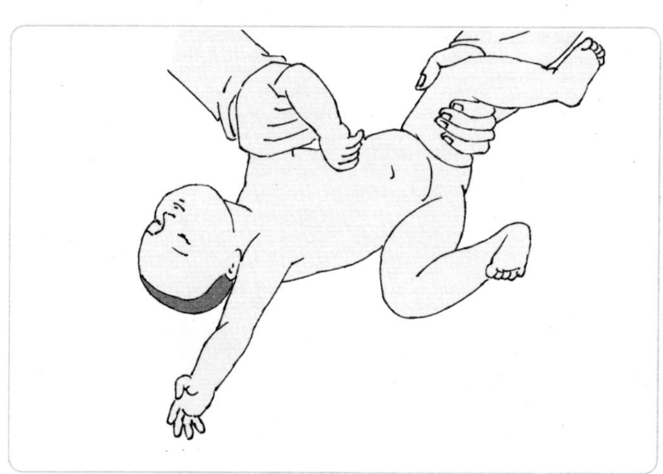

3个月以前的婴儿呈仰卧位，3个月以后呈俯卧位。用双手握住宝宝大腿，急速倒立提起（注意先张开手指）。

倒位悬垂反射检查的正常反应

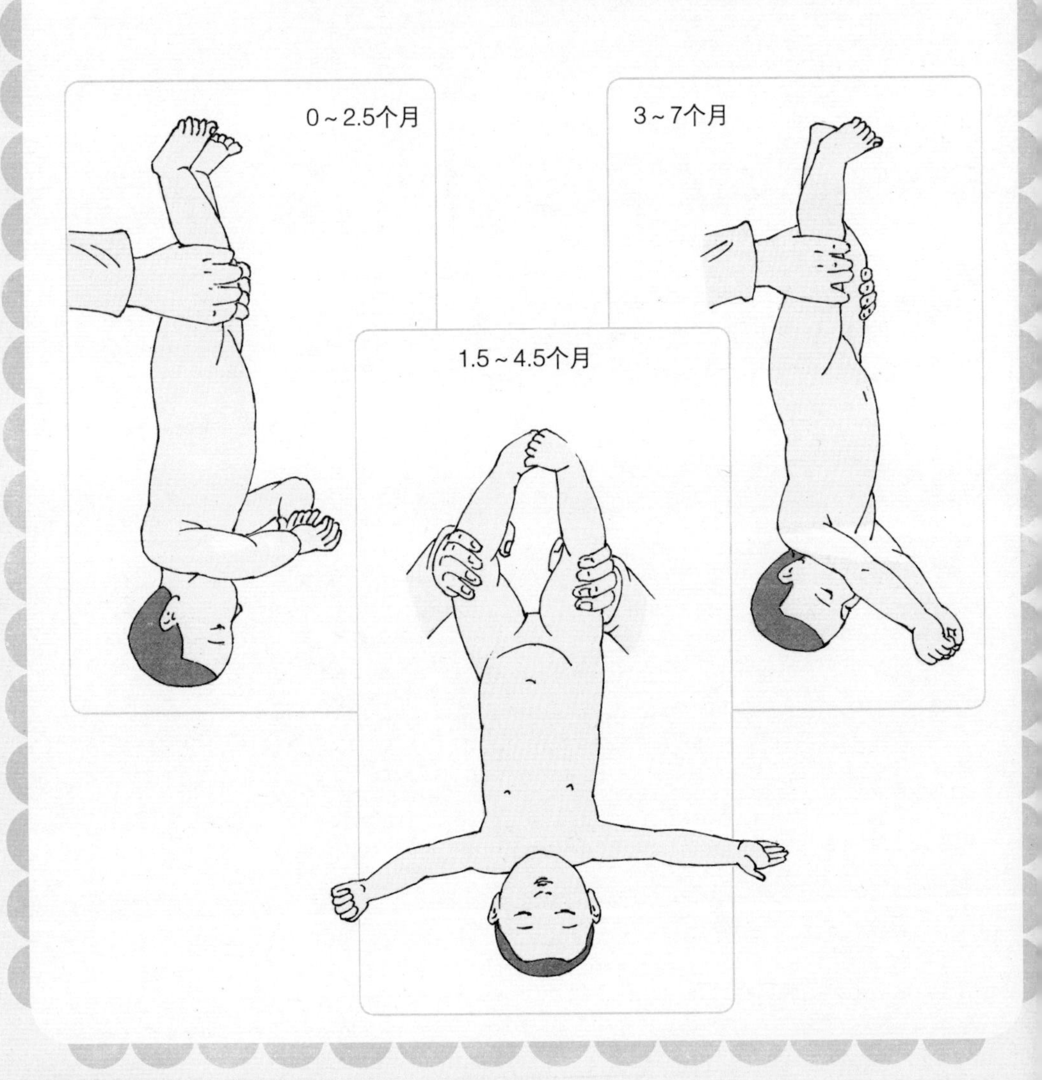

倒位悬垂反射检查的正常反应

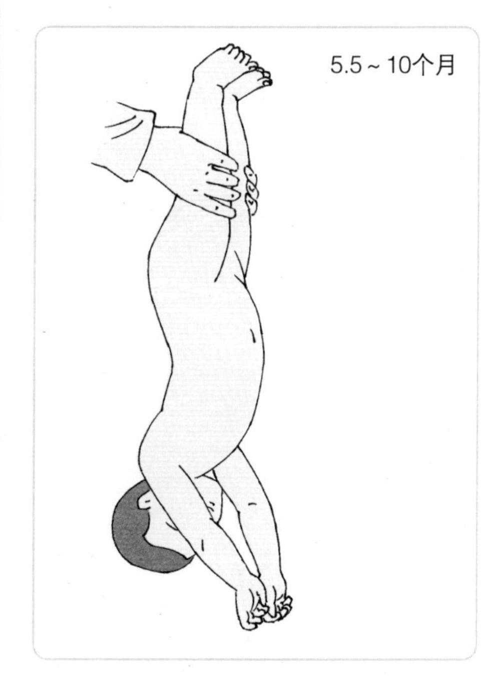

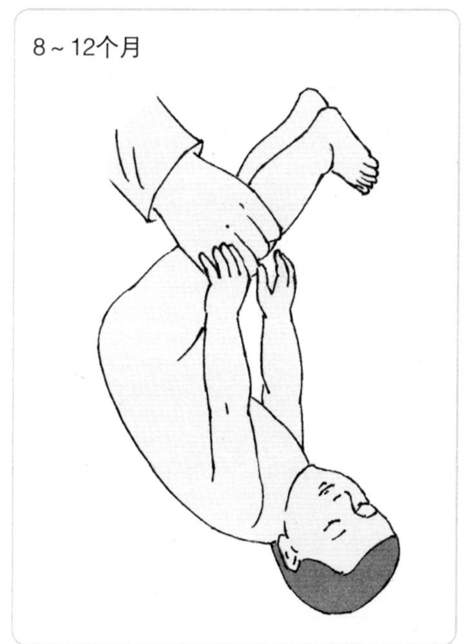

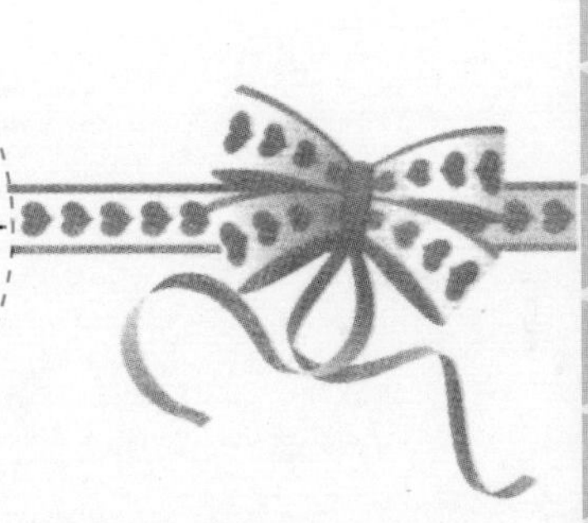

简单的姿势

反射检查

倒位悬垂反射

婴儿有以下反应或较正常反应有3个月以上的延迟。

倒位悬垂反射检查的异常反应

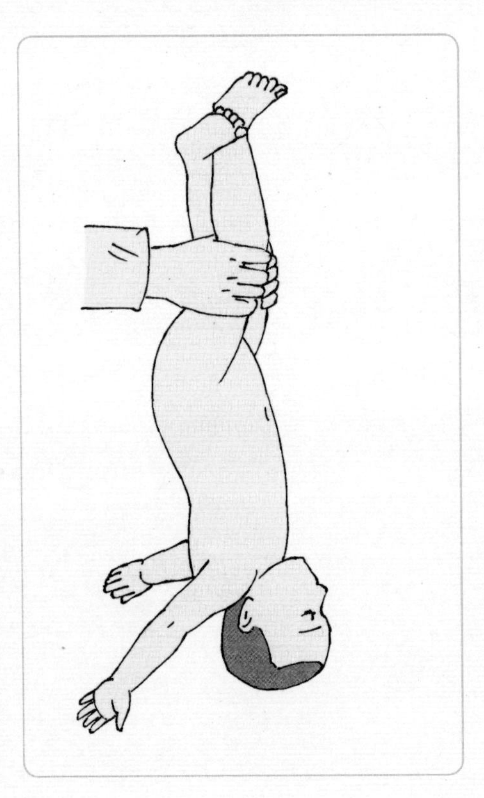
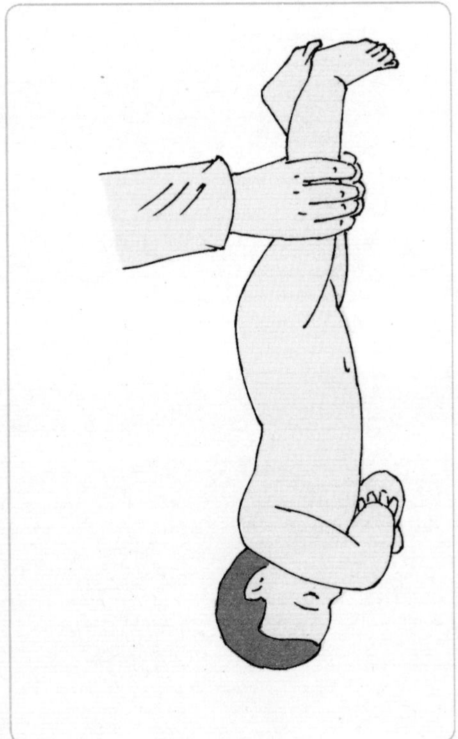

婴儿呈仰卧位。使宝宝头部向着检查者，握住一侧大腿迅速提起。

Collis 垂直反射检查的正常反应

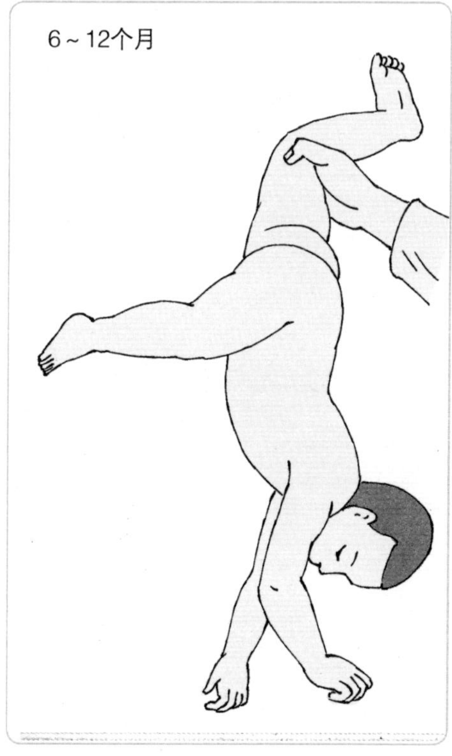

简单的姿势反射检查

Collis垂直反射

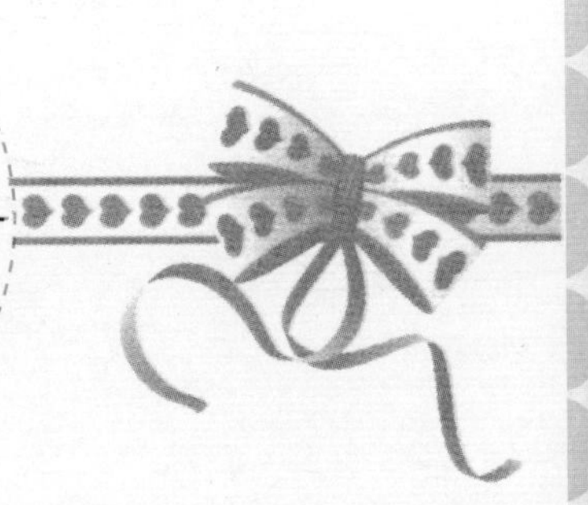

婴儿有以下反应或较正常反应有3个月以上的延迟。

Collis 垂直反射检查的异常反应

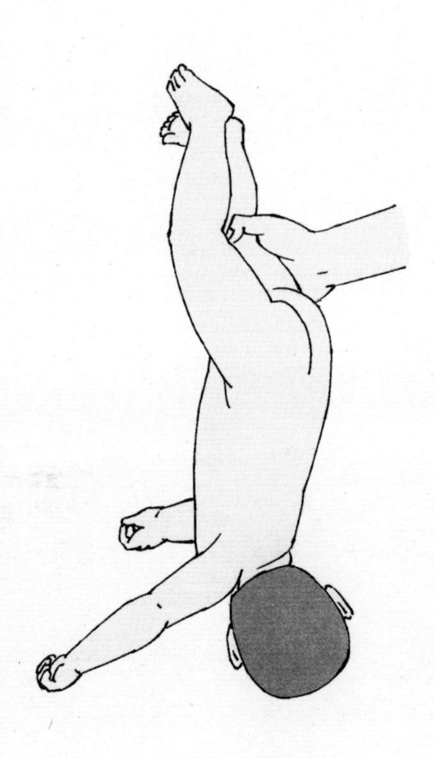

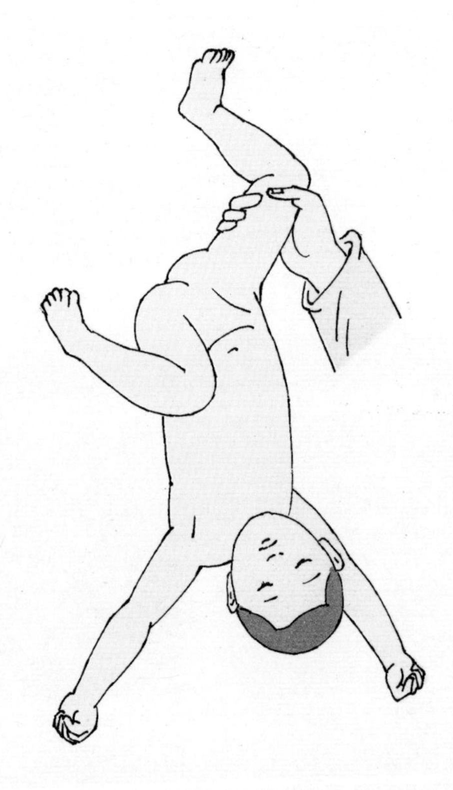

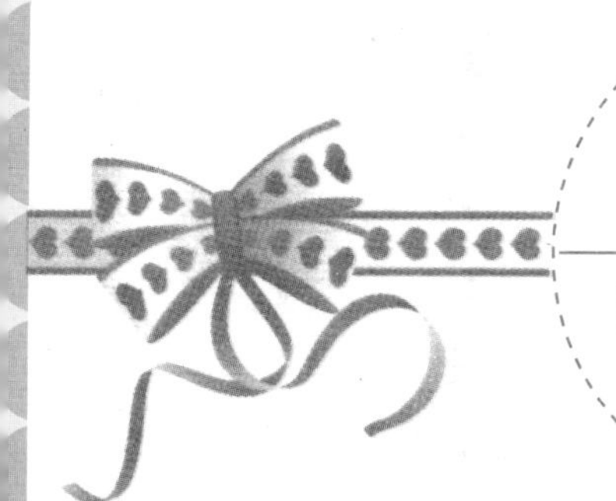

抚触宝宝的重要性

让婴儿感到您的爱

婴儿身体的两侧抚触

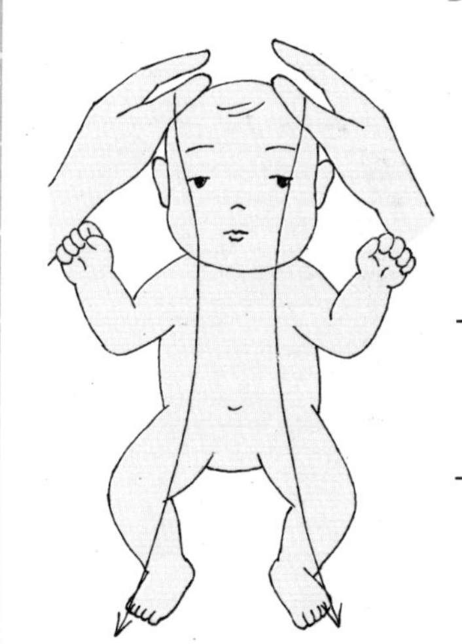

按摩婴儿脸的两侧，然后向下移动至胳膊和手指。之后，将双手从腋下滑至婴儿的体侧，直到婴儿的脚和脚趾。

手掌轻轻地按摩婴儿的身体，每次抚摸都数到3。确保一直按摩到婴儿的手指尖。

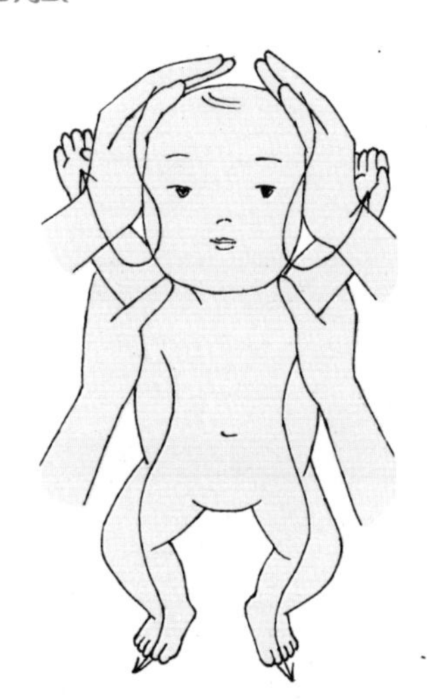

婴儿身体的胸部抚触

把手轻轻地放在婴儿的两侧。用拇指轻轻地从婴儿的胸部中央朝外按摩。

双手轻轻地放在婴儿胸部的中央，并轻轻地画心型按摩。

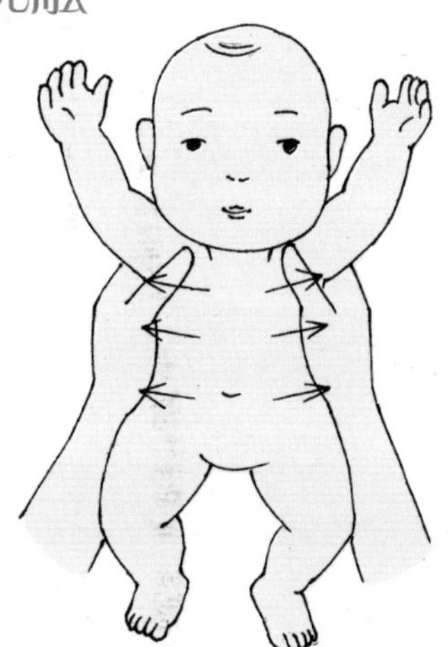

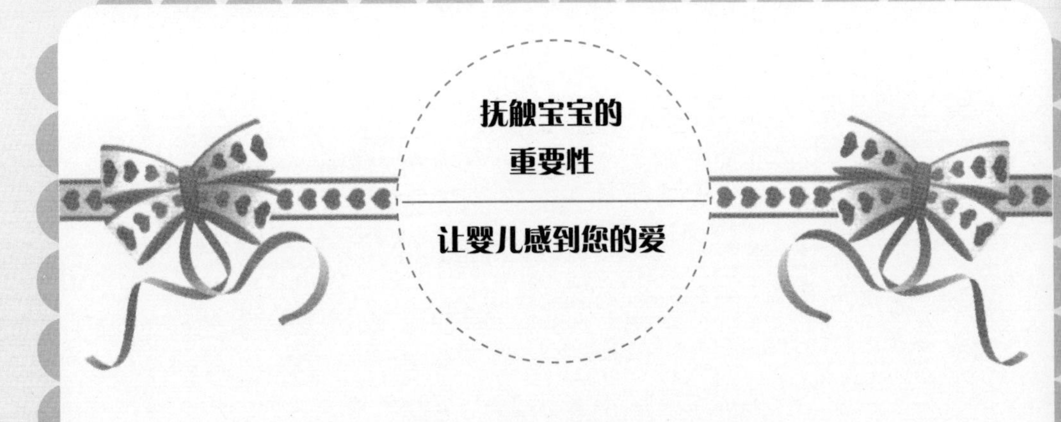

婴儿身体的后背抚触

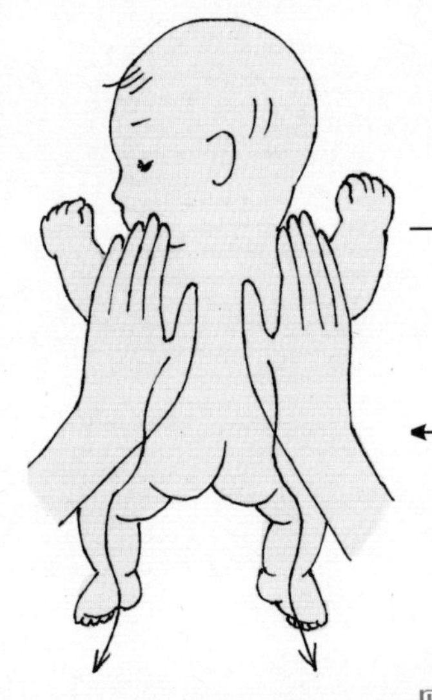

双手轻轻地从婴儿的肩部向下按摩到胳膊和手指。

双手轻轻地按摩婴儿的肩部、后背、下部和腿，直到脚趾。

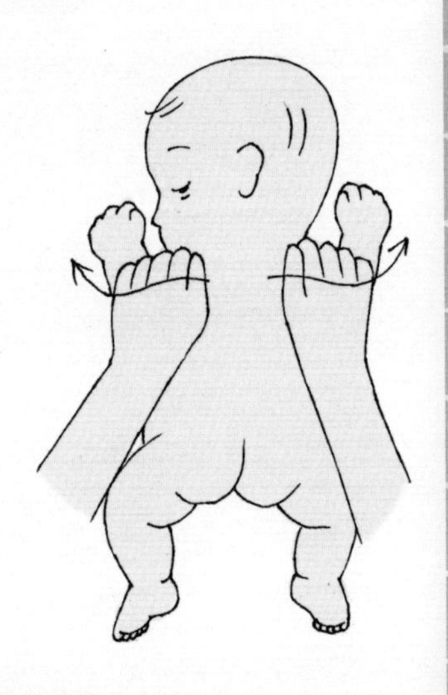

婴儿身体的后背抚触

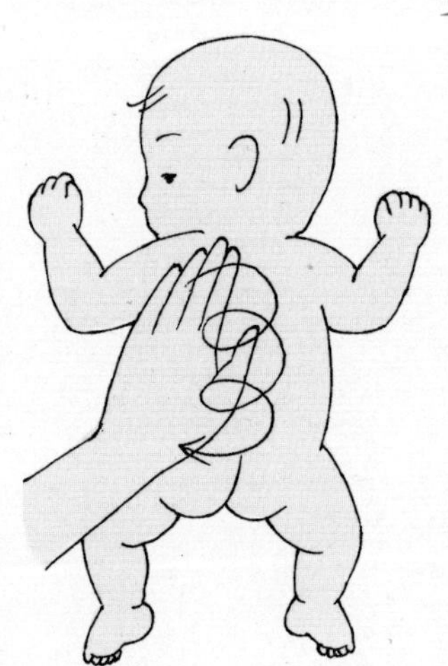

双手轻轻地从婴儿的肩部向下按摩到胳膊和手指。

双手轻轻地按摩婴儿的肩部、后背、下部和腿，直到脚趾。

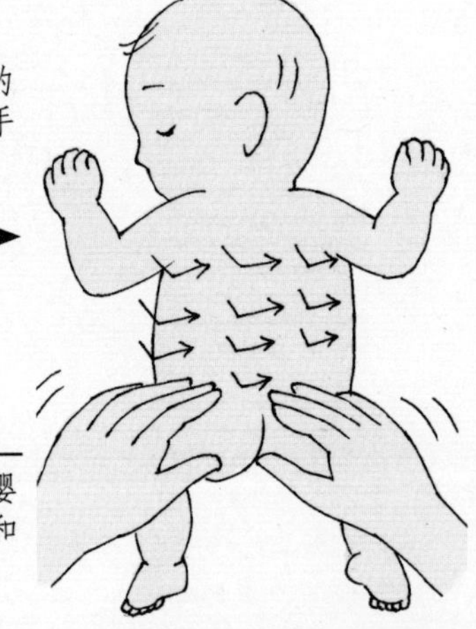

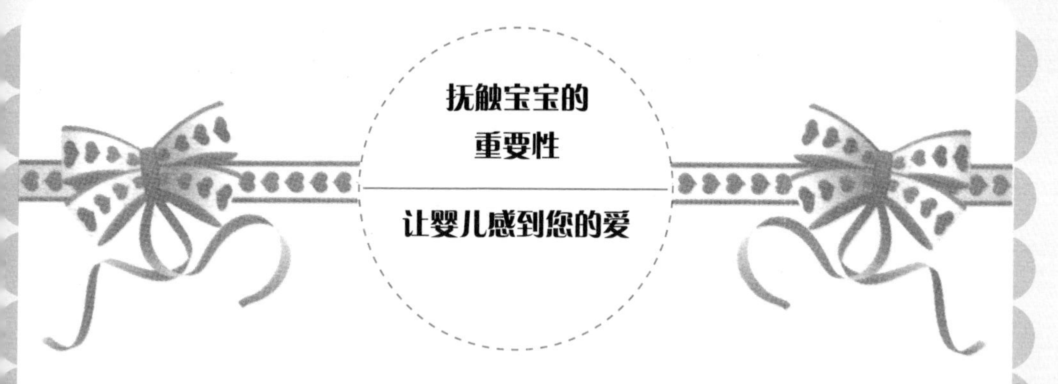

婴儿身体的腹部抚触

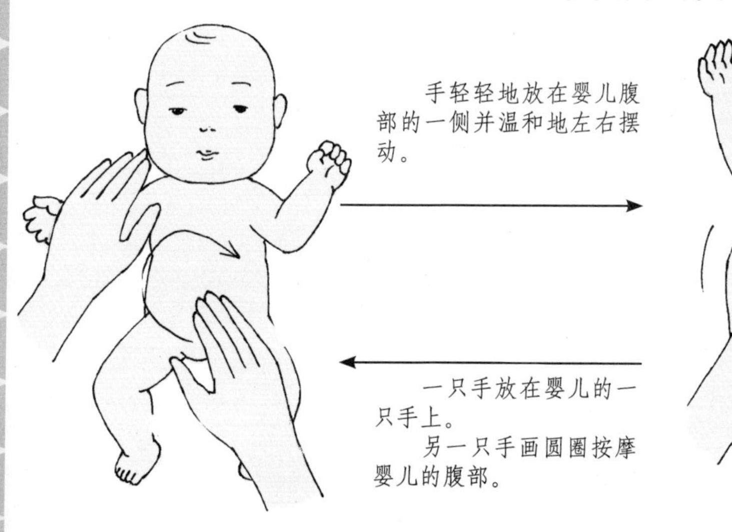

手轻轻地放在婴儿腹部的一侧并温和地左右摆动。

一只手放在婴儿的一只手上。
另一只手画圆圈按摩婴儿的腹部。

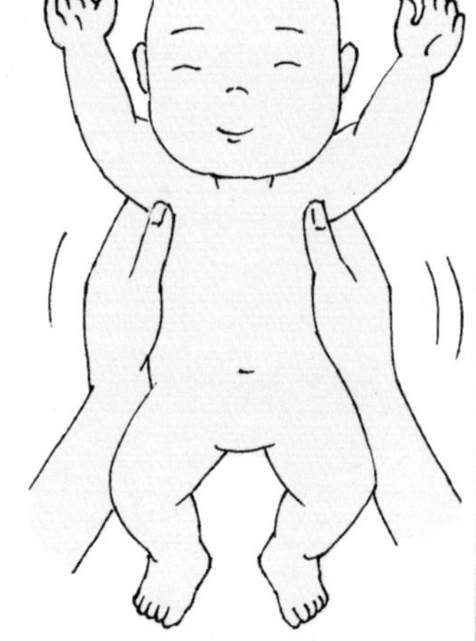

婴儿身体的手部抚触

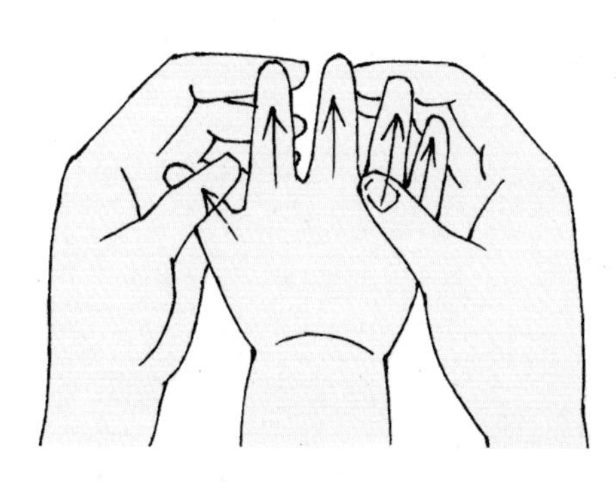

把婴儿的手放在您的手中并用您的拇指轻轻地摩擦婴儿的手，从手掌开始逐渐摩擦到婴儿的手指。然后再轻微地按摩。

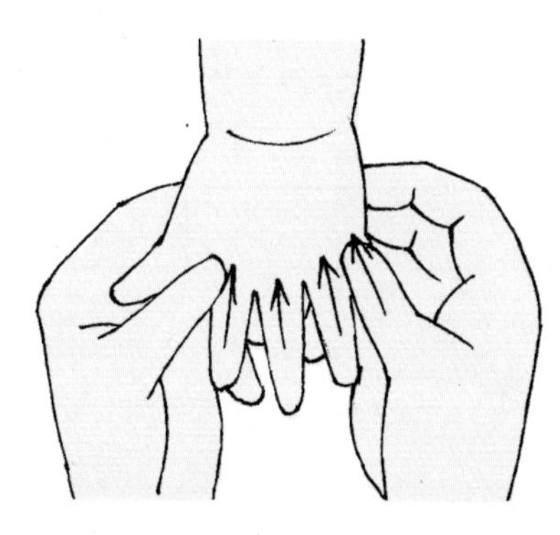

用您的拇指轻轻地从婴儿手指尖摩擦到手掌的根部。

抚触宝宝的重要性

让婴儿感到您的爱

婴儿身体的腿脚抚触

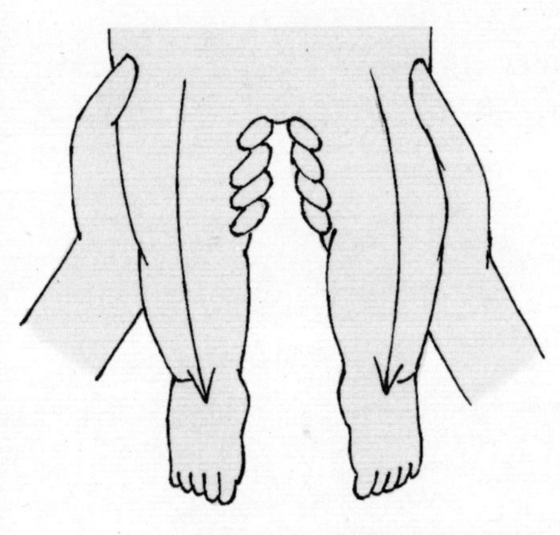

一只手放在婴儿的腿上并用手掌轻轻地从婴儿的腹股沟向踝部按摩。

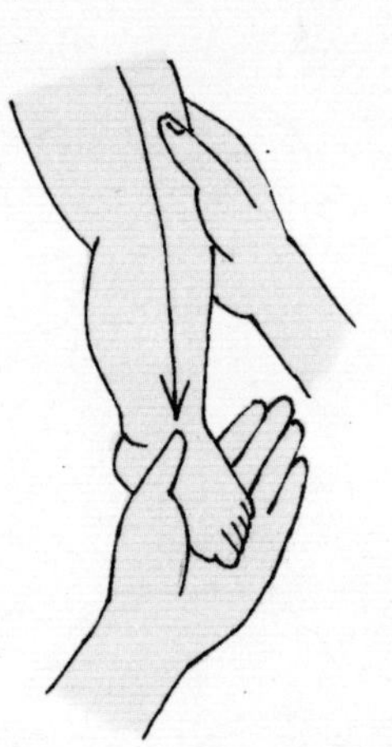

双手轻轻地握住婴儿的大腿，然后用手掌按摩到婴儿的踝部。

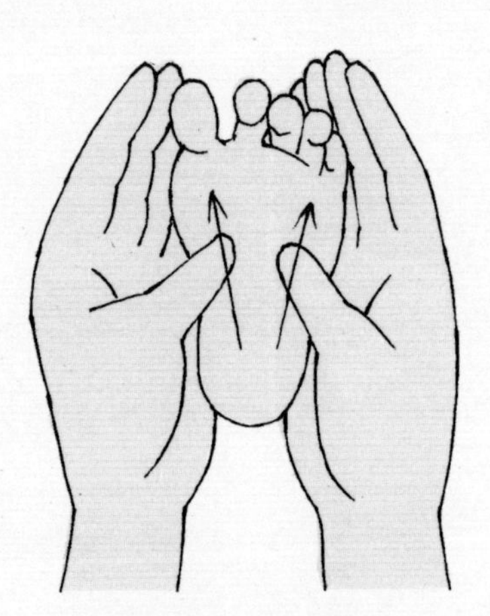

用拇指按婴儿的脚底，轻轻地从脚后跟逐渐按摩到大脚趾。

第一章

关心宝宝的生长发育

十月怀胎，一朝分娩。在爸爸妈妈殷切的期盼下，伴随着一声响亮的啼哭，宝宝终于来到了这个世界。他是这个世界上最可爱、最与众不同的宝宝！感谢上帝赐予的这份无比珍贵的礼物，生活从此不一样！怀着无比感恩和喜悦的心情，让我们一起来学习认识一下宝宝的生长发育。

创造生命的奇迹——精子与卵子相遇

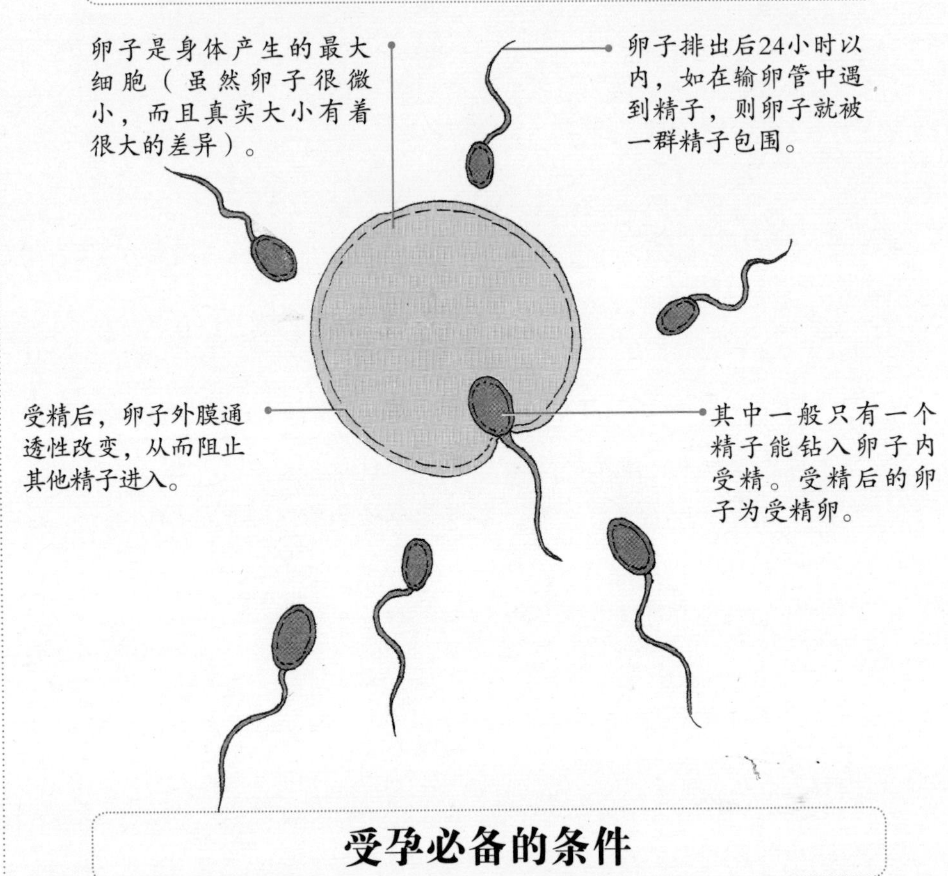

受孕必备的条件

受孕是一个复杂的生理过程，必须具备以下条件：

1. 卵巢排出正常的卵子。
2. 精液正常并含有正常数量的精子。
3. 卵子和精子能够在输卵管内相遇并结合成为受精卵。
4. 受精卵顺利地被输送进入子宫腔。
5. 子宫内膜已充分准备适合于受精卵着床。

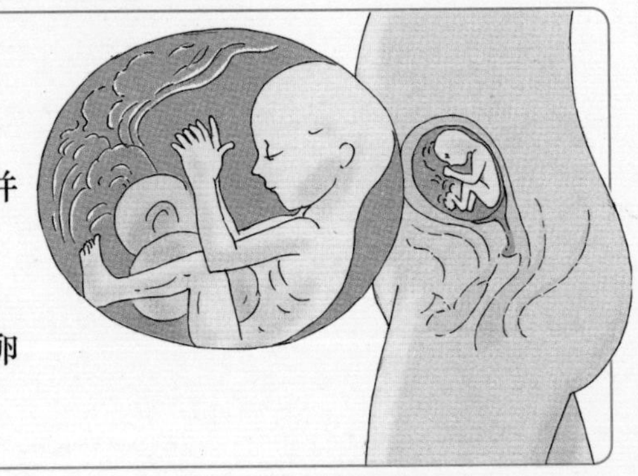

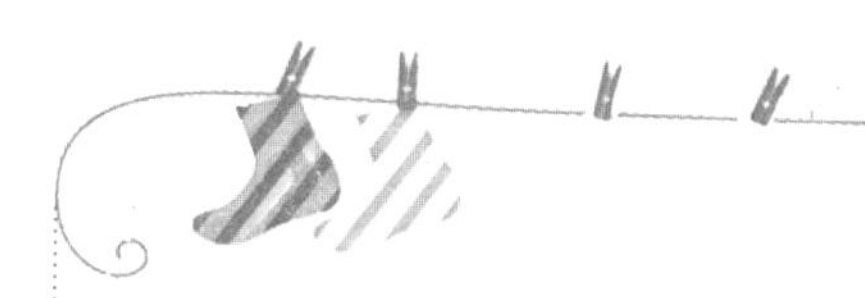

认识生命的奇迹——胎儿的发育过程

下面是一个受精卵如何变成一个胎儿的全过程。在这里，让爸爸妈妈们随时可以了解到肚中宝宝的发育状况，随时都可以与宝宝进行亲密地“接触”！使您每周都可以了解到他的惊人变化，让您在看不到宝宝的日子里也对他的成长心中有数。

1～4周

当胚胎发育到第4周时，胚胎周围有绒毛膜和羊膜保护，能看见将来成为脊椎的团块状组织正在形成，团块组织之间长出神经束。

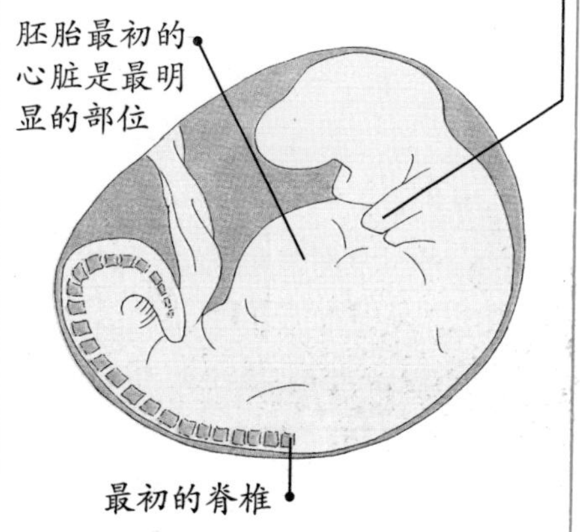

5～8周

当胚胎发育到第8周时，通过彩色超声波扫描，在超声波扫描的右上角，可以清晰地看到发育的脐带和胎盘。

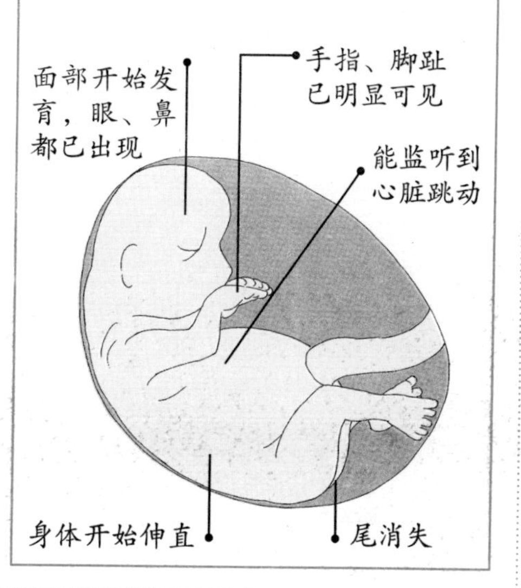

新妈妈育儿经

9～12周

当胚胎发育到9～12周时，胎儿的手指和脚趾迅速发育，已经完全成形。

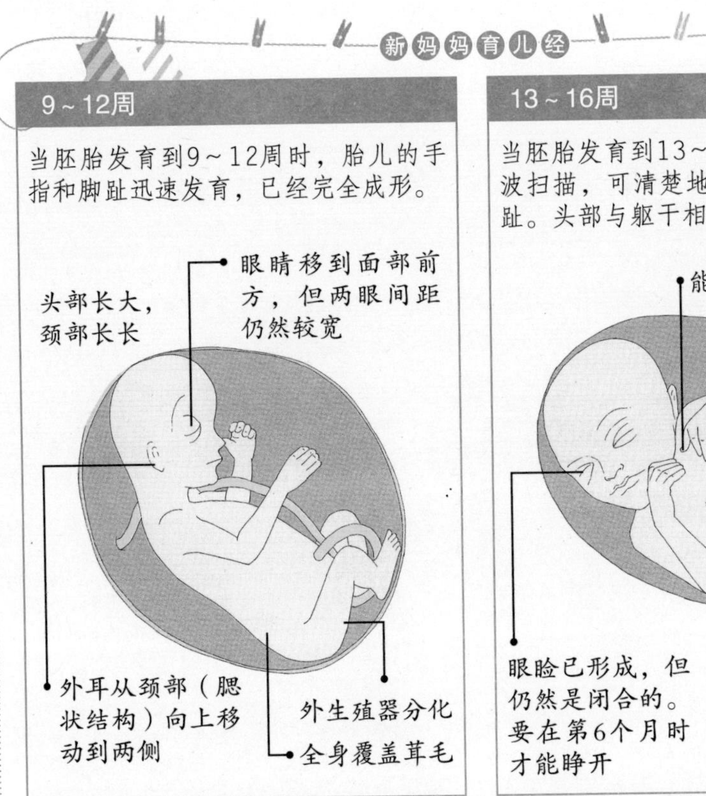

13～16周

当胚胎发育到13～16周时，通过超声波扫描，可清楚地看到鼻、手指和脚趾。头部与躯干相比仍然较大。

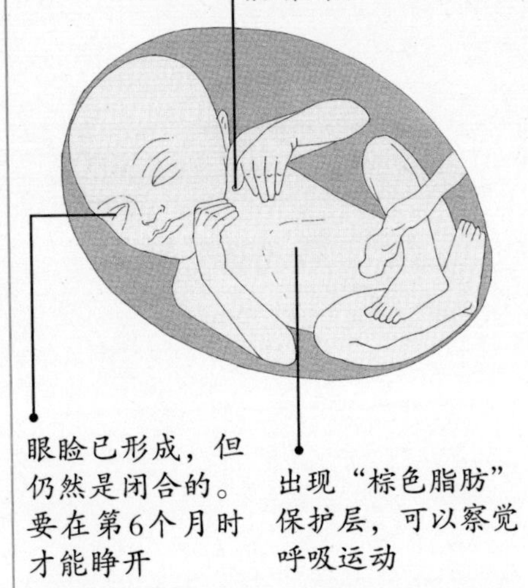

17～20周

当胚胎发育到17～20周时，通过超声波和胎儿镜，可直接观察到胎儿的外生殖器。

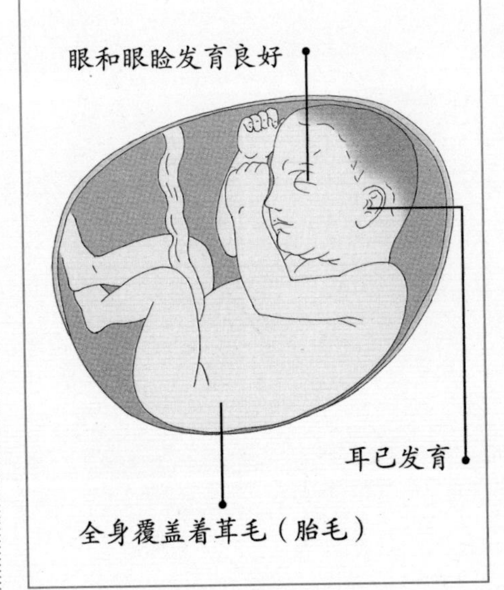

21～24周

当胚胎发育到21～24周时，胎儿皮肤已经不再显半透明，而是变成不透明的红色，还没有足够的脂肪沉积，皮肤仍有皱褶。

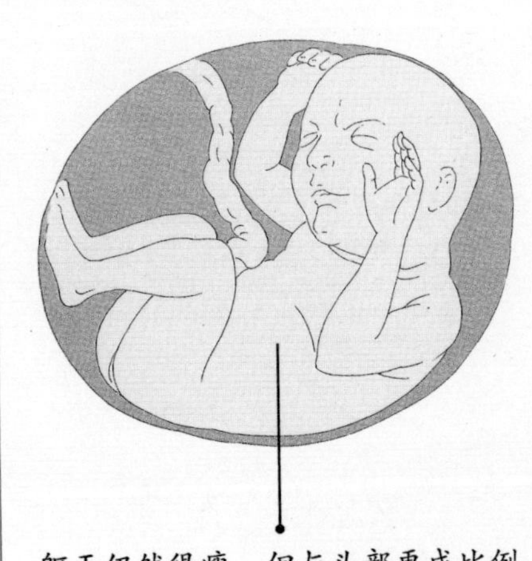

新妈妈育儿经

25～28周

当胚胎发育25～28周时，可以通过超声波扫描，到清楚地看到胎儿成熟脸型的侧面轮廓。

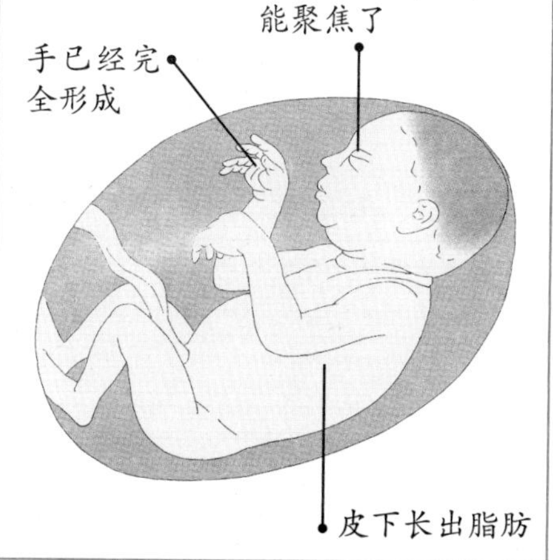

29～32周

当胚胎发育到29～32周时，可通过超声波扫描清楚地显示，胎儿的形状和面部轮廓已经发育完全，看上去和新生儿差不多了。

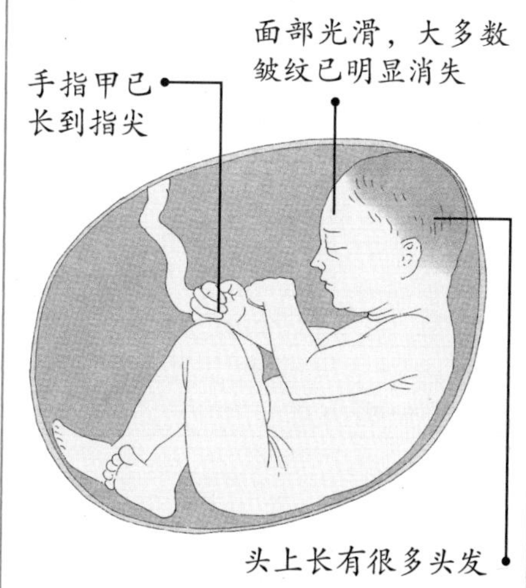

38周

当胚胎发育到第38周时，胎儿已经完全成熟，所有器官都开始工作，正等待出生。

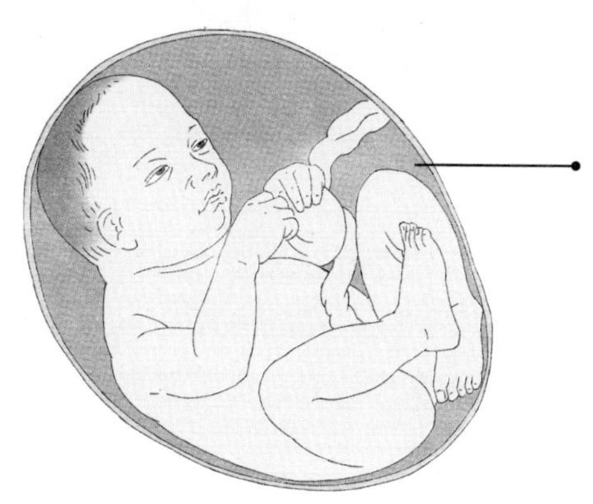

新生儿

宝宝从出生起到第28天为新生儿时期。体重、皮肤、脉搏、呼吸、五官等都是新生宝宝生长发育的重要指标，新手爸爸妈妈了解这些指标对宝宝将来的生长发育具有非常重要的意义。

称一称宝宝的体重

在我们的日常生活中，经常会出现这样的现象：宝宝刚生下来，很多亲戚朋友就会迫切地想知道新生宝宝的体重；很多新生宝宝的父母会急不可待地向亲朋好友告知宝宝的诞生以及宝宝的体重；还会有一些新手爸爸妈妈会因为宝宝的体重比别的宝宝轻而担心不已……其实，这是有一定的道理的。

体重是反映新生儿成熟程度和营养状态的最重要的指标。一般情况下，出生时体重较重的宝宝，大致都发育比较良好，而体重轻的宝宝则发育较差，体重越轻则说明新生宝宝在宫内发育越差，越不成熟，患病和死亡的危险也就越大。当然，这也只是一个大致的标准，不能一概而论，有体重轻但发育比较成熟的婴儿，也有体重重但发育并不成熟的婴儿。对于婴儿的体重问题，父母要理性对待。

婴儿出生时，男婴平均3.2千克，女婴平均3.1千克。

新生儿的身高发育特点

新生宝宝刚出生时的平均身高为50厘米，个体差异的平均值一般在0.3厘米~0.5厘米，男、女新生宝宝平均身高会有0.5厘米的差异。一般来说，新生儿满月前后身高会增加3厘米~5厘米。

很多父母担心自己的身高可能会影响到宝宝，其实对于这一点父母也不必太过耿耿于怀。新生儿出生时的身高与遗传并没有太大的关系，但是当宝宝进入婴幼儿期以后，身高增长的个体差异就表现出来了。

触一触新生儿的皮肤

刚出生时，新生儿的皮肤呈现出

新生儿的体重与身高

体重是反映新生儿成熟程度和营养状态的最重要的指标。刚出生时男新生儿的体重和身高与女新生儿的体重和身高都是有一定的差异的。

体重

出生时体重重的宝宝，大致发育都比较良好，而体重轻的宝宝则发育比较差。

体重是新生儿发育最重要的参考。

出生时，男婴平均3.2千克，女婴平均3.1千克。

身高

新生儿刚出生时的平均身高为50厘米。

男新生儿的身高要比女新生儿的平均身高高出0.5厘米。

新生儿满月前后身高会增长3～5厘米。

当宝宝进入婴幼儿期后，身高增长的个体差异就表现出来了。

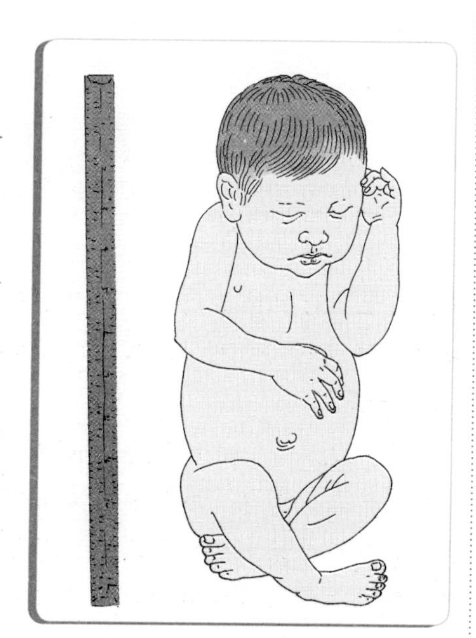

红色，因为汗腺不发达，所以新生宝宝不怎么出汗。一些新生宝宝的身上还可以见到比较多的胎毛，这些胎毛会在几周之后自然脱落。

新生宝宝的皮肤非常稚嫩，角质层很薄，而且皮下毛细血管很丰富，因而皮肤的防御性能很差，任何轻微擦伤，都可能会造成细菌侵入。

新生宝宝的皮肤褶皱比较多，皮肤之间相互摩擦，积汗潮湿，分泌物积聚，很容易发生糜烂，尤其在夏季或者肥胖儿中更易发生。

在宝宝的屁股、腰、肩及背部等部位，会看到一些青色斑点，即蒙古斑。面部也可能会有白色的粟粒疹。对于这些现象，新手妈妈不必太担心，平时要对宝宝减少不必要的皮肤刺激，这些症状便会慢慢消失，不需要进行任何治疗。

听一听新生儿的呼吸

耳朵轻轻地贴近宝宝，你会发现新生宝宝的呼吸频率很高。宝宝的呼吸数一般都在睡眠时计算。新生儿呼吸每分钟约40~50次，是成人呼吸频率的2.5倍。

新生儿从第一声啼哭起，肺部就开始了扩张，但整个肺部完全扩张需要一周左右，所以新生儿几乎不用胸部呼吸，而是采用腹式呼吸。哭泣或转动身体时，宝宝的呼吸次数便会急速增加。

这个时期稍有不慎新生儿就会出现呼吸暂停生理现象，即呼吸不规则，脸色青紫的现象，这是新生儿的正常生理现象，而且宝宝很快就会恢复，父母不必太过担心。但是如果入睡时新生儿的呼吸次数每分钟超过了60次，则可能是发生疾病的征兆，父母这个时候一定要格外注意。

量一量新生儿的脉搏

把手轻轻地搭在新生宝宝的脉搏跳动处，新手妈妈便会强烈地感觉到小宝宝的脉搏跳动很快。新生宝宝的脉搏跳动每分钟能够达到130~160次，大约为成人脉搏跳动次数（60~70次）的2.5倍。

但是如果宝宝的脉搏跳动次数每分钟超过了160次，那么，则为异常现象，父母这时候就一定要留意宝宝的脉搏。

宝宝睡觉时的脉搏跳动次数与宝宝哭泣时的脉搏跳动次数大多是不一样的。

理性对待新生儿的高体温

新生儿的体温在37℃左右，由于体温的调理机能不完全，汗腺也不发

新生儿的皮肤、呼吸与脉搏

新生儿呼吸频率和脉搏的跳动都很快，都是成人的两倍半，皮肤则是宝宝健康的屏障。

皮肤

❶ 新生儿的皮肤呈红色，不怎么流汗。

❷ 角质层薄，皮肤的防御性能差。

❸ 皮肤褶皱多，易生糜烂。

❹ 屁股、腰、肩、背部有蒙古斑。

❺ 面部可能会出现白色粟粒疹。

❻ 护理中减少对宝宝皮肤的刺激。

上述症状无须任何治疗而可慢慢自行消失。

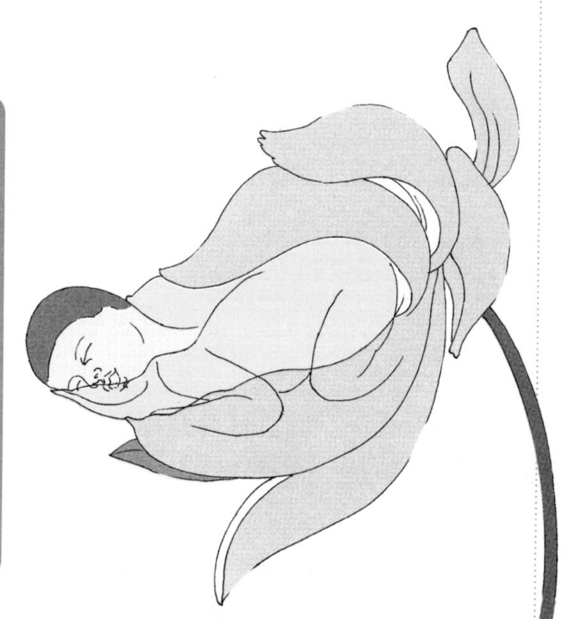

呼吸与脉搏

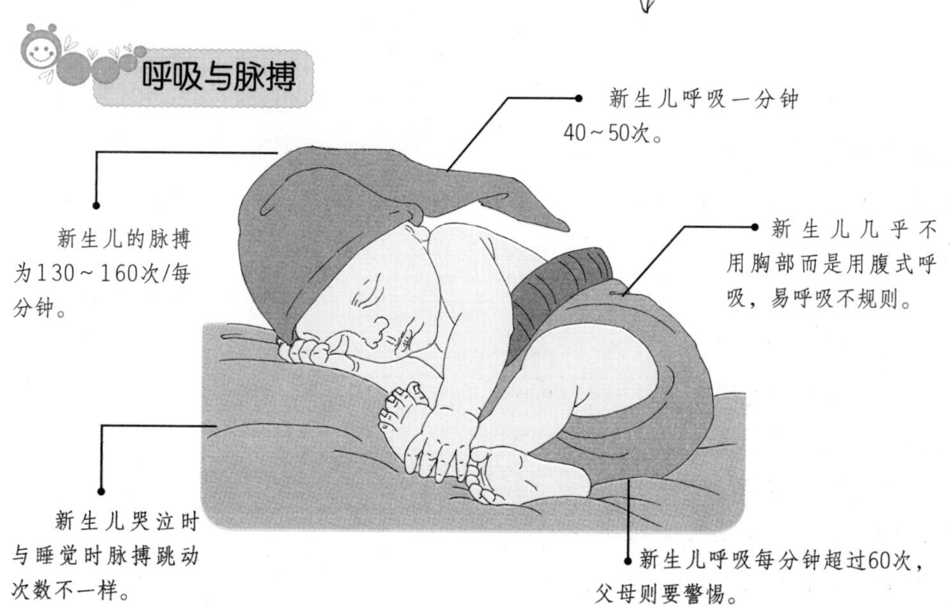

达，体温很容易随外界环境的温度变化而变化。所以新生宝宝对自己所处环境的温度要求比较高。

新生儿一出生就应该立即采取保暖措施以防止体温下降，尤其是冬寒时更为重要。室内温度应保持在24℃~26℃。新生儿保温可采用热水袋或用装热水的密封瓶，将其放在两被之间，以新生儿手足暖和为适宜，在换尿布时，注意先将尿布用暖水袋加温。

要定期给新生宝宝测体温。每隔2~6小时测一次，并且要作好体温记录。同时父母还要注意一点，将房间温度弄得太高或穿太多的衣服，宝宝的体温就会升高，测量体温时，不要忽略了这些因素。

让宝宝“说”一会儿

正常啼哭是新生儿的语言，医学上称其为运动性啼哭。这种啼哭哭声抑扬顿挫，不刺耳，声音响亮，节奏感强，常常无泪液流出，但每次时间比较短。

宝宝啼哭时呼吸系统的运动量必然增大，这样就增加了肺活量，进而促进了肺的发育，同时新生儿的啼哭还可以促进血液循环和新陈代谢。我们可以理解为这是可爱的新生小宝宝在努力而又欢乐地向世界宣扬自己的到来。

此时若妈妈轻轻触摸，新生儿会发出微笑；若把小手放在其腹部轻轻摇两下，新生儿会安静下来。当新生儿出现这样的啼哭时，妈妈最好不要打断，那就让宝宝和这个新世界多多“交流”一会儿吧。

新生儿的笑[illegible]

宝宝嘹亮的哭声很多时候表明宝宝的身体很健康，而笑则是衡量宝宝智力水平的一个重要指标。越早出现微笑，宝宝将来的智力水平则有可能越高。

新生儿的笑，往往出现在睡眠中，微微地笑，或只是嘴角向上翘一下。新生儿清醒时，不易发笑，也不易被逗笑。新生儿的笑是有意义的。当新生儿的身体处于最佳状态时，出现笑得时候就多些；当新生儿身体不舒服时，笑得时候就少，甚至会皱眉，严重时就哭闹、呻吟。新生儿有自己的喜怒哀乐，妈妈可通过其表情，初步判断新生儿的健康状况。

囟门[illegible]命门[illegible]

很多父母都认为新生儿的囟门是宝宝的命门，因而不允许他人去触碰，他们认为如果碰了囟门就会使宝

新生儿的体温、啼哭和笑

新生宝宝的体温很容易受到外界环境的影响，其正常啼哭可以促进血液循环和新陈代谢，而新生儿的笑则出现在睡眠过程中，是身体舒适的表现。

体温

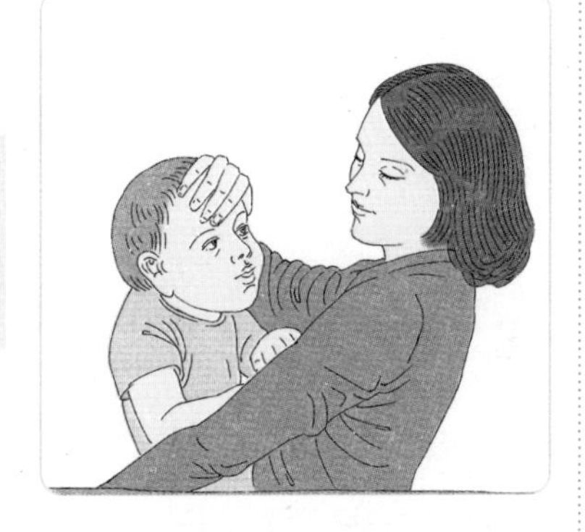

◆ 新生儿的体温在37℃左右。

◆ 新生儿体温的调理功能不完全，汗腺也不发达，体温很容易变化。

◆ 父母一定要定期给宝宝测体温。

啼哭

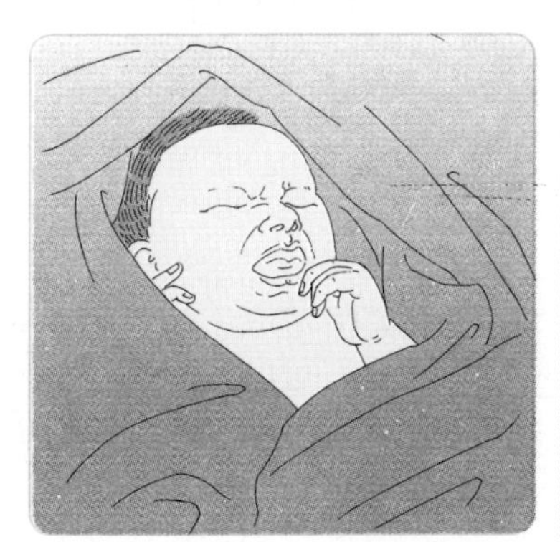

◆ 正常的啼哭是新生儿的语言。

◆ 新生儿的啼哭可促进血液循环、新陈代谢和肺的发育。

◆ 新生儿啼哭时妈妈不要打断，可以轻轻地触摸宝宝。

笑

◆ 笑是衡量宝宝智力水平的重要指标，越早出现微笑，宝宝将来的智力水平则有可能越高。

◆ 新生儿的笑往往出现在睡眠中，是身体舒适的表现。

◆ 妈妈可通过新生儿的表情，初步判断其健康状况。

宝变哑。其实这种说法并无什么科学依据。轻轻触摸宝宝的囟门是可以的，因为那里有一层牢固的膜能够保护下面脆弱的组织。

大多数宝宝都有两个囟门：一个在头顶，一个在头顶稍靠后一些的地方。头顶前部开口较大部位叫前囟，形状近似菱形，前囟通常是平的，当孩子哭闹时则略微凸起。头部后侧于枕部的另一开口叫后囟，较前囟小，呈三角形。

随着时间的推移，头颅骨也会不断地生长，在颅骨的边缘不断生长新骨，囟门也不断缩小。绝大多数宝宝的前囟通常在一岁至一岁半左右闭合；后囟在3个月以前就完全闭合。

新生儿的头围

头围是衡量新生儿大脑发育的重要指标。新生宝宝头围的平均值是34厘米，其增长速度在出生后头半年比较快，但总变量比较小，从新生儿到成人，头围相差也就是从十几厘米到二十厘米。

头围增长是否正常，反映了大脑发育是否正常。小头畸形、脑积水都会影响宝宝的智力发育。所以尽管头围增长速度不快，变化不大，也要认真对待。满月前后，宝宝的头围比刚出生时增长两三厘米。爸爸妈妈们遇到的新生儿头围问题，一般都是测量不准造成的，最好请有专业知识的医护人员来测量。

新生儿的消化和反射

新生宝宝胃的容量非常小，而且胃的位置呈水平位，最初只能容下不足30毫升的流食，所以妈妈在给宝宝哺乳时会发现宝宝经常会出现溢乳或吐奶的状况。两周内宝宝胃的容量可渐渐增到50毫升左右。

在神经系统方面，新生宝宝会出现不自主的运动，如觅食、吸吮、吞咽、伸舌头等非条件反射，这是因为宝宝的大脑发育尚不完善。

新生儿的视觉和听觉

新生宝宝出生后的最初几天，大部分时间都闭着眼睛，视力也很低，但对光反应敏感，当强光射到眼睛时，瞳孔会缩小或者会引起宝宝的闭目反应。两周内的新生儿能区别出妈妈与爸爸的脸外形。视力不好的宝宝由于看不见妈妈对他的微笑，所以出现微笑得时间要比视力较好的宝宝晚一些。

新生宝宝的听觉相当灵敏，听到声响会有转头、皱眉或哭闹等动作。

有一个比较有趣的现象：当新生

新生儿的囟门、头围、消化和反射

新生儿的囟门和头围是反映宝宝智力和大脑发育的最重要因素，新生儿的消化能力很弱，而且还会出现一些简单的非条件反射的现象。

囟门和头围

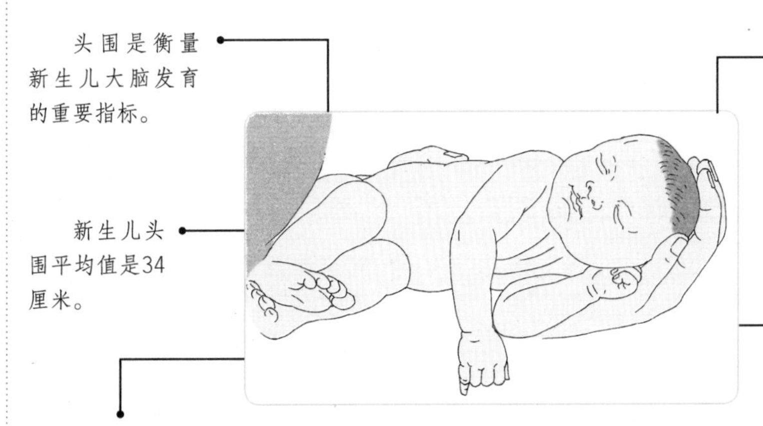

消化和反射

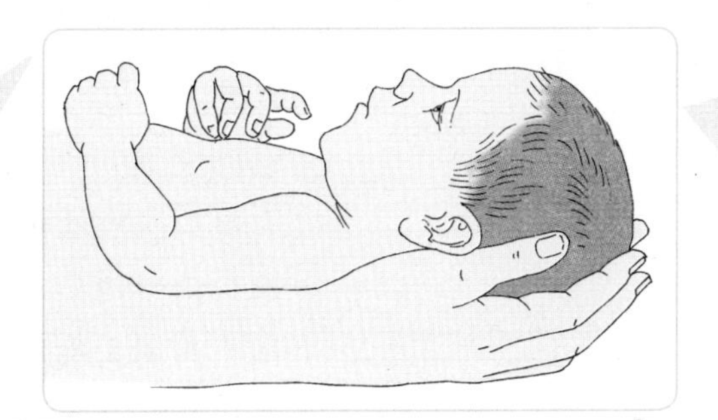

新生宝宝常会出现吐奶、溢奶等生理现象。

新生宝宝的胃容非常小，位置呈水平位。

新生儿具备觅食、吸吮、吞咽、伸舌头等非条件反射，与其大脑发育不完善有关。

两周内宝宝的胃容可以从最初的不足30毫升渐增到50毫升左右。

宝宝哭闹时，妈妈的呼唤可以让宝宝很快就安静下来，而爸爸的呼唤声却达不到同样的效果。这是因为宝宝在胎内早就听惯了妈妈平时讲话的声音及妈妈主动脉搏动声的节律，妈妈的声音让宝宝产生安全感和亲切感。同样地，妈妈给宝宝哺育母乳时，宝宝会表现得很安静。

新生儿的嗅觉和触觉

新生宝宝出生时嗅觉中枢及末梢早已发育成熟，能够对不同的味觉产生不同的反应。出生仅2小时就能分辨味觉，如对微甜的糖水表示愉快，对柠檬汁则表示痛苦，而且宝宝还能区别不同浓度的糖溶液。出生最初几天女婴比男婴更喜欢甜味。哺乳时新生宝宝闻到乳的香味就会积极地寻找乳头。

新生宝宝的痛觉比较迟钝；温觉灵敏，温暖能引起兴奋，寒冷引起不安；新生宝宝的触觉也有高度的灵敏性，尤其在眼、前额、口周、手掌、足底等部位。

新生儿的脐带

长长得脐带是新生儿与母亲连接的凭证，而脐带的剪断则是宝宝正式脱离母体的标志。在新生宝宝出生后的前几天，脐带的残端有少量分泌物属于正常现象，3~7天脐带就会自然干燥脱落。

有的新生宝宝由于局部先天发育薄弱，会出现其肚脐附近的皮肤膨出的状况，我们把这种现象称作“脐疝”，这种现象在一年左右就会逐渐消失，父母也不用太过担心。但是如果一年以后仍不见缓解时应及时地向医生请教。

新生儿的便便

新生宝宝会在出生后12小时内第一次排尿。以后次数一般每日10次左右，尿稍微有些黄，但很清澈。有的新宝宝由于水分丢失过多，吃奶量又很少，会出现尿少或无尿的现象，这时，可以让他多吸吮母乳，多喂些糖水，尿量会逐渐多起来。

出生后1天左右，新生儿要排出黑棕色或黑绿色的胎便。它是胎儿在妈妈肚子里吞入羊水中的沉淀物积存而成的。分娩后新生儿开始吃奶，肠道迅速蠕动，将胎便排出。一般3天后大便的颜色就转变为黄色糊状了，每天大约排便3～5次。如果新生儿出生24小时仍无胎便排出，有可能是胎便黏稠堵塞直肠所致，也有可能是肠道或肛门有先天性异常，这时一定要去医院诊治。

新生儿的视觉、听觉、嗅觉、触觉和脐带

新生儿的视觉和触觉都发育比较晚，而听觉和嗅觉则发育相对比较早；脐带是新生宝宝与母亲连接的最后凭证。

视觉、听觉、嗅觉、触觉

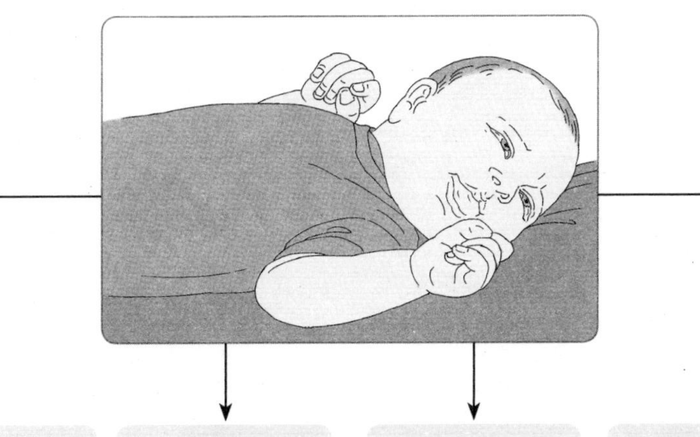

新生儿的痛觉迟钝，温觉灵敏，温暖能引起兴奋，寒冷引起不安。

新生儿出生后的最初几天对光反应敏感，2周内能区分出妈妈与爸爸的脸外形。

新生儿出生仅2小时就能分辨味觉，对微甜的糖水表示愉快，对柠檬汁则表示痛苦。

新生儿的听觉非常灵敏，妈妈的呼唤可以让哭闹的新生儿很快就安静下来。

脐带

出生3～7天新生儿的脐带就会自然干燥脱落。

新生儿的脐带残端有少量分泌物属于正常表现。

新生儿肚脐附近皮肤膨出的状况会在一年左右逐渐消失，否则及时就医。

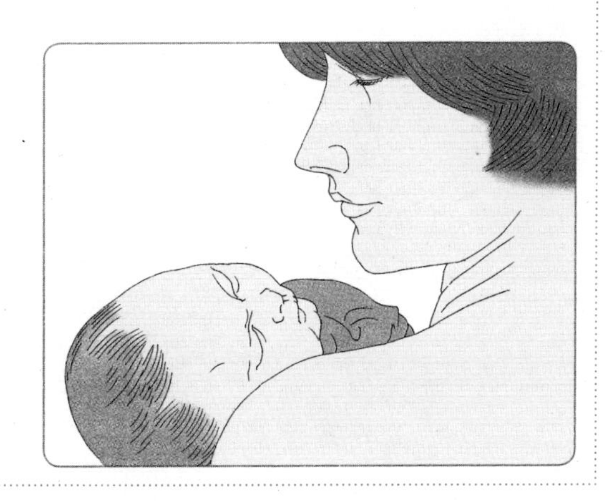

用母乳喂养的新生儿，大便呈金黄色的稀糊状，如果大便呈深绿色黏液状，多表示母乳不充足，新生宝宝处于半饥饿的状态，妈妈要注意增加对宝宝的哺乳量。人工喂养的新生儿，大便会比较干，呈淡黄色，如果发现大便呈灰色，而且比较臭，则说明宝宝的食物中蛋白质过多而糖分比较少，这个时候应该在宝宝的食物中适当地添加一些糖。

新生儿的睡眠

处于新生儿时期的宝宝除哺乳时间外，几乎全处于睡眠状态，每天约需睡眠20小时以上。这与新生儿形体增长比较迅速，而中枢神经系统发育尚未完善，大脑皮层主要处于抑制状态有关系。

整个新生儿期宝宝的睡眠时间略有不同，早期新生宝宝睡眠时间相对长一些，每天可达20小时以上；晚期新生儿睡眠时间有所减少，每天在16～18小时。随着日龄增加，睡眠时间也会逐渐减少。

睡眠的数量和质量在很大程度上决定这一时期宝宝的发育程度，睡眠良好的宝宝通常会精力旺盛、反应敏捷，而且学习能力比较强。因此爸爸妈妈如果发现宝宝在后半夜出现来回翻身、睡不踏实等现象时，就要及时查找原因，检查宝宝是否有饥饿、寒冷、憋尿等其他身体不舒服的情况，发现后要及时调整，从而充分保证宝宝的睡眠质量。

另外，在保证宝宝睡眠质量的同时，妈妈也要注意新生儿的喂奶间隔时间，一般不能超过4个小时。

新生儿的便便和睡眠

在给新生宝宝第一次喂奶之前，一定要确保宝宝胎便的排出；新生儿最主要的活动就是睡眠，睡眠质量决定了宝宝的身体和智力发育状况。

便便

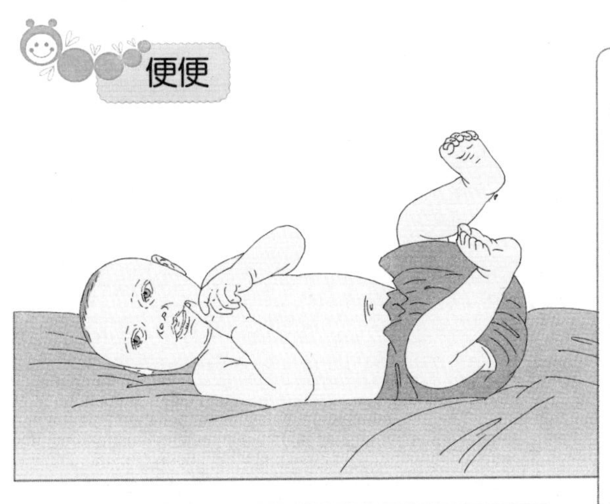

待胎便排出以后，再给新生儿进行第一次喂奶。

◆ 新生儿出生后12小时内不排尿。

◆ 新生儿的尿稍微有些黄，但很清澈。

◆ 新生儿尿少或无尿时，可让他多吸吮母乳或多喂些奶水。

◆ 出生后1天左右，新生儿要排出黑棕色或黑绿色的胎便。3天后大便的颜色便转为黄色糊状。

◆ 母乳喂养的新生儿，大便呈金黄色的稀糊状。

◆ 人工喂养的新生儿，大便会比较干，呈淡黄色。

睡眠

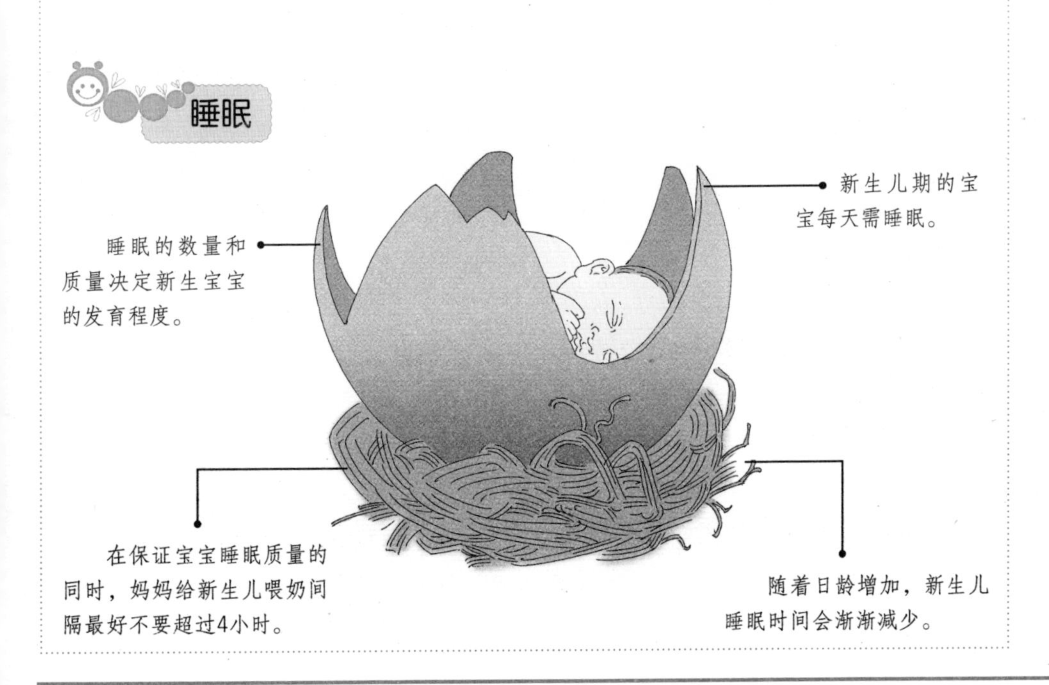

2 婴幼儿身体发育

时间过得好快，眨眼间宝宝就已经满月了，在新妈妈的精心照护下，宝宝顺利地进入婴幼儿时期。在这个宝宝生长发育最旺盛的时期，他越来越可爱了，他欢乐的笑声让人感动，他每一天的成长都会让父母感到一股神奇的力量，这让父母无比喜悦！接下来就让我们一起来学习一下婴幼儿期宝宝的生长发育是什么样的。

1~3个月身体发育特点

1个月的小婴儿颈肌和腰肌都是没有力量的。当宝宝仰卧时，宝宝的颈后部能够与床面接触到，当把宝宝扶坐起来时，宝宝的身体自颈至腰部则弯成了半圆形状。放入宝宝手中一个小玩具，他的小手能反射性地抓住。宝宝喜爱甜味和柔软的衣料，声调柔和的音乐对其有镇静作用。此时的宝宝已经可以用注视的目光吸引母亲的爱抚。

2个月的宝宝颈肌有了一定的力量，在仰卧位把宝宝扶起的时候宝宝已经能够间隙性地把头仰起来了，2个月的宝宝可以交替踢腿。宝宝的视力开始变得清晰，眼睛可以随物体转动90度以上，而且可以凝视妈妈的面孔长达7秒钟。当宝宝因为饥饿、不适、疼痛而啼哭时，其声音的长短、高低和大小完全不同，宝宝的哭声已经具有了语言意义。爸爸妈妈逗引时宝宝也会笑了。

3个月的宝宝颈肌的力量进一步增强，仰卧位把宝宝扶起时，宝宝的头不再完全后垂，而且在俯卧时，宝宝的头能够抬起90度，但腰肌力量还是几乎没有。3个月的宝宝头眼协调达到了较好的程度，已经能看自己的手或手中的东西。宝宝的双手可移到胸前碰触，可以有意识地握手中的东西，而且可以握稳。此时的婴儿在人际关系方面有了较大的进步，爸爸妈妈走近时宝宝会手舞足蹈，伸手要抱；可以用面部表情表示自己的喜悦或不快；对宝宝说话时他会微笑；当亲人不在身边时宝宝会东张西望地寻找亲人。

4~6个月身体发育特点

4个月的婴儿颈部力量进一步增强，扶宝宝坐起时头可以稳定地抬起，但坐起时腰仍呈弧形。宝宝喜欢

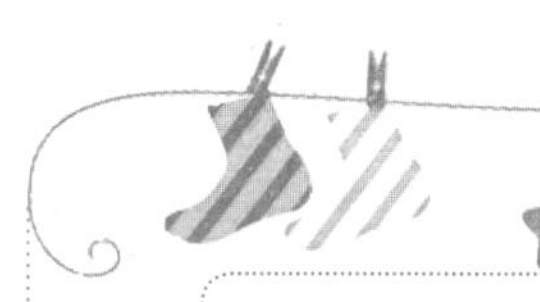

1～3个月婴儿的身体发育

1~3个月婴儿的颈部力量在渐渐增强，坐位时3个月的宝宝的头部已经能够完全抬起来。

1个月的婴儿

◆ 1个月的小宝宝颈肌、腰肌没有力量，趴坐时自颈至腰部宝宝的身体弯成了半圆形状。

◆ 宝宝的小手能够反射性地抓住放入其手中的玩具。

◆ 宝宝喜欢甜味和柔软的衣料。

◆ 声调柔和的音乐对其有镇静作用。

◆ 宝宝可以用注视的眼光吸引母亲的爱抚。

2个月的婴儿

◆ 仰卧位扶起宝宝能间隙性地把头仰起来。

◆ 宝宝可以交替踢腿。

◆ 宝宝的视力变得清晰。

◆ 宝宝的哭声具有了语言意识。

◆ 爸爸妈妈逗引时宝宝会笑了。

3个月的婴儿

◆ 俯卧位时宝宝的头能够抬起90度。

◆ 宝宝能看自己的手或自己手中的东西。

◆ 宝宝可以握稳其手中的东西。

◆ 爸爸妈妈走近时宝宝会手舞足蹈要抱。

◆ 会用面部表情表达自己的喜悦或不快。

◆ 对宝宝说话时他会微笑。

◆ 宝宝会东张西望地寻找亲人。

在胸前玩弄手，扒或触碰自己能够得到的东西，此时开始将抓住的东西往嘴里送。趴卧时宝宝肘部可以支撑身躯几分钟。可以模仿成人的声音，可以应答地发声，可以试探性地去寻找声源。这时的宝宝会注意到其他宝宝的存在。

5个月的婴儿两只小手能分别抓紧自己喜欢的小玩具，整个身体力量增强，尤其是腰部，靠垫坐时腰部已经能够直起。宝宝会因高兴而尖叫。

6个月的婴儿整个身体的协调性有了很大的进步，目光能随着在水平及垂直方向移动的物体转动，能通过改变体位来协调视觉，而且宝宝喜欢在妈妈腿上跳跃。宝宝的小手会玩弄小玩具和自己的脚趾，能自己拿奶瓶吃奶，可以自己拿小饼干吃。

7～9个月身体发育特点

7个月的宝宝腰肌力量进一步增强，能够弯腰伸手去取较远处的物品，也能够将一只手上的物品转到另一只手上。宝宝的视力明显比以前要清晰很多，而且还能够发出“ma”、“ba”或“ai”的声音。宝宝在人际关系方面最明显的一个表现就是开始认生了，与妈妈建立了相依的关系。

8个月的宝宝手的灵活性有了显著提高，小手抓东西越来越敏捷，能较好地将物品从一只小手转到另一只小手上，而且还能寻找刚落地的东西。听力比较发达，能辨别出熟悉的声音，变得越来越聪明了，嘴里咿咿呀呀的，能发出“ma～ma”“ba～ba”的声音。此时的宝宝也会和妈妈玩“藏猫猫”的游戏。

9个月的婴儿，小手指的灵活性进一步增强，可以用拇指合并四指钳取小东西，比如小珠子、绒线头、小饼干等；宝宝还可以和妈妈一起玩“拍拍手”游戏，并且能够随意地放下或扔掉东西来以此逗妈妈或爸爸玩。宝宝能随妈妈的手或眼神注视3~5米内的某样东西。这个时期，宝宝的好奇心很强，自我意识开始萌发，喜欢爸爸妈妈多陪陪自己，开始有了强烈的感情需求。

10～12个月身体发育特点

10个月的宝宝双手各拿一个玩具时能够相互敲打，扶着栏杆时宝宝能够慢慢地移步。宝宝可以模仿爸爸妈妈简单的发音，见到爸爸时宝宝会叫“爸爸”，当见到妈妈时宝宝则会叫“妈妈”，而且爸爸妈妈叫宝宝的名字时他会有所反应。

11个月的宝宝会把小东西放入容器里，能用手指指出要去的地方或想要的东西，为宝宝脱衣服时他也能有

4～6个月、7～9个月婴儿的身体发育

4~6个月的婴儿身体的灵活性和协调性都有了非常大的进步；7~9个月的婴儿身体继续发育的同时，智力水平也增长很多，与妈妈建立了相依关系，可以和妈妈一起做很多的亲子游戏了。

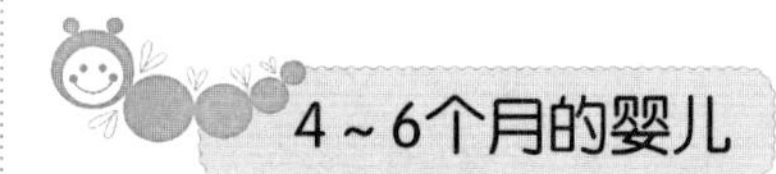

4～6个月的婴儿

4个月

4个月的宝宝扶坐时头可以稳定地抬起，可以模仿成人的声音。

5个月

5个月的宝宝两只小手能分别抓紧玩具，靠垫坐腰可直起。

6个月

6个月的宝宝能通过改变体位来协调视觉，可以自己拿小饼干吃。

7～9个月的婴儿

7个月

7个月的宝宝腰肌力量增强，能将一只手上的物品转到另一只手上。

8个月

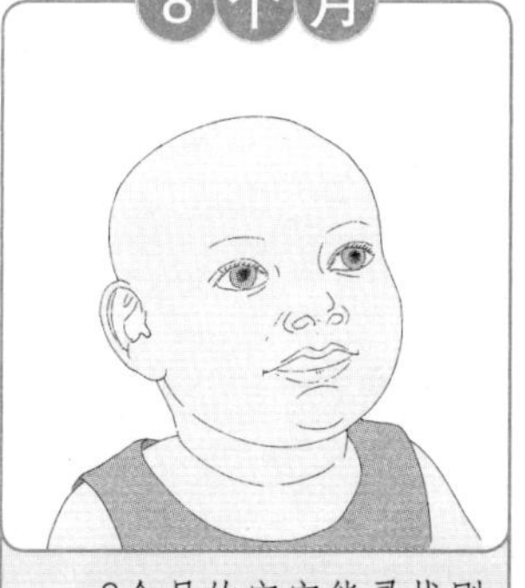

8个月的宝宝能寻找刚落地的东西，会玩“藏猫猫”。

9个月

9个月的宝宝可用拇指合并四指来钳取小东西。

一定的配合；宝宝已经能够独立站立10秒钟，拉紧一只小手时宝宝会走路了。宝宝知道了身边亲人的名字，能够有意识并正确地发出一个音来表达自己的要求和意愿。

12个月的宝宝能够全手掌握住笔在纸上画，并在纸上留下痕迹；宝宝会把瓶盖正好地盖在瓶子上。给宝宝要东西时，宝宝能够主动给，而且会把手松开放在爸爸或妈妈的手中。宝宝可以独自站立10秒钟以上，拉住宝宝的一只小手时宝宝可以走了。见到爸爸妈妈时宝宝会主动称呼“爸爸”和“妈妈”。当给宝宝穿衣服时，宝宝能够很好地配合，如穿上衣时宝宝会把手伸向袖子口。

1岁内宝宝的发育规律

1.头尾规律。1岁内的宝宝总的动作发育方向是从头至尾，即抬头、翻身、坐、爬、站、走。成熟最早的是头部动作，腿和脚的控制动作则最后形成。

2.由先大肌肉动作，后小肌肉动作。先是抬头、翻身等躯体大动作的发育，后是手指的抓、捏等精细动作的发育。

3.由近及远。婴儿的动作发育先以躯干为中心，越接近中心部位动作发育越早。以上肢为例，先是肩部和上臂动作的发育，接着是肘部、腕部，最后手指动作的控制能力才渐渐完善起来。

4.先整体动作，后分化动作。婴儿最初的动作是全身性的，没有目标的，后渐渐发育成局部的准确地动作。如：对于1~2个月的宝宝，如果将其脸用手帕盖住，宝宝表现为全身乱动；到了5个月时，宝宝可表现为双手向脸部乱抓，但不一定能拉下手帕；到了宝宝8个月时，宝宝能够迅速而准确地将手帕从脸上拉掉。

1～2岁身体发育特点

1~2岁的宝宝，身高和体重与婴儿期相比增长得速度有所下降。头围一岁时约46厘米，2岁时增加约2厘米。1岁后宝宝的胸围渐渐增大超过头围。宝宝的前囟在1~1.5岁闭合。一般地，宝宝在1岁时已萌出8个切牙，1岁以后萌出上下左右第一乳磨牙，1岁半时萌出尖牙，2岁时宝宝萌出了第二乳磨牙。

2～3岁身体发育特点

2~3岁的宝宝生长发育的总体速度在继续减慢。满周岁以后，宝宝的身长、体重的增加明显地缓慢下来。

10～12个月婴儿的身体发育

10~12个月的婴儿可以叫“爸爸”和“妈妈”了，而且宝宝可以试着迈出人生的第一步了。

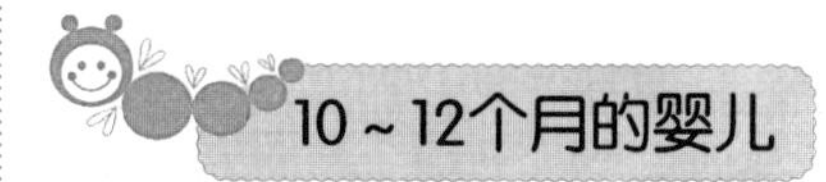

10～12个月的婴儿

10个月

10个月的宝宝双手各拿一个玩具时能相互敲打，会叫“爸爸”、“妈妈”。

11个月

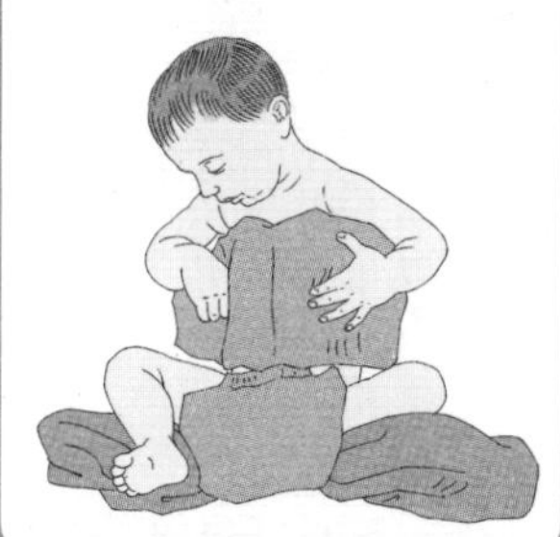

11个月的宝宝会把小东西放入容器里，宝宝知道了身边亲人的名字。

12个月

12个月的宝宝可以独自站立几秒钟以上，会主动称呼“爸爸”、“妈妈”。

1岁内宝宝全身动作的发育规律

1岁内动作的发育

- **头尾规律** → 抬头→翻身→坐→爬→站→走
- **先大肌肉动作后小肌肉动作** → 先抬头、翻身等躯体大动作的发育，后是手指的抠、捏等精细动作的发育。
- **由近及远** → 以躯干为中心，越接近中心部位动作发育越早。
- **先整体动作后分化动作** → 婴儿最初的动作是全身性的、无目标的，后渐渐发育成局部的、准确的动作。

出生后第一年身高增加25厘米左右，1~2岁时增加10厘米左右，2~3岁时只增加8厘米左右。体重在第一年增加6~7千克，第2年增加2.5~3千克，第3年只增加2千克左右。

2~3岁宝宝的动作发育迅速形成。从一开始的走不稳到后来的走得很稳，并且宝宝开始学习跑和跳。这个时期的宝宝非常喜欢活动，到了3岁时走、跑、跳自如，宝宝能够单足站稳，双足跳跃。

2~3岁的宝宝乳牙渐渐出齐。乳牙出齐是骨骼发育的标志之一。人一生要长两副牙齿，先渐渐长出乳牙，它发挥几年功能以后，到学龄前开始换掉乳牙，渐渐长出恒牙，即成人牙。乳牙在2岁左右，最迟在3岁左右应全部出齐，一共20颗。

3~4岁身体发育特点

3~4岁的宝宝身高增长比较快，这个年龄段的宝宝身高为90~100厘米，每年平均要增高4~6厘米，而体重在14~16千克，体重的增加要比身高缓慢。

宝宝的智力发展较快，语言能力迅速增强，模仿力也迅速地增强，想象力非常丰富，宝宝变得越来越爱说话，凡事也喜欢问为什么，“我从哪儿来的啊，妈妈？”、“小鸟为什么会在天上飞呢？”、“鱼儿为什么会在水中游？”等诸如此类，宝宝会有无数的问题问爸爸妈妈。这时的爸爸妈妈一定要对宝宝有耐心，细心引导，呵护宝宝的好奇心，激发宝宝的求知欲，给宝宝树立良好的榜样，引导宝宝健康积极地成长。

影响生长发育的因素

婴幼儿的生长发育虽然有一定的规律可循，但是也会受到一定条件的影响，影响婴幼儿生长发育的因素主要有以下四大类：

第一，遗传因素。宝宝的基因是决定宝宝生长发育的基础。宝宝生长发育的特征、潜力、趋向和限度等都受父母双方遗传基因的影响。“龙生龙，凤生凤，老鼠的儿子会打洞”，说的就是这个道理。

第二，营养状况。营养不良会导致宝宝的体重下降，身体机能变弱，进一步也会导致宝宝大脑等发育不足，严重影响宝宝的智力发育。因而在宝宝生长发育的关键阶段父母一定要注意宝宝的营养供给。

第三，生活环境。温馨和睦的家庭氛围，整洁舒心的家庭环境会对宝宝的身心健康、智力发展有着极大的促进作用。一般地，爸爸妈妈比较宽容的话，宝宝也会非常地通情达理，

1～4岁宝宝的身体发育

1~2岁的宝宝胸围渐渐增大，并且超过了头围；2~3岁的宝宝开始学习跑和跳，乳牙渐渐出齐；3~4岁的宝宝开始变得很顽皮，他们有了自己的主见，对这个世界充满了无数的疑问。

1～2岁的宝宝

- 身高和体重的增长速度下降。
- 头围在1～2岁增加约2厘米。
- 宝宝的胸围渐渐增大超过头围。
- 前囱在1～1.5岁闭合。
- 2岁时宝宝萌出了第二乳磨牙。

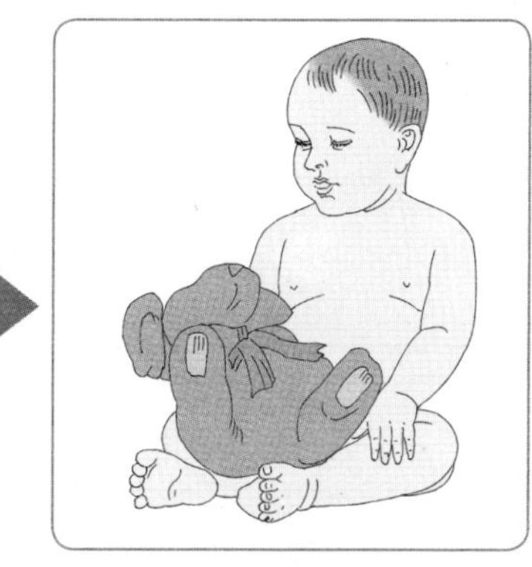

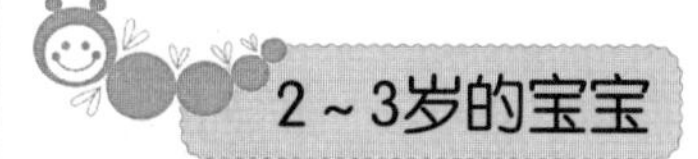

2～3岁的宝宝

◆ 生长发育的速度在继续减慢。

◆ 动作发育形成，到了3岁时，宝宝走、跑、跳自如，且能单足站稳，双足跳跃。

◆ 宝宝的乳牙渐渐出齐，乳牙出齐是宝宝骨骼发育的重要标志，乳牙在2岁左右最迟在3岁左右应全部出齐。

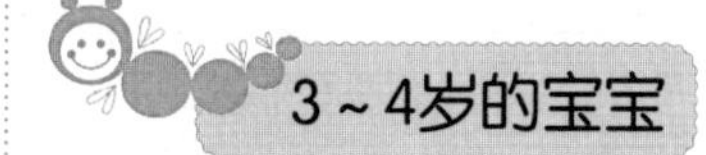

3～4岁的宝宝

◆ 体重的增加较身高慢，体重在14～16千克，平均每年增高4～6厘米，身高为90～100厘米。

◆ 智力发展较快，语言能力迅速增强，模仿能力迅速增强。

◆ 宝宝想象力越来越丰富，特别喜欢说话，凡事爱问为什么。

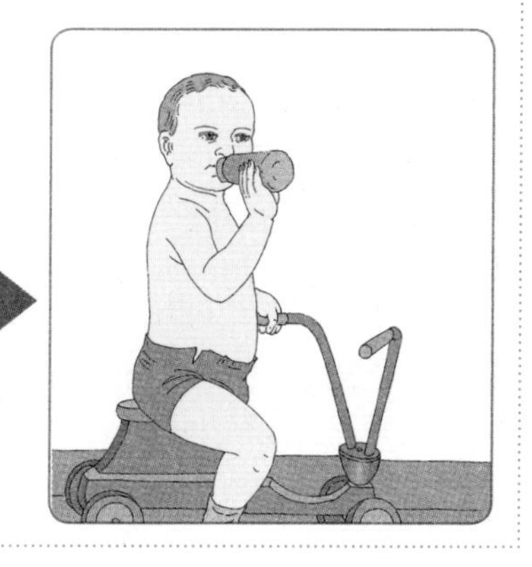

情商智商相对都会比较高。

第四，疾病。疾病会严重影响宝宝的生长发育和心智发展。对此父母尤其要引起重视，早发现，早治疗，尤其不要忘记给宝宝接种一些非常必要的疫苗，防患于未然。

婴幼儿生长发育的状况

1.身高。身高是反映骨骼发育的重要指标。短期内营养、疾病等对身高的影响不明显，受遗传、种族和环境的影响较为明显。身高在出生后第一年增长最快，平均年增长25厘米，第二年平均增长10厘米，第三年平均增长4～7.5厘米。

2.体重。体重是反映宝宝营养状况的重要指标。体重在出生头3个月增长最快，一般为月增长600～1000克；3～6个月一般月增长600～800克；6～12个月平均每个月增长300克。1岁后宝宝的生长速度明显减慢，1～3岁宝宝平均每个月体重增长150克。

3.头围。头围是反映孩子脑发育的一个重要指标。

4.胸围。宝宝在出生时，胸围小于头围，随着月龄的增长，胸围逐渐赶上头围。一般在孩子1岁时，胸围与头围相等。但由于营养状况普遍较好，不少婴儿在未满1岁时胸围就赶上了头围。孩子1岁后，胸围增长明显快于头围，胸围逐渐超过头围。

头部和大脑的发育特点

头围是反映宝宝头部生长发育的重要指标。刚出生时宝宝的头围平均是34厘米，在最初半年内约增加8厘米，之后的半年内约增加3厘米，第二年又增加2厘米，5岁时宝宝的头围达50厘米。

宝宝头围过大或过小都是不正常的，头围过小则提示大脑发育不全及小头畸形，头围过大则通常提示有脑积水。

宝宝的头部形状大多与睡眠有关系，宝宝要有一个漂亮的头型，就需要妈妈爸爸经常给宝宝调换睡姿。1~3个月的宝宝处于头型塑造的关键期，因为这个时期宝宝的头颅质地比较软，有较高的可塑性。妈妈应该采取侧睡和仰睡二者结合的方式，每隔3~4个小时给宝宝变换一次睡眠姿势，平、侧卧交替，以保证宝宝的头部正常发育，睡出漂亮的头型。

婴幼儿牙齿的发育

牙齿的发育是衡量宝宝生长发育的重要指标，它主要是反映宝宝全身骨骼的发育情况。骨骼发育好者出

婴幼儿生长发育的影响因素及衡量指标

遗传、营养、运动和睡眠都是影响宝宝身高的因素，身高、体重、头围和胸围则是衡量婴幼儿生长发育状况的重要指标。

影响婴幼儿生长发育的因素

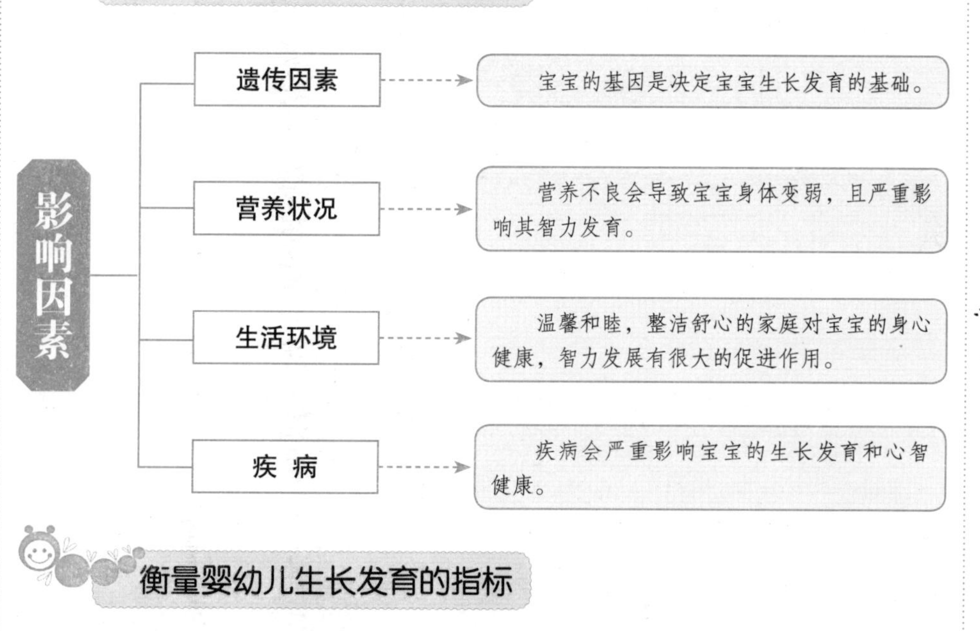

衡量婴幼儿生长发育的指标

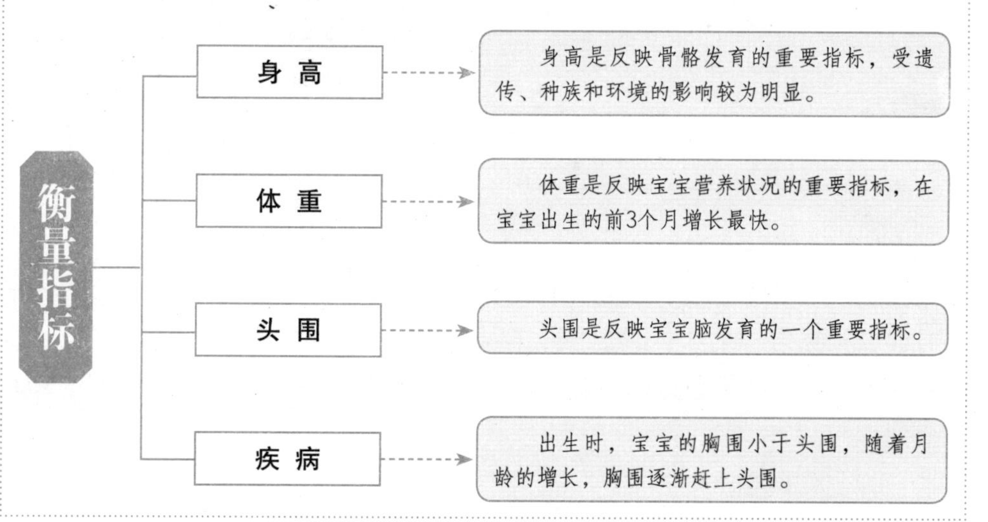

牙及时，牙齿好；发育不好者则出牙晚，牙齿欠佳。

婴儿出生后4~10个月乳牙开始萌出，一般到1岁时出8颗牙。其顺序为：6个月时出2颗下切牙，9个月时出4颗上切牙，12个月时出2颗下侧切牙，1~1.5岁时出第一乳磨牙，1.5~2岁出尖牙，2~2.5岁出第二乳磨牙，20个乳牙出齐应不迟于2岁半。

视力和听力的发育特点

宝宝1个月时开始出现头眼的协调动作，眼睛在水平面上可跟随移动的物体在90度范围内移动。3~4个月时眼睛可跟随移动的物体在水平面上转动180度左右。4~5个月时能认识妈妈，看到妈妈会非常开心。6~7个月时眼睛可垂直方向转动，喜欢颜色鲜艳的东西。婴儿期的视觉是宝宝智力发展的重要源泉，在孩子的床头可以悬挂色彩鲜艳的玩具，以促进宝宝的智力发育。

刚出生的宝宝对妈妈的声音有着很强的分辨力，在众多声音中宝宝能够听出妈妈的声音，而对爸爸声音的分辨度就没有这么高。宝宝在2个周的时候就可以转头寻找声源位置，6个月时能对母亲的语言做出特殊的反应，8个月时能分辨语音的意思，1岁时能听懂自己的名字，3~4岁时宝宝的听觉发育就已经比较完善。

婴幼儿味觉和嗅觉的发育

宝宝刚一出生时味觉比较敏感，对口味的要求比较高，对自己喜好不同的口味也会有不同的反应，当宝宝吃母乳或其他已经习惯的乳制品时，他会表现出非常愉悦的神情，但是当给他更换其他口味的液体时，宝宝则会表现出不愉快的表情，有时候宝宝甚至会哭闹。

宝宝在3~4个月的时候是其味觉发育的关键时期，对食物的微小变化已经很敏感。4~5个月时对味觉反应更加敏感，能感觉到食物味道的微小变化，这个时间可以给宝宝添加各种辅食，让宝宝渐渐适应，这样既能保证宝宝的营养供给，而且还非常有利于防止宝宝以后的偏食现象的出现。

宝宝刚出生时嗅觉比较差，但是出生后几天这种情况就会有所改善，尤其是当宝宝闻到乳香时他就会立即寻找母亲的奶头。宝宝3~4个月时就已经能够区分好闻和难闻的气味。

手眼协调能力的发育

手眼协调能力是婴幼儿发育的重

婴幼儿头部、大脑、牙齿、视力和听力的发育

婴幼儿头部和大脑都是反映宝宝智力发育水平的重要标志，牙齿的发育是衡量宝宝身体发育的重要指标，而其视力发育要远远落后于其听力发育，宝宝尤其对妈妈的声音从一出生就有了很高的辨别力。

婴幼儿头部和大脑的发育

刚出生时头围平均是34厘米，头围过大或过小都是不正常的。

在宝宝1～3个月时，妈妈可采取平、侧卧交替的方式为宝宝塑造完美头型。

婴幼儿牙齿的发育

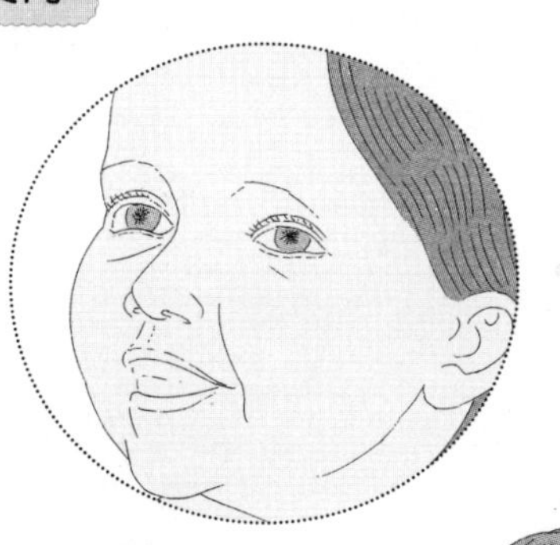

骨骼发育好者出牙及时，牙齿好；反之则出牙不及时，出牙晚。

衡量宝宝全身骨骼的发育状况。

婴幼儿视力和听力的发育

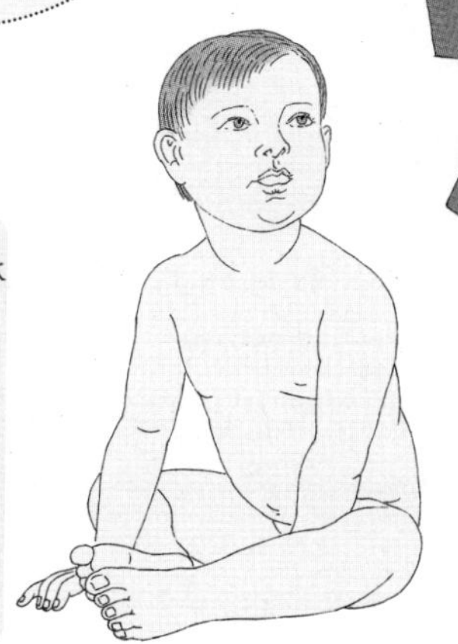

◆ 1个月的宝宝眼睛在水平面上可随移动的物体在90度范围内移动。

◆ 3～4个月时眼睛则可在水平面上移动180度。

◆ 4～5个月时能认识妈妈。

◆ 刚出生的宝宝对妈妈声音的辨认度很高。

◆ 宝宝2个月时可以转头寻找声源的位置。

◆ 3～4岁时宝宝的听觉发育就比较完善。

要组成部分。手眼协调能力的发育可以让宝宝更全面、更完整地认识这个世界。

新生宝宝的手眼协调能力基本上没有，手只会握拳，眼睛受到光线刺激会闭起来。慢慢地，宝宝会注视近处的物体或人的面孔，眼睛和头能随着物体慢慢转动。

3~6个月的宝宝，会把拳头放松，能伸手去抓能抓到的东西，但是满把抓，而不是用手指抓。

6~8个月的宝宝可以在眼睛的视线范围内用双手玩弄玩具。

9个月的宝宝，手眼协调能力进一步发展，能用眼睛去找从手中掉下的东西。

10~12个月的宝宝，会用手指指着自己想要的东西，会用手指抓细小的东西。

1~1.5岁的宝宝，开始玩小汽车等，喜欢翻看带画的图书，喜欢拿着笔在纸上涂鸦。

1.5~2岁的宝宝，能拿着笔在纸上画长的线条。

2~3岁的宝宝，会画横线、竖线、圆圈，能用剪刀剪纸。

由于环境、教育和训练的因素，每个宝宝手眼协调能力的发育程度并不一样，家长应该有意识地训练宝宝的手眼协调能力。

营养与智力发育的关系

宝宝的营养与神经系统的发育有很大的关系，神经系统的发育在很大程度上又代表着智力的发育。

若婴儿期宝宝的营养供给不上的话，其大脑细胞的总数就会减少13%左右，若断奶后营养不良，宝宝大脑细胞的总数就会减少18%左右，若出生前后均营养不良，则大脑细胞总数就会减少60%。

因此，维持营养对宝宝来说是个非常重要的问题，宝宝早期营养不良会使脑细胞分裂期缩短，晚期营养不良会使每个细胞的形状减小。

人类脑细胞发育是一次性的过程，若在脑发育时期营养不良，那么无论将来怎样加强营养，也很难弥补对宝宝的智力不良影响。

所以在宝宝智力发育的关键时期，父母一定要重视宝宝的营养供给，让宝宝的聪明在一开始就成为一种可能。

影响宝宝身高的因素

宝宝的身高主要受以下四方面的影响：

遗传。父母的身高对孩子的身高有很大的影响作用。

营养。婴儿细胞分裂特别快，生

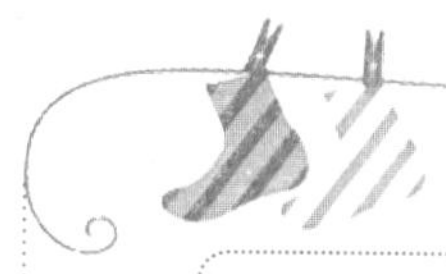

婴幼儿的味觉、嗅觉及其手眼协调能力

婴幼儿的味觉比较敏感，但是嗅觉比较差；其手眼协调能力也是一个渐渐发展的过程。

味觉和嗅觉

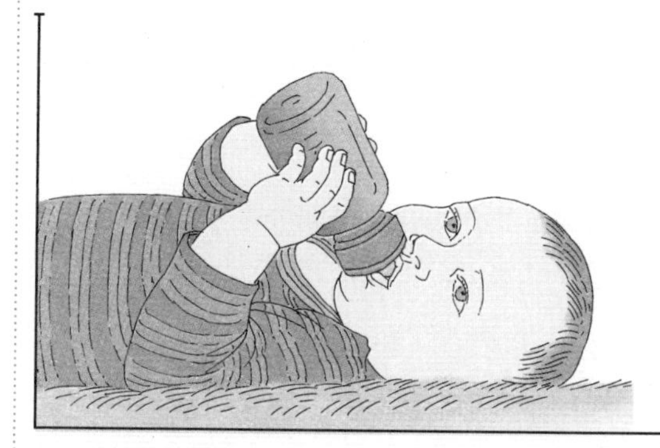

◆ 宝宝刚出生时味觉敏感，对口味的要求比较高，对自己喜好不同的品味也会有不同的反应。

◆ 3～4个月是宝宝味觉发育的关键时期，对食物的微小变化很敏感。

◆ 4～5个月时宝宝对味觉反应更加敏感，这个时间可以开始给宝宝添加辅食。

◆ 刚生出宝宝的嗅觉较差，但出生后几天这种情况就会有所改善。

◆ 3～4个月时宝宝能够区分出好的气味和难闻的气味。

婴幼儿手眼协调能力的发育规律

手眼协调能力

新生儿	手眼协调能力基本没有。
3～6个月的宝宝	能伸手去抓能抓到的东西，但是是满把抓。
6～8个月的宝宝	可在视线范围内双手玩弄玩具。
9个月的宝宝	能用眼睛寻找从手中掉落的东西。
10～12个月的宝宝	会用手指指自己想要的东西。
1～1.5岁的宝宝	开始玩小汽车，喜欢翻看带画的图书。
1.5～2岁的宝宝	能拿笔在纸上画长的线条。
2～3岁的宝宝	会画横线、竖线、圆圈，能用剪刀剪纸。

长发育所需要的各种营养素必需要充足，否则就会严重影响宝宝的身高。

运动。适量的运动可促进新陈代谢，促进营养吸收，促进宝宝的骨骼发育，从而宝宝会长得更高。

睡眠。宝宝睡眠时会分泌生长激素，睡得越深，生长激素就分泌得越多。

宝宝肥胖的三个关键时期

宝宝肥胖有以下三个关键时期：

第一个关键时期：孕末期。孕妇怀孕7~9个月所增加的体重为胎儿的体重，在这一时期如果营养过度，可使胎儿生长过快，脂肪细胞增殖，结果生出一个胖宝宝，如此很有可能导致宝宝将来肥胖。

第二个关键时期：哺乳期。宝宝出生后2~3个月，有些父母担心宝宝会营养不良，就给宝宝过度地喂养食物，导致宝宝很胖，但是身体却不结实，这样对宝宝的身体发育是非常不利的，而且宝宝日后肥胖的可能性是巨大的。

第三个关键时期：青春发育前期。9~12岁是孩子的青春发育前期，在这一时期孩子会加速生长，脂肪细胞也不例外，若此时孩子进食过量而缺乏运动的话，就很容易发胖。

影响宝宝身高的因素

宝宝的身高主要受以下四方面的影响：遗传、营养、运动、睡眠。

遗传

父母的身高对宝宝的身高有很大影响。

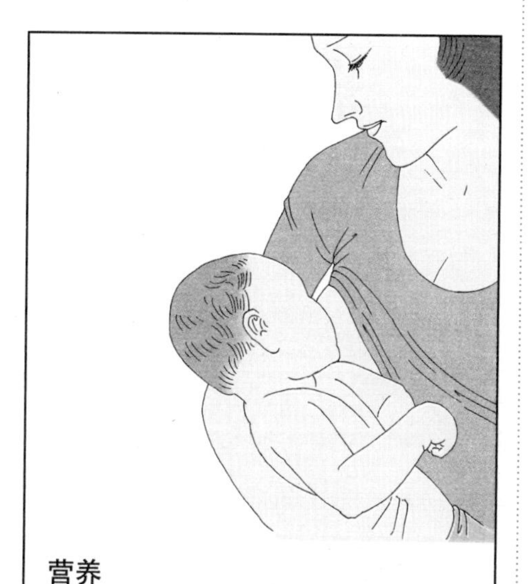

营养

婴儿的细胞分裂很快，需要很多营养。

运动

适量运动可促进新陈代谢及营养吸收。

睡眠

宝宝睡眠时会分泌生长激素，睡眠越深，生长激素就分泌越多。

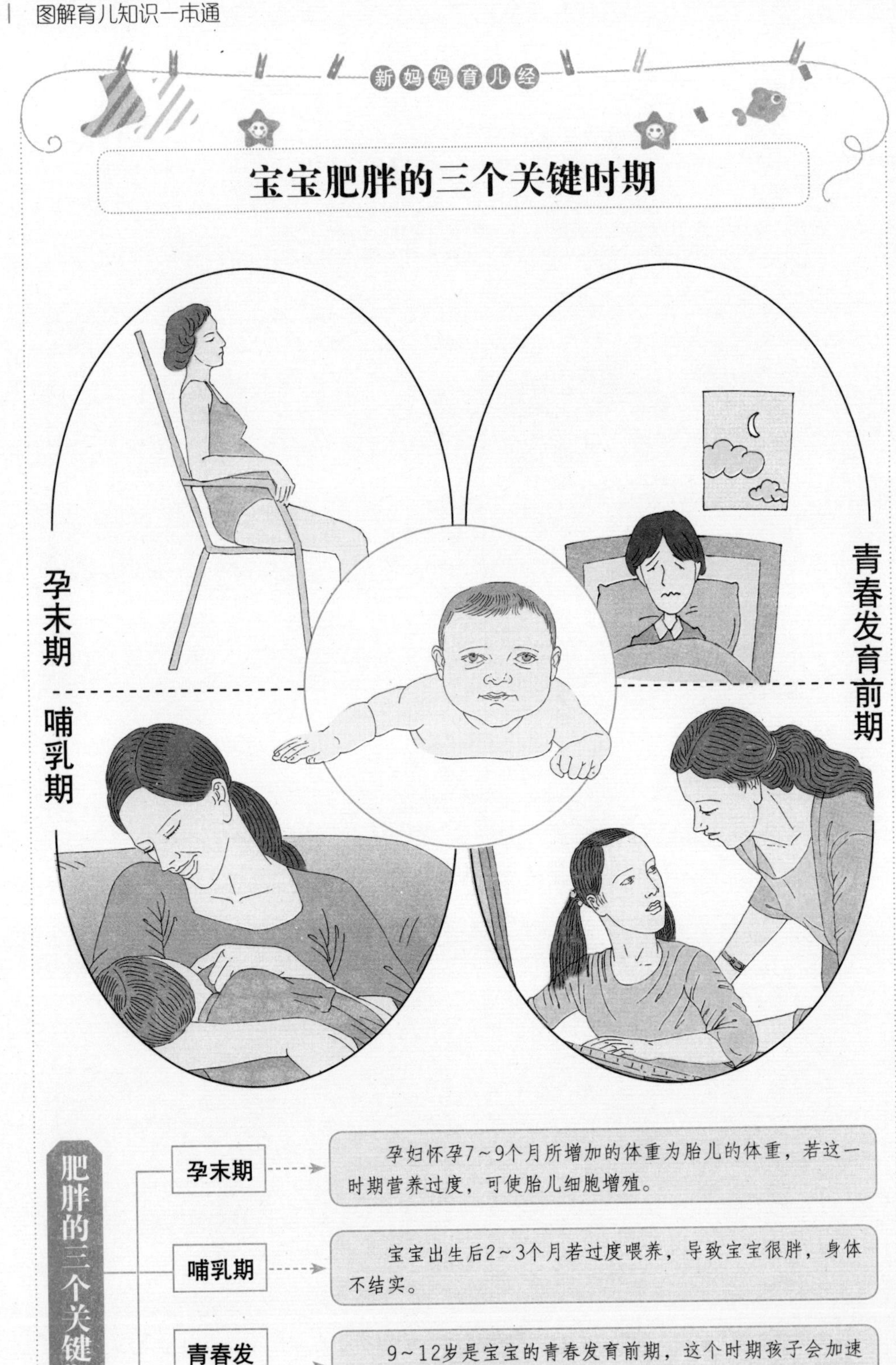
新妈妈育儿经
宝宝肥胖的三个关键时期
孕末期
哺乳期
青春发育前期
肥胖的三个关键期
孕末期
孕妇怀孕7～9个月所增加的体重为胎儿的体重，若这一时期营养过度，可使胎儿细胞增殖。
哺乳期
宝宝出生后2～3个月若过度喂养，导致宝宝很胖，身体不结实。
青春发育前期
9～12岁是宝宝的青春发育前期，这个时期孩子会加速增长，而脂肪细胞也不例外。

婴幼儿营养与智力的关系

婴幼儿的智力与营养有着很大的关系，而且营养也是影响宝宝身高的一个很重要的因素。

营养与智力的关系

营养与神经系统的关系很大

婴儿期营养供给不足	断奶后营养供给不足	出生前后均营养供给不足
大脑细胞的总数会减少13%左右。	大脑细胞的总数会减少18%左右。	大脑细胞的总数会减少60%左右。

营养在儿童发育过程中的作用

人类一半的智能潜力在其出生后到4岁前将继续发育至成熟。如儿童在出生前和出生后第一年营养不足，会严重影响脑发育并导致残疾和神经发育迟缓。

据调查，膳食模式向营养失衡转变，已成为慢性病的重要危险因素。而营养不良则会导致免疫功能受损，以致增加儿童的疾病发生率。

微量营养素缺乏可影响儿童未来的智能，导致儿童时期的生长迟缓，并使成年后劳动生产率降低。

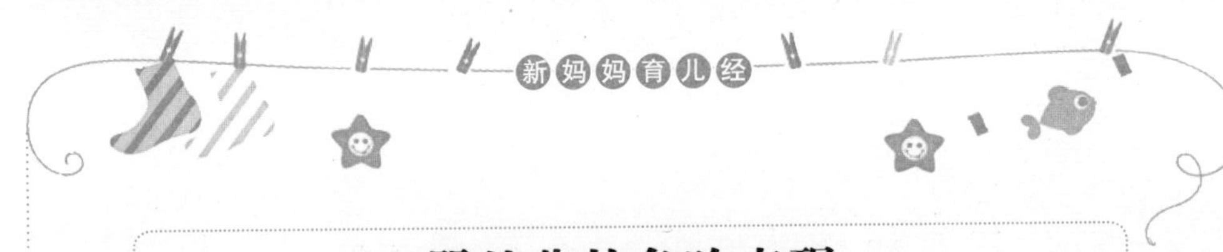

婴幼儿的危险表现

下表中列出了一些婴幼儿的危险表现和小动作及该表现对应出现的时间，横向为婴儿的出生时间，纵向为婴幼儿的一些危险表现。（■ 注意；■ 危险；□ 正常）

孩子的表现	1月	2月	3月	4月	5月	6月	7月	8月	9月	10月	11月	12月	13月	14月	15月
身体发软															
自发运动减少															
痉挛发作															
哭声微弱															
易惊吓															
好打挺															
身体发硬															
哺乳困难															
固定姿势															
不会笑															
不能抬头															
手紧握															
持续哭闹															
坐位时头部不能竖直															
反应迟钝															
不能伸手抓物															
叫名字无反应															
不能抓东西送到嘴边															
注视手，不能翻身															
不能使用下肢															
不用单手抓玩															
不会坐															
手笨，捏东西不灵活															
不会爬															
不能抓东西站立															
用脚尖站立															
不会与人再见															
不会独立站立															
不会走															
流口水															
吃手															

婴幼儿智力发育判定标准

以下表作为筛查标准，可以及时发现神经发育的超常或迟缓儿童，对孩子将来的智力开发有极大的帮助。

时间（距出生时间）	孩子表现
1.7～3.1个月	叫名字有反应
3.1～4.1个月	能分辨母亲
4.1～5.2个月	看到物体想要伸手抓
5.3～6.9个月	照着镜子笑
7.0～9.0个月	发爸妈单音
9.6～10.6个月	会与人再见
10.2～13.5个月	学说话
13～18个月	可在纸上乱画
18个月～3岁	可自己洗手
3～4.3岁	可与同龄人对话
4.3～5岁	能说反意词
说明：动作提前一个月出现有可能是超常儿童； 动作落后三个月以内为迟缓儿童； 动作落后三个月以上为异常儿童。	

学龄前儿童的身体发育特点

3~6岁称为学龄前期。这个时期孩子的体重增长低于身高的增长，所以就会看到孩子长高了，瘦了，这也与孩子的活动量增加有很大关系。孩子的抵抗力有了很大的提高。孩子的好奇心也极其强烈，模仿力强，语言能力也大增，对一些事物有了自己的看法，这时家长要注意孩子良好行为习惯的培养。

骨骼硬度

学龄前儿童的骨骼硬度较小，弹性较大，因而比较容易发生变形，如果宝宝长期姿势不正确或受到外伤，就会引起骨骼变形或骨折。所以家长要在平时注意宝宝坐立、行走的正确姿势，桌椅、床铺等设施都要适合宝宝的身体发育特点，否则就会很容易导致宝宝出现驼背、佝偻等疾病。

在这个阶段，宝宝的手腕、脚踝也都未发育完善，所以父母在给宝宝选择体育项目时，应该选择强度较小，内容多样的锻炼项目，如选择跳皮筋、飞碟、踢小皮球、拍小皮球、打小篮球、体操、游泳、短暂的跑步训练等体育运动，这些项目既有助于增加宝宝的身高，又不会伤害身体。对于这个时期的宝宝父母一定要注意宝宝的活动时间不宜过长，活动量也不宜过大，否则很容易就会伤害到宝宝发育仍然不够成熟的身体。

肌肉的发育和皮肤

学龄前儿童的肌肉发育仍然处于不平衡阶段，大肌肉群发育得早，小肌肉群发育还不完善，而且肌肉的纤维较细，肌肉的力量差，因而会特别容易疲劳和受损伤。这个阶段肌肉发育的特点为，跑、跳已经很熟练，但是宝宝的动手仍然很笨拙，一些比较精细的动作还不能够很好地完成。

这个时期儿童的皮肤非常娇嫩，特别容易受伤或受到感染，对温度的调节功能比成人差，因此当外界温度突变时，容易受凉或中暑，因此要及时增减衣服。

心肺的功能和血含量

学龄前儿童心肺的功能比成人要差，儿童的心肺体积比例大，心脏的收缩力差，平均每分钟心跳90 ~ 110

学龄前儿童的骨骼、肌肉和皮肤

学龄前儿童的骨骼硬度较小，弹性较好，而且肌肉的耐力比较差，这时候的宝宝一定不能从事过于剧烈的运动，宝宝会很容易感觉到疲劳和受损伤。

骨骼硬度

学龄前儿童骨骼硬度小，弹性较大，比较容易发生变形。

宝宝的手腕、脚踝未发育完善，应选择强度软小，内容多样的运动项目。

若宝宝长期姿势不正确或受外伤，就会引起骨骼变形或骨折。

肌肉和皮肤

学龄前儿童肌肉纤维较细，肌肉力量弱，因而特别容易疲劳和受损伤。

跑、跳已经很成熟，但动手很笨拙，精细动作不能成功完成。

皮肤对温度的调节功能差，外界温度突变时，易受凉或中暑。

皮肤娇嫩，易受伤或容易受到感染。

次，大强度的运动，会使儿童的心脏负担加重，影响身体健康，因而这个阶段不宜给宝宝安排强度过大太剧烈的运动。肺的弹性较差，对空气的交换量较少，所以儿童呼吸时频率很快，许多儿童为了方便呼吸，养成用嘴呼吸的习惯，易患感冒、肺炎。因此要及时纠正这种习惯，让他们学会用鼻子呼吸。

儿童身体中的血含量比成年人多，但是儿童身体中血液里水的成分较多，凝血物质少，出血后血液的凝固速度慢。正常的血色素为13～14克，低于13克为贫血。儿童淋巴细胞较多，嗜中性白细胞较少，所以易感染各种传染病，因此要注意通过合理科学的适量运动和合理饮食来增强体质，提高抵抗力。

听觉、嗅觉和排尿

学龄前儿童的听觉和嗅觉能力非常强，但是外耳道却比较狭窄，到3岁时外耳壁还未完全骨化和愈合，而且他们的咽鼓管即鼻咽腔与鼓室之间的通道比成人粗短，呈水平位。因此，要注意耳鼻的卫生，防止水进入耳内引起中耳炎。

学龄前儿童的排尿次数多，控制力差。这是因为现阶段儿童的膀胱肌肉层较薄，弹性差，贮尿机能弱，再加上神经系统对排尿过程的调节作用差而形成的。因此，在儿童兴奋或疲劳时特别容易遗尿。另外由于女孩的尿道口经尿道入膀胱的距离短，容易感染，特别要注意外阴的卫生。

呼吸系统的发育

学龄前儿童的呼吸道比成人短而狭，组织柔嫩，呼吸道黏膜易受损伤，呼吸道壁的血管和淋巴管较多。肺泡比成人小，胸廓发育与胸廓肌肉较成人差。因此，这个时期宝宝肺部的弹性较差，胸廓狭小，肋骨是水平的，所以呼吸较浅，呼吸次数较成人多。

这个阶段，要注意宝宝生活环境中空气要流畅，并注意躺、坐的姿势，以免妨碍胸廓的正常发育。

宝宝锻炼身体，多进行一些户外活动，都可以加强呼吸锻炼，使宝宝有比较深长得均匀呼吸，以便充分供给身体需要的氧，促使体骼的发育。

神经系统的发育

3岁的孩子，由于大脑神经系统发育迅速，他们的头部看上去会显得特别大，此时脑的重量已经是出生时的3倍，大约为1000克；当宝宝长到4岁时大脑的重量为出生时的4倍；当

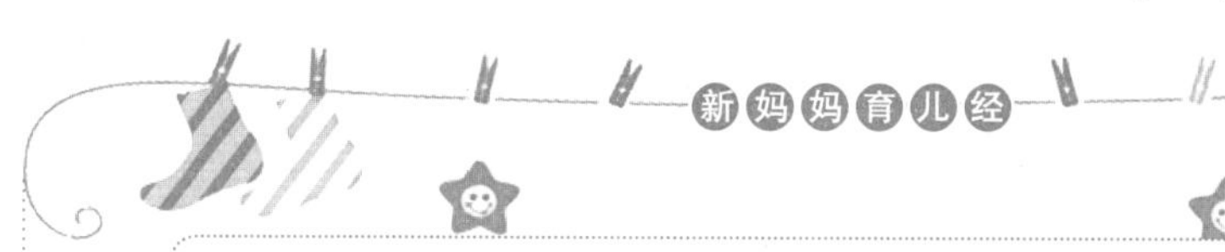

学龄前儿童的心肺功能和呼吸系统

学龄前儿童的心肺功能差，呼吸道比成人短而狭，呼吸较浅，呼吸次数较成人多。

心肺功能

心肺体积比例大，心脏收缩力差。

肺的弹性较差，对空气的交换量少。→ 呼吸频率快，用嘴呼吸。

大强度的运动 会加重心脏的负担，影响 身体健康。

易患感冒、肺炎。

不给宝宝安排强度过大的运动。

让孩子学会用鼻子呼吸。

呼吸系统

肺部弹性差，胸廓狭小，肋骨是水平的。

宝宝呼吸浅，呼吸次数较成人多。

宝宝所处环境空气要流畅，注意躺、卧姿势。

适量的户外运动可供给身体充分的氧气。

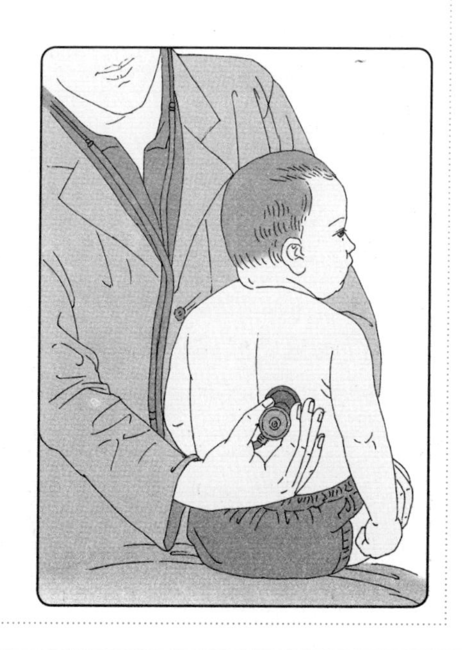

宝宝长到5岁时脑的大小和重量已与成人脑十分接近。学龄前期结束时，几乎所有皮质传导纤维都已髓鞘化。在宝宝大脑发育最快的时期，环境的刺激可以极大地影响大脑神经通路的结构与功能，其可塑性、代偿功能也很强，是记忆力特别强的时期，所以爸爸妈妈若在这个时期加强宝宝的早期教育，那么肯定会收到事半功倍的效果。这个时期宝宝脑的功能不断趋向成熟，但是神经系统的兴奋与抑制往往不平衡，单纯或过多、过久的活动容易引起疲劳。由于他们的兴奋过程强于抑制过程，所以，学龄前儿童表现得易激动、好活动、自控能力较差，有时玩起来达到入迷的程度，吃饭、睡觉都不顾了。所以，在这个时期，家长一定要注意防止孩子过度兴奋和疲劳，不能任其自然，否则会非常影响宝宝的生长发育。

循环系统的发育

学龄前儿童心脏的发育比较迅速，5岁宝宝心脏的重量为出生时的4倍，但容量仍然比较小，而且负荷力比较差。这个阶段宝宝的心率比较快，这主要是由于宝宝的新陈代谢旺盛，身体组织需要更多的血液供应，而心脏每次搏出量有限，因而只有增加搏动的次数以满足需要。同时这个时期宝宝的迷走神经兴奋性较低，交感神经占优势，所以心搏比较易加速。正常情况下，3~4岁的宝宝，其心率为100~120次/分；5~7岁的宝宝，其心率为80~100次/分。所以，因为这一点，宝宝也还不能进行长时间或剧烈的活动。

消化系统的发育

学龄前儿童的消化功能逐渐与成人接近，4岁的孩子食谱渐渐地接近成人，6岁的孩子可与家人共同享用美味的食物。但是这个时期的宝宝营养需要量仍相对比较高，蛋白质、脂肪、碳水化合物的供应比例应为1∶1.1∶6，粮食的摄入量应丰富，以保证骨骼和肌肉的发育。

在这个时期，家长应重视宝宝营养的平衡。这个时期宝宝的膳食虽然已经接近了成人，但还是应该注意膳食平衡，爸爸妈妈应掌握饮食品种多样化、荤素菜搭配、粗细粮食交替的原则。除了主餐外，还可在下午加点心1次，以补充能量。烹调应注意色、香、味，以提高食欲。应让孩子养成自己进食，不需成人照顾的好习惯。定时、定点、定量进食，注意饮食卫生。纠正吃零食、挑食、偏食或暴饮暴食、饥饱不匀等坏习惯。

学龄前儿童消化系统的发育

儿童在成长发育的过程中有着多种因素的影响，其中，营养作为脑发育的物质基础在儿童生长发育中至关重要，甚至对儿童一生的健康状况和发展都有影响。

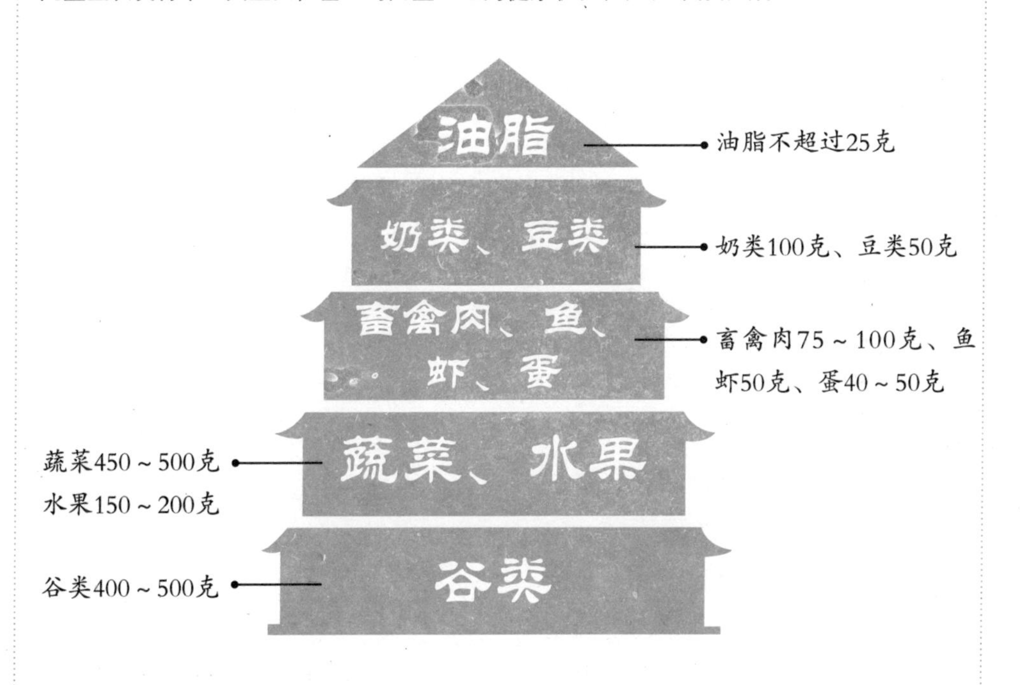

学龄前儿童的身体发育总的来讲还不完善，他们对各种疾病的抵抗能力还很弱，因此在加强锻炼的同时，还要帮助他们养成良好的个人卫生习惯，并且还要注意饮食营养。

4 婴幼儿早期培育：开发八大智能

宝宝受欢迎是每一位家长发自心底的愿望，那么我们如何做才会让自己的宝宝变得聪明，让宝宝成为受欢迎的人呢？让我们一起来认识一下当今世界最重要的早教理论：开发宝宝的八大智能。

八大智能理论

八十年代，美国著名发展心理学家、哈佛大学教授霍华德•加德纳博士提出多元智能理论，这个理论被广泛地应用于欧美国家和亚洲许多国家的幼儿教育上，并且获得了极大的成功。他指出人有八项智能，分属于人的左脑和右脑，人的智商和情商均由这八大智能决定。那么究竟是哪八大智能呢？

它们分别是语言智能、数学逻辑智能、空间智能、身体运动智能、音乐智能、人际智能、自我认知智能、自然认知智能。

一个人的八大智能开发得好，其各项智能得到了均衡发展，那么他就会成为一个综合素质很高、非常优秀、非常了不起的人！让我们一起来具体学习一下八大智能吧。

语言智能

语言智能是人综合运用语言表达自己思想并能理解他人的能力，是人类最早表现出来的智能，一个具有很强语言智能的人能够用语言精练、准确地表达自己的意思。语言智能突出的人适合的职业是：政治活动家、主持人、律师、演说家、编辑、作家、记者、教师等。

语言智能概括起来有四个要素：听、说、读、写。很多父母在宝宝很小甚至还是胎儿的时候就开始注意开发宝宝的语言智能了，如给胎儿来点轻音乐，给小宝宝说会儿话，虽然这些小举动看似简单，却是开发宝宝语言智能不可或缺的第一步：培养宝宝听的能力。拥有好的智能在每个领域或专业都是非常有用的，爸爸妈妈从一开始就注意开发宝宝的语言智能，让宝宝赢在起跑线上。

八大智能理论

人有八大智能，它们分别是语言智能、数学逻辑智能、身体运动智能、音乐智能、空间智能、自然认知智能、人际智能和自我认知智能。

左右脑功能结构

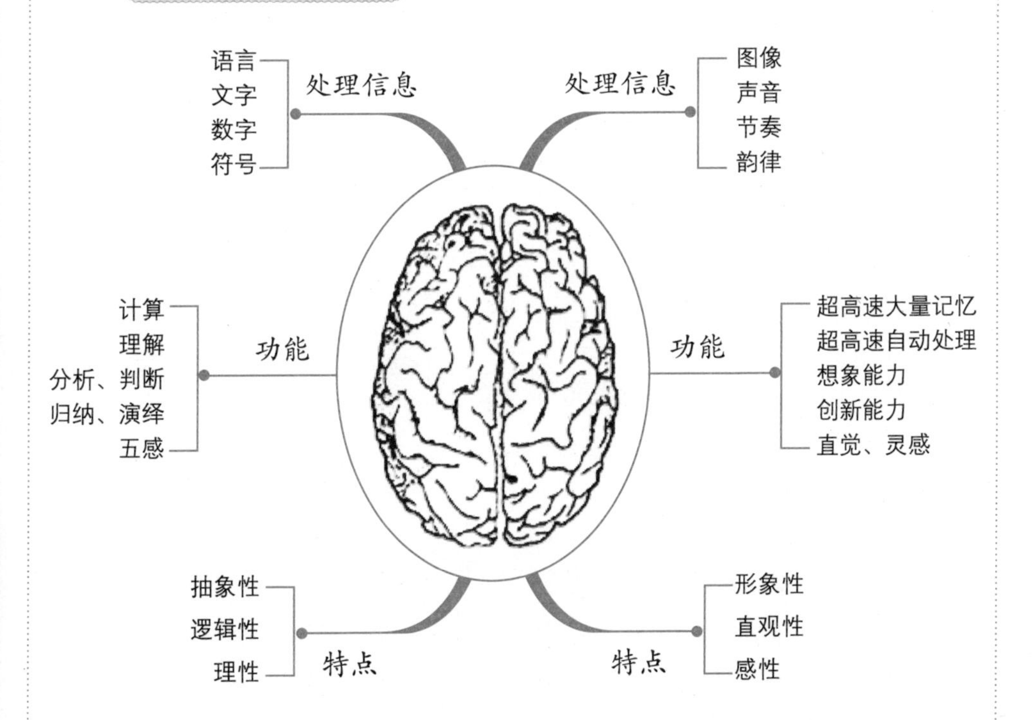

开发语言智能的重要性

语言智能的本质是人的表达。表达力是人的一切能力的基础：优秀的艺术作品是画家思想的表达，美妙的音乐是音乐家情感的表达，人际交往中的人际智能需要以良好的语言表达能力为基础……语言智能是其他智能发展的基础，良好的语言智能有助于其他智能的发展。比如，学数学时首先需要能够读懂题意，内省智能的发展和运作也需要良好的语言智能……

人与动物的本质区别在于人能用语言进行沟通，表达情感。口头表达让我们的思维更清晰更有条理，逻辑性更强；阅读使人们能够认识那些并未亲身经历的物体、场景、事件及概念；写作则使人能够与素昧平生的人进行交流。通过语言及其思维能力的发展，人类能够记忆、分析、解决问题、策划未来并进行创造发明。

所以，开发语言智能的重要性不言而喻！从宝宝很小的时候就注意开发宝宝的语言智能的父母是明智的。

语言智能开发较好的表现

与其他的宝宝相比，语言智能开发得比较好的宝宝一般地会有以下6种表现：

1.宝宝很早就学会了说话。比如看到妈妈，比较早地就会叫“妈妈”了，看到爸爸，比较早地会叫“爸爸”了；对于周围熟悉的事物，宝宝比较早地就对它们有了概念，而且还能说出它们的名字。

2.喜欢问为什么。比如“妈妈，我是从哪儿来的呀？”、“小鸟为什么会在天上飞呀？”、“鱼儿为什么会在水里游呀？”，他会有很多很多的问题，特别喜欢打破砂锅问到底。这样的宝宝语言智能开发得比较好，而且大脑思维比较活跃，有了很强的求知欲。

3.喜欢与人交流并能完整清晰地表达自己的意见，比较有主见。

4.理解力强，能很快地理解他人说话的大意，而且还能够完整地重复讲下来。

5.喜欢听故事、讲故事。即使妈妈讲的故事很长，宝宝也会很有耐心、很专注地听完。

6.比较早地就懂得体贴爸爸妈妈。如看到妈妈累了，主动给妈妈捶捶腿，看到爸爸累了，主动给爸爸倒杯水。

如何开发宝宝的语言智能

开发宝宝的语言智能，越早开始越好。具体地，有以下6点供爸爸妈妈参考：

1.在日常生活中多和宝宝交流。在给宝宝喂食物时，可以说出食物的名字，并引导宝宝多和自己说话，比如，“宝宝要吃香蕉了”，“宝宝以前还吃过什么水果呀”……带宝宝出去玩时可以说，“宝宝是不是想去花园玩呀”，“宝宝，这位漂亮姐姐很喜欢你哟”……

2.多给宝宝唱歌听。爸爸妈妈不用担心自己唱歌跑调，只要保证自己的声音是柔和的，充满爱意的就可以了，因为这样做可以使宝宝的心情平

多元智能理论

美国哈佛大学著名的多元智能理论，证实每个孩子都拥有八大智能。

八大智能在人脑中的分布

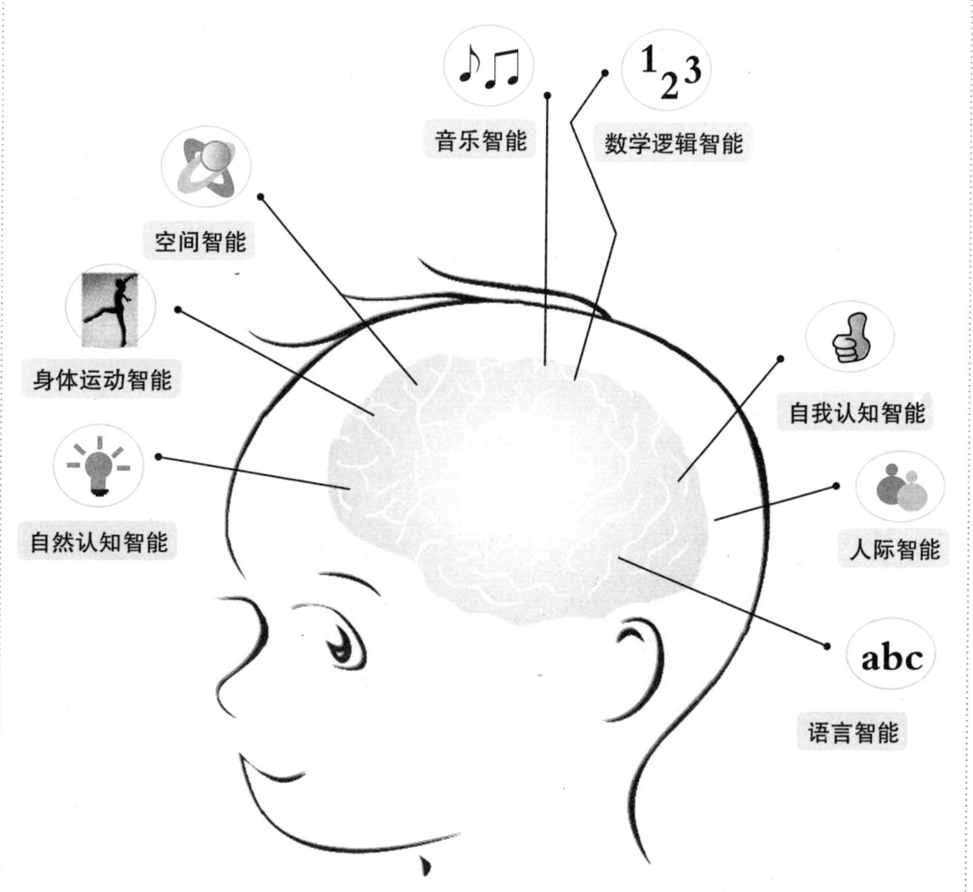

静，更容易让宝宝变得很聪慧。

3.亲子阅读不可少。语言智能的本质是表达能力，若把表达视为输出，那么宝宝的倾听就是输入，没有输入何谈输出呢？所以倾听声音对于婴幼儿来说非常重要，“听觉阅读”十分利于婴幼儿语言智能的发展。富有感染力的故事朗读即使宝宝年龄小暂时听不懂，但对宝宝语言智能的开发也会有促进作用。

4.让宝宝看图画书。图画书是婴幼儿从理解图画符号到文字符号，从学习口头语言到掌握书面语言的过渡时的得力助手，在宝宝口头语言向书面语言转换过程中架起了一座桥梁。因此，让宝宝看图画书，应该得到家长得重视。

5.让宝宝学习另外一种或几种语言。3岁以前是宝宝的语言敏感期，这个时期宝宝的大脑几乎就是一张白纸，给他什么他就吸收什么，而且给他一滴他就吸收一滴，给他一杯他就吸收一杯。让宝宝多学一门语言，就是让宝宝多一双眼睛看世界，统计表明，掌握多门语言的宝宝要比仅掌握一门语言的宝宝智力水平高很多。在这个时间里，爸爸妈妈一定不能低估了宝宝的学习力和吸收力。

6.给宝宝听一些优秀的儿歌，家长可以借助音乐对宝宝产生的强烈的感染力，一则可以让宝宝辨别美妙的旋律，培养宝宝的听力水平，二则可以使宝宝在听听唱唱中不知不觉地就丰富了词汇，对于开发宝宝的语言智能非常有好处。

开发宝宝的语言智能

1.不要低估宝宝的语言能力，要重视和婴幼儿的沟通。科学研究表明，胎儿4个月龄以后，就渐渐具有了接受语言、声音刺激的能力。一般地，宝宝脑内的“听觉地图”大概在宝宝1岁左右完成。在宝宝1岁之前给他输送越多的明确清晰的声音，越能促进其大脑内听觉神经元的敏感性。在日常生活中，妈妈作为宝宝的第一任老师，多多和宝宝说话，在给宝宝喂奶时，可以说：“宝宝，我是妈妈呀，是不是饿了呀？妈妈给你喂奶好不好？”。如此，当宝宝的语言积累达到了一定的程度，那么无论其智力发育还是语言表达，到时肯定会给爸爸妈妈一个大大的“surprise”。

2.不要习惯用“奶话”和宝宝说话。“奶话”即儿语，如“汪汪”（狗），这样的语言形象、生动、好玩、有趣，但是长期用这样的语言说话，会延迟宝宝过渡到说完整话的时间，会大大影响宝宝语言表达能力的提高，在日常生活中，爸爸妈妈应将理性词汇和感性词汇结合起来，通过科学合理的教育引导宝宝语言能力的发展。

3.不要过分纵容宝宝的要求。如宝宝想出去玩，小手就会向门或窗户外面指去，这时候大人肯定就会明白

开发宝宝语言智能的方法

开发宝宝的语言智能有一定的规律和技巧可循，具体地，我们介绍以下六种方法。

开发语言智能 →  ← 让他（她）成为最聪明的宝宝

1. 多和宝宝交流，是最简单、最有效而且最易事半功倍的方式。
2. 多给宝宝唱歌听，让宝宝更安静、更聪慧。

3. 亲子阅读不可少。

4. 让宝宝看图画书。

5. 学习另一门语言。
6. 听优秀的儿歌。

开发语言智能

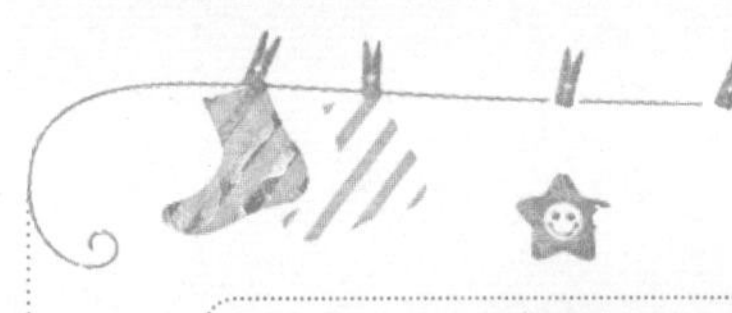

开发宝宝语言智能的注意事项

开发宝宝的八大智能，就需要避免以下几种不正当的行为：

低估宝宝的语言能力，不重视和宝宝沟通

应 在日常生活中，多和宝宝说话。

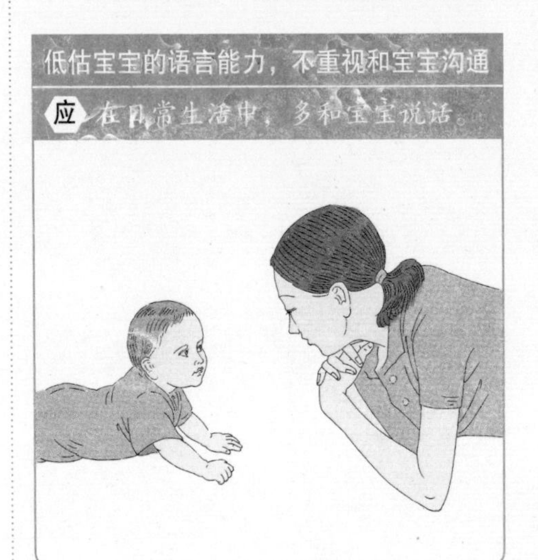

习惯用“奶话”和宝宝说话

应 用规范的语言和宝宝说话。

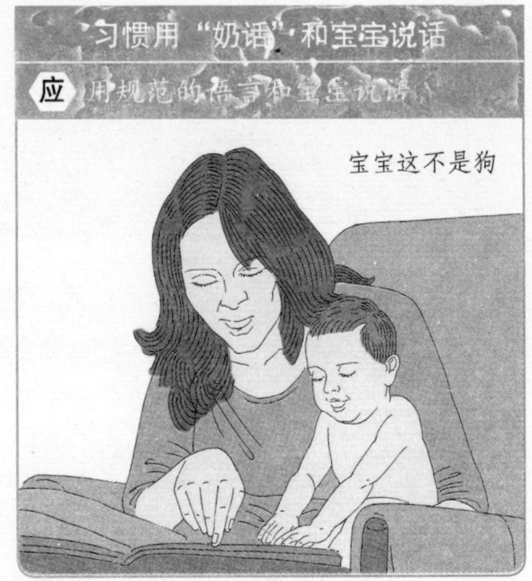

过分纵容宝宝的要求

应 珍惜每个锻炼宝宝表达的机会。

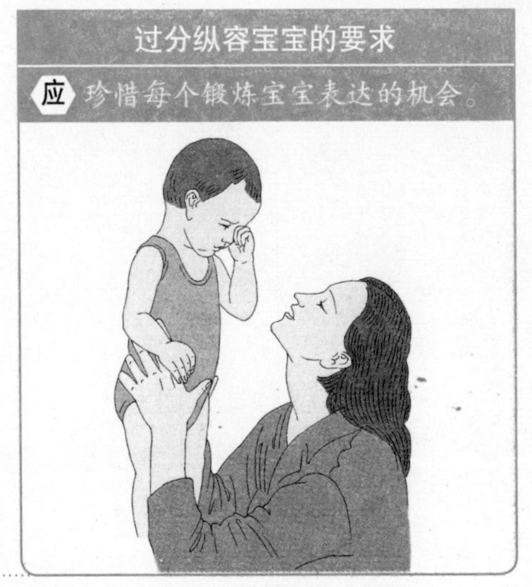

推迟宝宝学习另一门语言的时间

应 让宝宝在2～3岁时学习另一门语言。

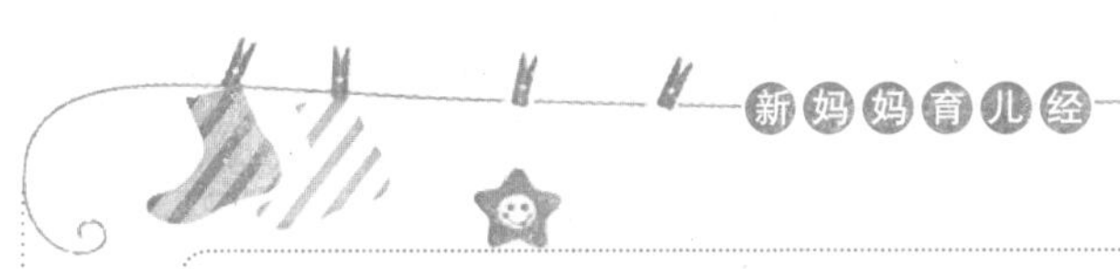

开发宝宝语言智能的必要性

语言智能是其他智能发展的基础；其本质是人的表达，而表达力是人的一切能力的基础。

语言智能与其余智能的关系

语言与智能

数学逻辑智能

口头表达让我们的思维更清晰、更有条理，逻辑性更强。

自然认知智能

自然认知智能很大意义上是学习力，而需要以理解力为基础。

人际智能

人际智能更多的是依赖口头来表达。

自我认知智能

自我认知即自我对话，自我反省，自我约束，是自我的表达能力。

空间智能

空间智能包括视觉辨别能力和形象思维能力，而后者需要以语言智能中的理解力为基础。

身体运动智能

肢体动作是人内心思想的另一种表达方式。

音乐智能

2项智能分属人脑的左脑和右脑，2项智能的共同开发有利于宝宝左右脑的平衡发展，让宝宝更聪明。

语言智能是人类与这个世界连接最重要的工具。

语言智能开发好的宝宝的特点

宝宝很早就学会了说话

喜欢与人交流

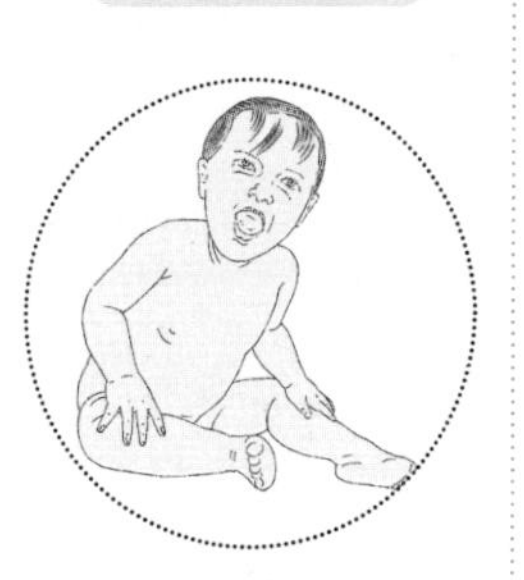

喜欢问为什么

宝宝理解力强

喜欢听故事、讲故事

宝宝的意思，于是就带宝宝出去玩。其实，仔细想想，这个时间段里失去了一个教宝宝说话的绝佳机会。这个时候家长可以趁机教宝宝说话，可以把宝宝抱到门口，他会努力说“玩、玩”，家长也可以教宝宝说“出去玩”。慢慢地，宝宝就会明白，要想达到什么样的目的，就要把它说出来，这样，宝宝学习语言的积极性肯定会提高很多。

4.担心宝宝会混淆因而推迟宝宝学习另一门语言的时间。2～3岁是宝宝第一门外语学习的最好时机，这个时候宝宝的母语习惯已基本形成，学习外语不会影响宝宝第一语言的发展。宝宝的大脑具有自动分辨能力，所以宝宝可以同时学多门语言而不会混淆。

三岁以前，孩子舌头最具弹性，发音模仿力最强，可塑性最强，如果错过三岁之前的敏感期，没有给予大脑这方面的足够刺激，部分脑神经细胞就会因无用而萎缩。

数学逻辑智能

数学逻辑智能是指有效地计算、测量、推理、归纳、分类，并进行复杂数学运算的能力。这项智能包括对逻辑的方式和关系，陈述和主张，功能及其他相关的抽象概念的敏感性。数学逻辑智能开发好的人适合的职业是：科学家、会计师、统计学家、工程师、电脑软件研发人员等。

数学逻辑智能本质上是分析问题和解决问题的能力，它是人类八大智能中最重要的基础智能之一。人类认识自然界的一个重要方面就是认识自然界的各种数量关系和形状、空间概念，并通过利用这些数量关系和形状、空间概念改造自然。

唯有数学逻辑智能得到了充分开发，宝宝才有可能在未来的高科技社会里能够有所作为。

宝宝数学逻辑智能发展的五个关键时期：

第一个关键期：9～12个月。这个时期的宝宝具备一定的语言理解能力，通过理解一些字词句（如“多”、“少”、“轻”、“重”、“大”、“小”等）而能够理解最初级的数的概念。

第二个关键期：22个月。很多爸爸妈妈会发现这个时期的宝宝可以口头数“1，2，3……”了。原来，这个时期是婴儿掌握初级数概念的关键期，父母如在这个时期教宝宝口头数自然数，这将会在宝宝幼小的大脑中建立最初的数字概念，非常有效地开发了宝宝的数学逻辑智能。

第三个关键期：2岁半左右。2岁半左右是孩子计数能力发展的关键期，能掌握初级的数概念，如知道一

宝宝数学逻辑智能发展的关键期

宝宝数学逻辑智能开发有五个关键时期：9~12个月、22个月、2岁半左右、5岁左右和学龄期。

9～12个月，宝宝能理解最初级的数的概念："多"、"少"、"轻"、"重"、"大"、"小"……

↓

22个月左右，宝宝可以口头数"1，2，3……"

↓

22个月左右，宝宝能掌握初级的数概念，如一个苹果、一个皮球……

↓

5岁半左右，宝宝可以进行抽象的运算，如"1+1=2"、"2-1=1"……

↓

学龄期，宝宝心算能力发展、掌握空间概念的运用关键期

1 2 3 4 5 6 7 8 9 10

个皮球或一个苹果等。

第四个关键期：5岁左右。5岁左右是幼儿掌握数学概念、进行抽象运算以及综合数学能力开始形成的关键期。

第五个关键期：学龄期。则是孩子心算能力、掌握数学概念以及掌握空间概念的运用关键期。这与婴儿时期进行的系统训练是分不开的。

婴儿期是宝宝数学逻辑智能开始发展的重要时期，如果关键期宝宝能得到科学系统并且具有个性化的训练，那么幼儿期宝宝相应的数学能力会得到理想的发展，而一旦错过关键期则会造成发展不足，以后就是花费几倍的气力也难以补偿。我们每个人都喜欢一劳永逸，亲爱的爸爸妈妈，千万不要错过黄金时间！

数学逻辑智能较强的表现

1.喜欢数数儿，对数字也特别感兴趣。

2.喜欢比较。宝宝平时喜欢比较哪个大，哪个小，哪个重，哪个轻。

3.宝宝喜欢收集并且能够有序列地排列自己所收集的物品。

4.宝宝较早地就学会了数字的计算。

5.能够比较有策略地玩游戏。

6.宝宝能够较早地学会使用计算机。

开发宝宝的数学逻辑智能

1.一起数玩具。晚上睡觉之前，父母可以协助宝宝把自己的玩具收拾好，借此机会来开发宝宝的数学逻辑智能。父母可以和宝宝一起大声数玩具，数完一件放好一件，慢慢地，宝宝就可以自己数和放玩具了。

2.数楼梯的台阶。上下楼梯会让宝宝感到疲倦无味，这时父母可以用一些有趣的方法，不仅能让宝宝智能有所提升，而且宝宝的身体也会得到一定的锻炼。父母可带领孩子一级台阶一级台阶地数楼梯的阶数，在不知不觉攀爬楼梯的过程中，宝宝的数学逻辑智能就会提高。

3.增减衣物学数学。天气暖和了，衣服要减少；冬天天气冷，衣服要相应地增加。在这个过程中，可以和孩子一起数衣服的件数。宝宝在此过程中就会把天气冷和要保暖及穿厚衣服，天气热和要凉快及穿薄衣服联系在一起，让宝宝从具体的生活经验中提升本体感觉，认识自然。

4.数纽扣儿。在穿脱衣服时可以让宝宝自己系纽扣，从上往下系，或是从下往上系，让宝宝的数学逻辑智能得到提升。

5.玩积木提供具体的数量与物理

开发宝宝数学逻辑智能的几种有效方式

在日常生活中，开发宝宝数学逻辑智能的方式有很多，只要爸爸妈妈您有心，能够利用生活的点点滴滴来开发宝宝的数学逻辑智能，宝宝就肯定不会让您失望。

一起数玩具

数楼梯的台阶

增减衣物学数学

数纽扣儿

玩积木

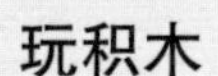

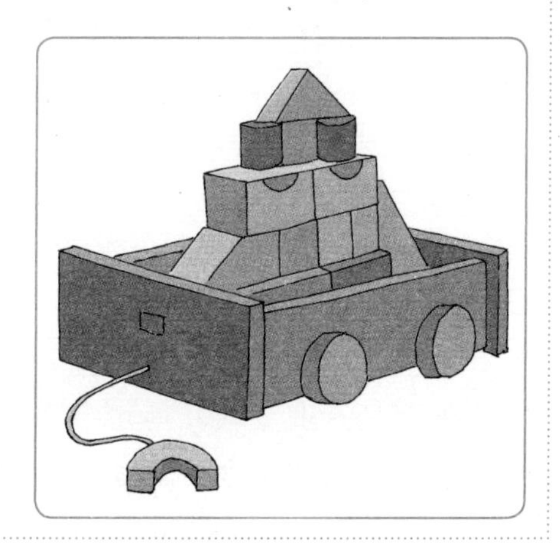

关系。把一盘积木拿给宝宝，不刻意要求他怎么玩。大部分的宝宝就会开始把积木堆高，或把积木排长（当然也有些会一个个捡起来丢），智能高些的孩子甚至会用积木造桥、造车或创造其他形状结构。堆高积木够高时就会倒，使用的积木在那里多放或少放就会改变形状，要做一样长短或高度时两排积木需用的数量必须相同，很多这一类的数学物理原理，都在宝宝玩积木时给宝宝在无意中学到了。

身体运动智能

身体运动智能是指善于运用整个身体来表达思想和情感、灵巧地运用双手制作或操作物体的能力。这项智能包括特殊的身体技巧，如平衡、协调、敏捷、力量、弹性和速度以及由触觉所引起的能力。他们适合的职业是：运动员、演员、舞蹈家、外科医生、宝石匠、机械师等。此项智能优势的孩子喜欢运动、协调机能好，能较好地控制身体。喜欢跳舞，善于用身体来表达情绪。

开发身体运动智能的意义

3岁前是开发婴幼儿运动潜能的敏感期，适宜的运动不但能强身健体，而且能提高身体活动的准确性、灵活性、协调性。在宝宝动作发展的关键期，从抬头、翻身、坐、爬、站立、走、跑、跳、蹲、钻以及手眼协调，形成一环扣一环的动作发展阶梯，一步领先则步步领先。

运动能力的高低是衡量大脑成熟度的一个重要指标，婴儿期的健身运动锻炼了孩子的胆量、毅力、自信、自控能力，对未来良好个性的形成会起到很大的积极作用。运动使宝宝明白自己很有力量，能驾驭很多事物，这对形成积极的自我意识起着重要作用；运动能力强的宝宝很快会成为大人夸奖的宝宝，成为其他小宝宝学习的榜样，成就了他在同伴中的自信和威信。

身体运动能力强的表现

1.学爬行和走路的时间比同龄宝宝早。

2.活泼好动，长时间坐在一个地方会烦躁不安。

3.动手能力强，想象力丰富，喜欢拆装物品，喜欢摆弄魔方等。

4.喜欢爬上爬下和冒险，对于陌生的物体，喜欢用手触摸。

5.反应快，动作灵活。

6.善于模仿他人的语言、动作。

当宝宝出现以上表现时，说明宝宝的身体运动智能良好，父母应积极

教宝宝折纸

宝宝活泼好动、心灵手巧、身体健康是每位家长的心愿。下面我们介绍两种折纸游戏供您参考。

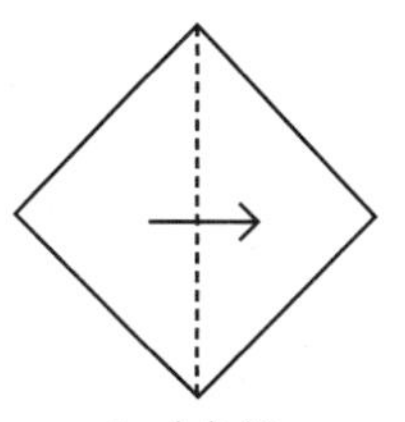
1.对角折

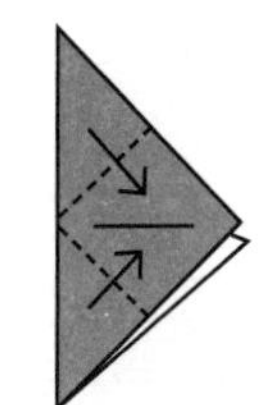
2.两角向中心折

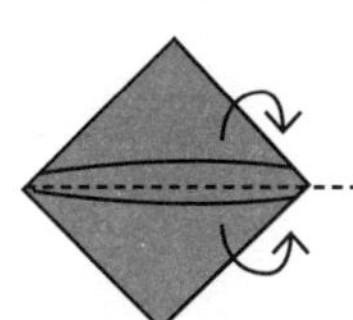
3.向后对角折

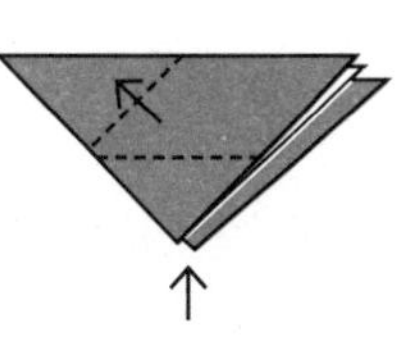
4.向里压折，拉出翅膀

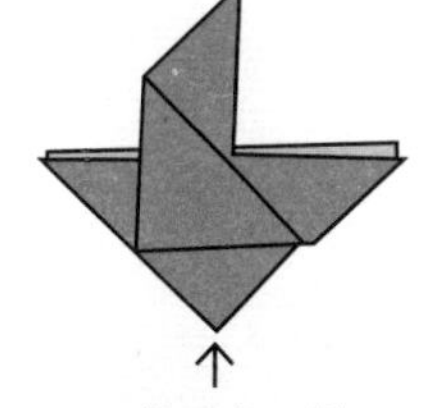
5.背面也一样

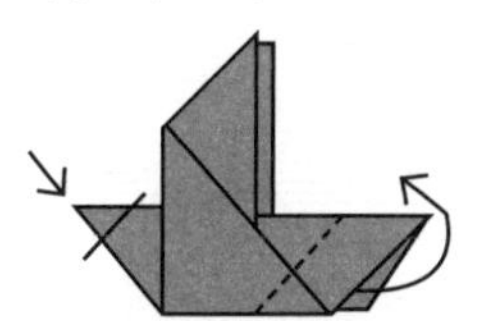
6.压折头部，翻折尾部

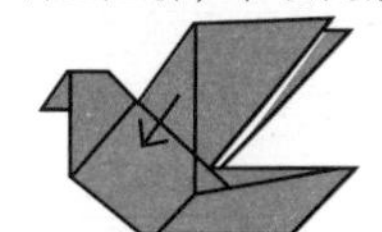
7.沿虚线朝下折，后面也一样

8.画上眼睛，即成鸽子

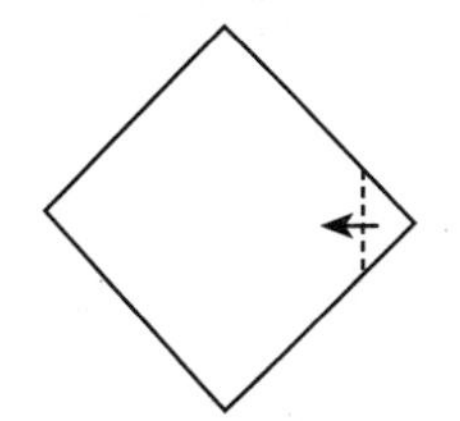
1.沿虚线朝箭头方向折

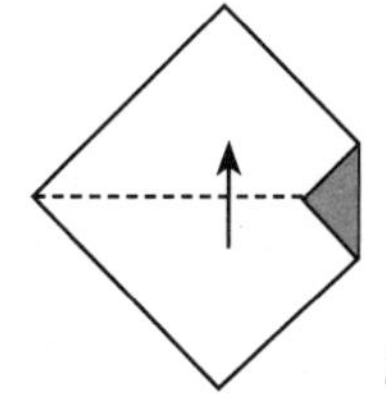
2.上层沿虚线朝箭头方向折

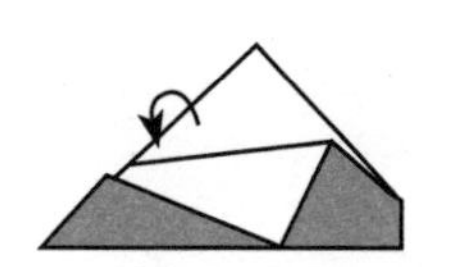
3.下层沿虚线向后折

4.沿虚线朝箭头方向折

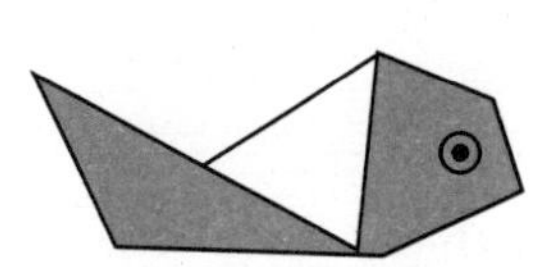
5.画上眼睛即成金鱼

充分地调动、培育、确立和增强宝宝的这种优势，为宝宝以后的发展奠定一个良好的基础。

如何开发宝宝的身体运动智能

1.搭积木。

2.训练宝宝的平衡力。当宝宝处在婴儿时期时，妈妈可以平躺在床上，让宝宝趴在妈妈身体的一侧，把宝宝最喜欢的玩具放在妈妈身体的另一侧，逗引宝宝从妈妈的一侧身体爬到另一侧去拿到自己心爱的玩具。这样的爬行动作能很好地锻炼到宝宝的平衡力。

3.训练宝宝手指的灵活度。大脑中的很多神经都是与手指相连，手指得到适宜的锻炼，宝宝自然就会变得更聪明，故有“心灵手巧”之说。在日常生活中有很多方法都可以锻炼到宝宝的手指，比如，教宝宝画画，捡拾豆粒，丢气球，盖盖，待年龄稍大可让宝宝学系扣等。

4.多带宝宝外出散步，做游戏。

5.教宝宝做模仿操。

什么是音乐智能

音乐智能是指人能够敏锐地感知音调、旋律、节奏、音色等能力，包括察觉、辨别、表达、欣赏和创作能力。音乐智能开发得比较好的人适合的职业是：歌唱家、作曲家、指挥家、音乐评论家、调琴师等。音乐智能开发较好的宝宝乐感会很强，而且对音乐充满热情。

音乐智能开发较好的表现

音乐智能开发比较好的宝宝会有以下3种表现：

1.宝宝非常容易被音乐吸引，听到音乐会很兴奋，宝宝会随着音乐不自觉地扭动身体，具有很强的乐感。

2.宝宝对歌曲的学习能力很强，一首简单的歌听几遍就能准确地唱出来，相对于其他宝宝，他能够更快地掌握一首歌曲。

3.宝宝一个人玩耍时常常会哼哼一些曲调或唱自己会唱的儿歌，而且宝宝还会很乐意向大家演唱他会唱的歌曲。

开发音乐智能的意义

开发音乐智能可以促进宝宝的左右脑的平衡发展。我们大家都知道，人的大脑分为左脑和右脑，左脑的功能主要是语言、计算等，侧重于逻辑思维，也称逻辑脑；右脑的功能主要是艺术活动、空间关系等，也称情感脑。0~3岁的宝宝大脑发育尚未完

和宝宝一起唱童谣

给宝宝朗读诗歌是一个非常好的亲子活动，这样既可以增加宝宝的语言词汇，还可以让宝宝随着音调或旋律的变化而做出不同的反应，如此可以发展宝宝的语音听力，开发宝宝的音乐智能。

快乐小童谣

宝宝童谣起床歌

小宝宝，起得早，
睁开眼，眯眯笑，
咿呀呀，学说话，
伸伸手，要人抱。

宝宝童谣穿衣歌

小胳膊，穿袖子，
穿上衣，扣扣子，
小脚丫，穿裤子，
穿上袜子穿鞋子。

宝宝童谣镜子歌

小镜子，圆又圆，
看宝宝，露笑脸。
闭上眼，做个梦，
变月亮，挂上天。

宝宝童谣铃铛歌

叮铃铃，叮铃铃，
一会儿远，一会儿近。
小宝宝，耳朵灵，
听铃声，找到铃。

善，音乐可以开发宝宝的右脑，刺激宝宝的大脑皮层，促进脑细胞的发育及脑功能的发展，进而会使宝宝的左右脑得以平衡发展，这对宝宝的智力开发无疑有着特殊的意义。

如何开发宝宝的音乐智能

在日常生活中，爸爸妈妈可以通过以下3种方式来开发宝宝的音乐智能：

1.对宝宝进行听觉训练，提高宝宝的听力，如爸爸妈妈可以给宝宝念儿歌，让宝宝听声音找玩具。

2.多给宝宝听音乐。给宝宝挑选一些旋律活泼欢快，歌词简单易懂的童谣，爸爸妈妈也可以一起带着宝宝听听、唱唱、跳跳。平时吃饭或睡觉前也可以给宝宝来点背景音乐，让美妙音乐环抱着宝宝，制造更安静详和的氛围。

3.带宝宝参加一些比较适合的歌剧、芭蕾舞等音乐活动，提高宝宝的音乐素养，培养宝宝的艺术情操。而且还可以在宝宝适合的年龄段让宝宝学习一些乐器。

什么是空间智能

所谓空间智能是倾向于形象思维的智能，是准确感觉视觉空间，并能把所知觉到的空间形象表现出来的能力，具体包括空间方位的感知能力、视觉辨别能力和形象思维能力。他们适合的职业是：室内设计师、建筑师、摄影师、画家、棋手、向导、航海家、飞行员等。

空间智能开发好的表现

对色彩的感觉很敏锐；喜欢看图画书和图片；喜欢搭积木，玩拼图，走迷宫等；喜欢想象、设计及随手涂鸦；通常能够快速准确地记住去某个地方的路怎么走，方向感强；学几何容易。

开发空间智能的意义

1.发达的视觉空间智能将帮助宝宝更敏锐、更清晰地把握外在世界的信息。我们都知道，视觉是我们获得外部世界信息的重要途径，而发达的空间智能有助于帮助宝宝对色彩、线条、形状、空间、方向等作出正确的把握，是宝宝未来人生道路中探索和自我保护的基本技能。

2.促进宝宝对空间关系的把握能力，培育宝宝方向感，发展宝宝二维和三维空间转换能力。

3.有利于提升宝宝丰富的想象力和创造力，能促进宝宝智力的发展。

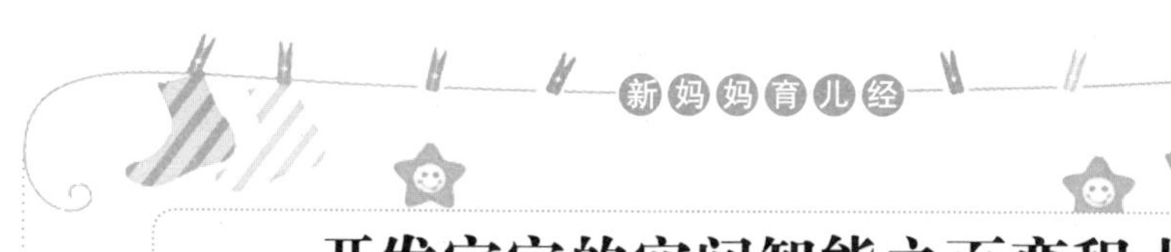

开发宝宝的空间智能之百变积木

宝宝空间智能开发得好的一个很重要的表现就是宝宝的方向感很强，喜欢拆东西、装东西、搭积木等。

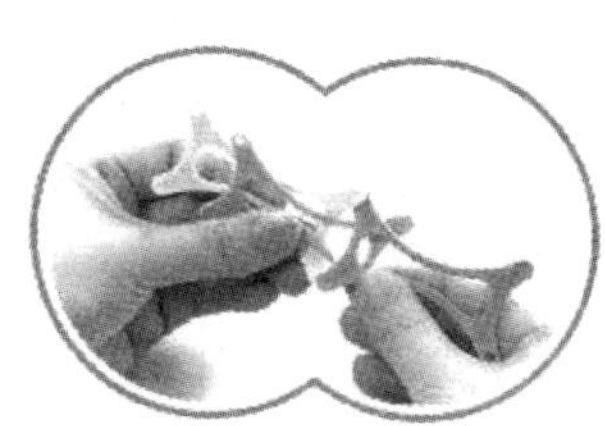
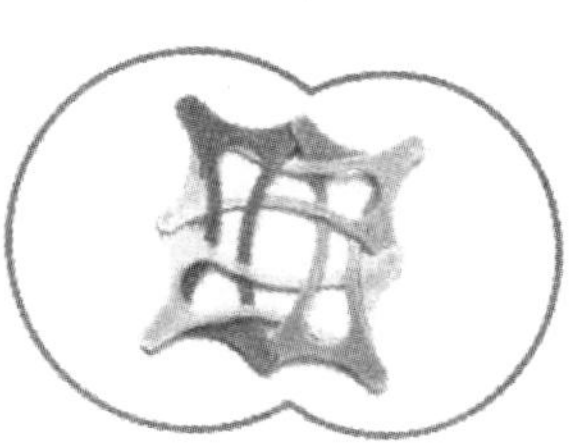

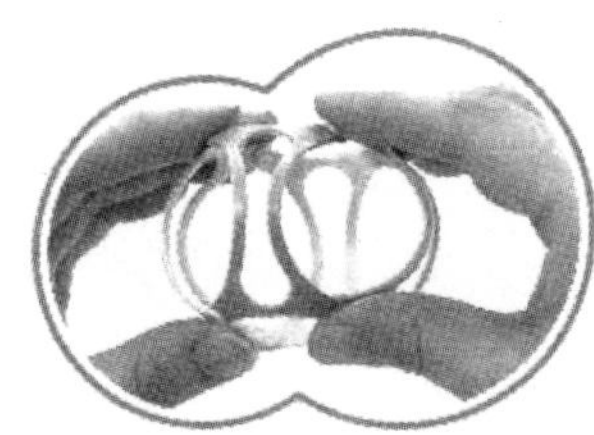

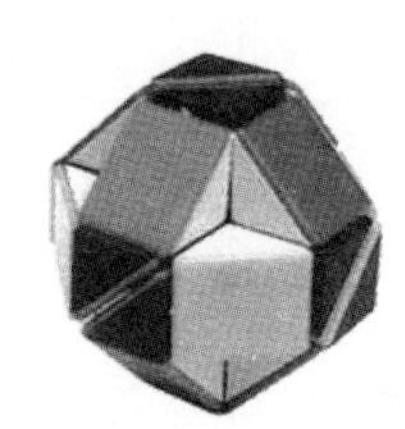
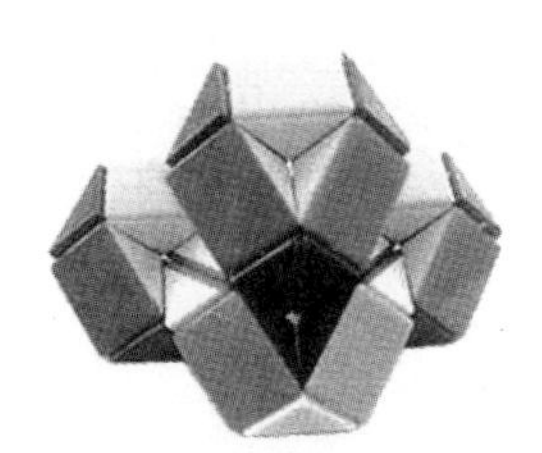

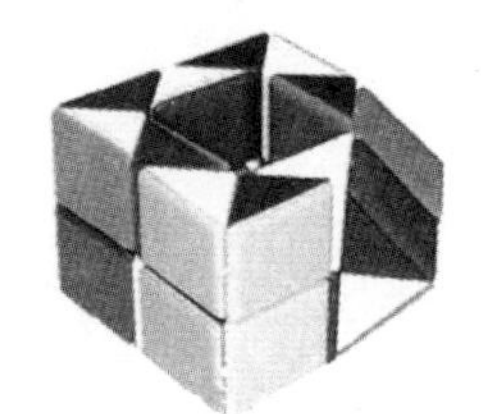

4.有利于宝宝对视觉美感的体验，培养宝宝的艺术气质。

如何开发空间智能

爸爸妈妈的空间智能良好，不代表宝宝的空间智能就一定好；相反，爸爸妈妈的空间智能不太好，也不意味着宝宝的空间智能就一定会差。这是因为宝宝视觉空间智能的发展主要是靠后天的培养，与先天并没有太大的关系。所有父母在培养宝宝的过程中注意给宝宝提供适宜的环境，对宝宝加以科学有效的训练，相信您的宝宝肯定会给您一个大的惊喜的！具体做法我们提供以下5点意见仅供爸爸妈妈参考。

1.经常带宝宝去公园或郊外游玩，引导宝宝欣赏美丽的大自然风光。

2.选择自己的穿着。睡觉前，让宝宝自己选择第二天要穿的衣服，提高宝宝的色彩敏感度。

3.在宝宝的床头或玩具室等地方摆放各式各样的色彩鲜艳的玩具。

4.教宝宝剪纸、折纸，用橡皮泥捏各种小动物。

5.教宝宝认路。带宝宝出去玩的时候，爸爸妈妈不防趁此机会，教宝宝认路，知道自己家在什么地方，自己家附近有哪些标志性建筑等。

什么是自然认知智能

自然认知智能是指善于观察自然界中的各种事物，对物体进行辨论和分类的能力。这项智能有着强烈的好奇心和求知欲，有着敏锐的观察能力，能了解各种事物的细微差别。这种智能本质上是一种依赖于观察力和逻辑分类的智能。他们适合的职业是天文学家、生物学家、地质学家、考古学家、环境设计师等。

宝宝自然认知智能强的表现

一般地，自然认知智能强的宝宝会有以下五种类型的表现。

1.喜欢在户外玩，并不介意外面的天气情况，喜欢玩土或沙子，不介意把自己的手弄脏。

2.喜欢收集大自然中的物品，如树叶、岩石、蛇皮等。

3.喜欢去动物园、水族馆或是儿童公园。

4.喜欢和家里的宠物一起玩儿。

5.喜欢整理自己的小玩意儿。

开发自然认知智能的意义

加德纳说，作为一种结果，自然智能中的天赋有时可以在非自然的条件下展露出来。一百年前，儿童把他

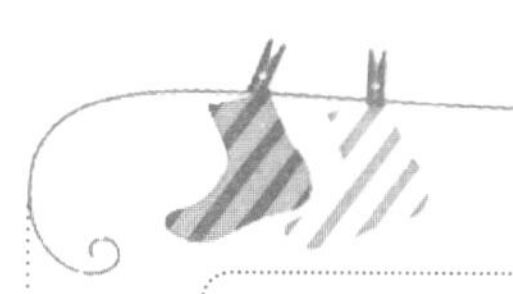

开发宝宝的自然认知智能

开发宝宝的自然认知智能，让宝宝成为一个观察力很强的人，这会对宝宝将来的人生道路具有非常重要的意义。

带宝宝走进大自然，边走边看边说。

和宝宝做游戏。

咪咪日记。

给宝宝讲十二生肖的故事。

的自然智能——一种分类的能力——集中于探索昆虫、鱼类、动物、岩石以及树叶上；现今，同样的自然智能则被孩子用于收集门票，分辨流行的网球鞋或者是对新的车型的分类。所以，对任何一个宝宝来说，自然认知智能不但是有意义的，而且对宝宝以后的成长、生活、学习都具有非常重要的价值。

开发宝宝的自然认知智能

1.边走边看边说。父母带宝宝走进大自然，让宝宝自由自在、快乐地探索大自然。在这期间，妈妈注意引导宝宝欣赏大自然的美丽风光，让他用手去触摸树叶、树干、树枝、花朵、草、石头、细沙……妈妈最好可以温柔地告诉宝宝，他所看到的那些花草树木的名字。

2.影子游戏。妈妈和宝宝一起背对月亮站在空地上，比一比两个人的影子。用手做出不同的手势，如小狗、小猫、小天鹅等，用身体也摆出不同的姿势，让宝宝看看影子都会有什么变化。观察月亮在宝宝前面和在宝宝后面会有什么不同。

3.小鱼日记。此方法适合学龄前儿童。带孩子到水族店买几条小鱼，并和孩子一起布置小鱼的家，父母可为孩子准备一本记事簿，鼓励孩子随时将观察的现象记录下来。当母鱼大肚子的时候，可以提醒孩子增加观察纪录的时间，跟孩子一起期待小生命的到来。当给金鱼换水的时候也可以和宝宝一起分工，让宝宝更有参与感。通过饲养和观察，训练孩子视觉的追视能力，培养主动学习的精神，及对自然生态的了解。

4.给宝宝讲十二生肖的故事，并带宝宝逛街时及时指认出现在宝宝眼前的十二生肖动物。

什么是人际智能

人际智能是指能很好地理解别人和与人交往的能力。这项智能善于察觉他人的情绪、情感，体会他人的感觉感受，辨别不同人际关系的暗示以及对这些暗示做出适当反应的能力。人际交往智能很强的人，有成功的领导者、政治家、外交家、心理咨询人员、公关人员、成功的推销员和行政工作人员等。

对于儿童而言，人际智能表现为善于体察家长的喜怒及心情，懂得察言观色，能识别他人的情绪变化，善于与他人合作等能力。比如，看到爸爸不开心了，主动给爸爸倒杯水，看到妈妈不开心了，主动给妈妈揉揉背。宝宝从一出生，就开始了与人的交往。随着年龄的发展，他们与人交往的意识不断增强，交往策略也不断丰富和恰当。而爸爸妈妈在宝宝早期成长得过程中所进行的精心培养，将促进宝宝在这方面有良好的发展，宝宝的情商会很高，最终成为最受欢迎的那一个人。

良好人际智能的表现

1.喜欢和其他小朋友一起玩，而不喜欢自己一个人玩，而且能很快地和其他小朋友玩到一起去，很容易结交新的朋友。

2.注意别人，推测别人的想法和动机。

3.注重合作。

4.特别容易成为“孩子王”。

5.照顾别人和教育别人。

开发人际智能的意义

人际智能的本质是“理解他人和关系的能力”。较高的人际智能包括善于观察，从人们的行为中进行推断，读懂他们的脸部表情和肢体语言。这些都聚集在唯一的一条通道上，使得人们去善于理解他人。

如何开发宝宝的人际智能

1.提高宝宝关注点。所有的宝宝都能从他们的关注点中获益，关注点即有意地发展理解他人的能力。对于年幼的宝宝来讲，父母可以和宝宝多多交流来培养他们的意识，这样会收到非常好的效果。比如在看电视或电影的时候可以问宝宝“他为什么要这样做呀？”、“还有更好的方法来解决这个问题吗？”、“大家为什么会选他做领导呢？”。

2.和其他人待在一起是发展宝宝人际智能的必备条件。

3.让宝宝同时担任领导者和被领导者的角色。

什么是自我认知智能

自我认知智能，又称内省智能，是指自我认识和善于自知之明并据此做出适当行为的能力。自我认知智能开发较好的人能够认识自己的长处和短处，意识到自己的内在爱好、情绪、意向、脾气和自尊，喜欢独立思考的能力。他们适合的职业是哲学家、政治家、思想家、心理学家等。

加德纳认为自我认知智能就是对自己内部心理的理解和调控，如意识到自己的情感生活并能区分这些情

开发宝宝的人际智能

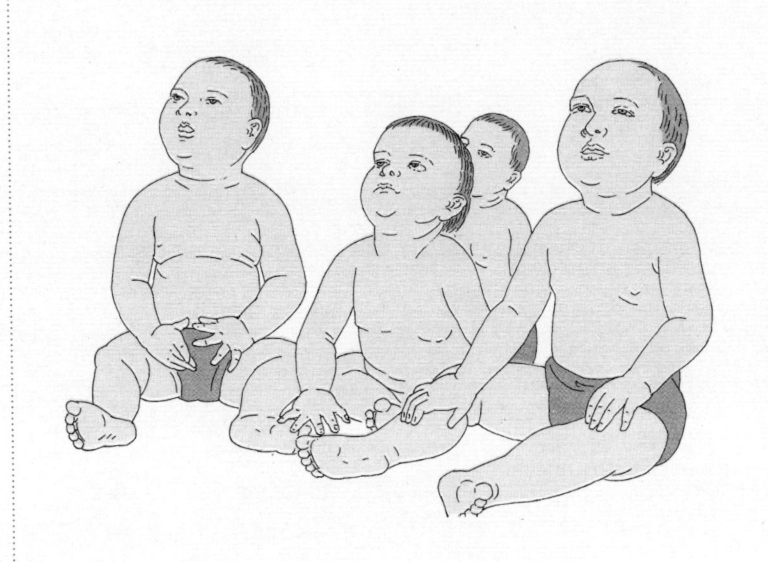

较高的人际智能包括善于观察，从人们的行为中进行推断，读懂他们的脸部表情和肢体语言，善于倾听。

感，且能根据这些情感指导自己的行为。内省智能高的人具有一套行之有效的自我系统。人际智能使人们理解他人、同他人合作；而自我认知智能使人们了解自我、调控自我。

儿童的自我认知智能，主要是指儿童自我意识的水平，即儿童对其自身的认识、评价、监督、调节和控制等的水平。其中，主要是自我评价。

开发自我认知智能的意义

很多人认为自我认知智能是八大智能中最重要的。如果自我认知智能很高，就能很清楚自己想要什么，就能很清楚自己应该在什么样的时间、以一种什么样的方式来做什么样的事。内省智能很高，才能知道自己的优点是什么，自己可以做好什么；可以知道自己的缺点是什么，如何才能扬长避短。否则就会一次次地犯同样的错误而不知悔改。内省智能很低的

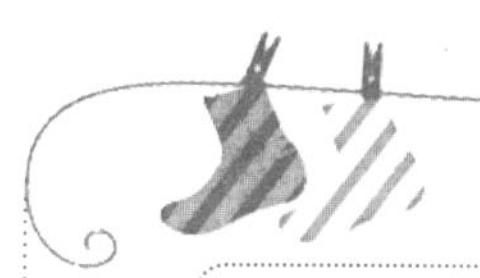

作一个最受欢迎的小宝宝

宝宝有同理心。

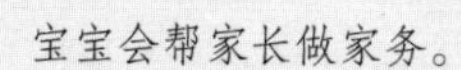

宝宝会帮家长做家务。

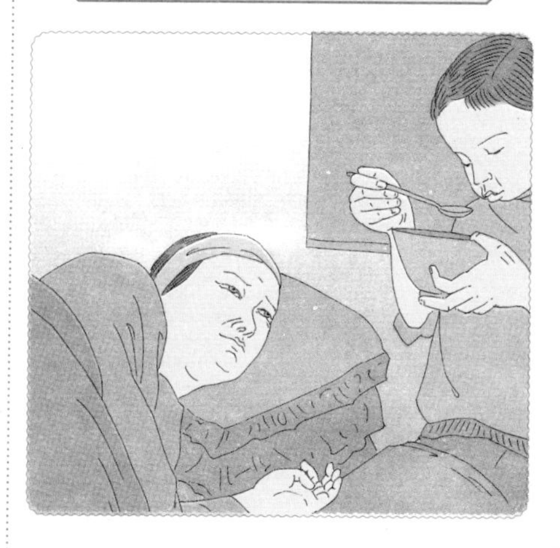

不挑食。

和其他宝宝在一起会很开心。

宝宝是孩子王。

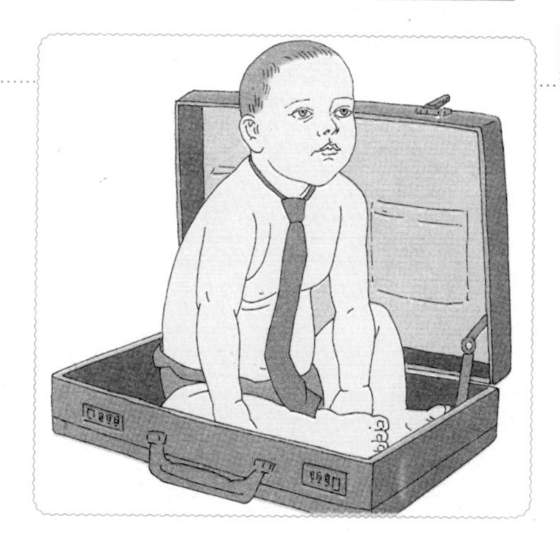

人一般无法处理好自己的工作和生活。

自我认知智能是个性中最有影响的成分，是一个人关于自己的一整套认识。它一方面包括对自己身体的认识，另一方面包括对自己的社会能力以及其他种种能力的意识，所有这些都是在社会化的过程中一步步地发展起来的。

自我认知智能较强的表现

1.喜欢做白日梦。

2.当自己需要帮助时会主动求助，知道自己何时需要帮助，何时不需要。

3.拥有和表达对食物或活动强烈的偏爱。

4.即使与他人有相反的立场，也勇于表达自己的意见。

5.迫切地想从别人那里得到反馈。

6.订立目标并追求这些目标。

7.记日记。

8.观察别人，有时能从局外人的观点看问题。

9.愿意冒适当的风险。

开发宝宝的自我认知智能

自我认知智能无疑关系到宝宝情商的高低，那么如何开发宝宝的自我认知智能呢？

1.创设一种宽松民主的家庭气氛，以利于培养孩子自我认知智能的发展。

家庭气氛对孩子自我认知智能的影响也非常大，和睦的家庭比优越的经济文化条件更能助长孩子良好的自我意识。有的心理学家把家庭气氛分为温暖的或敌意的，另一方面分为限制或宽容的。研究表明，既温暖又有适当限制的家庭家长本身自信心就很强，他们对孩子的要求比较高，又提倡民主，对孩子关怀、信任、鼓励，这样的家长最易培养出自信心很强的孩子。

2.爸爸妈妈多和宝宝沟通交流，增强宝宝的自我反省能力。

节后语

兴趣是最好的老师，快乐是最好的方法，不管宝宝现在处于哪个年龄阶段，不管爸爸妈妈您采用何种方式来开发宝宝的潜能，一定要注意激发并维持宝宝的学习兴趣，因为唯有带着兴趣去学习，宝宝才会学得快乐，学得投入，学得快，宝宝才会真正拥有一个属于自己的快乐童年。

开发宝宝的自我认知智能

开发宝宝的自我认知智能，让宝宝成为最有幸福感的人！

开明的父母才会培养出成功的孩子

创设民主的家庭气氛，培养宝宝的自我认知智能。

父母多和宝宝沟通，可增强其自我反省能力。

开
奶

第二章

饮食营养

民以食为天，对于刚出生的宝宝来讲，更是如此，食物与营养在宝宝奇迹般的成长历程中扮演着必不可少的角色。宝宝适合吃哪些食物呢？宝宝应该如何食用这些美味呢？

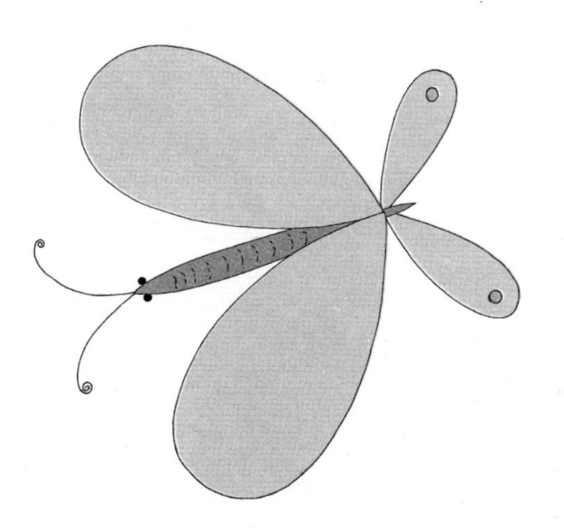

新生儿时期

新生宝宝内脏器官发育不完善，消化能力比较弱，条件允许的话妈妈一定要对宝宝进行母乳喂养。

母乳喂养是妈妈和宝宝的幸福

乳为血化美如饧（糖稀）。具体来讲，母乳喂养有以下好处：

1.母乳最有营养。母乳中含有宝宝生长发育所需要的各种营养素。母乳的蛋白比牛奶的蛋白容易消化，宝宝在3个月之后才能很好地消化牛奶中的蛋白，所以，至少在3个月以内应喂母乳。母乳和牛奶都含有铁，但母乳中的铁可以被吸收50%，而牛奶要低一些。

2.吃母乳的宝宝不容易胖。在吃母乳的过程中，母乳成分会发生变化。越吃到最后，脂肪越多，味道也变了，宝宝会满足地离开奶头，这样就不会使宝宝吃得过多。而用牛奶喂养的宝宝往往比较胖。

3.母乳喂养利于建立母子感情。心理学家认为，在出生后3天内被妈妈抱过的婴儿，其后情绪容易安定。在授乳的过程中，妈妈就可能观察到宝宝高兴和不高兴时的变化及身体发育是否顺利。

4.母乳简便安全。母乳是在妈妈体内消毒后流出来，里面没有引起宝宝生病的细菌，温度适宜，可以放心地喂养宝宝。同时，母乳还有抗感染的作用，乳汁中含有的免疫抗体能保护孩子避免肠道和呼吸道感染，乳汁中还含有乳铁蛋白、溶菌酶及各种细胞成分等，也有利于抗感染。

5.母乳喂养对妈妈有好处。宝宝吃奶会刺激子宫收缩，所以喂母乳的妈妈产后恢复快；同时喂母乳的妈妈患乳腺癌的机率要小。

宝宝的黄金营养品：初乳

宝宝刚出生后的七天内，妈妈的乳房会产生一种稀薄、黄色的液体，这种液体即被称为“初乳”。初乳是由水、蛋白质和矿物质等组成，尤其是其中的抗体，可以帮助新生宝宝抵

给新生儿贴心的爱护——坚持母乳喂养

妈妈的乳汁作为新生宝宝最有营养的天然食物，是其他任何食物都无法代替的，对于新生妈妈来讲，无特殊情况时，一定要坚持给宝宝进行母乳喂养。

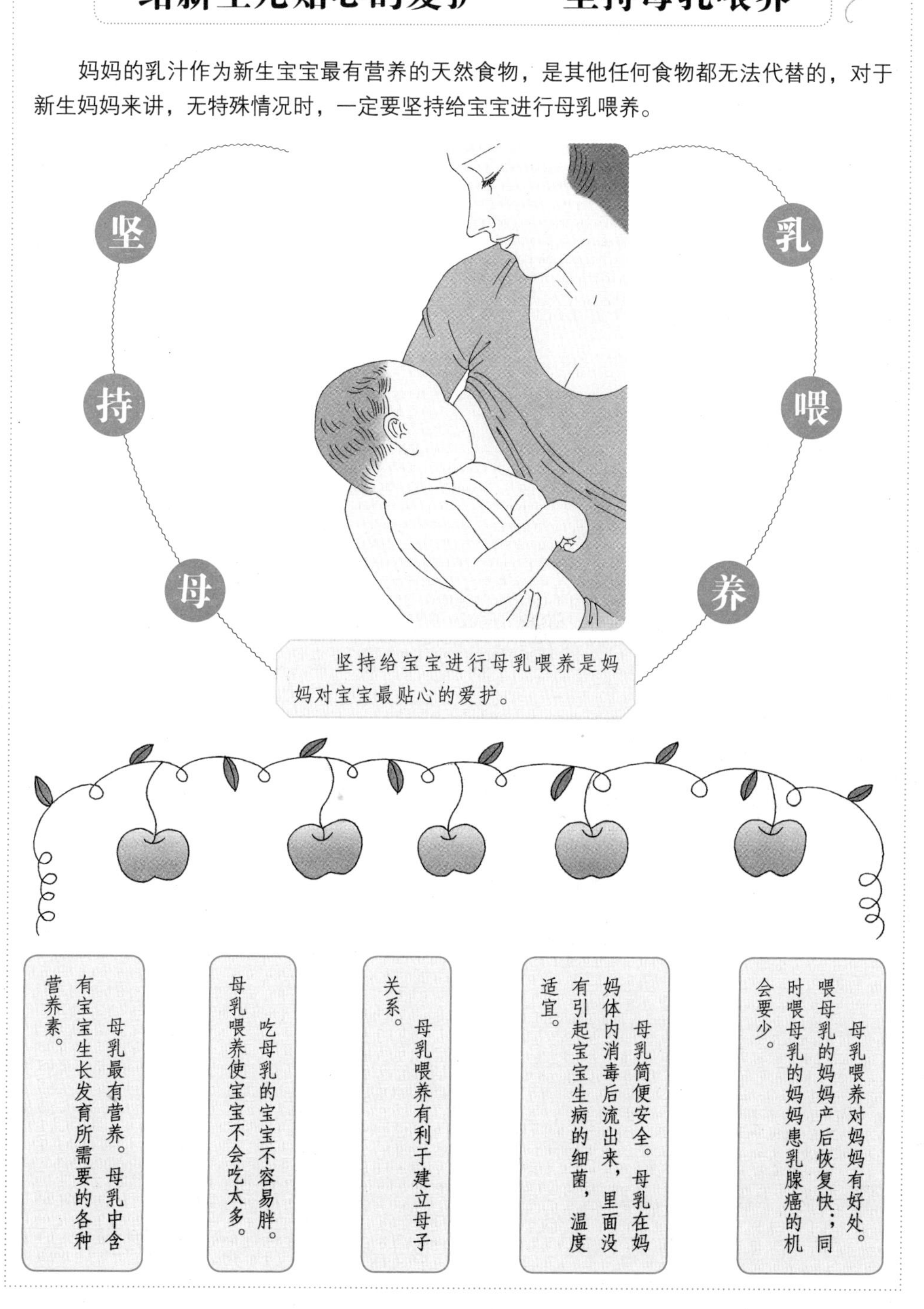

坚持给宝宝进行母乳喂养是妈妈对宝宝最贴心的爱护。

御新生儿低血糖、流行性感冒、呼吸道感染等疾病。

初乳是妈妈馈赠给新生宝宝的非常珍贵的一份礼物，千万不要因为大意或其他原因而没能让新生宝宝及时吃到妈妈的初乳。

母乳喂养的第一步：开奶

开奶是新手妈妈进行母乳喂养的第一步。开奶开得好，宝宝既可以顺利吃到香甜美味的母乳，妈妈也不会因开奶不成功而可能患上各种乳腺疾病，还会增进母子之间的感情。

产后30分钟内是开奶的最佳时间，这时可以让新生儿吮吸妈妈的乳头或者用吸奶器代替新生儿的吸吮来进行开奶。

很多妈妈担心自己会开奶不成功，无法对宝宝进行母乳喂养，其实这大可不必。妈妈放松心态很重要，妈妈一定要坚信自己可以对宝宝进行母乳。唯有妈妈把心态放好，开奶才可以顺利进行。

新生儿的家人在妈妈开奶前切忌给宝宝吸奶嘴，因为奶嘴吸起来会比较轻松，吸过奶嘴的新生儿出于偷懒的天性，会不愿意再去吮吸妈妈的乳头，这非常不利于开奶甚至使接下来的母乳喂养工作不能顺利进行。

母乳喂养前的准备工作

1.第一次给新生宝宝喂养母乳前，应清洁新生宝宝的口腔，喂奶前还应给宝宝换尿布。

2.喂乳前，妈妈要先用手按摩乳房，使乳汁流畅，而且要将上一次哺乳后滞留于乳房内的乳汁挤去，这样做可以避免新生宝宝因消化困难而发生呕逆、咳嗽等疾病。

给新生宝宝喂奶的姿势

妈妈给新生宝宝喂奶前，要用热手巾把手和乳房擦拭干净后再给宝宝喂奶。

母乳喂奶的姿势分为两种：坐位和卧位。

坐位。是最简单最常用的喂奶方式，妈妈用手臂的肘关节内侧支撑住宝宝的头部，宝宝的腹部紧贴住妈妈的身体，妈妈用另一只手托住乳房。这样有利于吸吮乳汁，也可避免宝宝被奶呛着。

卧位。夜间可采用卧位喂奶，妈妈在床上侧卧，与宝宝面对面。然后将自己的头枕在臂弯上，让自己的乳头和宝宝的嘴在同一个水平面上。用自己的另一只胳膊的前臂支撑住宝宝的后背，手则托着宝宝的头部。

新妈妈育儿经

母乳喂养的全过程

给新生宝宝进行母乳喂养是一项巨大的工程，这需要妈妈您的耐心、爱心和细心。

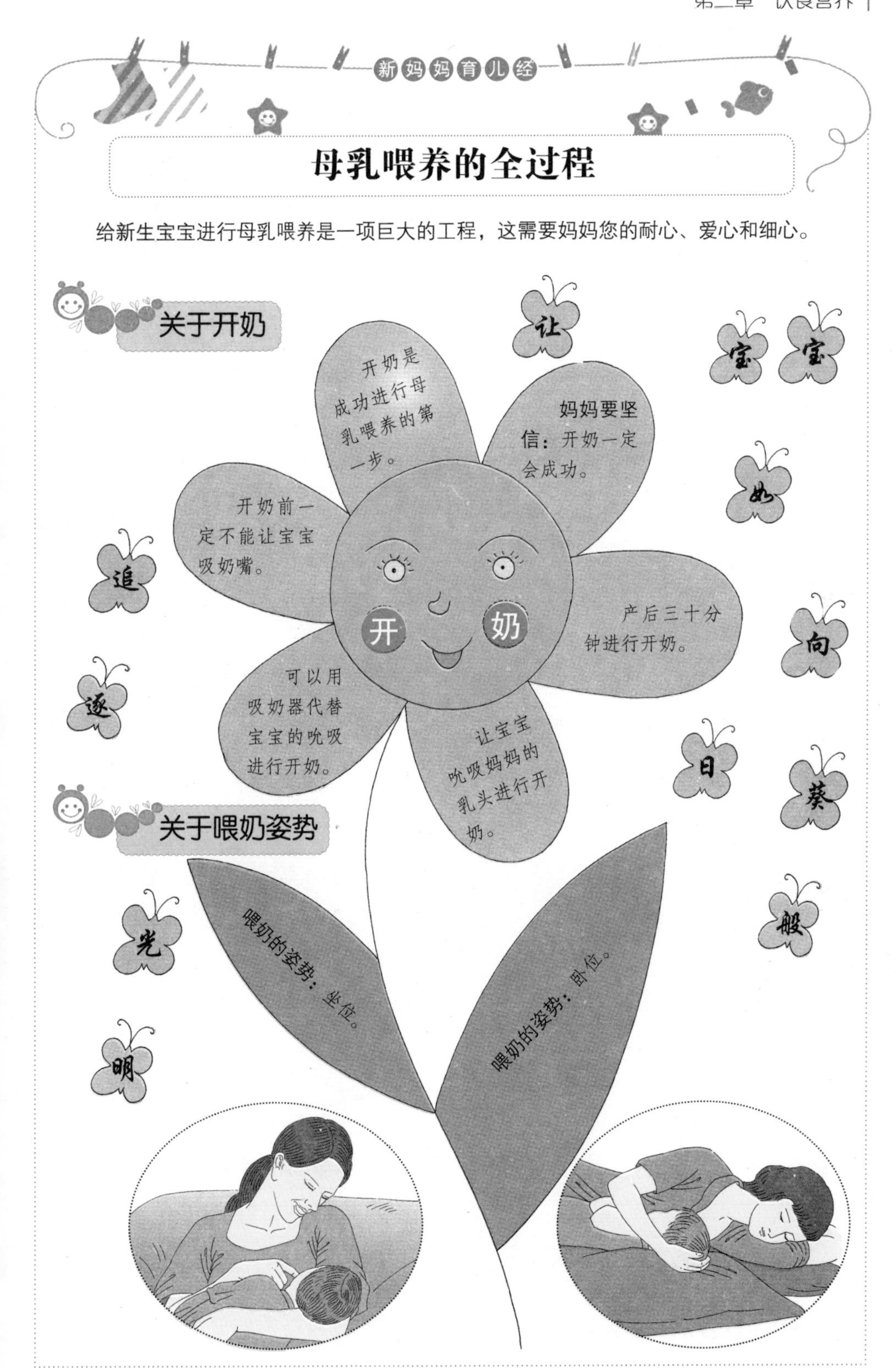

喂养母乳时的注意事项

1.为了让宝宝能够顺利地吸到乳汁，在给宝宝喂奶时妈妈要把乳房的前部用手指夹住，以保证乳头和乳晕的大部分都被放入宝宝的口中。因为宝宝光叼住乳头是无法吸到奶汁的，而把乳头和乳晕的大部分都塞入到宝宝的口中时，宝宝就可以通过其牙床对乳窦的挤压而吸吮到奶汁。

2.给宝宝喂食母乳时尽可能地让宝宝把妈妈两侧乳房的乳汁都吸吮干净。宝宝吃奶时先让其把一侧的乳房吸吮干净，然后再让其吸吮另一侧的乳房，直到乳汁被吸吮净。这样做可以促进乳房乳汁的分泌。如果乳汁积存在乳房内会引起“郁乳”现象的发生，症状严重的话甚至会引起急性乳腺炎。

如果宝宝没有将乳房内的乳汁完全地吸吮干净，妈妈可以用手或者是吸奶器将剩余的乳汁吸出来。

3.为了防止新生宝宝咽入过多的空气，妈妈在给新生宝宝喂奶时让新生宝宝每次吸奶的时间不宜过久，否则很容易引起宝宝呕吐。宝宝吸奶时间过长的话也容易养成日后吸吮乳头的坏习惯。

4.宝宝每次吃完奶后，都要把宝宝抱直，让宝宝上身靠在妈妈的肩部，然后妈妈轻轻地打拍宝宝的背部，以促进宝宝把吞入胃内的空气排出来，让宝宝打嗝，这样可以减少宝宝吐奶的机会。

母乳不足

很多新生宝宝会因吃不饱而哭闹，妈妈也会因为自己的乳汁少而十分焦急，有的妈妈甚至对母乳喂养失去信心而最终选择放弃对宝宝母乳喂养，这是十分可惜的。很多时候母乳不足可能是因为宝宝的吃奶方式有问题，比如宝宝吃吃停停……这时培养宝宝良好的吃奶习惯显得尤为重要。妈妈不要轻易放弃母乳喂养，当奶水不足时您可尝试用以下五种方法来促进下奶。

1.坚持母乳喂养，对自己要有信心，保持心情舒畅，精神愉快。

2.让宝宝多吸吮，每次排空乳房。通过宝宝的吸吮来刺激体内催乳素及泌乳素的产生，促进乳汁的分泌。也可用挤奶的方法来促进母乳的分泌。

3.妈妈生活要规律，要让自己休息好，保证有充足的睡眠时间，不让自己过渡疲劳，不抽烟喝酒，不食辛辣厚味煎炸的食物。

4.食补。在饮食中保证有充足的营养和水分，多吃些高蛋白饮食，可以通过某些食物来促进乳汁分泌。如

母乳不足的对策

当出现母乳不足的情形时，妈妈一定不要轻易放弃母乳喂养的方式，毕竟，方法总比问题多。

催乳方法

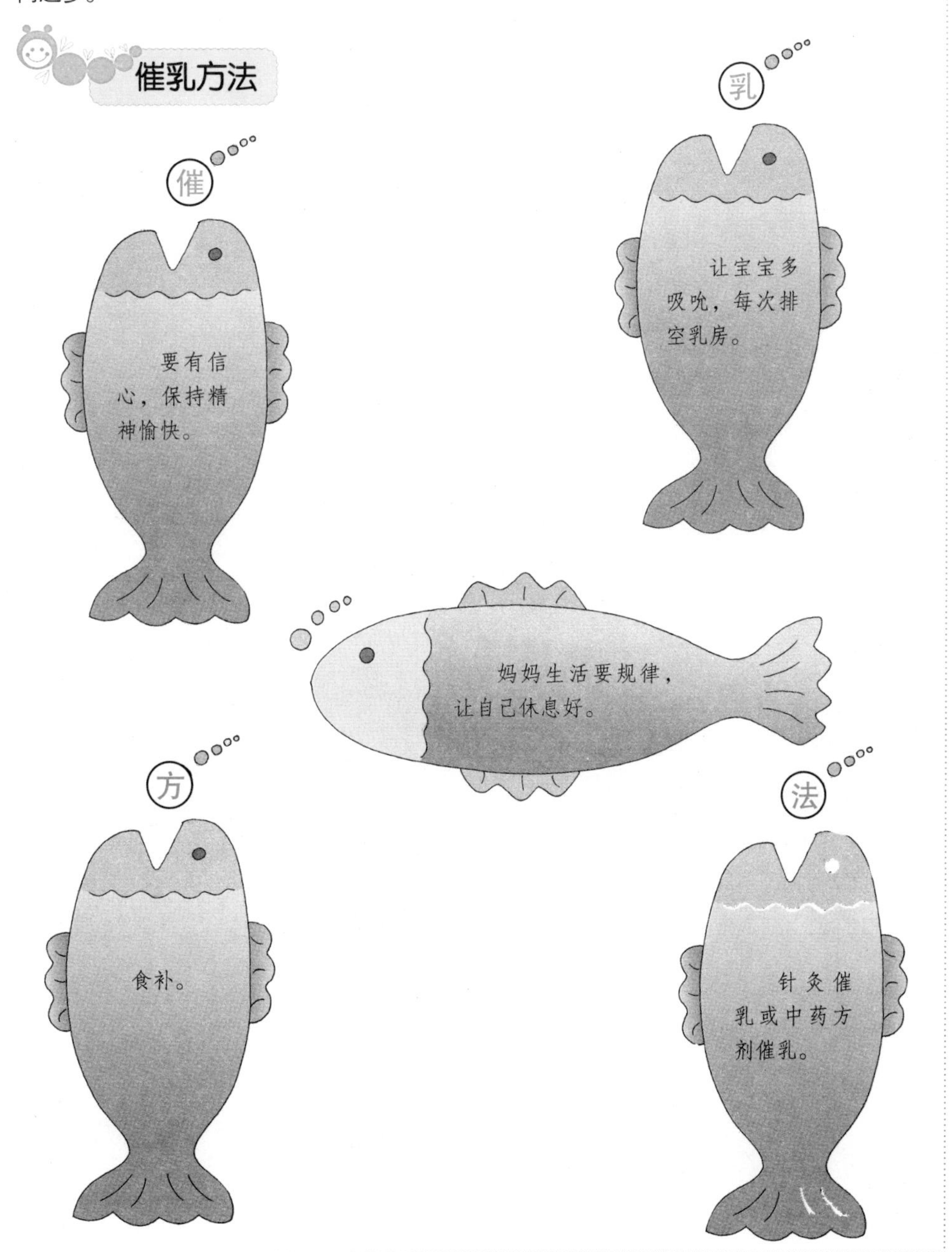

鲜鲫鱼汤、猪蹄汤、墨鱼炖鸡汤、牛奶、鸡肉、瘦肉、豆制品等，吃这些食物的效果要比注射催奶药物好，而且没有副作用。

5.针灸催乳或中药方剂催乳。

催乳食谱

鲫鱼汤

食材原料：鲫鱼1～2尾、冬瓜、葱、姜、盐。

制作方法：第一步，先清洗鲫鱼，将葱切段、姜切片，冬瓜切小片。第二步，鱼下冷水锅，大火烧开，加葱姜，后改小火慢炖。第三步，当汤汁颜色呈奶白色时下入冬瓜，调味稍煮即可。

功效：鲫鱼汤是补气血、通乳汁的传统食疗方，冬瓜具有利水作用，同样利于乳汁分泌，鱼肉中的蛋白质是乳汁分泌所必需的营养。

乌鱼丝瓜汤

食材原料：新鲜乌鱼1条，丝瓜300克，盐、味精、香油、黄酒、姜各适量。

制作方法：第一步，将乌鱼宰杀洗净剁成块，丝瓜切段，姜切片。第二步，将锅烧热，加油，放鱼块煎至微黄，锅中注入清水，放入姜片、盐、黄酒，用大火煮沸。第三步，用小火慢炖至鱼七成熟，加丝瓜滚约1分钟，加味精、香油调味即可。

功效：温补气血，生乳通乳。

花生大米粥

食材原料：生花生米100克、大米200克。

制作方法：将花生捣烂后放入淘净的大米里煮粥。粥分两次喝完，连服3天。

功效：花生米富含蛋白质和不饱和脂肪，具有醒脾开胃、理气通乳的功效。

大枣煮猪脚

食材原料：猪脚、红枣、花生米、绍酒。

制作方法：第一步，先将猪脚洗净，大红枣、花生米用水泡透。第二步，锅内加水适量，烧开，放猪脚，煮净血水，倒出。第三步，将油倒入锅中，放入姜片、猪脚块，淋入绍酒爆炒片刻，以中火煮至汤色变白，加盐调味即可。

功效：补血益气，强身通乳。

按需哺乳还是按时哺乳

研究表明，在宝宝还是新生儿时，适宜按需哺乳，随着宝宝月龄的增加，等宝宝到了婴儿期，可以慢慢

催乳食谱

给新生宝宝进行母乳喂养是一项巨大的工程，这需要妈妈您的耐心、爱心和细心。

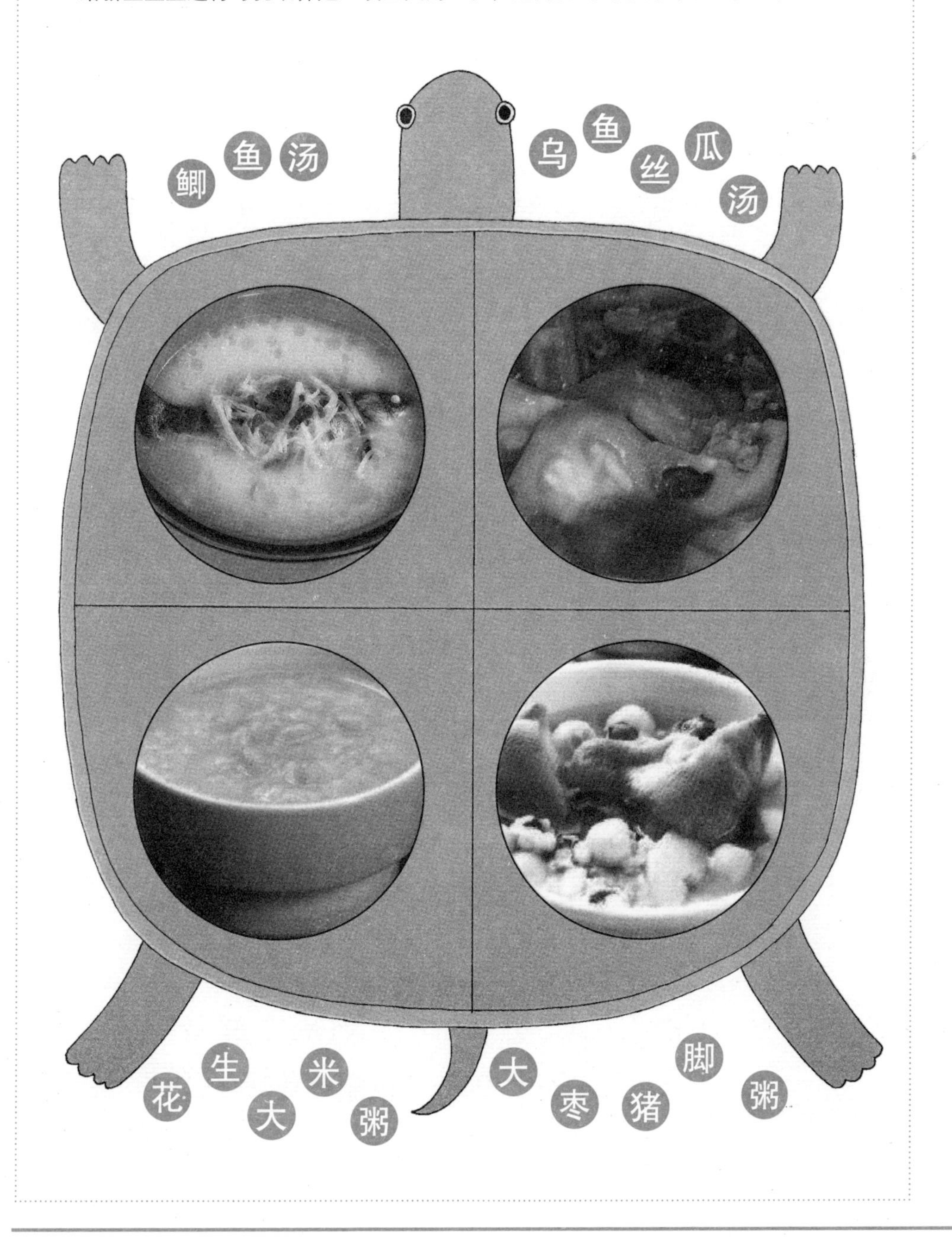

过渡到按时哺乳，让宝宝养成按时吃奶的习惯。

目前母婴同室、按需哺乳更加符合新生宝宝的生理特点，因为在新生儿时期，按需哺乳有利于宝宝的营养供给和生长发育，而且能通过宝宝较频繁地吸吮刺激妈妈脑下垂体分泌更多的催乳素，如此可以促进母乳分泌，使奶量不断增多，同时也避免了妈妈不必要的紧张和焦虑心情。

不宜母乳喂养的情况

乳汁为妈妈的气血所化，妈妈的精神、营养以及健康状况都会直接影响乳汁的分泌和质量，因此，妈妈的身体情况与宝宝的健康息息相关，有一些情况下，妈妈要仔细地衡量母乳喂养与母婴安全之间的利害关系，慎重的选择是否要继续给宝宝进行母乳喂养。

1.母亲患有活动性肺结核、乙型肝炎等急性传染病时，暂不要给宝宝哺乳，因为哺乳很有可能将疾病带给宝宝，待疾病治愈后再喂奶。

2.母亲患有心脏病、慢性肾炎、慢性气管炎、糖尿病等疾病，一般可以给宝宝喂奶，如果体力不行再考虑停喂。但是如是妈妈在长期用药的话，就不能再给宝宝喂奶，因为药物可以渗入到乳汁中，若母乳喂养的话，宝宝吃的奶里面就会含有药物，会对宝宝造成不良影响。

3.母亲患感冒发热仍可给宝宝哺乳，但母亲必须戴口罩，以免将病毒传染给宝宝。

4.妈妈患严重精神病或产后抑郁症时，不能给宝宝母乳喂养，因为这样的妈妈有时不能控制自己的行为，很有可能会威胁到宝宝的人身安全。

妈妈奶水过多该如何处理

有的妈妈奶水过多，宝宝吃不了，憋得乳房胀痛，这该怎么办呢？我们介绍两种对策。

1.可以将挤出的多余乳汁给宝宝洗脸或洗澡时擦身体用。

2.可以将挤出的多余乳汁速冻保存起来，可使母乳的保质期可达6个月，而且营养的损失量会非常小，所以妈妈不用担心宝宝会营养不良。但是在储存时，要注意母乳的密封性一定要好；而且母乳加热不可以用微波炉。

在用手或挤奶器挤多余的奶汁之前，可用湿手巾热敷乳房，这样胀痛感会减轻很多，挤时要按着乳晕按挤，直到感觉乳房内没有硬块为止。

关于母乳喂养的另外一些事

母乳喂养是对宝宝最好的呵护，但是在很多细节方面妈妈也一定要留心，妈妈要对宝宝按需喂养；当出现一些特殊情况时，妈妈要停止母乳喂养……

按需哺乳

按需哺乳更加符合新生儿的生理特点，有利于宝宝的营养供给，还可促进母乳分泌。

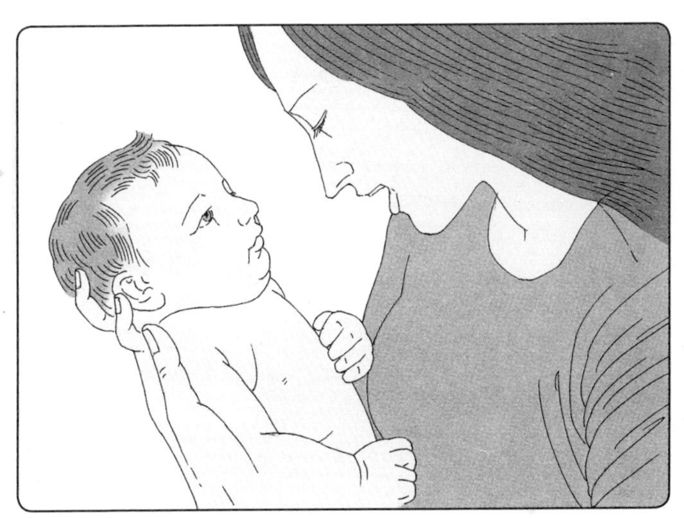

奶水过多的处理办法

奶水过多
- 将挤出的多余奶水给宝宝洗脸或擦身体用。
- 将挤出的多余乳汁速冻保存起来。

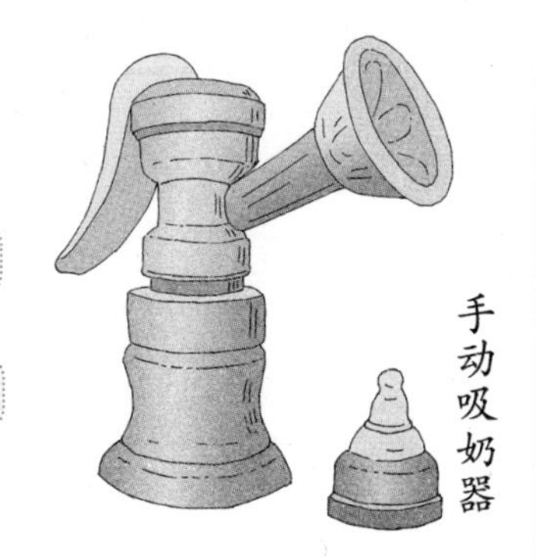

温馨提示

在用手或挤奶器挤多余的奶汁之前，可用湿手巾热敷乳房，这样胀痛感会减轻很多，挤时要按着乳晕按挤，直到感觉乳房内没有硬块为止。

人工喂养

由于母乳缺乏或妈妈虽然有奶但不适合给宝宝哺乳而改用动物乳或代乳品进行喂养，称为人工喂养。人工喂养的宝宝需要父母更多的耐心，父母在选择奶粉、喂养方式等方面一定要多加小心，让宝宝得到全面的营养供给，从而让宝宝健康成长。

人工喂养时奶粉的选择

人工喂养宝宝，奶粉的选择非常重要。现在超市里面的奶粉品牌众多，品质不一，需要您在给宝宝挑选奶粉时一定要睁大眼睛，细心挑选。

给宝宝选择奶粉时，一定要给宝宝选择企业信誉良好的大品牌优质奶粉，从而确保奶粉的品质。

在给宝宝挑选奶粉时还要结合宝宝的年龄阶段，看清产品包装上是适用于哪个年龄阶段的宝宝适用的奶粉。否则很有可能会让宝宝营养不良或消化紊乱。

特殊宝宝如何选择奶粉

对于有特殊需求的宝宝，奶粉的选择更是马虎不得，需要父母在给宝宝选择奶粉时更要多用点心。

1.对于早产宝宝，应选择早产儿乳粉。这样的奶粉主要含有易于消化的乳清蛋白、脂肪酸和较多的钙和磷等，热量很高，很适宜生长快、需奶量多的早产儿。如果给早产宝宝吃普通奶粉，很容易引起宝宝水肿。

2.对于长期腹泻和对动物蛋白、牛奶、奶制品过敏的宝宝，可选择豆奶。豆奶中含有大量豆蛋白、维生素、无机盐类，而不含动物蛋白和乳糖，采用葡萄糖代替乳糖。

3.对于正在腹泻、消化不良的宝宝，应给低脂奶粉（即脱脂奶粉），如果给全脂奶粉（即普通奶粉），很有可能就会加重宝宝的腹泻。但宝宝不能长期食用低脂奶粉，否则会导致宝宝营养不良。

4.对于食欲不振、不喜欢进食的宝宝，应喂给“活性乳”。“活性乳”可以增加宝宝食欲，极易被吸收，而且还含有很多维生素和矿物质，非常适合食欲不振的宝宝。

5.对于患肠炎、痢疾的宝宝，应选择无乳糖乳粉。因为患有这些疾病的宝宝肠道被病菌侵害，肠内缺乏消化乳糖的乳糖酶，如果给宝宝全脂奶粉，因含乳糖多，就会加重宝宝的病情。

不宜母乳喂养的情况

乳汁为妈妈的气血所化，妈妈的精神、营养以及健康状况都会直接影响乳汁的分泌和质量，因此，妈妈的身体情况与宝宝的健康息息相关，有一些情况下，妈妈要仔细地衡量母乳喂养与母婴安全之间的利害，慎重地选择是否要继续给宝宝进行母乳喂养。

不宜母乳喂养的情况

母亲患有活动性肺结核、乙型肝炎等急性传染病时暂不要给宝宝哺乳。

母亲患有心脏病、慢性肾炎、慢性气管炎、糖尿病等，一般可以给宝宝喂奶，若体力不够再考虑停喂。

母亲患感冒发热可给宝宝哺乳，但母亲必须戴口罩，以免将病毒传染给宝宝。

妈妈患严重精神病或产后抑郁症时，不能给宝宝母乳喂养。

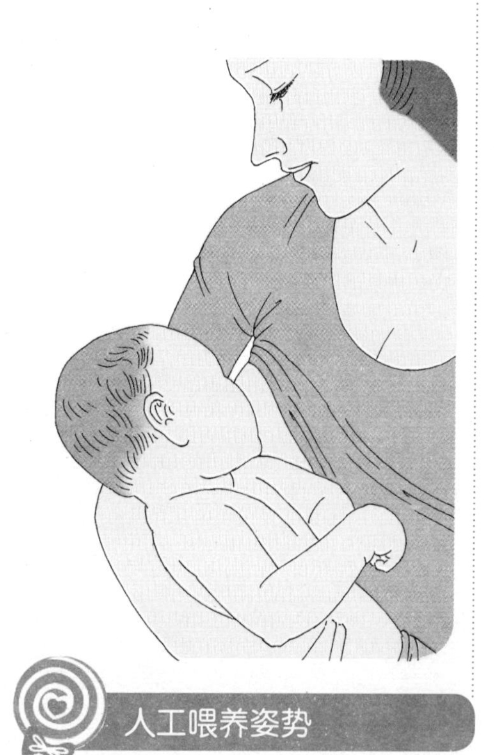

关于奶瓶奶嘴

选择柔软、孔径小且呈自然形状的奶嘴，这样的奶嘴是模拟哺乳时宝宝的吮吸特点而设计，有利于宝宝两颚及颌部的发育。新买的奶嘴应煮沸几次再用，一则让奶嘴变软，二则可以起到消毒杀菌的作用。

人工喂养姿势

1.喂奶前，让宝宝轻轻地依偎在妈妈的胸前，这种亲密的身体接触让宝宝感到有安全感并且感到很舒适。

2.喂奶时奶水不宜过热也不宜过冷，过热时奶粉的营养成分特别容易被破坏，而且易烫伤宝宝，过冷则会让宝宝消化不良或腹泻。

3.喂奶时奶瓶始终要倾斜，使奶

正确的哺乳姿势

很多妈妈因为宝宝初乳吮吸困难而引发乳房胀痛，而不愿喂养。这种胀痛是由于新生宝宝含乳方式不正确或妈妈哺乳姿势不正确造成。只要采取正确的方式，就可以解决。

摇篮式

用臂弯托住宝宝头部，让他侧身躺着，整体朝向你。把宝宝的胳膊放在你胳膊下面。这种摇篮式适于顺产的足月婴儿，而剖腹产的妈妈可能会觉得这姿势对腹部压力大。

摇篮交叉式

摇篮交叉式，它与摇篮式不同之处在于：宝宝头部不是靠在臂弯而是前臂。它适合很小的宝宝和含乳头困难的婴儿。

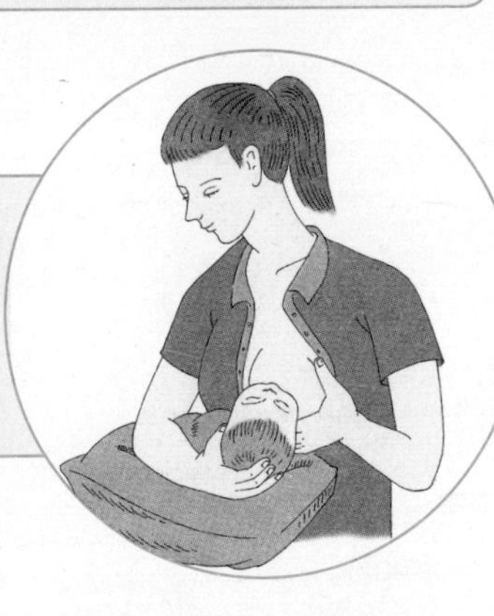

足球抱法

让宝宝在妈妈身体一侧，用前臂支撑他的背，让颈和头枕在妈妈的手上。如果新妈妈刚刚从剖官产手术中恢复，那么这样的姿势是非常合适的，因为这样对伤口的压力很小。

侧卧式

妈妈可以在床上侧卧，让宝宝的脸朝向您，将宝宝的头枕在臂弯上，使他的嘴和您的乳头保持水平。妈妈可以用枕头支撑住后背。这也是剖官产妈妈喂母乳的很好姿势。

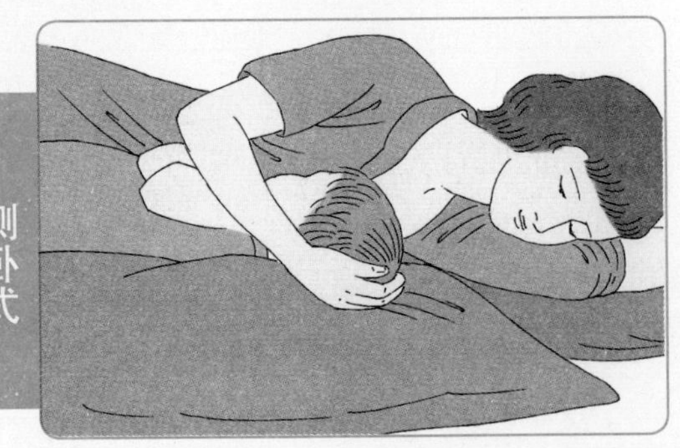

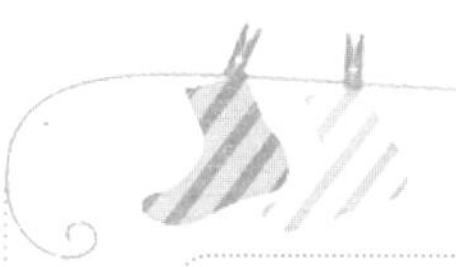

人工喂养时奶粉及奶嘴的选择

人工喂养的宝宝需要妈妈更多的耐心，尤其是在给宝宝选择奶粉方面，不求最贵，但求最适合。

奶嘴要选择柔软、孔径小且呈自然形状的奶嘴。

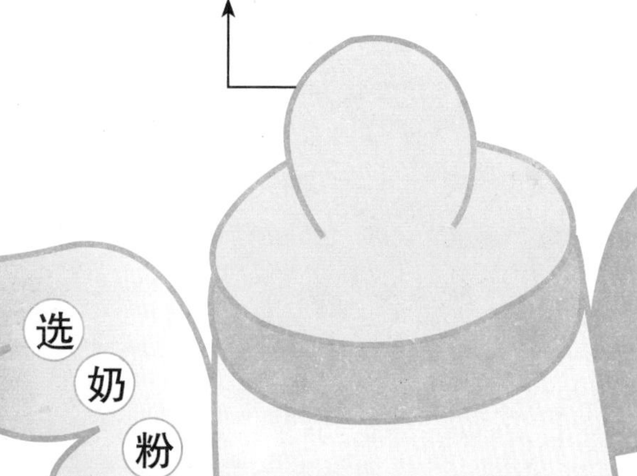

注意保持奶瓶奶嘴的卫生

❶对于早产宝宝，应选择早产儿乳粉。❷对于长期腹泻和对动物蛋白、牛奶、奶制品过敏的宝宝，可选择豆奶。❸对于正在腹泻、消化不良的宝宝，应给低脂奶粉（即脱脂奶粉）。❹对于食欲不振、不喜欢进食的宝宝，应喂给“活性乳”。❺对于患肠炎、痢疾的宝宝，应选择无乳糖乳粉。

选奶粉时，要结合宝宝的年龄段，选择企业信誉良好的大品牌优质奶粉。

乘着爱的翅膀

宝宝的路会走得更远

嘴头一直充满乳汁，这样宝宝就不会吸入奶瓶中的空气而导致宝宝溢乳。

4.若在喂奶时宝宝不小心吸入了空气，妈妈可将宝宝竖抱并轻轻拍打其背部，让宝宝打嗝。

给宝宝喂奶的注意事项

1.配方奶应该现冲现用。

2.不要用微波炉热奶，否则很容易烫伤宝宝。

3.奶水的流速不宜太快也不宜太慢，以奶瓶倒置时能一滴一滴连续滴出为宜。太快宝宝会有呛奶的危险，太慢则宝宝吸起来会很费力。

给宝宝多补充水分

对于人工喂养的宝宝，妈妈在平时还要多给宝宝补充一些水分。这样做的原因主要有以下三点：

1.宝宝年龄越小，体内水分含量就越高，新生儿期的宝宝体内水分含量可占到体重的70%~75%。由于宝宝生长发育旺盛，每天消耗的水分很多，所以需要的水分自然也就会多。

2.人工喂养以牛奶或奶粉喂养为多。牛奶中的蛋白质分子量大，不易消化，而且牛奶中的乳糖含量也比母乳少，这些都很容易导致宝宝便秘，人工喂养时多给宝宝补充水分有利于缓解便秘。

3.牛奶中含矿物盐较多，过多的矿物盐和蛋白质的代谢产物从肾脏排出体外都需要水。

及时给宝宝补充鱼肝油

新生宝宝出生后，生长发育速度比较快，身体需要钙的量与生长发育速度成正比，为了能让宝宝健康成长，不能忽视钙的补充，否则容易诱发佝偻病。在强调补钙重要的同时，也一定要重视补充鱼肝油的重要性。如果宝宝在出生后没有注射过维生素D，那么就应该及时给宝宝添加鱼肝油。

鱼肝油是一种维生素类药物，主要含有维生素A和维生素D。维生素D直接参与体内钙磷的代谢，新生儿体内的钙要想被充分吸收和利用，就必须要有维生素D的参与。而母乳和代乳品中维生素D的含量比较低，所以新生儿无论是母乳喂养还是人工喂养，一般情况下，从出生后15天起，就应该开始补充鱼肝油，以预防宝宝佝偻病的发生。但是不管哪种鱼肝油，都不宜长期服用，因为鱼肝油中毒的症状并不明显，不能及时被发现。平时多带宝宝出去晒晒太阳是最保险的补充维生素D的方法。

人工喂养姿势及给宝宝补充鱼肝油

人工喂养同样要讲究姿势，同时，由于是人工喂养，妈妈更应对宝宝是否营养均衡要多加关注。

生命因你

及时补充水分。

喂养前，让宝宝轻轻地依偎在妈妈的胸前。

按需喂奶。

奶水不宜过热或太冷。

喂奶时奶瓶始终要倾斜。

补充适量的鱼肝油。

而如花儿般灿烂

1~3个月的宝宝

满月以后的宝宝仍然继续着他们的茁壮成长之路。在宝宝接下来的成长旅途中，精心照料仍是妈妈的第一要务。

坚持给宝宝母乳喂养

1~3个月的宝宝，母乳喂养仍然是最佳选择。妈妈仍然需要注意自己的饮食营养，多吃富含优质蛋白质的食物和新鲜水果，保证奶水的充盈和奶水质量。在给宝宝进行母乳喂养时，仍然按需喂养，但是给宝宝的喂奶次数要渐渐稳定，尤其宝宝夜间吃奶的数量要渐渐减少，一则培养宝宝良好的吃奶习惯，二则也能慢慢提高宝宝的睡眠质量和效率。但是一定要保证宝宝能够有足够的奶水供应，避免宝宝营养不良。

如何选择奶粉

在奶粉选择方面，此处有五大技巧来加以介绍，我们简称为“一二三四五”技巧。

一捏。用手指捏住奶粉的包装袋来回地摩擦，真奶粉由于质地细腻，会发出“吱吱”的声音；而假奶粉由于掺有白糖和葡萄糖等成分，颗粒较粗，会发出“沙沙”的流动声。

二辨。真奶粉呈天然乳黄色，而假奶粉颜色较白。

三闻。真奶粉会有浓郁的乳香，而假奶粉乳香味很淡或者没有乳香味。

四尝。真奶粉细腻粘牙，无糖的甜味，而假奶粉不粘牙，而且很甜。

五看。真奶粉不容易溶解，而假奶粉会迅速溶解。

如何给宝宝冲调奶粉

在冲调奶粉前，先将双手洗净，并做好奶瓶、奶嘴和奶盖的消毒工作。然后试一下奶瓶中的水温，冲调奶粉最适宜的温度是40℃~50℃（倒一些到手背，不烫就行），最后根据奶粉包装上的计量说明来冲调。不同

新妈妈育儿经

满月的宝宝仍要坚持母乳喂养

宝宝满月后，仍然要坚持母乳喂养，在坚持给宝宝按需喂养的同时，渐渐固定给宝宝喂奶的次数，培养宝宝良好的吃奶习惯。

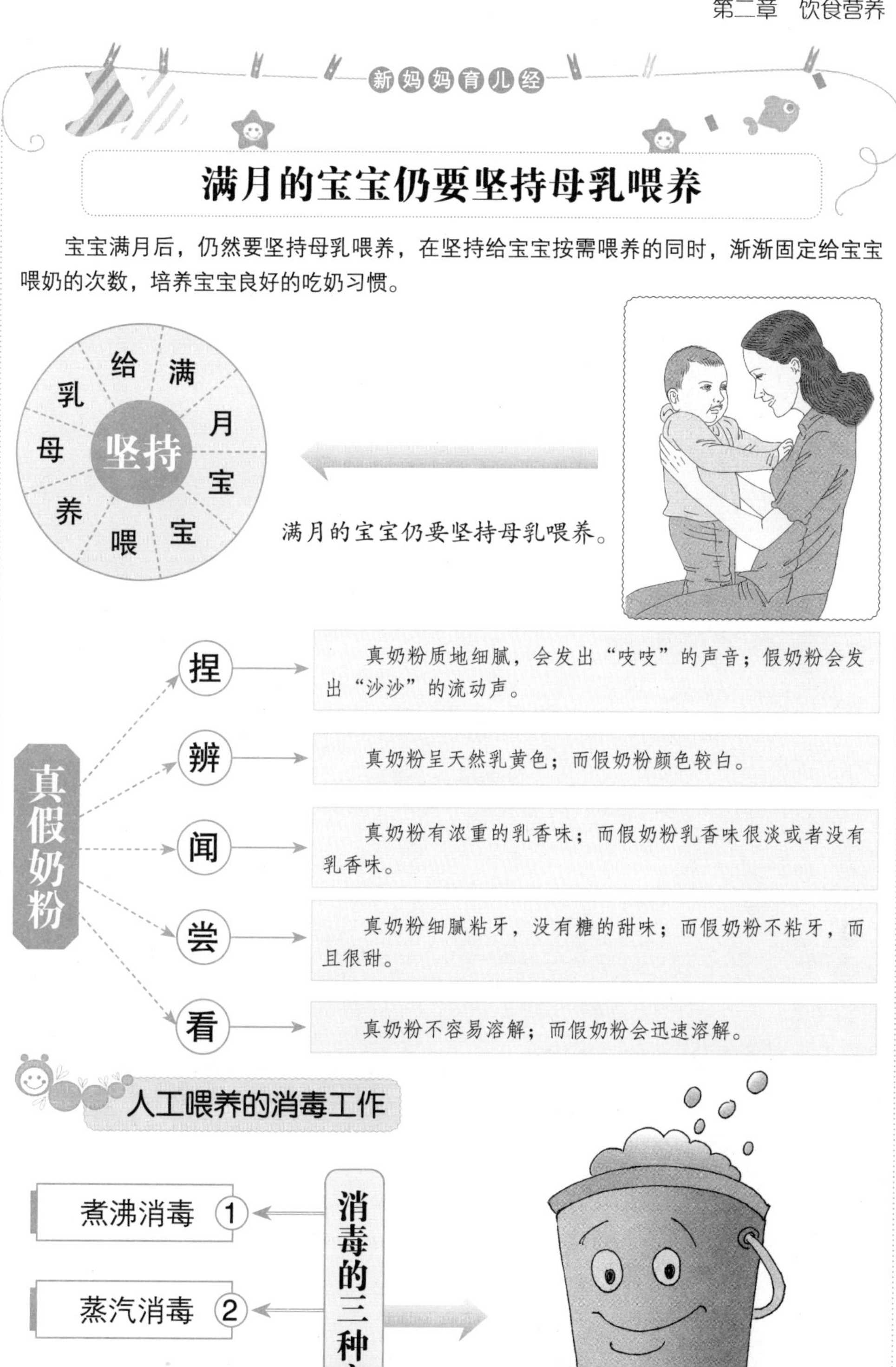

满月的宝宝仍要坚持母乳喂养。

品牌的浓度是会有差别的，一定要注意包装上的详细说明。

人工喂养要保持清洁

人工喂养最重要的莫过于确保食品的营养与清洁。一旦处理不当，就会影响宝宝健康。为了防止细菌繁殖，哺乳用的奶瓶、奶嘴，以及其他调乳使用的器具，都须时常消毒清洁。一般而言，人工喂养时要准备的调乳器具，包括奶瓶、奶嘴、奶瓶盖、量匙、长镊子、奶瓶刷等。

消毒调乳器的方式有煮沸、蒸汽和药品消毒3种方式。煮沸消毒是将奶瓶、量匙、瓶夹等放入深锅中煮沸10分钟，将奶嘴、盖子等不耐高温的东西煮沸3～4分钟。药品消毒是根据说明书的指示，将调乳器具放在消毒液中一段时间以达到消毒效果。蒸汽消毒更是省事、省时，只需十几分钟就可完成消毒工作。

人工喂养谨防宝宝过量

相对于母乳喂养，人工喂养更需要妈妈的细心和耐心。人工喂养宝宝，要谨防宝宝吃奶过量。一般来讲，1~3个月的宝宝食欲会比较旺盛，妈妈一旦控制不好就容易喂出一个小胖子来。宝宝如果进食过量，娇嫩的心脏、肝脏和肾脏就会进行超负荷运动，如此对宝宝的身体发育来讲是非常不利的。

宝宝溢乳

1~3个月的宝宝胃呈水平位，贲门较松，幽门较紧，如果喂奶过多、过急，或哭闹后喂奶，就可能吞入大量的空气，喂奶后不能将空气有效地排出，宝宝便会吐奶，由于错误的喂奶姿势，宝宝可能会出现溢乳现象。

如果宝宝平躺着溢乳了，妈妈应该尽快将宝宝的脸侧向一边，避免奶水进入气管导致宝宝窒息；同时尽快擦拭，避免让吐出的奶引起外耳炎或吸入性肺炎。如是抱着宝宝时吐奶了，就抬高宝宝上身，再擦拭干净。每次喂奶后，轻轻拍拍宝宝的背，使宝宝打一个饱嗝，有效防止吐奶。

病理性吐奶

病理性吐奶是因为宝宝的身体疾病而引起的吐奶，比如宝宝肠胃不好、上呼吸道感染、脑部疾病，都可能会引发吐奶。宝宝的病理性吐奶表现为一天中多次喷射状吐奶，或吐出少量带奶块的奶液，伴随时不时的恶心，总是伸舌头、食欲不振，小便少，大便混有泡沫或黏胶状。观察宝

宝宝吐奶

溢奶是日常生活中宝宝比较容易出现的现象，父母要区分宝宝是生理性溢奶还是病理性溢奶。

生理性吐奶与病理性吐奶

	原因	表现	对策
生理性吐奶	喂奶过多、过急或哭闹后喂奶，宝宝吸入了大量的空气。	吐奶不呈喷射状。	喂奶后轻拍宝宝的背，让其打饱嗝。
病理性吐奶	宝宝的身体疾病引起的吐奶。	一天中多次喷射状吐奶，或吐出少量带奶块的奶液。	马上带宝宝去医院。

病理性吐奶

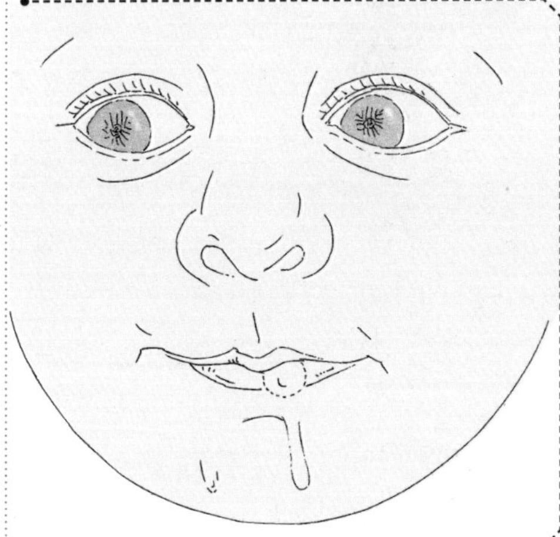

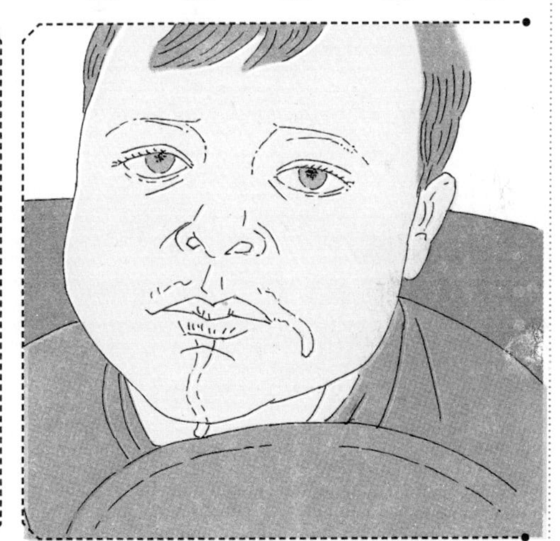

牛奶过敏

婴儿牛奶过敏，实际上是对牛奶中的蛋白过敏，也就是说，是宝宝体内的免疫系统对牛奶蛋白过渡反应而造成的。母乳喂养是比较便捷的预防婴儿牛奶过敏方式。

宝舌苔可看到较厚的白层。

病理性吐奶要马上带宝宝去医院，治疗好以后宝宝就不会再吐了。

宝宝牛奶过敏

婴儿牛奶过敏，实际上是对牛奶中的蛋白过敏，也就是说，是宝宝体内的免疫系统对牛奶蛋白过渡反应而造成的。牛奶过敏是宝宝出生后第一年最常发生的食物过敏！据统计，大约有2.5%的宝宝会出现牛奶过敏。

相比含完整牛奶蛋白的普通婴儿配方奶喂养，母乳喂养的宝宝发生过敏的风险较低，所以母乳喂养是比较便捷的预防婴儿牛奶过敏方式。如果宝宝对牛奶过敏，而妈妈奶量不足或没有奶时，首选蛋白质已经经过处理的深度水解配方奶作为替代品。

培养宝宝的觅乳反射

在最初几次给宝宝进行母乳哺养时，妈妈应该积极地鼓励宝宝寻找乳头，以培养宝宝的觅乳反射。

为了激起宝宝的觅食反射，妈妈可以在怀抱宝宝时在靠近乳房处用双手轻轻地抚摸宝宝的脸颊，宝宝便会立刻将头转向乳头，并且会把小嘴张开准备吸吮觅食。此时妈妈只需把乳头塞进宝宝的嘴里，宝宝便会把乳晕含在自己的小嘴里并开始安静地吸吮。

如此几次，不再需要妈妈做任何刺激，只要被放入妈妈的怀中，小宝宝就会开始快乐地吸吮母乳。

有的宝宝在第一次吸奶时会用小嘴舐妈妈的乳头，然后才开始含住乳晕且开始吸奶。其实宝宝这种舐乳头的动作可以刺激妈妈初乳的流出。

乳头平坦或内陷的对策

为了避免或解决妈妈出现乳头平坦或内陷的情形，妈妈在产前就要积极地做好准备：

1.做乳头的伸展练习，拉断拉开与平坦或内陷的乳头粘合在一起的皮下组织纤维。把两拇指放在乳头的两侧，由乳头的两侧轻轻地向外拉伸，紧接着再由下方向上向外拉伸。每次做五分钟，一天做两次。如此反复乳头就会慢慢地向外突出。

2.做乳头的牵拉练习。等乳头慢慢地向外突出以后，用一只手将乳房托住，另一只手的手指则将乳头抓住并向外牵拉。一次做10～20下，一天做两次。

3.产前和产后按摩乳房以促进乳房的发育。为了促进乳房的血液循环，最好每天都对乳房按摩一次。将乳头露出，用手掌的侧面将乳房轻轻地按住，对乳房均匀地加以按摩。

儿童零食误区

果冻

果冻不仅不能补充营养，过多食用还会妨碍某些营养素的吸收。市场上销售的果冻基本成分是一种不能为人体吸收的碳水化合物——卡拉胶，并基本不含果汁，其甜味来自精制糖，而香味则来自人工香精。

坚果

坚果中的确含有非常丰富的营养，是零食中的首选。但坚果中脂肪含量、热能较高，食用过量会发胖。

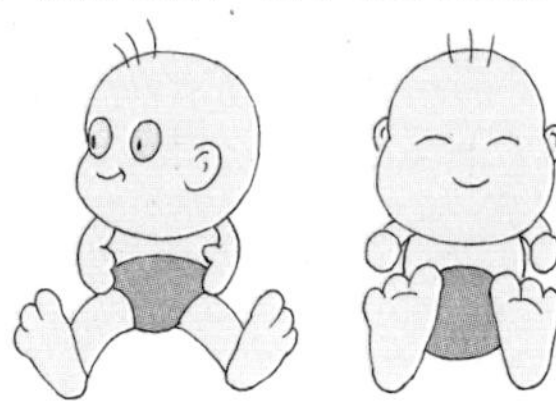

话梅、话李

话梅、话李等零食中含盐量高。长期摄入大量的盐分会诱发高血压，另外，嘴不停地吃话梅也不可取。

鱼干和肉干

鱼干和肉干是补充蛋白质的好食品。但肉干是高热量的食物。大量食用肉干、鱼干除了对减肥不利之外，它们所含的蛋白质一旦超过了人体的利用能力，还可能导致形成致癌物质。

3 4~6个月的宝宝

宝宝满100天了。这个时期，宝宝的消化功能渐渐成熟，如口腔、胃肠道、胰腺、肝胆等内脏器官不断成熟，而且宝宝有了咀嚼的欲望，胃容量有了很大增加。

给宝宝添加辅食

世界卫生组织以及大部分营养及儿科专家都认为：在婴儿4～6个月时，开始为他添加辅食最理想。在4个月前，宝宝应完全由母乳或配方奶喂养，不必添加任何食物及其他饮料。当婴儿满4个月后，就可以给宝宝添加辅助食品了。

这个时候的宝宝不再满足于吸奶和吞咽，由于牙龈内牙胚的发育，宝宝想磨炼一下牙龈，如果给宝宝添加一些稍微稠一点的食物，他会很乐意接受。

如何为宝宝添加辅食

4～6个月之后，母乳中的营养素已无法满足宝宝不断增长的需求，及时添加辅食可补充宝宝的营养所需，同时还能锻炼宝宝的咀嚼、吞咽和消化能力，促进宝宝的牙齿发育，另外也为今后的断奶做准备。如不适时地补充营养添加辅食，有可能引起营养不良，妨碍宝宝的生长发育。而出生后4～6个月正是宝宝味蕾发育最为敏感的时期，宝宝易于接受各种口味，如果错过了可能会造成断奶后的喂养困难。

一般情况下，婴儿五六个月开始对食物表现出很大的兴趣，此时添加辅食，宝宝很容易接受，也很容易学会咀嚼吞咽。如果过早（4个月以前）添加辅食，因消化器官未发育成熟，会影响营养的消化和吸收，进而影响宝宝的健康。而过晚添加，婴儿不能获取额外的食品来填补能量和营养素的缺额，必将导致生长缓慢，增加营养不良和微量元素缺乏的危险性。

新妈妈育儿经

给宝宝添加辅食

宝宝满一百天了，消化功能增强，胃容量增大，这时候，细心的妈妈可以着手给宝宝添加辅食了。

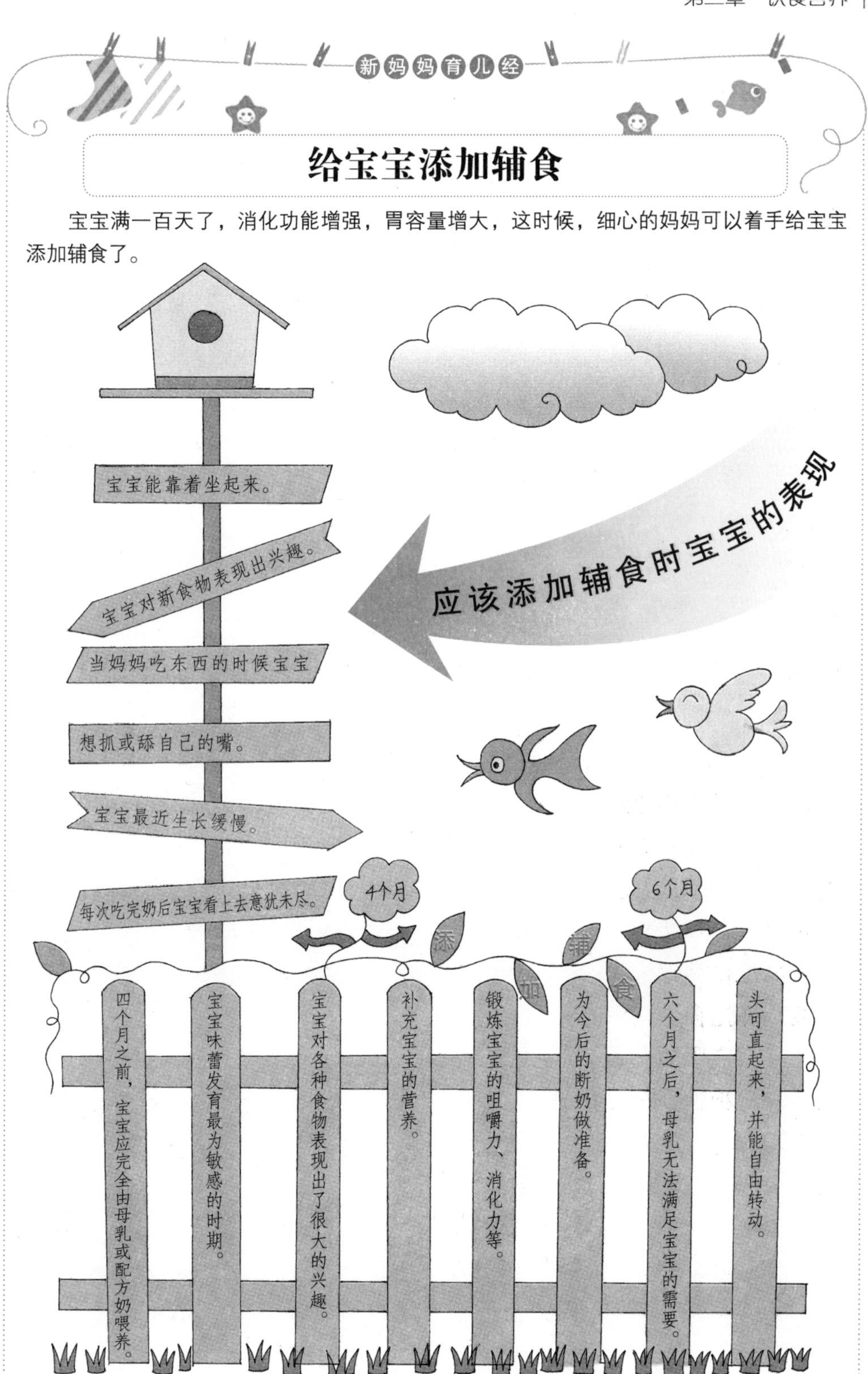

添加辅食时宝宝的表现

1.宝宝的头可以直起来，并且能够自由转动。

2.宝宝能够靠着坐起来。

3.当食物靠近嘴边，对新食物表现出兴趣。

4.当妈妈吃东西的时候，宝宝想要抓或者舔自己的嘴唇。

5.之前宝宝的身高体重指标一直正常，最近却生长缓慢。

6.每次吃完奶之后，宝宝看上去意犹未尽。

糊状辅食

从习惯吸食乳汁到吃接近成人的固体食物，宝宝需要有一个逐渐适应的过程。无论吃母乳还是使用奶瓶，奶水都可直接到咽部，有利于宝宝吞咽，而糊状食品则需要宝宝用舌头卷住食物，并把食物送到咽部，再吞咽下去。在宝宝添加辅食的最初阶段，宝宝可能会把食物吐出来，这是由于他还不熟练，需要不断学习。在这个阶段，父母一定不要把米粉或蛋黄放入调好的奶中，用奶瓶喂宝宝，而是要用水或果汁等把米粉或蛋黄等其他食物调成糊状，用小勺来喂宝宝。

宝宝如何正确食用蛋黄

蛋黄是4~6个月宝宝首选的蛋白质类辅食，它的致敏性低，比蛋清或其他蛋白质类食品更加安全；蛋黄的营养极其丰富，蛋黄中含有丰富的铁，能够补充宝宝逐渐缺失的铁，同时维生素A、维生素D和维生素E与脂肪溶解容易被机体吸收和利用。

添加蛋黄时，将鸡蛋煮熟、剥壳，取出蛋黄，用筛碗或勺子碾成泥，加入适量开水或配方奶调匀即可。最初要从1/8个蛋黄开始，根据宝宝的接受程度逐步添加至1/4 ~ 1/3，以后逐渐增加到1/2，直至整个蛋黄。

如何正确添加果汁

4个月的宝宝可以放心地添加果汁了。注意制作时需要采用新鲜原料，随做随用。

在不同的季节内选用新鲜、成熟、多汁的水果，如橘子、柑、西瓜、梨等为宝宝制作果汁。制作果汁前要洗净自己的手，再将水果冲洗干净，去皮，把果肉切成小块状放入干净的碗中，用勺子背挤压果汁，或用消毒干净的纱布过滤果汁。

制作好果汁后，果汁中加少量温开水，即可喂哺，不需加热，否则会

给宝宝添加辅食注意事项

当母乳中的营养素无法满足宝宝的不断增长的需求时，要及时添加辅食可补充宝宝的营养所需，同时还能锻炼宝宝的咀嚼、吞咽和消化能力，促进宝宝的牙齿发育。

刚开始吃辅食时，宝宝不宜采取坐姿

宝宝刚开始吃辅食时，不要让其马上坐着，先在宝宝的头部、背部垫个枕头让其上半身略抬高，随宝宝成长慢慢加高，宝宝刚吃完辅食时不能马上抱起，以免宝宝呕吐。

应用婴儿软勺添加

给宝宝添加专门为其精心制作的食品，不要只是简单地把饭做软烂一些就喂宝宝。

不要喂宝宝咀嚼过的食物

有部分家长在给宝宝添加辅食的过程中，总会习惯性地给宝宝喂咀嚼过的食物，这样易导致宝宝患病。

应用婴儿软勺添加

应用婴儿软勺添加，不要放在奶瓶中吸吮，这样也为孩子断奶后的进食打下好的基础。

破坏果汁中的维生素。

水果汁大多是酸性的，如果马上喝奶，水果中的果酸（植酸）与牛奶中的蛋白质相遇后，即可发生凝固，影响钙的吸收和果汁中营养的吸收。因此最好在喂奶后1小时再喂，或在两次喂奶之间，这样更有利于奶汁及维生素的吸收。

米粉或米汤

米粉的主要营养成分是碳水化合物，是宝宝一天的主要能量来源。4个月时每日添加一顿辅食就够了。5个月后，可以在傍晚6点左右再加一顿米粉。第一次可以调得稀一点，逐步加稠。冲调米粉的水温要在40℃左右，摸起来稍热的，调好后温度也刚刚好。

至于米汤，其汤味香甜，含有丰富的蛋白质、脂肪、碳水化合物及钙、磷、铁，维生素C、维生素B等，非常适合这个时期的宝宝食用。

牛奶红薯泥或土豆泥

食材原料：红薯1块，奶粉1勺

制作方法：将红薯（马铃薯）洗净去皮蒸熟，用筛碗或勺子碾成泥。

奶粉冲调好后倒入红薯泥中，调匀即可。

功效：红薯的赖氨酸、β-胡萝卜素、维生素E和维生素C的含量比较丰富，由于红薯的蛋白质含量偏低，因此红薯与牛奶同食最佳。

土豆泥的做法与牛奶红薯泥的做法相似，它含有丰富的维生素B_1、维生素B_2、维生素B_6和泛酸等B群维生素及大量的优质纤维素，还含有微量元素、氨基酸、蛋白质、脂肪和优质淀粉等营养元素，可以帮助宝宝消化，增强宝宝的体质。

添加辅食要注意观察

每次喂食一种新食物后，必须密切观察宝宝皮肤、大便等情况。

皮肤：添加辅食后要注意观察宝宝的皮肤，看有无过敏反应，如皮肤出现红肿、湿疹，应停止添加这种辅食。

大便：注意观察宝宝的大便，当婴儿进食新食物时，它的大便颜色改变是常见的，如颜色变深、呈暗褐色，或可见到未消化的食物等。但是，宝宝在添加辅食后大便稀、发绿，可能是辅食添加得有点过急、过多，超出了胃肠的消化能力所引起；宝宝添加辅食后如有食物原样排出，应暂停加辅食，过一两天后，宝宝状况较好才可进行。宝宝不吃不要强迫，下次再喂也没问题。

体重：每个月给宝宝称一次体

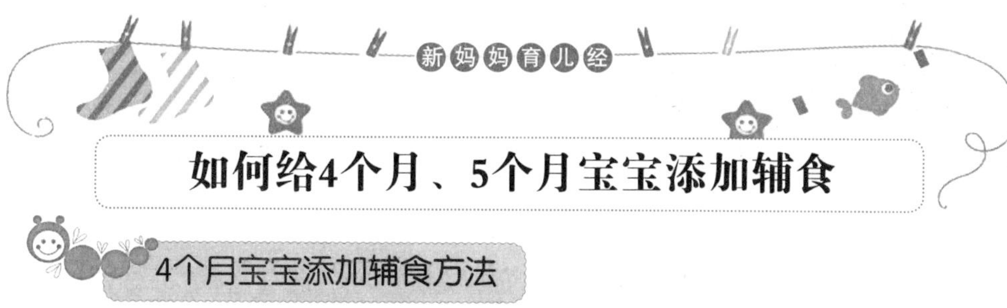

如何给4个月、5个月宝宝添加辅食

4个月宝宝添加辅食方法

主要食物	母乳或配方奶或牛奶	
辅助食物	温开水、凉开水、果汁（橘子汁、番茄汁、山楂汁等）、菜汁、鱼肝油、（维生素A：维生素D=3：1）	
餐次	每4个小时喂一次	
喂养时间	上午	6时母乳喂哺10～15分钟，或配方奶180毫升。8点稀释蔬菜汁90毫升。12点喂稀释的鲜橙汁或番茄汁90毫升，水果泥少许。
	下午	14时母乳喂养10～15分钟，或配方奶180毫升；15时喂稀释的蔬菜汁80毫升，新鲜蔬菜泥少许；16时喂温开水90毫升，可加白糖适量；18时母乳喂哺10～15分钟，或配方奶180毫升。
	夜间	22时母乳喂哺10～15分钟，或配方奶180毫升，凌晨2时母乳喂哺10～15分钟，或配方奶180毫升。

5个月宝宝添加辅食方法

主要食物	母乳或配方奶或牛奶	
辅助食物	白开水、鱼肝油（维生素A、维生素D比例为3：1）、水果汁、菜汁、菜汤、肉汤、米粉（糊）、蛋黄泥、菜泥、水果泥。	
餐次	每4个小时喂一次。	
喂养时间	上午	6时母乳喂哺10～20分钟，或配方奶120～150毫升。8点喂蛋黄1/8，温开水/水果汁/菜汁90毫升。10点喂母乳10～20分钟，或配方奶120～150毫升。12点喂菜泥/水果泥80克，米汤50～80毫升。
	下午	14时母乳喂养10～20分钟，或配方奶125～150毫升。16时喂蛋黄1/8个；肉汤60～90毫升。18时母乳喂哺10～20分钟，或配方奶120～150毫升。
	夜间	20时喂米粉30克，温开水/水果汁/菜汁30～50毫升。22时喂母乳10～20分钟，或配方奶120～150毫升。

重，如果体重没增加，奶量就不能减少。体重正常增加，可以继续喂辅食，并减少母乳或牛奶的摄入量。

添加辅食要循序渐进

添加品种由一种到多种：给宝宝添加辅食，只能一样一样地加，要等宝宝适应后，再添加新的品种。例如：添加米糊，就不能同时添加蛋黄，要等宝宝适应米糊后才能开始添加蛋黄，等宝宝适应了米糊和鸡蛋黄后，再添加胡萝卜泥。

添加量由少到多：每添加一种新食品，必须先从少量喂起。而且大人需要比平时更仔细地观察宝宝，如果没什么不良反应，再逐渐增加一些。

添加浓度由稀到稠：添加初期给宝宝一些容易消化的、水分较多的流质、汤类，然后从半流质慢慢过渡到各种泥状食品。

添加形态由细到粗：添加固体食品时，大人可先将食物捣烂，做成稀泥状；待宝宝长大一些，可做成碎末状或糜状，以后再做成块状的食物。

吃奶前添加：添加辅食最好安排在宝宝喝奶之前，这样不会因为饱了而无兴趣尝试辅食。

不放调味品：添加辅食的初期，原则上不放糖、盐等调味品。

给宝宝添加辅食要适时

1.健康时添加。加辅食时宝宝的吃奶、大便要有规律，选择无疾病时添加。宝宝生病或对某种食品不消化时不能添加，以后再试试。

2.心情愉悦时添加。最好在宝宝心情舒畅、爸爸妈妈感觉轻松时，给宝宝添加新的食物。

3.宝宝需要时添加。当宝宝肚子饿时，宝宝对食物会非常感兴趣，他会兴奋地手舞足蹈，身体前倾并张大嘴。相反，如果不饿，宝宝会面对食物紧闭嘴巴，把头转开或干脆闭上眼睛。

4.腹泻时停辅食。宝宝拉肚子时停喂辅食，等腹泻好了再按照循序渐进的原则重新开始。

宝宝生理性厌奶

很多妈妈都曾经有过这样的困惑：宝宝的食欲突然变得好差，以前喝一瓶奶都不太够，可是现在怎么连半瓶喝起来都显得很费劲？原来，这属于生理性厌奶。

处于生理性厌奶期的宝宝极易被所在的环境所吸引和干扰，一听到周围有声响，就停止吃奶，好像什么事情都和他有关似的，这个时期的宝宝属于标准的好奇宝宝，这是宝宝活力

生理性厌奶及添加辅食注意事项

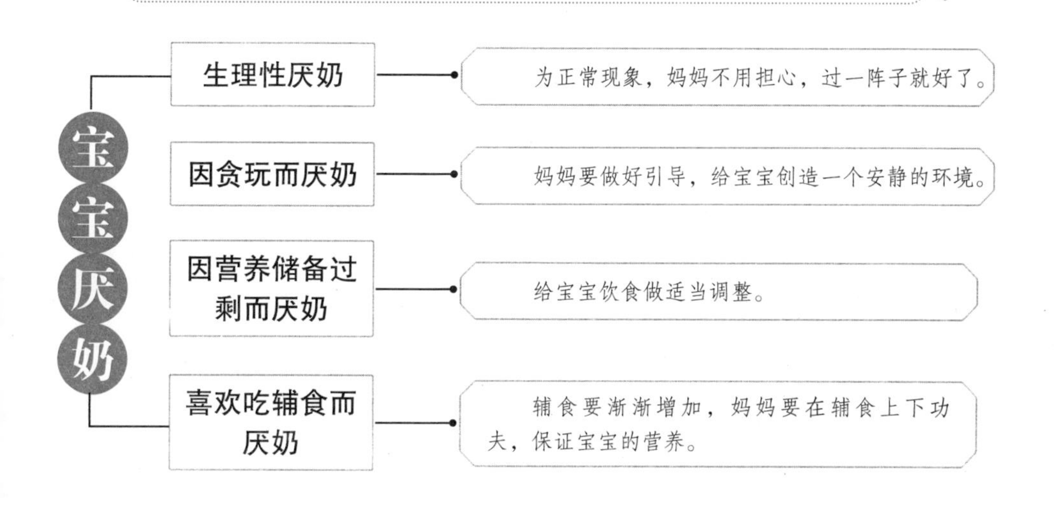

6个月宝宝食谱精选推荐

食材原料	营养分析	制作方法
鹌鹑蛋奶： 鹌鹑蛋2个，鲜牛奶200毫升，白糖适量。	鹌鹑蛋的营养价值高，与鸡蛋相比，蛋白质含量高30%，维生素B_1高20%，维生素B_2高83%，铁高46.1%，卵磷脂高5.6倍，并含有维生素P等成分。牛奶是人体钙的最佳来源，而且钙磷比例非常适当，利于钙的吸收。补钙，健脑。	鹌鹑蛋去壳后加入煮沸的牛奶中，煮至蛋刚熟时，离火，加入适量白糖调味即可。
豌豆糊	豌豆含丰富的蛋白质、维生素B_1、B_6和胆碱、叶酸等，味道也比大豆好。婴儿大多不会排斥，豌豆对腹泻和红便有显著疗效。	将豌豆炖烂并捣碎。过滤一遍，与肉汤和在一起搅匀。

特别强的表现。妈妈不用太担心，这属于正常现象，此时宝宝生长发育正常，无须治疗，可自愈。

因贪玩厌奶

跟生理性厌奶有点相似。到了吃奶的时间，宝宝却不肯吃奶，而是仍然醉心于自己心爱的玩具。吃奶时，特别容易左顾右看，不肯专心吃奶，甚至会故意做出一些“高难度”动作来逗妈妈。对于这种情况的宝宝，需要妈妈灵活应对。比如，快到吃奶的时间时，妈妈可以让宝宝暂时停止手中的游戏等，让宝宝平静下来，先不要那么兴奋，也算是为宝宝接下来的吃奶酝酿情绪，当然妈妈一定要做好引导，千万不要引起宝宝的反抗。妈妈也可以在给宝宝喂奶时尽量给他创造一个安静的环境，避免外界不必要的干扰，比如妈妈和宝宝单独在一个房间，把正在开着的电视关掉等。

因营养储备过剩厌奶

因为长时间地摄入大量的牛奶，宝宝的肝脏、肾脏和消化系统等不堪重荷，需要一段时间的休息。这是宝宝内部器官的一种自卫反应，宝宝需要时间来消化掉他体内储存过多的营养。这时候妈妈也不要再强求宝宝，给宝宝的饮食适当地做一些调整，比如米汤、果汁等，有的宝宝可能很快就会恢复过来，也有的宝宝需要较长的一段时间，这时候不用担心。

在宝宝恢复喝奶时，妈妈不要心急，应慢慢增加奶量和顿数，否则宝宝很有可能会再次厌奶。

喜欢吃辅食而厌奶

一些宝宝出现厌奶是因为更喜欢吃辅食，被美味的美食给深深吸引住了。在这段时间里辅食要逐渐添加，父母要在辅食上下功夫，鸡蛋、胡萝卜骨头汤、鱼泥等要逐渐添加，弥补进食奶量的不足。也可以用奶和其他食物混搭，做出更美味健康的食品来给宝宝增加营养。

宝宝厌奶时的注意事项

有些生理的不适症状会导致宝宝厌奶（如刚打完预防针、长牙期间、腹胀等）。这种情形通常持续几天后即恢复正常，父母不必担心。

体质弱常患病的宝宝要注意。这类宝宝往往反复感冒、反复腹泻，或患有其他慢性病，健康状况差影响了其食欲，则需综合调理宝宝的脾胃。

给宝宝添加辅食常识

在宝宝四个月后，要逐步给宝宝加辅食，这里给妈妈介绍四个月宝宝喂辅食的一些常识，这里介绍的是一般规则，还要结合宝宝本身的身体和妈妈母乳的情况区别对待。

按需哺乳

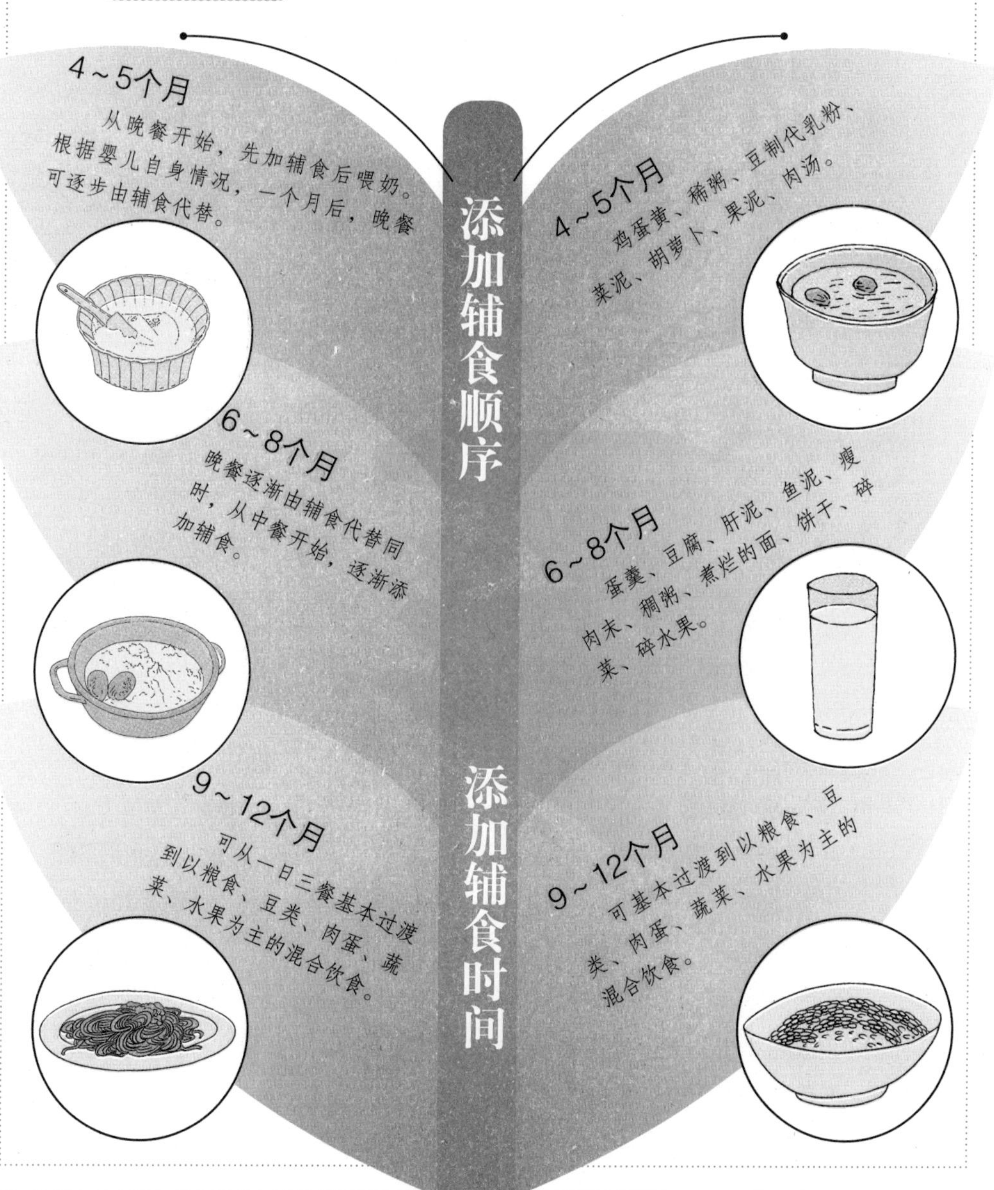

4 7~8个月的宝宝

七八个月的宝宝已经萌出乳牙，有了咀嚼能力，而且舌头也有了搅拌能力，这时妈妈可以给宝宝增加辅食量了，一则可以锻炼宝宝的咀嚼能力，二则可以给宝宝增加营养，让宝宝更健康，更聪明。

宝宝免疫力下降了

7个月以前的宝宝，体内有来自于母体的抗体等抗感染物质以及铁等营养物质，抗体等抗感染物质可以防止多种传染性疾病的发生，而铁等营养物质则可以防止宝宝贫血等营养性疾病的发生。一般从宝宝出生后第7个月开始，由于体内来自于母体的抗体水平逐渐下降，而宝宝自身合成抗体的能力还不完善，因此，宝宝抵抗感染性疾病的能力逐渐下降，所以容易患各种感染性疾病，尤其常见的是感冒、发热等。

同时，一般从出生后7个月开始，因宝宝体内多种出生前由母体提供储备的营养物质已接近耗尽，而自己从食物中摄取各种营养物质的能力又较差，此时如果爸爸妈妈不注意宝宝的营养，宝宝就会因营养缺乏而发生营养缺乏性疾病，如幼儿缺铁性贫血、维生素D缺乏性佝偻病等。

提高宝宝免疫力

为使宝宝提高抵抗疾病的能力，爸爸妈妈要积极采取措施增强宝宝的体质，主要做好以下8点：

1.坚持母乳喂养。宝宝出生后的前六个月要坚持纯母乳喂养，之后在添加辅食的同时还应继续母乳喂养直到宝宝一岁。

2.多喝水。水分充足，宝宝的新陈代谢就旺盛，免疫力自然就会强。

3.按期进行预防接种。这是预防幼儿传染病的有效措施。

4.保证宝宝的营养。各种营养素如蛋白质、铁、维生素D等都是宝宝生长发育所必需的，而蛋白质更是合成各种抗病物质的原料，如抗体等。原料不足则抗病物质的合成就减少，宝宝对感染性疾病的抵抗力就差。

5.保证充足的睡眠。进行体格锻炼是增强宝宝体质的重要方法，可进行主被动操及其他形式的全身运动。

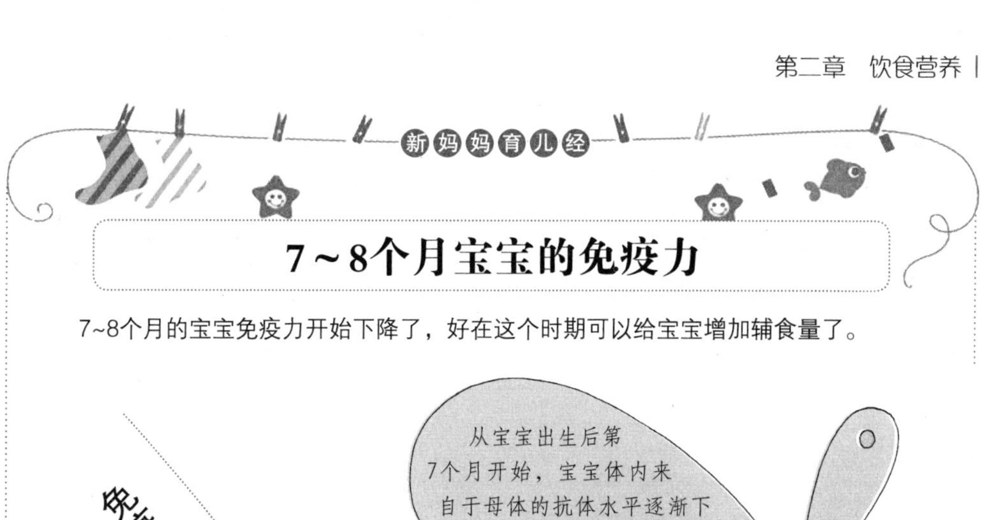

7~8个月宝宝的免疫力

7~8个月的宝宝免疫力开始下降了，好在这个时期可以给宝宝增加辅食量了。

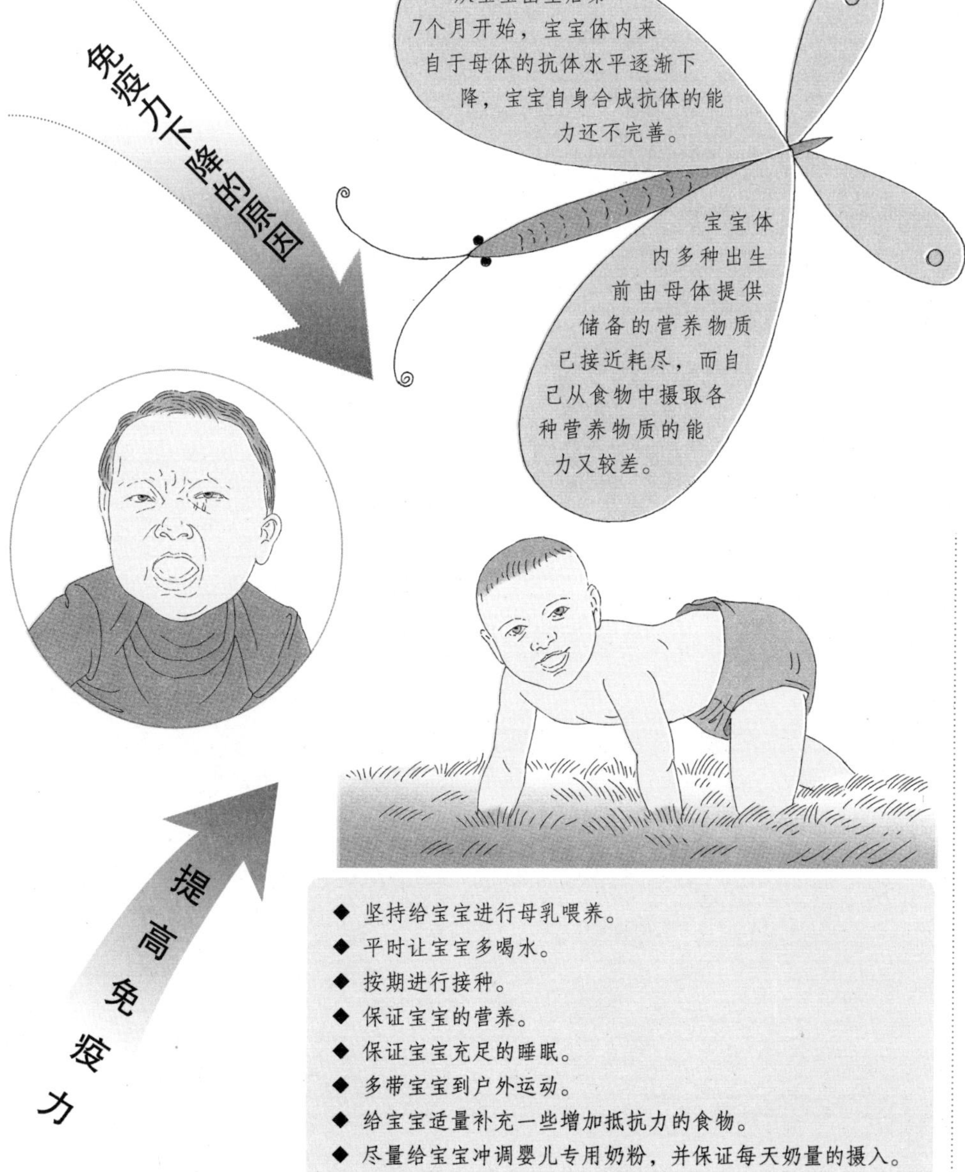

- 坚持给宝宝进行母乳喂养。
- 平时让宝宝多喝水。
- 按期进行接种。
- 保证宝宝的营养。
- 保证宝宝充足的睡眠。
- 多带宝宝到户外运动。
- 给宝宝适量补充一些增加抵抗力的食物。
- 尽量给宝宝冲调婴儿专用奶粉，并保证每天奶量的摄入。

6.多到户外活动，多晒太阳和多呼吸新鲜空气。

7.给宝宝适量补充一些增加抵抗力的食物，如蘑菇汤、牛初乳等。

8.尽量给宝宝冲调婴儿专用奶粉，并保证每天奶量的摄入。

添加辅食注意事项

1.要遵循一定的原则：从谷物、蔬菜到肉类，从少量到多量，每次增加一种，待宝宝适应而且没有什么不良反应后再给宝宝添加另外一种，从流质到半流质到半固体再到固体。

2.注意营养搭配均衡，防止宝宝营养不良。多让宝宝食用一些蔬菜、水果、动物性食品、豆类、谷类等。

3.宝宝的食物中不宜添加盐、糖、味精、香料等调料，否则会加重宝宝的内脏负担，对宝宝的健康成长极为不利。

4.宝宝饮食要适量，切忌让宝宝进食过度。

5.适量给宝宝食用一些磨牙饼干、馒头等质地较粗糙的食物，来促进宝宝的牙齿发育，锻炼宝宝的进食能力。

6.培养宝宝良好的饮食习惯，防止宝宝偏食。这个时期，宝宝的辅食添加种类都比较多，通常宝宝对一些食物会非常偏爱，而对另外一些食物是怎么哄宝宝都不吃，这样非常不利于宝宝的健康成长，妈妈发现宝宝有偏食的迹象时一定要及时纠正，采用一些行之有效的方法，比如巧妙加工、减少每次进食的食物种类等方法，来纠正宝宝偏食的不良习惯。

训练宝宝用勺子

这个时期的宝宝，渐渐表现出自己拿勺吃饭的高度兴趣，即使每次把饭洒的到处都是，忙得不亦乐乎而自己仍然没有吃到食物。家长不能为了省事，而坚持自己给宝宝喂饭，剥夺宝宝锻炼自己吃饭的绝佳机会。

大家都知道，人的智慧跟手的运动密切相关，训练宝宝使用小勺子，不但可以满足小手的探索欲望，还可以锻炼肩膀、胳膊、手掌、手指等部位的肌肉运动，增强手和眼的协调能力，加强精细动作的协调性，从而促进宝宝大脑的发育。所以训练宝宝用勺子吃饭是非常有意义的。

这个时候，妈妈可以给宝宝专门准备吃饭时用的、比较容易清洗的衣服。使用的勺子最好选择半球形的汤勺，这样食物就不容易泼出来。先让孩子学会用勺子喝汤，等到熟练后可让宝宝学会用勺子舀固体食物吃。

只有放手让宝宝得到充分锻炼，相信宝宝一定会掌握这一套“高难

给7～8个月宝宝添加辅食

妈妈在给7~8个月宝宝添加辅食时，一定要注意一定的原则，比如注意营养的均衡搭配等。

给宝宝添加辅食时注意事项

添加辅食

培养宝宝良好的饮食习惯，防止宝宝偏食。

适量给宝宝食用一些磨牙饼干、馒头等质地较粗糙的食物。

宝宝饮食要适量，切忌让宝宝进食过渡。

从谷物、蔬菜到肉类，从少量到多量，每次增加一种。

注意营养搭配均衡，防止宝宝营养不良。

宝宝的食物中不宜添加盐、糖、味精、香料等调料。

给宝宝添加辅食时注意事项

训练宝宝用勺子可提升宝宝的手眼协调能力，妈妈可以给宝宝专门准备吃饭时用的、比较容易清洗的衣服。

度”动作的。

准备给宝宝断奶

虽说母乳是宝宝最好的食物，但是随着宝宝一天天地长大，他所需要的营养素越来越多，母乳已经不能满足宝宝的营养需求。这个时期的宝宝对于吃奶也没有那么专注，吃奶对宝宝来讲更多的是对妈妈的依恋，而辅食也渐渐地可以满足宝宝所有的营养需求。断奶成为一种必然。断奶是一场温柔的战役，想要和平地快速地解决这场战役，妈妈就要做好充足的准备工作。

断奶前给宝宝适当添加辅食

有些宝宝断奶时明显抗拒母乳以外的任何食物，若想要避免这种情况，在宝宝断奶前一定要好好添加辅食。这不仅是为了让宝宝得到足够的营养，更重要的是培养他对食物的兴趣。让他在离开最喜欢的母乳后，也能找到其他心爱的食物。所以，在断奶前，你要按照宝宝辅食的进程，为他安排适当的食物，让辅食添加顺利进行。另外，在吃饭时，最好让宝宝与你同桌，让宝宝看到你吃，以便他对食物产生兴趣，也使他萌出自己想要吃的念头。

断奶前渐渐减少母乳的喂养次数。这个时期，母乳的营养成分没有以前那么高，可以试着慢慢减少母乳喂养次数。但一定要注意不要强硬地给宝宝断奶，不要在喂养方式上和宝宝发生冲突，否则会影响以后宝宝的完全断奶。这个时期，让宝宝感觉到母亲对自己的关爱是非常重要的。

如何训练宝宝学会用奶瓶

断奶前的准备要从练习用勺子进食开始，连续一周试着用勺子给宝宝喂一些果汁、汤等。接下来就是训练他用奶瓶或杯子喝奶。宝宝可能会抗拒使用奶瓶或杯子，这时千万不能强迫他，更不要想在短时间内改变他，而是要做好一套计划，引诱他使用。比如水杯或碗=好吃的东西，在给宝宝喝他喜欢的东西时，将它们装在水杯或碗里面，比如甜甜的果汁、母乳等，让宝宝看见水杯或碗就能产生快乐的联想，这样，宝宝对水杯的好感会逐渐建立起来，再用水杯喂他吃东西他就不会抗拒了。

断奶前调整宝宝的生活习惯

宝宝的生活习惯要有所调整。

首先，如果宝宝有边吃母乳边睡觉的习惯，那断奶前要让他逐渐改掉

断奶前的工作

在给宝宝断奶之前，妈妈和爸爸一定要做好充足的准备工作，为以后彻底断奶的顺利进行打下良好的基础。

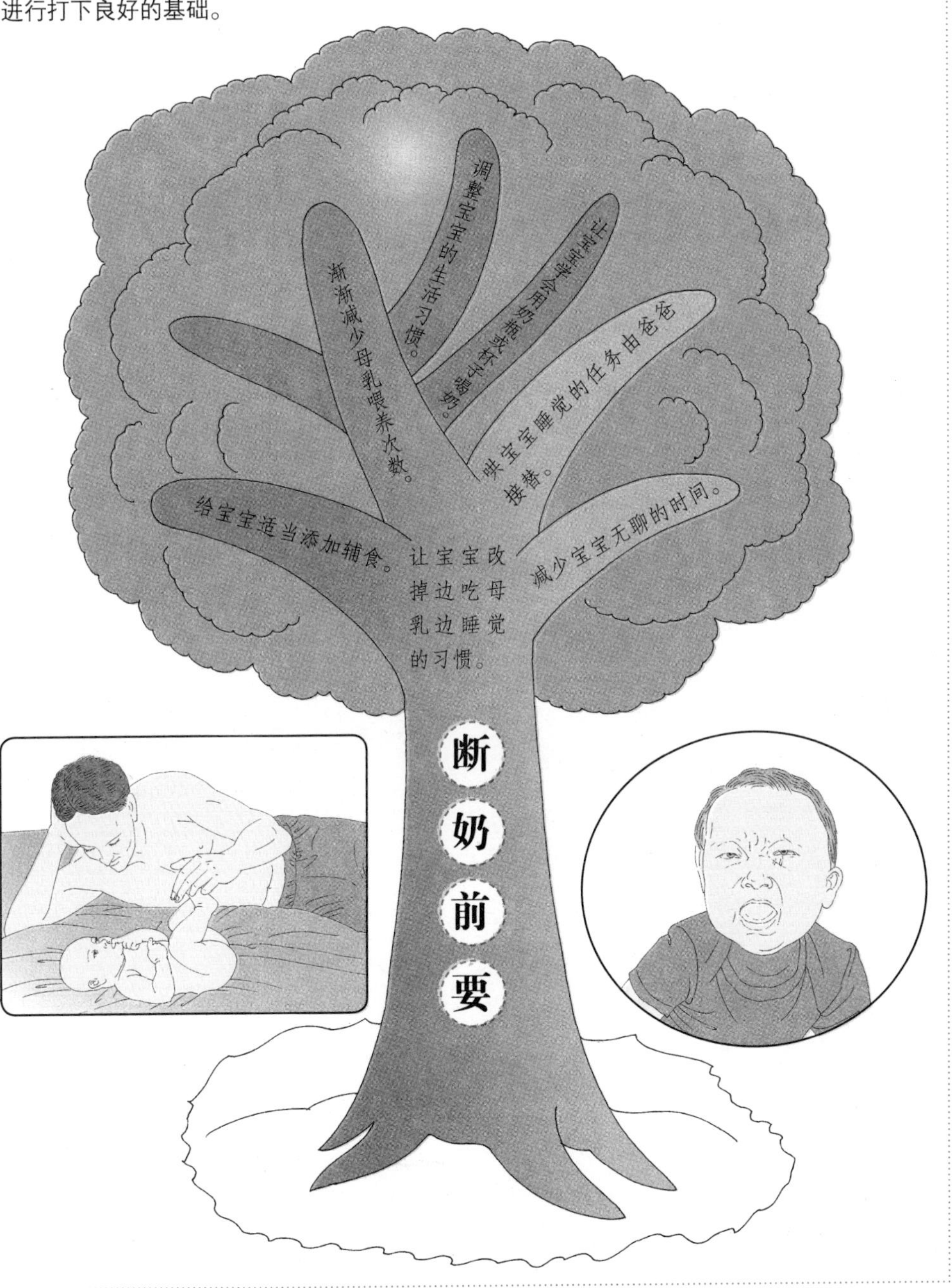

这个习惯。可以把喂奶的时间提前，不要等到宝宝快睡的时候再喂奶，比如在洗澡前先喂奶，或者喂奶后让宝宝玩一会儿再睡。

其次，哄宝宝睡觉的任务可以让爸爸来接替，让宝宝习惯睡觉时没有妈妈乳房的慰藉。

再次，减少宝宝的无聊时间。宝宝在无聊的时候，会特别依赖母乳或吸吮。那么，就尽量不要让他无聊。增加与宝宝游戏的时间，让他的注意力转移，宝宝对游戏的兴趣足以让他忘记母乳。

宝宝处于长牙的关键期

这个阶段是宝宝长牙的时期，矿物质钙、磷此时显得尤为重要，有了它们，小乳牙才会长大，并且坚硬度好：多食用虾仁、海带、紫菜、蛋黄粉、牛奶和奶制品等食品可使宝宝大量补充矿物质钙。而多给宝宝食用肉、鱼、奶、豆类、谷类以及蔬菜等食品就可以很好地补充矿物质磷。适量的氟可以增加乳牙的坚硬度，使乳牙不受腐蚀，不易发生龋齿。海鱼食品中含有大量的氟，可以给宝宝适量补充。

如果要想使宝宝牙齿整齐、牙周健康，就要给宝宝补充适量的蛋白质。蛋白质是细胞的主要结构成分，如果蛋白质摄入不足，会造成牙齿排列不齐、牙齿萌出时间延迟及牙周组织病变等现象，而且容易导致龋齿的发生。所以适当地补充蛋白质就显得尤为重要。

维生素A能维持全身上皮细胞的完整性，少了它就会使上皮细胞过度角化，导致宝宝出牙延迟。缺乏维生素C会造成牙齿发育不良、牙骨萎缩、牙龈容易水肿出血。而维生素D则可以增加肠道内钙、磷的吸收并促使钙、磷在牙胚上沉积钙化，一旦缺乏，就会导致出牙延迟，牙齿小且牙距间隙大。

妈妈应该在宝宝的食品中增加含维生素的食物，譬如可以通过多给宝宝食用鱼肝油制剂、新鲜蔬菜等补充维生素A以维护牙龈组织的健康；可以通过给宝宝食用新鲜的水果，如橘子、柚子、猕猴桃、新鲜大枣等补充牙釉质形成所需要维生素C；可以通过给宝宝食用鱼肝油制剂或直接给宝宝晒太阳来获得维生素D。

宝宝辅食食谱

宝宝对食物的喜好在这一时期就可以体现出来，所以妈妈可以根据宝宝的喜好来安排食谱。不论辅食如何变化，都要保证膳食的结构和比例要均衡。下面我们来介绍几款比较适合

7~8月宝宝的营养素

七八个月的宝宝处于长牙的关键时期，这个时候一定要注意宝宝的营养供给。

铸就宝宝的“金刚牙”

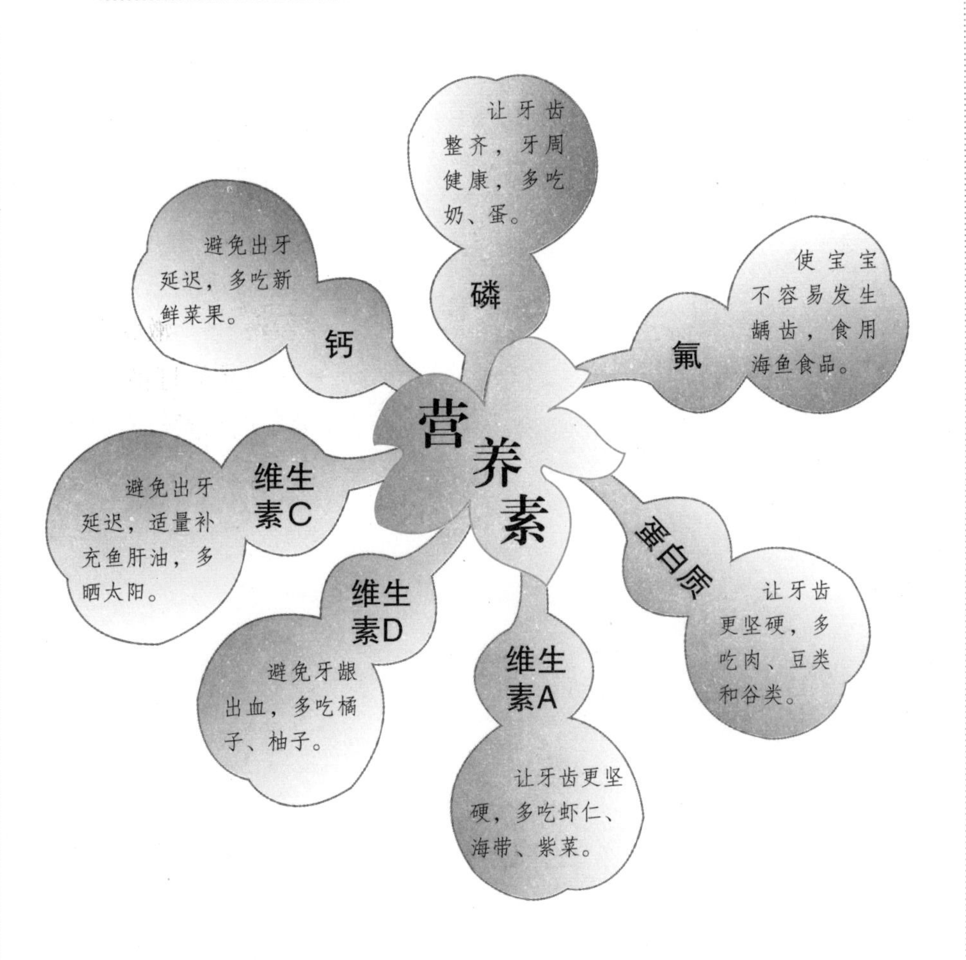

这个时期的宝宝的食物及做法。

鸡汁土豆泥

食材原料：土鸡一只、土豆1/4个、姜适量。

制作方法：

1.将土鸡洗净斩块，入沸水中焯一下，慢火熬汤，取部分汤汁冷冻。

2.土豆洗净去皮上锅蒸熟，取出研成泥。

3.取鸡汤2勺，加入少许盐，稍煮，浇到土豆泥中即可。

菠菜蛋黄粥

食材原料：菠菜、鸡蛋黄1个、软米饭、适量高汤、熬熟植物油。

制作方法：第一步，将菠菜洗净，开水烫后切成小段，放入锅中，加少量水熬煮成糊状备用。第二步，将1个蛋黄、软米饭、高汤放入锅内煮烂成粥。将菠菜糊、熬熟植物油加入蛋黄粥即成。

冬瓜面条

食材原料：冬瓜、面条、适量高汤、熬熟植物油。

制作方法：第一步，先将冬瓜洗净去皮切块，在沸水中煮熟后切成小块备用。第二步，将面条置于沸水中，煮至熟烂后取出，用勺搅成短面条。第三步，将冬瓜块及烂面条，加入高汤大火煮开，小火焖煮至面条烂熟即可。

蛋花豆腐羹

食材原料：鸡蛋、嫩豆腐。

制作方法：蛋黄打散，豆腐捣碎。在锅里加一点水煮开，放入捣碎的豆腐煮熟，再倒入蛋黄液，边倒边搅拌，将蛋花煮熟即可。

7～8月宝宝食谱精选推荐

七八个月的宝宝处于长牙的关键时期，这个时候一定要注意宝宝的营养供给。

7个月宝宝食谱精选推荐

食材原料	营养分析	制作方法
肉蛋豆腐粥	蛋白质、脂肪、碳水化合物比例搭配适宜，还富含锌、铁、钠、钾、钙和维生素A、维生素B、维生素D。有保障婴儿健康发育之功效。	第一步，将瘦猪肉剁为泥，豆腐研碎，鸡蛋去壳，将一半蛋液搅散。第二步，将粳米洗净，酌加清水，文火煨至八成熟时下肉泥，续煮至粥成肉熟。第三步，将豆腐、蛋液倒入肉粥中，旺火煮至蛋熟，调入食盐即可。
草莓麦片粥	富含维生素C、维生素B_1、维生素B_2、蛋白质、碳水化合物和多种矿物质。有补充营养、增加热量之功效。	第一步，先将草莓洗净，去蒂捣如泥。第二步，将草莓、蜂蜜共入沸粥中，拌匀再煮沸即可。

8个月宝宝食谱精选推荐

食材原料	营养分析	制作方法
玉米芸豆粥：玉米、芸豆适量。	玉米与芸豆可以给宝宝补充粗粮中的维生素，可以锻炼宝宝的消化系统。	第一步，先将玉米和芸豆用水泡两三个小时。第二步，再放入锅内煮上一两个小时，煮至黏稠时为止。
肝末：鲜猪肝一具，胡萝卜50克，葱头100克，番茄50克，菠菜25克。	猪肝中含有丰富的蛋白质，有助于宝宝的智力发育和身体发育，是营养多多的辅食食材。	首先将猪肝洗净，水焯后碎。然后切碎的肝，葱，胡萝卜入锅内，加适量肉汤煮熟。最后加入番茄和菠菜，继续煮开即可。

9~10个月的宝宝

宝宝长到9个月以后，乳牙已经萌出四颗，消化能力也比以前增强，饮食上越来越接近大人，可以享受更多的美味食物了。

宝宝的饮食要点

1.母乳充足时，除了早晚睡觉前喂点母乳外，白天应该逐渐停止喂母乳。

2.用牛奶喂养宝宝的，此时牛奶仍应保证每天500毫克左右。代乳食品可安排3次，因为此时的宝宝已逐渐进入离乳后期。

3.适当增加辅食，可以是软饭、肉（以瘦肉为主），也可在稀饭或面条中加肉末、鱼、蛋、碎菜、土豆、胡萝卜等，量应比上个月增加。

4.增加点心，比如在早午饭中间增加饼干、烤馒头片等固体食物。

5.补充水果。此月龄的宝宝，自己已经能将整个水果拿在手里吃了。但妈妈要注意在宝宝吃水果前，一定要将宝宝的手洗干净，将水果洗干净，削完皮后让宝宝拿在手里吃，一天一个。

6.宝宝饮食习惯渐渐固定。宝宝的饮食大部分固定为早、中、晚三餐和吃两次奶，这样可以避免宝宝不良的饮食习惯，还可以让宝宝少吃一些零食。

宝宝越来越挑食了

这个时期是帮助宝宝养成良好饮食习惯的关键时期，当宝宝出现挑食的状况时，妈妈一定要有耐心，具体地，妈妈可以采取以下五种措施来改善宝宝的挑食。

1.宝宝不喜欢吃饭的时候,妈妈就不应该硬塞，这样宝宝产生厌食的习惯和对抗的心理。不喜欢就让他饿一饿，等半个小时再试试看。饥饿是最好的厨师。如果宝宝还是不知道饥饿，那一定是有消化道的问题，应该到医院去请医生诊治。

2.每天变化不同的菜式，想法将菜做得使宝宝爱吃，菜做完后盛得漂亮些，弄些花样。

9～10个月宝宝的饮食

宝宝长到九个月时，饮食上越来越接近大人，这时候要预防宝宝偏食。

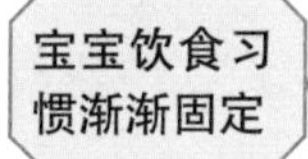

宝宝的饮食要点

宝宝饮食习惯渐渐固定

补充水果

增加点心

白天渐停喂母乳

人工喂养白天增加三次代乳品

适当增加辅食

宝宝偏食的对策

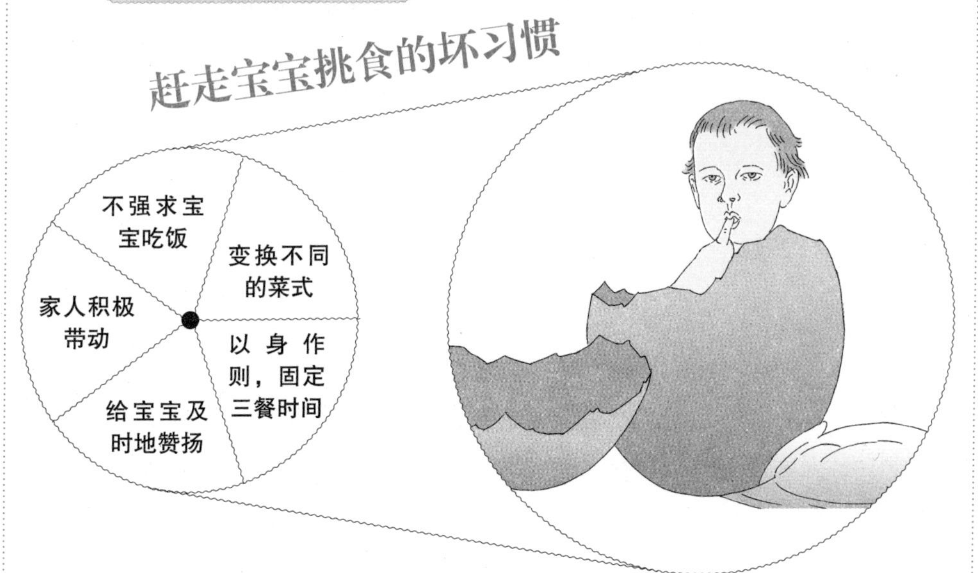

3.以身作则固定三餐时间。吃饭前5～10分钟可以提醒宝宝要准备吃饭了。如果孩子较大，还可以让他负责盛饭端菜和分碗筷。这样让孩子有一个心理准备的过程。到了吃饭时间，家庭成员配合营造愉快的就餐气氛，如果宝宝一时不想吃，妈妈就要及时提醒他过了这个吃饭的时间就只能等到下一个吃饭的时间再吃东西。

4.给宝宝及时的赞扬。哪怕宝宝只吃一点点原来不爱吃的菜，就要好好夸奖一番。适当增加些稍硬的食物摄入，锻炼孩子的咀嚼和吞咽能力，促进宝宝的生长发育。

5.家长积极带动。全家人见饭桌上有什么就要吃什么而且还要表示饭菜很好吃。

宝宝美味营养辅食

香蕉薯糊

食材原料：香蕉1/2只，鸡蛋1只，马铃薯1/4个，牛奶适量。

制作方法：第一步，先将马铃薯去皮切成粒，隔水蒸20分钟，压成茸。第二步，把鸡蛋煮熟，去壳，取出1/4只蛋黄，压成茸。第三步，香蕉去皮，压成茸。第四步，把蛋黄茸、马铃薯茸及香蕉茸拌匀，再用牛奶拌匀即可。

煎番茄

食物原料：番茄1/4个，面包粉10克，熟芹菜末少许，油。

制作方法：第一步，将面包粉放入平底锅内，烤成焦黄色；番茄用开水烫一下，剥去皮，切成薄片。第二步，将油放入平底锅内烧热，放入番茄煎至两面焦黄，盛入小盘内，撒上面包粉、芹菜末即成。

食物功效：含有丰富的钙、磷、铁、锌、锰、铜、碘等重要微量元素，对宝宝生长发育特别有益。

煎猪肝圆子

食材原料：猪肝20克，面包粉，洋葱，蛋液，番茄各少许，素油一小勺，番茄酱，淀粉适量。

制法方法：第一步，将猪肝剁成极碎的泥，洋葱切碎同入一碗，加面包粉，鸡蛋液，淀粉搅拌成馅。第二步，平锅置火上放油烧热，将肝泥挤成圆子，下锅煎熟。第三步，将番茄切碎，同番茄酱一道炒熟，倒在猪肝圆子上即可。

功效：这款食物软嫩可口，猪肝含有丰富的铁、锌、维生素A、维生素B_{12}等营养素，是预防宝宝贫血的好食品。

红小豆泥

食材原料：红小豆50克，红糖、清水适量，植物油少许。

制作方法：第一步，将红小豆拣

妈妈如何知道宝宝饿了？

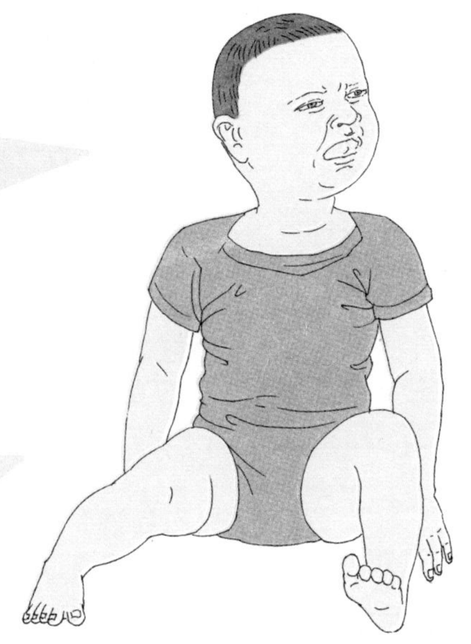

去杂质洗净，放入锅内，加入凉水用旺火烧开，加盖改小火焖煮至烂成豆沙。第二步，将锅置火上，放入少许油，加入红糖炒至融化，倒入豆沙，改用中小火炒好即可。第三步，注意煮豆越烂越好，炒豆沙时要不停地擦着锅底搅炒，火要小，以免炒焦。

妈妈如何知道宝宝饿了

如果饿了，聪明的宝宝就会及时向妈妈传递一些信号，从而告知妈妈宝宝该进食了。那么宝宝会有哪些表现呢？

1.大哭是宝宝最直接的表达饥饿的方式。

2.正在熟睡中的宝宝，会从深睡眠状态进入浅睡眠状态，会短暂地睁大闭合的双眼，眼睑不时地颤动。

3.睡眠中的宝宝可能会有吸吮和咀嚼动作。

4.宝宝清醒时，会张着小嘴左右寻觅。

细心的妈妈在捕捉到宝宝肚子饿了的一些信号时，就应意识到该给宝宝进食了。

6 11~12个月的宝宝

对于这个时期的宝宝，妈妈一定要高度重视及时断奶的重要性，而且在彻底断奶以后，妈妈要注意给宝宝足够的营养供给。

要及时给宝宝断奶

母乳喂养期过长对宝宝不好。一方面，母乳到了10个月以后，奶水中蛋白质的含量逐渐减少，奶水变得平淡，养分价值下降，不能满足孩子生长发育的需要。另一方面，小儿吃奶时间过长，会养成不爱吃其他食品的习惯，使养分不足。恰在此时孩子生长发育很快，需要多种养分物质，长此以往，就会使小儿养分不良，身体消瘦，体弱多病。而且长期不断奶，孩子依附性大，离不开妈妈，思想幼稚，缺少独立锻炼，影响孩子心理发育。

母乳喂养期过长对妈妈也不好。长期哺乳会使机体正常的生理功能得不到调节，会呈现睡眠不佳、精神不振、胃口不好、体力过分消耗等现象。哺乳时间太长，可引起母亲生殖器官萎缩，表现为子宫缩小，阴道黏膜薄弱缺乏弹性，甚至还会引起永久性的闭经，对身体有不良影响。

不给宝宝强制断奶

为了使宝宝能在生理上、心理上顺利地度过断奶期，妈妈最好要提前做好长远计划。

从宝宝4个月起，妈妈可以为他们按时添加辅食，逐渐喂宝宝吃奶糕、米粉、稀饭等，为断奶做准备。一旦宝宝接受这些食物，就可以逐渐过渡到断奶了。断奶可不是一两天就能够成功做到，所以妈妈也不需要太心急。遇到宝宝身体不适或是恋奶等情况时，还要多次尝试断奶。

宝宝的断奶时机

宝宝在1周岁左右时断奶最合适，给宝宝断奶最好选择在春、秋两季。因为夏天气温比较高，会加重宝宝因断奶引起的食欲不振，天热宝宝的肠胃消化能力较差，稍有不慎，很

给11~12个月的宝宝断奶

给宝宝断奶时妈妈一定要讲究方法，掌握好给宝宝断奶的最佳时机，不给宝宝强制断奶。

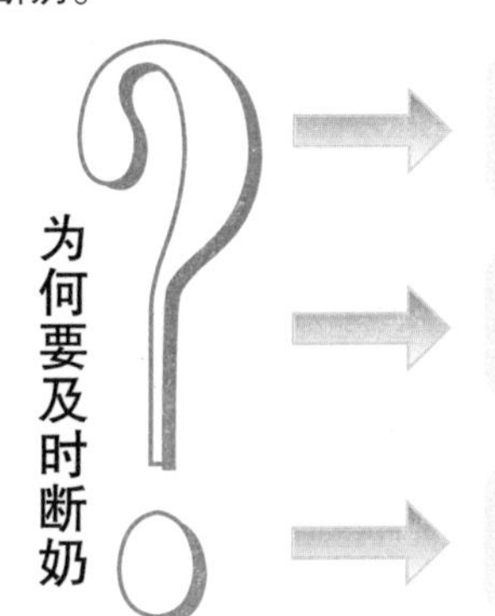

奶水营养变低，无法满足宝宝的营养需求，继续吃母乳容易让宝宝营养不良。

不及时断奶不利于宝宝正常的身心发育。

母乳喂养时间过长对妈妈的身体不好。

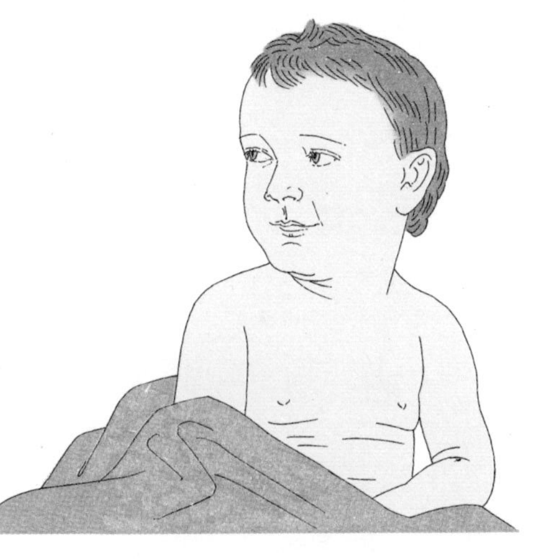

不强制给宝宝断奶，遇到宝宝身体不适或是恋奶等情况时，还要多次尝试断奶。

掌握断奶的最佳时机

在宝宝1岁左右断奶。宝宝在1周岁左右时断奶最合适。

在春秋季断奶，宝宝该断奶时正好赶在夏季或冬季的话，妈妈可以适当往后推迟一两个月。

宝宝的健康状况也是决定能否断奶的条件之一，不在宝宝身体不适时断奶。

恰逢宝宝出牙、换保姆等，不给宝宝断奶。

容易引起消化道疾病；冬天天气太冷，宝宝因为断奶晚上睡眠不安，容易感冒生病。如果按时间推算，宝宝该断奶时正好赶在夏季或冬季的话，妈妈可以适当往后推迟一两个月。

除了考虑季节因素外，宝宝的健康状况也是决定能否断奶的条件之一。如果宝宝的身体出现不适，断奶时间也应当适当延后。此外，如果恰逢宝宝出牙，或是换保姆，搬家、旅行及妈妈要去上班等，最好也不要断奶。

如何给宝宝彻底断奶

只要断奶前有了充分的准备，采用循序渐进的方法，宝宝就可以顺利断奶。具体来讲，从10个月开始，妈妈每天先给宝宝减掉一顿奶，离乳食品的量相应加大。过了一周以后，如果妈妈感到乳房不太涨，宝宝消化和吸收的情况良好，就再减去一顿奶，加大代母乳食品的量，逐渐断奶。

减奶最好先减去白天喂的那顿，因为白天有很多吸引宝宝的东西，他们不会特别在意妈妈。但是，在清晨和夜间，宝宝就会十分依恋妈妈，需要从吃奶中得到慰藉。所以，妈妈们可以断掉白天那顿奶后，再逐渐停止夜间喂奶，直到过渡到完全断奶。

在断奶期间，妈妈要格外关心和照顾宝宝，可以跟宝宝对视、对话，或是时常拥抱宝宝。

宝宝断奶后的营养补给

完全靠妈妈依存下来的宝宝，由于断奶而从妈妈那儿独立出来，开始迈出了人生新的一步。此时妈妈也要充分理解断奶结束的意思，给宝宝做好充分的营养补给。

葡萄干甜红薯

食材原料：红薯70克，散蛋1小匙，牛奶1小匙，糖1小匙，黄油1/2小匙，葡萄干1小匙多。

制作方法：将红薯去皮煮熟，趁热碾碎，加糖、牛奶、蛋充分搅拌，微火熬。用开水将葡萄干泡软切碎，盖在熬好的红薯上。放入烤盘涂上蛋黄入烤箱烤。

夹心面包卷

食材原料：切片面包2片，蛋1/3个，荷兰芹少许，蛋黄酱1/2小匙多，果酱1小匙多。

制作方法：蛋煮熟切碎、拌入切碎的荷兰芹，拌上蛋黄酱。面包去皮一片涂上果酱，一片涂上拌好的蛋黄酱，然后将面包裹成卷，分别用保鲜膜将两侧拧紧。成夹心状后将保鲜膜取下，面包卷切成方便吃的长短。

彻底断奶的方法及断奶后的营养补给

断奶后宝宝从妈妈那儿独立出来，彻底断奶时妈妈要注意多多抚慰宝宝，而且还要注意断奶后的营养供给。

彻底断奶

1. 断掉白天的那顿奶。
2. 渐渐停止夜间喂奶。
3. 过渡到完全断奶。

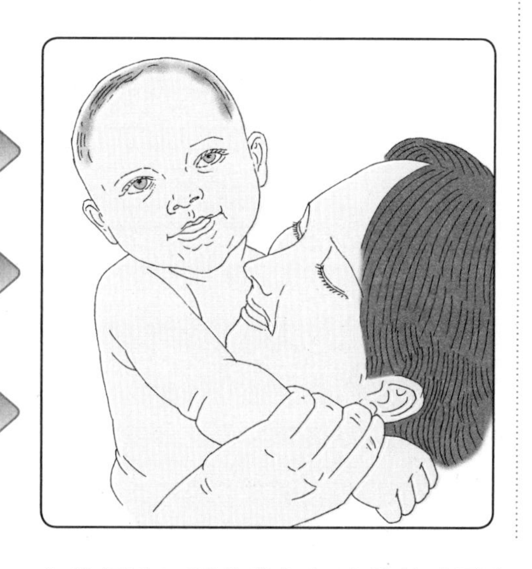

馄饨

食材原料：馄饨皮4片，葱1小匙，猪碎肉4小匙，散蛋少许，菜心叶1片，汤80毫升，盐、酱油少许。

制作方法：将切好的葱与碎肉、散蛋、盐搅拌后分成4等份，用馄饨皮包好。将菜心叶焯熟切碎。将汤煮开放入馄饨，熟后加入盐、酱油调味，撒上菜心叶，熄火。

蛋黄酱拌蔬菜

食材原料：四季豆3～4根，蛋黄酱2小匙，熟鸡蛋1小匙，荷兰芹少许。

制作方法：四季豆切成5厘米长，用盐水焯熟。荷兰芹切碎用纱布包住揉洗。蛋黄酱与切碎的熟鸡蛋和荷兰芹一起拌匀。将拌好的蛋黄酱盖在四季豆上。

白菜卷

食材原料：白菜1/2片，猪碎肉4小匙，洋葱、胡萝卜1小匙，面包屑1小匙，蛋1小匙，汤20毫升，盐少许，糖3小匙，番茄酱1/2大匙，青豆5粒。

制作方法：白菜焯熟。洋葱、胡萝卜切碎与肉拌好，再放入面包屑、散蛋、盐，拌好后用白菜包成草包状。将包好的白菜卷放入用糖、番茄酱、盐调好味的汤中煮，加入焯熟的青豆。

7 幼儿期宝宝的饮食营养

1~3岁为幼儿期宝宝。这个时期的宝宝就像一个“小大人”一样，和最爱他的爸爸妈妈一起享受美味的早、中、晚餐！

幼儿消化道的生理功能

该时期消化道的生理功能与婴儿期不同。随着乳牙的陆续萌出（一般到2. 5岁20颗乳牙出齐），咀嚼功能比婴儿期成熟，但胃肠道的消化吸收功能相比稍大儿童及成人仍较差。食物由乳类为主转变为以粮食为主，进食鱼、肉、蔬菜及混合式的食品，膳食要求做到细、软、烂、碎。各种营养素之间保持平衡关系，食品要多样化，菜色美观，能促进幼儿食欲。虽然生长发育的速度较婴儿相对减慢，但所需要的营养素量并没有减少，仍需供给营养丰富的食物。这个年龄期的消化道疾病发病率仍较高，所以仍然必须细心喂养。

幼儿期宝宝的食谱特点

幼儿期也是处于生长发育的重要阶段，在这个时期如不重视营养供应或喂养不合理，往往会导致幼儿的体重不增或少增，甚至发生营养不良，例如生长发育迟缓、缺铁性贫血、佝偻病、维生素A缺乏等。

为了满足生长发育的需要，幼儿期应增加营养素的摄入量。幼儿食谱在食品上精挑细选，营养上精心搭配，给幼儿期的孩子提供健康营养的膳食选择。瘦肉、禽肉、鱼、乳、蛋类可交替选用；粮食应粗细搭配；蔬菜应选含维生素A、C和铁较多的绿色、红黄色蔬菜；豆制品含蛋白质、钙、铁丰富的应多选用；硬果类食物，腌、腊食品尽量避免选用。

合理搭配主食和副食

宝宝满1岁以后，在生长发育水平上比较正常，达到了普遍认可的标准，并且显现出健康成长的趋势，通过对孩子主食与副食的合理搭配，来

幼儿期宝宝的饮食

幼儿期的宝宝处于生长发育的重要阶段，这个时期妈妈一定要注意宝宝早、中、晚饮食的合理搭配。

细心喂养

幼儿消化道特点
- 咀嚼功能比较成熟
- 胃肠道的消化吸收功能较差
- 消化道疾病发病率高

幼儿食谱特点
- 食品上要精挑细选
- 需增加营养素的供应量
- 营养上要精心搭配

合理搭配

主食副食

一日三餐都要吃主食，并且在吃主食的同时也让孩子吃副食，使孩子除了获得丰富的营养之外，还养成不偏食的良好饮食习惯。

主食在一定时间内要变换花样，不仅有米饭，包括干饭、稀饭、米糕、米糊等，而且还有面食，包括馒头、包子、面条、面包等。

选择副食时一定要保证食品的质量，尽量选用新鲜的肉类、蛋类与蔬菜，这样制作出来的食品味道鲜美可口，孩子也会喜欢吃，自然胃口就好，对吃饭的兴趣也就很高。

保证满足孩子每天所需营养的全面性与丰富性，以有利于孩子的健康成长。所以，如何合理地为孩子进行饮食的搭配，也就成为孩子的饮食是否正确的关键。

我们一定要坚持孩子一日三餐都吃主食，并且在吃主食的同时也让孩子吃副食，使孩子除了获得丰富的营养之外，还养成不偏食的良好饮食习惯。为了能够使孩子吃够吃好，就需要制定一个短期的食谱，一方面使主食在一定时间内变换花样，不仅有米饭，包括干饭、稀饭、米糕、米糊等，而且还有面食，包括馒头、包子、面条、面包等。另一方面，为孩子选副食时，尽量选用新鲜的肉类、蛋类与蔬菜，这样制作出来的食品味道鲜美可口，孩子也会喜欢吃，自然胃口就好，对吃饭的兴趣也就很高。还要让孩子尽量少吃零食，培养良好的生活习惯。

简易早餐巧搭配

果蔬汁

食材原料：胡萝卜、番茄、芹菜。

制作方法：胡萝卜和番茄分别打汁搅拌在一起，加水调成想要的口味和浓度，可以加入芹菜汁或是用一根芹菜杆搅拌，在喝汁的时候还可以咬几口芹菜秆。

水果奶昔

食材原料：低脂奶粉2～3匙（或鲜奶200毫升），果味冰淇淋2勺，天然水果泥1匙，（冰淇淋、水果泥可视宝宝喜好选择口味——香蕉、草莓、木瓜等）。

制作方法：让奶粉冲泡后（或者用鲜奶），与其他原料一起放入搅拌机混合。

果仁黑芝麻粥

食材原料：熟的黑芝麻、花生仁、核桃仁、松仁、桃仁等，冰糖，牛奶200毫升。

制作方法：1.把黑芝麻和所有果仁倒入搅拌机中打成果仁黑芝麻碎。

2.把果仁黑芝麻碎、牛奶和少量大米一起，加入清水大火煮开后转小火熬煮20分钟左右，直至浓稠加入冰糖即可。

营养提示：黑芝麻有益肝、补肾、养血、润燥的作用，且富含维生素E，常食对小宝宝非常有益。

蒜香面包

食材原料：法式长棍面包或面包片，大蒜，黄油，干洋香菜末（可用小葱替代）。

制作方法：第一步，先将法式长棍面包斜切成厚片；第二步，大蒜去皮、洗净、捣碎；第三步，黄油在室温中软化或在微波炉中化掉，再加入

让孩子有好胃口的小妙招

最令妈妈头疼的事莫过于孩子不好好地吃饭，使出浑身解数，如“威逼”、“利诱”等手段都用过，但最终还是无济于事，现在为妈妈们支一些小妙招，准能让宝宝轻松拥有好胃口！

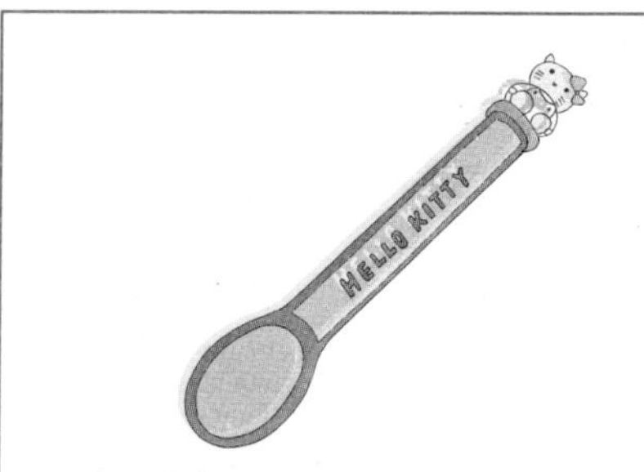

为孩子准备一套专用餐具

可以带孩子一起去购买自己喜欢的儿童餐具，以促进吃饭的兴趣。

提前通知孩子吃饭

应事先告诉孩子即将要做的事，以便给他缓冲时间，将玩具收拾干净，准备用餐。

少吃零食

对于孩子正餐之外的点心不可太多，以免孩子到了正餐时却吃不下。

让孩子一起帮忙

为了满足孩子的学习欲望，不妨饭前可和孩子一起择菜，以便使孩子对用餐充满期待。

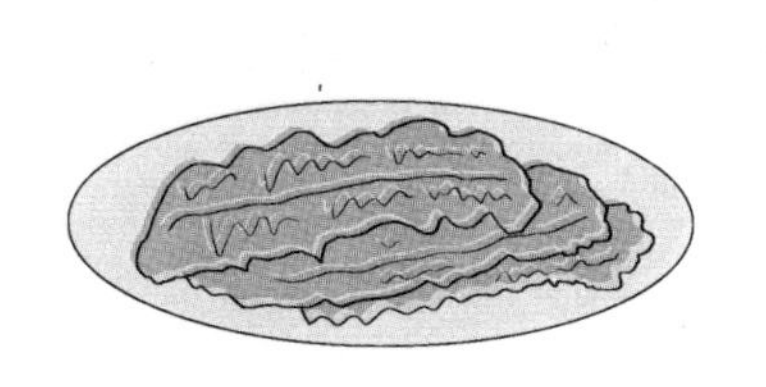

换换烹调方法

不妨经常换换烹调方式，清蒸啊、红烧啊，让宝宝有新鲜感。

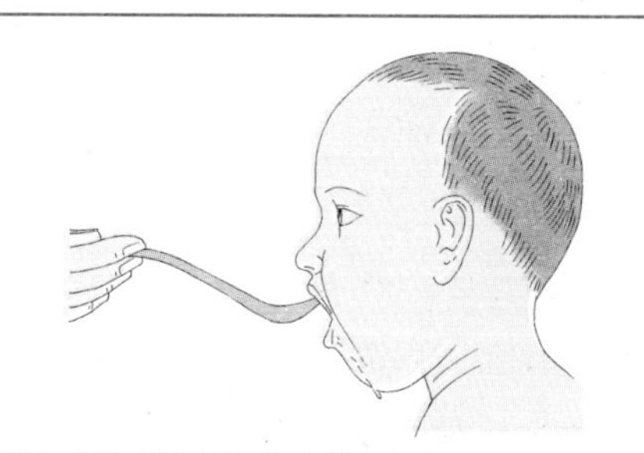

餐中多加孩子喜欢吃的东西

餐中不妨多加一些孩子爱吃的食物，再渐渐加入其他的或新的食物，以利于孩子接受。

盐、蒜茸、干洋香菜末（或小葱末）拌匀成黄油香蒜酱；第四步，将黄油香蒜酱均匀抹在面包上，放入烤箱中烤3分钟（也可放入微波炉中低火加热2分钟）。

开心午餐巧搭配

清蒸鲈鱼

食材原料：活鲈鱼，葱，姜，盐，香油。

制作方法：鲈鱼收拾干净，用刀在鱼身两侧各切3道口，以便进味。鱼身两面抹上适量盐，腌10分钟左右，葱、姜切丝撒在鱼身上，入锅前淋少许香油。上蒸锅蒸12～15分钟即可（蒸时间过长，鱼肉容易老）。

玉米牛肉羹

食材原料：牛肉，甜玉米，鸡蛋，酱油。

制作方法：第一步，牛肉洗净切片或切成小丁；胡萝卜洗净去皮，切小丁；第二步，锅中烧热油，将胡萝卜放入煸炒后取出，再将牛肉也稍加煸炒，加酱油调味调色，至熟盛出。第三步，另起一锅水烧开，将胡萝卜粒和玉米粒下入锅中同煮，然后将鸡蛋打散均匀倒入，一边倒一边将蛋液搅散成蛋花。第四步，等汤再次滚开后，加入水淀粉使汤汁浓稠。再加入盐等调味料。第五步，将牛肉放入汤中，然后均匀地撒上葱花即可。

肉末卷心菜

食材原料：猪肉末100克、卷心菜100克、净葱头20克、植物油20克，酱油、精盐少许。

制作方法：将卷心菜用开水烫一下，切碎；葱头切成碎末待用；将油入锅，热后下入肉末煸炒，加入葱姜末、酱油搅炒两下，再加入切碎的葱头、水，煮软后再加入卷心菜稍煮片刻，加入精盐，用水淀粉勾芡即成。

猪肉胡萝卜饺子

食材原料：面粉50克，胡萝卜末1勺，猪肉馅20克，酱油、香油、葱各适量。

制作方法：将洗净去皮的胡萝卜研碎，洗净虾仁并切碎，把胡萝卜末、虾末和猪肉馅一起放入容器内，加少许葱、姜末和少量香油等搅拌均匀；把面粉用温水和好擀成饺子皮或直接从超市购买饺子皮，用上述拌好的馅包成小饺子。

美味晚餐巧搭配

什锦猪肉菜末

食材原料：猪肉20克，胡萝卜、番茄、葱头、柿子椒少许，食盐和肉汤适量。

制作方法：第一步，将猪肉、胡萝卜、番茄、葱头和柿子椒切成末；第二步，将猪肉末、胡萝卜末、柿子椒末和葱头末一起放入锅内，加入肉汤煮软后，再放入番茄稍煮片刻，放少许食盐即可。

自制盐水鸭

食材原料：鸭腿，盐，花椒。

制作方法：第一步，取适量盐和花椒（以能涂抹鸭腿为宜），放入炒菜锅里小火干炒直到盐变褐色；第二步，等盐和花椒冷却后均匀涂抹在鸭腿上，然后放入一个大碗里，用保鲜膜盖上，放入冰箱腌制约一天半（腌制时间越长，鸭腿会变得越咸，所以可依个人口味掌握腌制时间）；第三步，取出腌好的鸭腿，剥掉花椒粒，放入高压锅，加水没过鸭腿，高压锅上气后煮12分钟左右即可。

萝卜鸡

食材原料：鸡肉末5勺，白萝卜片3勺，海米汤适量，白糖少许。

制作方法：把洗净的白萝卜切成薄片，放入开水里烫一下，捞出控去水分；将海米汤倒入锅里上火煮开，放少许白糖和食盆，再把鸡肉末、白萝卜片放入锅里，边煮边用筷子搅拌至煮熟，出锅即可食用。

溜鱼片

食材原料：无刺鱼肉、黑木耳、葱、姜，调味料等。

制作方法：第一步，无刺鱼肉切成片，加入盐、鸡蛋清、湿淀粉上浆腌一下；第二步，油倒入锅内加热，葱姜末炝锅后，将鱼片放入油锅煸一下收干，捞出沥干油待用；第三步，锅里留余油，放入黑木耳，炒约3分钟。再放少许水烧开；第四步，放入鱼片，搅匀，略烧1分钟，勾芡出锅。

如何给宝宝增加间食

间食是对幼儿一日三餐饮食的必要补充，应给予营养丰富、容易消化吸收的食物。建议把A、B两组食物搭配食用。

A组：牛奶、奶制品、水果等。

B组：甜味少的饼干、面包、酥脆的薄片饼干，特别是加入食品添加剂碳酸钙及硫酸亚铁和锌的饼干，更应该让幼儿作为间食来选用。

间食应占一天饮食摄取能量的10%～15%左右。间食时间应在两顿饭之间。一般3岁以前选择在上午9点及下午3点。孩子4岁以后间食选在下午3点是比较理想的。 为了防止幼儿午餐、晚餐时食欲下降，一般在每顿饭前2小时内不要给予间食。

8 宝宝饮食营养综合篇

当宝宝长到两三岁时，家长想为宝宝提供丰富的饮食营养时，对其概念却很模糊。丰富的饮食到底包括什么，是全麦面包和面条；肉、蛋、鱼；奶制品；还是新鲜的绿色蔬菜？现在我们来为家长们答疑解惑。

双胞胎宝宝的哺养

很多双胞胎宝宝都属于早产儿，数字统计有百分之八十的双胞胎宝宝是早产儿。双胞胎宝宝因为多属早产儿，因而会有很多早产儿的特点，如各器官尤其是消化器官发育不完善和不健全。双胞胎宝宝因为生长速度非常快，所以需要的营养素很多。

众所周知，母乳是宝宝最理想的食物。对双胞胎宝宝应该采取少食多餐的喂养方法。这与双胞胎宝宝的消化功能不健全，胃容量比较小有关系。一般情况下，获得充分营养和休息的妈妈其乳汁含量都可以满足双胞胎宝宝的需求。如果妈妈的母乳不是很充分，应首先喂养体质较弱的那个宝宝，然后再给其加喂奶粉或牛奶。

双胞胎宝宝体内储备的营养素较正常宝宝少，体重往往比较轻。但是因生长发育比较快，所以需要的营养素比较多。给双胞胎宝宝添加辅食应该早于单胎足月的宝宝。双胞胎宝宝出生后的第二周就要开始添加菜汁、鱼肝油、果汁等，从第八周就要开始添加鱼泥、蛋黄泥等，以保证给双胞胎宝宝供应充足的营养素。

宝宝需要维生素A

维生素A可以促进宝宝的生长发育，尤其是对宝宝的眼睛发育有很大好处，它能够维持宝宝上皮组织的正常结构和视觉功能。如果宝宝的体内缺乏维生素A或胡萝卜素，则容易患眼睛方面的疾病，如干眼病、夜盲症等。

宝宝在出生之前由母体供应其所需要的维生素A。因此，为了供给胎儿对维生素A的需求，孕妇在日常生活中要注意补充维生素A。宝宝出生后，在对宝宝进行母乳喂养过程中，妈妈也要注意在膳食中补充适量的维生素A，以保证母乳中有足够的维生

宝宝能吃哪些常见蔬菜

“○”表示此阶段宝宝可以尝试；“×”表示此阶段不可尝试；“√”表示可尝试。

蔬菜名称	年龄阶段			
	5～6个月	7～9个月	10～12个月	12～18个月
玉　米	×	○	√	√
毛　豆	○	√	√	√
生　菜	×	×	×	√
番茄（生）	×	√	√	√
黄瓜（生）	×	√	√	√
扁　豆	×	√	√	√
冬　瓜	×	√	√	√
茄　子	○	√	√	√
苦　瓜	×	×	×	√

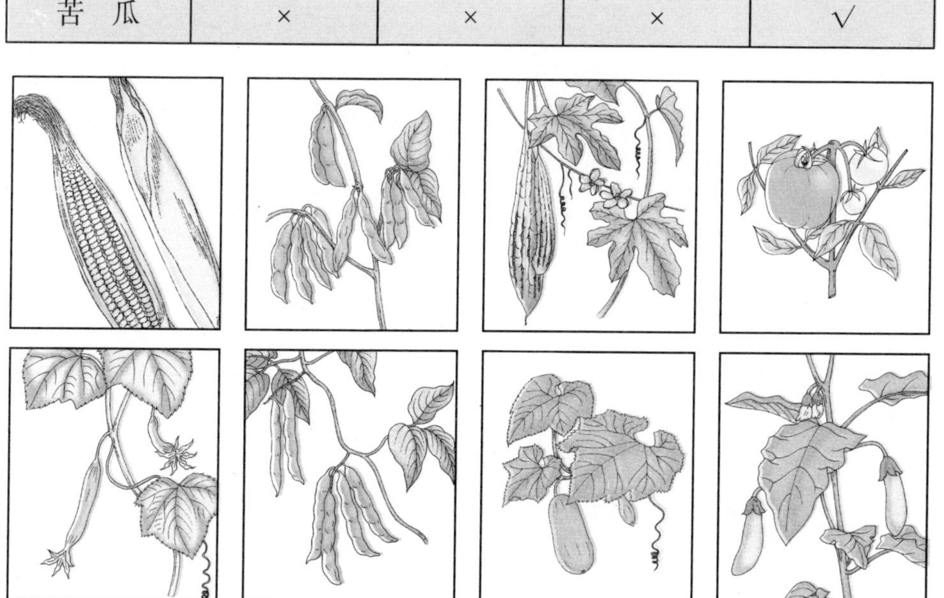

素A。在日常饮食中，妈妈应多食用一些富含维生素A的有色蔬菜，如胡萝卜、南瓜、红薯、番茄、橘子等，以满足宝宝对维生素A的需求，也可以通过食用一些蛋、肝、肾或奶油以补充维生素A。

宝宝能否多饮果汁

果汁含有丰富的维生素，还含有丰富的果糖，容易为人体吸收利用。但是六个月以内的宝宝不宜多饮果汁，原因有4点：

1.饮用过量会影响宝宝的机体对铜元素的吸收。摄入过多的果糖会阻止机体对铜元素的吸收。铜是构造心血管组织所必需的微量元素之一，宝宝缺铜则其成人后就比较容易患冠心病。

2.饮用过量会造成宝宝贫血。作为机体中许多酶的一部分，铜还参与铁元素的代谢。铜元素的缺乏势必造成铁元素的缺乏，即使补充铁剂，贫血的改善效果也不会太大。

3.饮用过多会导致宝宝缺钙。果汁中含有一种酸叫枸橼酸，它进入人体以后容易与钙离子结合产生枸橼酸钙，降低宝宝体内的血钙浓度，因而宝宝容易出现一些缺钙的症状，如多汗、情绪不稳，甚至是骨骼畸形。

4.饮用过多会影响宝宝的生长发育。果汁中过量的色素在体内积聚，多种酶的功能都会受到影响，蛋白质、脂肪及糖的代谢也会受到影响，进而，宝宝的生长发育也受到了影响。六个月以前的宝宝各脏器都还很娇嫩，因而给宝宝喂食果汁时一定要适量。

宝宝不宜常饮纯牛奶

纯牛奶营养很丰富，但是因1岁以内的宝宝其消化系统的发育机制还不健全，因而不宜让宝宝经常饮用。

牛奶中的蛋白质非常丰富，是人乳中蛋白质含量的三倍，而且其蛋白质主要是酪蛋白。1岁以内的宝宝消化系统发育的尚不完善，对牛奶中的酪蛋白的消化能力较弱，所以宝宝的胃内容易形成大块的乳状物。

牛奶中所含有的挥发性脂肪酸浓度很高，脂肪球比较大，其对宝宝的胃肠道具有很强烈的刺激性，很容易引起宝宝消化不良。

牛奶中的钙磷比例失调，磷的成分比较高。血清中过高的含磷量会让宝宝体内血钙降低，血钙降低就会容易引起宝宝手足抽搐。宝宝常出现的低钙血症即源于此。

宝宝可以饮用稀释后的牛奶。婴儿配方奶粉把牛奶中的有害物质去掉，又加入了一些有益宝宝成长发育的物质，因而适合宝宝食用。

六个月以内的宝宝不宜多饮果汁

饮用过量会影响宝宝的机体对铜元素的吸收。

饮用过量会造成宝宝贫血。

饮用过多会导致宝宝缺钙。会出现多汗、情绪不稳，甚至是骨骼畸形等症状。

饮用过多会影响宝宝的生长发育。果汁中过量的色素在体内积聚，多种酶、蛋白质、脂肪及糖的代谢会受到影响，进而影响宝宝的生长发育。

牛奶和米汤不同时服用

牛奶和米汤都是宝宝理想的辅助食品，这两款食品均容易为人体消化吸收，而且营养也很丰富。很多妈妈会有意或无意地给宝宝同时服用牛奶和米汤，有些妈妈会以为这样会更有利于宝宝茁壮成长。其实这样做反而适得其反，是不科学的。

牛奶中含有一般食物所不具备的维生素A，它能够促进宝宝的身体发育，维护其上皮组织，促进宝宝的视力发育。但是有一点，维生素A是一种脂溶性维生素。

米汤是一种以淀粉为主的食物，其成分中含有一种脂肪氧化酶。如果牛奶与米汤混合食用，牛奶中的维生素A就会被米汤中的脂肪氧化酶给破坏掉。

乳类食品是宝宝摄取维生素的主要食物来源。如果宝宝长期维生素摄取不足，其生长发育就会大大地受到影响，宝宝很容易生病。

因此，在为宝宝安排饮食的过程中，家长一定要将牛奶与米汤分开给宝宝食用。

不用保温杯存奶

用保温杯存奶很方便，但是不利于宝宝的身体健康。

保温杯的温度非常适宜细菌的繁殖，再加上牛奶含有丰富的营养素，因而保温杯中的牛奶则成为细菌最好的天然培养液。细菌在保温杯中的牛奶中大量繁殖，产生大量的毒素。宝宝的自我防卫能力还比较差，其消化道的黏膜非常的娇嫩，很容易感染细菌。宝宝饮用保温杯中的牛奶很容易会出现中毒现象，如恶心、呕吐、头晕、腹泻等，严重时甚至会危及宝宝的生命安全。

如果确实牛奶有剩余，可以将其冷藏，下次再给宝宝喂奶时一定要再次地进行消毒。最好的做法是现冲现用，既不浪费，还能保证宝宝的身体健康，可谓一举两得。

牛奶应该煮多久

家长普遍认为牛奶煮沸的时间越久越好，如此可以起到比较有效地杀菌作用。其实这样的做法是很不科学的。牛奶煮沸太久的话很容易就会将其中蛋白质的营养价值大打折扣。

当牛奶被加热到60℃~62℃时，呈液态的蛋白质微粒会发生比较大的变化，即会出现轻微的脱水现象。液态的蛋白质微粒会变成凝胶状态，进而出现沉淀。牛奶中的不稳定物质磷酸盐也会因加热而沉淀。当牛奶被加热到100℃时，会生成少量甲酸，醇

宝宝与牛奶

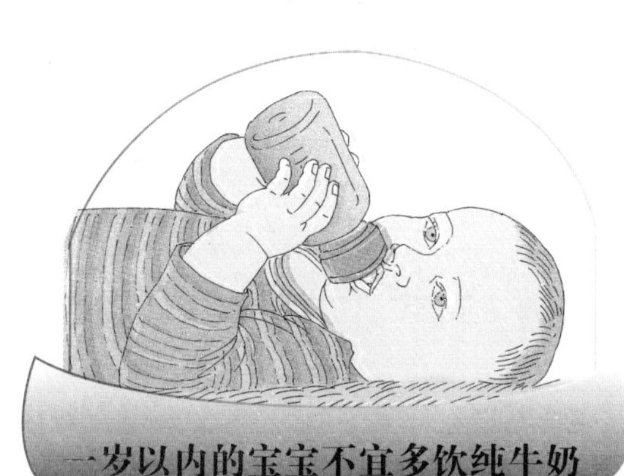

一岁以内的宝宝不宜多饮纯牛奶

牛奶中的蛋白质（酪蛋白）非常丰富。而1岁以内的宝宝消化系统发育尚不完善，对牛奶中的酪蛋白的消化能力较弱，所以宝宝的胃内容易形成大块的乳状物。

牛奶中所含有的挥发性脂肪酸浓度很高，脂肪球比较大，其对宝宝的胃肠道具有很强烈的刺激性，很容易引起宝宝消化不良。

牛奶中的钙磷比例失调，磷的成分比较高。血清中过高的含磷量会让宝宝体内血钙降低，血钙降低就会容易引起宝宝手足抽搐。

宝宝可以饮用稀释后的牛奶。

牛奶最好的煮沸方法是巴氏消毒法

把牛奶加热至61.1℃~62.8℃时，在这个温度范围内再把牛奶加热半个小时，如此就可以将牛奶中的细菌杀死。

香的口味因此大受影响。

对牛奶最好的煮沸方法即是巴氏消毒法，即把牛奶加热至61.1℃~62.8℃时，在这个温度范围内再把牛奶加热半个小时，如此就可以将牛奶中的细菌杀死。另外，也可以把牛奶煮沸2~3分钟即可。

酸奶三要三不要

给宝宝食用酸奶时的“三要”和“三不要”。

三要：一要鉴别品种。要选择经过发酵而生成的酸牛奶，而不是由牛奶、奶粉、糖、乳酸、柠檬酸、苹果酸、香料和防腐剂等加工配制成的“乳酸奶”，因而这种“乳酸奶”根本就不具有酸奶所具有的润肠等保健作用。二要在饭后两小时左右食用。如果在饭前空腹饮用酸奶，酸奶中的乳酸菌很容易被胃液杀死，因而其保健作用会被大大地减弱；饭后胃液得以稀释，因而胃液的酸性渐渐被降低。饭后两小时是饮用酸奶的最佳时间。三要及时漱口。酸奶中的某些乳酸菌很容易导致宝宝龋齿，饮用完酸奶后及时漱口可以大大降低宝宝患龋齿的概率。

三不要：一不要给1岁以内的宝宝饮用酸奶。1岁以内的宝宝消化功能还不是很完善。酸奶中会有乳酸菌生成的一些抗生素，这些抗生素在抑制和消灭一些病原体微生物的同时，也把宝宝体内有益菌的生长条件破坏掉了，宝宝的消化功能因而受到影响。因而1岁内的宝宝喝酸奶很容易会出现消化不良的现象，尤其是早产宝宝和患肠胃炎的宝宝，更不适合饮用酸奶。二不要与某些药物同服。治疗腹泻的药物、磺胺类药物及氯霉素、红霉素等一些抗生素不宜与酸奶同服，因为这些药物会把酸奶中的乳酸菌杀死、破坏掉。三不要加热或用开水稀释。酸奶经加热或开水加热后，里面的活性乳酸菌就会大量死亡，因而其营养价值就会大打折扣。

鲜鱼肉可以代替乳类

鱼肉是人类餐桌上一道非常重要的食物。

鲜鱼肉的营养非常丰富，完全可以满足宝宝生长发育所需要的各种营养素。鲜鱼肉富含蛋白质，其蛋白质的含量甚至与牛肉和瘦猪肉相当，超过了牛奶与鸡蛋的蛋白质含量。在蛋白质氨基酸的组成方面，鱼肉蛋白比牛肉和猪肉更适合宝宝的生长发育需要。鲜鱼肉中还富含钙、维生素A、维生素D等营养素。

鱼肉的肌纤维比较细，组织结构非常地柔软，是所有的动物肉中最容

哺乳期间妈妈饮食宜忌

妈妈在喂母乳期间，为了自身及宝宝的健康，应避免摄取某些会影响乳汁分泌的食物或个人的一些特殊嗜好，以免破坏良好的哺喂效果。

易消化的一种，非常适合宝宝发育并不健全的消化系统，宝宝进食后对鱼肉的吸收利用率非常高。

宝宝不能多喝纯净水

现在市场上所售卖的桶装水并不适合宝宝，在日常生活中，宝宝不宜较多地饮用纯净水。

经过一定工艺过滤净化过的纯净水，其里面的杂质不仅没被过滤掉，而宝宝生长发育所需要的各种矿物质却被过滤掉了。因而长期引用纯净水容易导致宝宝体内矿物质缺乏，不利于宝宝的生长发育。

桶装的矿泉水如果不能尽快用完，就很容易滋生细菌。如果对饮水机的清理消毒不到位，宝宝的身体健康也会大大地受到影响。

因而，尽量让宝宝少喝纯净水。其实，宝宝最好的饮料是普通白开水。白开水不仅能够提供宝宝生长发育所需要的各种矿物质，而且其口感清爽，对宝宝的身体几乎没有副作用，最适合宝宝饮用。

妈妈饮食应清淡

在保证营养的前提下，妈妈的饮食应该以清淡为主，否则宝宝很容易患夜啼症。

如果妈妈经常进食油腻或辛辣的食品，由于辛辣食物的刺激，再加上肥甘之物很容易产生湿热，内热湿气经过妈妈的乳汁进入宝宝的体内，而导致湿热熏心。中医认为心为阳器，主人体的正气，宝宝的阳器娇嫩，正气不足，阳无法压阴，其身体即被湿热缠绕，而导致湿热熏心。湿热攻心则很容易导致宝宝患夜啼症，宝宝在夜间烦躁啼哭，同时还会伴有口中气热、面赤唇红、小便短赤、大便干结等症状。

如果妈妈经常进食生冷寒性之物，宝宝也很容易患夜啼症。这是因为经常进食生冷寒性食物，会让妈妈的体内阴气过盛，而阴气又通过妈妈的乳汁进入宝宝的体内。宝宝的各内脏器官很娇嫩，很容易为阴气所侵袭。阴主收敛，为阴气侵袭的宝宝会出现喜俯卧、四肢发冷、面色青白、口中气冷且夜间啼哭的症状。

所以，为了避免宝宝出现夜啼的病症，妈妈的日常饮食一定要以清淡为主，少食或不食生冷油腻之味。

例假期乳汁的变化

宝宝出生以后妈妈的例假就会自然恢复，有的妈妈在宝宝满月后其例假就会恢复，有的妈妈则会在宝宝1岁以后其例假方才恢复，例假的恢复

宝宝是吃蛋黄好还是吃蛋白好

蛋黄和蛋白的蛋白质都是优质蛋白，消化率都很高。但是，蛋黄与蛋白的其他营养成分有较大差异，蛋白以卵清蛋白为主;蛋黄除了含丰富的卵黄磷蛋白外，还含有丰富的脂肪和微营养素（微营养素是维生素和微量元素的总称），特别是铁、磷以及维生素A、维生素D、维生素E和B族维生素含量丰富。

哪些儿童不宜多吃鸡蛋

胃功能不全的儿童不宜多吃鸡蛋，否则尿素氮积聚，会加重病情。

皮肤生疮化脓的儿童也不宜多吃鸡蛋。

婴儿如何巧食鸡蛋

4～12个月大的婴儿，以食用蛋黄为宜，一般从1/4个蛋黄开始，适应后逐渐增加到1～1.5个蛋黄。1岁以上的幼儿可以开始食用全蛋。有些幼儿吃蛋会发生过敏反应，这主要是对卵清蛋白过敏，应避免食用蛋清。但对于绝大多数幼儿，蛋黄含有丰富的营养成分，能促进幼儿大脑和神经系统的发育、增强智力，每天吃一个为宜。

如何食用鸡蛋

婴儿常用的是吃煮鸡蛋中的蛋黄，将之碾成粉末，加水或奶食用。低龄幼儿，可从蒸鸡蛋羹开始，到蛋花汤、水泼蛋和煎荷包蛋。需要食用流质饮食时，可用牛奶或豆浆冲蛋花。煮鸡蛋是最常用最有营养的吃法。正确的煮蛋法是将鸡蛋于冷水下锅，慢火升温，沸腾后微火煮2分钟。停火后再浸泡5分钟，这样煮出来的鸡蛋蛋清嫩，蛋黄凝固又不老。

因个体差异而有所不同。

妈妈例假的恢复与是否坚持了母乳哺养有很大的关系。如果妈妈对宝宝的哺乳时间比较长，宝宝吸吮妈妈乳头的次数比较多，而且刺激妈妈乳头的吸吮力比较强，那么妈妈体内的血浆中抑制例假恢复的催乳激素的水平就会增高，妈妈的例假自然就会来得比较晚；如果妈妈没有对宝宝进行母乳哺养，或较早地停止了母乳哺养，因刺激不够，妈妈体内血浆中的催乳激素的水平就会大大降低，妈妈例假所受到的抑制性就会比较小，妈妈的例假就会恢复得比较快。

妈妈例假来临时，其乳汁量会减少，而且乳汁中的脂肪含量和蛋白质含量都会有比较大的变化，如脂肪的含量会降低，而蛋白质的含量则会升高。蛋白质含量较高的乳汁比较容易引起宝宝消化不良。当妈妈例假结束时，宝宝消化不良的现象就会消失。因此，当妈妈来例假时，不必停止宝宝的母乳哺养。

宝宝发热不宜吃鸡蛋

宝宝发热时，一些家长为了让宝宝的身体尽快恢复，便会有意识地给宝宝增加营养，此时家长很有可能会给宝宝食用鸡蛋或鸡蛋制品，如鸡蛋羹等。其实，给发热的宝宝食用鸡蛋的方法并不科学健康。

我们都知道，吃饭以后的体温会比吃饭之前的体温有所上升，这与食物的特殊动力作用有关。食物的特殊动力作用是医学上的一种说法，是指食物在体内氧化分解时，不但食物本身会放出热能，同时食物还会刺激人体产生一些额外的热能。人体会出现三种不同的产生热营养素的特殊动力作用：脂肪可以增加基础代谢的3%～4%；碳水化合物可以增加基础代谢的5%～6%；蛋白质则可以增加基础代谢的15%～30%。

鸡蛋富含蛋白质，如果给发热的宝宝食用较多的鸡蛋，其体温便会升高很多，反而加重了宝宝的病情。所以当宝宝生病时，不要给宝宝食用鸡蛋。可以让宝宝多喝白开水，以利降温排毒。

芹菜叶的吃法

芹菜叶的营养成分比较高，如富含维生素C、胡萝卜素等。如果只吃芹菜茎而将芹菜叶扔掉的话，将会损失很多维生素。为了增强宝宝的食欲，家长可以将芹菜叶做成既好看又好吃的一道菜肴。

具体的做法也是非常简单的。把芹菜叶用清水洗净多泡一会儿，然后把水沥干，将芹菜叶切成较小状再加

一岁宝宝的危险食品

蜂蜜危险点

成分含肉毒杆菌孢子。虽然喝蜂蜜水有其好处，但是蜂蜜的制造过程中不会经过高温杀菌，以免破坏成分，因此可能含有肉毒杆菌孢子，可能导致一岁以下婴儿肉毒杆菌中毒。

花生酱危险点

成分易引起过敏反应；保存易受黄曲霉毒素污染。万一不慎摄食了大量被黄曲霉毒素污染的食物，会导致急性肝中毒，甚至死亡。

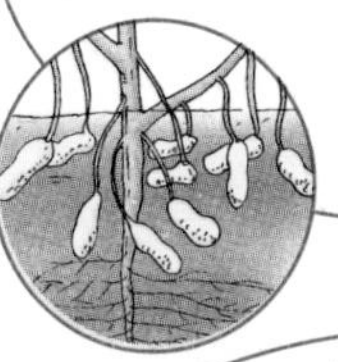

鲜奶危险点

成分不易吸收。鲜奶富含营养，但一岁前的宝宝却不适用，主要是鲜奶中的酪蛋白质分子结构大，不易分解，无法为一岁以下的宝宝所吸收。

蛋白危险点

成分易引起过敏反应。宝宝一岁前的消化能力还无法负担一些丰富的营养成分，加上蛋白中的成分易引起过敏，因此，开始吃辅食的婴儿必须先吃蛋黄。

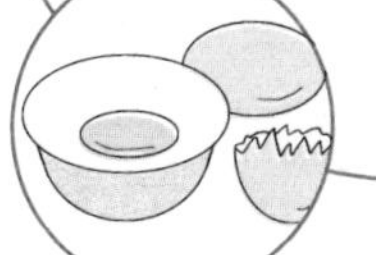

海鲜危险点

海鲜因不易保存而腐败，腐败的海鲜则容易引起过敏。肠胃道功能发育尚不完善的宝宝极易敏感。

豆类制品危险点

豆类中所含蛋白属于高过敏原，加上含大量寡糖不易消化易造成胀气。加之宝宝腹壁肌肉较薄，更易导致腹胀。

柑橘类危险点

成分易刺激胃酸分泌。通常宝宝满4～6个月大后，妈妈会开始让宝宝喝点稀释的果汁，建议此时避免食用柑橘类水果的纯果汁。由于这些水果富含维生素C及果酸，易刺激婴儿的胃。

腌制食品危险点

腌制食品所添加的物质，对肠胃功能较弱的宝宝来说无法顺利代谢，同时也会影响宝宝对食物的味觉感官，而腌制食物中含有的亚硝酸盐是高风险的致癌物。

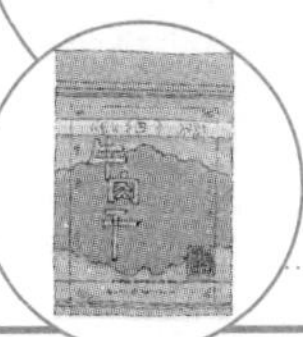

以凉拌，可以放一点蒜汁和香油，或者宝宝比较喜欢的调味品，最后搅拌均匀即可。如此既有营养而且吃起来也比较美味，非常适合小宝宝食用。

芋薯类食品

红薯，又称地瓜、番薯、白薯等，被营养学家们称为营养最均衡的保健食品。红薯的营养价值非常高，它富含膳食纤维、胡萝卜素、维生素A、维生素B、维生素C、维生素E及铁、钾、铜、钙、硒等十多种微量元素，药食兼用，是一种非常健康的食品。

马铃薯，又叫土豆、山药蛋，也是一种药食兼用的健康食品。其用药，则有补气、健脾胃、消炎止痛的药用功效，对治疗便秘、胃溃疡和湿疹都非常有效。其营养价值也非常丰富，富含维生素、蛋白质和碳水化合物。马铃薯也是一款亦菜亦饭的食品，既可以当蔬菜，也可以当主食。因其富含碳水化合物，所以可以当作主食食用，因其富含维生素，所以可以当作蔬菜食用。

宝宝可以吃盐的时间

不足六个月的宝宝，或不足八个月的早产宝宝，应该避免吃咸的食物。因为他们肾脏的滤尿功能都比较低，甚至不足成人的五分之一，所以对于过多的氯化钠等无机盐均无法正常地将其排泄掉。宝宝摄入过多的食盐会加重肾脏的负担，成年后患高血压很多时候都与肾脏负担长期过重有关系。若肾脏有病变的话，食盐过量会引起机体的水肿。

不足六个月的宝宝其食物应该以乳类为主，可以慢慢地添加少量的副食品如米粉、乳儿糕等。家长不必担心因不吃咸宝宝的体内会缺乏钠和氯元素，因为米粉等这些副食品中含有一定量的钠和氯成分，能够满足宝宝对钠和氯元素的生理需求。

当宝宝长到六个月的时候，其肾脏的滤尿功能渐趋完善，开始与成人的相接近，这个时候就可以在宝宝的辅食中渐渐地适当加一点盐以调味。即使在这个时候宝宝也不可摄入过多的食盐，不能以成人的标准来衡量菜品的咸淡，仅以之满足宝宝的食欲感便可。

保护蔬菜中的维生素

蔬菜中的维生素含量比较多，但是如果在制作菜肴的过程中不注意方法的话，蔬菜中的维生素很有可能就会流失很多。因而，在做菜时家长要注意保护好蔬菜中的维生素。

在择带叶的蔬菜时，要尽量的少

丢弃叶部和外层的菜叶，这是因为叶部维生素C的含量要多于茎部的维生素C含量，外层菜叶的维生素C含量要多于内层菜叶的维生素C含量。在洗蔬菜时不要在水中浸泡太久，也不要先切后洗，否则很容易就会使可溶性维生素和无机盐因溶于水而白白丢失掉。做菜时最好能够加一些醋，因为蔬菜中的维生素C在酸性环境中比较稳定，不容易丢失。煮菜时最好先将水煮沸以后再把菜放进去，而且炖的时间也不要太久，如此可以大大减少维生素的丢失量。

宝宝四季食谱参考

春季参考食谱

早餐：红豆大米粥、鸡蛋饼

午餐：木耳炖豆腐、馒头

午点：山药薏米粥

晚餐：猪肉荠菜水饺

鸡蛋饼营养丰富，松软可口。其做法比较简单，把鸡蛋打入面粉中和成糊状，在平底锅中加入少许油，将面糊倒入，摊成饼状，煎至金黄。

木耳能清肺润燥，豆腐则富含蛋白质。

山药薏米粥健脾养胃，经常食用可以促进宝宝的消化吸收功能，而且还可以增强宝宝的食欲。

夏季参考食谱

早餐：豆浆、双色花卷

午餐：紫菜蛋花汤、菜花炒肉、馒头

午点：小米绿豆粥

晚餐：番茄鸡蛋面

双色花卷即是用白面和玉米面做成的花卷，黄白相间，容易引起宝宝的食欲。双色卷的营养比较丰富，如玉米中含有较多的粗纤维，在给宝宝提供热能的同时，还可以起到通便的功效。

菜花中含有丰富的维生素C，能够促进宝宝的骨骼和牙齿发育，同时还可以补充锌元素，促进宝宝的大脑发育，经常食用可以让宝宝更聪明。

绿豆则具有清热解暑之功效，而且还可以给宝宝补充水分。

秋季参考食谱

早餐：牛奶，巧克力花卷

午餐：茴香苗猪肉饺子，糯米藕

晚餐：小米粥，海米香菇油菜

糯米藕具有补脾健胃之功效，其具体做法是把藕切成6厘米左右的长段，把泡过的糯米填入藕的孔中，放到锅里蒸到烂熟取出，最后洒上少许的蜂蜜水即可。

香菇中含有多种微量元素和丰富的蛋白质，能够为宝宝提供骨骼生长发育所需要的磷和钙元素。

冬季参考食谱

早餐：牛奶、菜饼

午餐：萝卜汤、白菜猪肉包子

晚餐：红豆粥、鱼肉蛋羹

鱼肉、牛奶都可以给宝宝供应其生长发育所需要的蛋白质。

菜饼的营养非常丰富，其做法比较简单，将打散的鸡蛋、切碎的蔬菜和少许盐放入面粉中搅成糊状，平锅中放少许油，将面糊倒入，摊成饼状，煎至金黄即可。

食物温凉食谱

粮食组：平和型，大米、玉米、红薯、籼米、红豆。温热型，面粉、高粱、糯米。寒凉型，大麦、荞麦、绿豆、青稞。

蔬菜组：平和型，卷心菜、番茄、木耳、山药、洋葱、香菇、蘑菇、花生、菜花、银耳、松子仁、芝麻、毛豆、黄豆、白扁豆、豌豆、蚕豆、豇豆。温热型，大蒜、大葱、生姜、辣椒、白菜、豆芽、南瓜、蒜苗、香菜。寒凉型，芹菜、冬瓜、黄瓜、苦瓜、丝瓜、藕、茄子、莴笋、紫菜、海带、土豆、绿豆芽、菠菜、空心菜。

水果组：平和型，苹果、葡萄、柠檬、橄榄、李子、酸梅、无花果、海棠、菠萝、石榴。温热型，大枣、杏子、橘子、樱桃、桃子、荔枝、龙眼。寒凉型，香蕉、西瓜、梨、柿子、甘蔗、柚子、芒果、弥猴桃、香瓜。

调味品组：平和型，白糖、蜂蜜。温热型，酒、醋、红糖、芥末、茴香、花椒、胡椒。寒凉型，酱、豆豉、食盐。

动物类食品组：平和型，猪肉、鹅肉、鹌鹑肉、鱼类、鸡蛋、鸽蛋、鹌鹑蛋、海参。温热型，羊肉、狗肉、河豚、海虾、猪肝。寒凉型，鸭肉、兔肉、蟹肉、马肉、牡蛎肉、鸭蛋、蛤类、蚌。

干果类：平和型，花生、莲子、榛子、松子、百合干、银杏、干枣、南瓜子、西瓜子。温热型，栗子、核桃、葵花籽。

宝宝饮食要顺应季节变化

顺应季节的变化安排宝宝的饮食，以增强宝宝的体质。

冬季气候比较寒冷，人体的氧化功能及维生素B的代谢都明显加快。维生素A和维生素C都可增强人体的御寒力，而且对血管有非常明显的保护作用。无机盐的缺乏很容易让人产生怕冷的感觉。冬天的饮食应该保证供应人体因抵御寒冷所需要的足够的热量。在正常饮食的基础上，要保证主食提供足够的热量。瘦肉可以给人体供应蛋白质和维生素B，胡萝卜、土豆、山药、红薯、藕等根茎类蔬菜

掌握喂养技巧，纠正孩子挑食偏食

现在是独生子女时代，不少家长觉得喂养孩子是个难题。例如说孩子只爱吃肉、不爱吃蔬菜，或者吃饭时间拖沓，或者每顿剩饭剩菜多，让父母很头大。孩子挑食偏食也已经成为了最普遍的问题。长期偏食，会使体内某些营养成分减少，影响孩子成长发育。

其实孩子挑食偏食与家人饮食生活习惯密切相关。家人应从喂养上掌握技巧，纠正孩子偏食挑食的毛病。

1　家长不要哄骗、威胁孩子吃饭，等孩子饿了再让他吃。

2　平时不要给孩子太多的零食，以免削减进餐食欲。同时适当增加户外活动。

3　不要让孩子边吃边玩，或看电视。这些习惯会影响食欲。

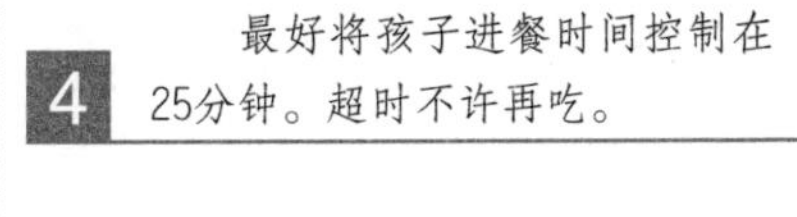

4　最好将孩子进餐时间控制在25分钟。超时不许再吃。

5　鼓励孩子和全家一起进餐，享受氛围。

6　可以让孩子参与食物烹饪的全过程，充分了解食物，让孩子对食物产生兴趣。

以及大白菜、青菜等，可以为机体提供无机盐，对于这些食物宝宝在日常生活中最好适当地多吃一点。

夏季的气温比较高，饮食需要以清爽为主。在夏季宝宝常会出现食欲下降的现象，一日三餐中早晨可以适当地丰盛一些，因为在夏季的早晨宝宝的胃口相对来讲是最好的。家长可以在早餐中安排牛奶或鸡蛋等蛋白质丰富的食物，以补充宝宝因汗液和尿液过多而流失掉的氮量。同时，为了补充宝宝因夏季流汗过多所造成的体内水溶性维生素的损失，家长最好在宝宝的饮食中增加维生素的含量，可以让宝宝多吃一些蔬菜和水果。另外，为了补充宝宝体内的盐分，在宝宝喝粥时，可以让其适当地吃一些咸菜。

葱蒜可补脑

葱和蒜不但有降血压的功效，而且还可以补脑。

我们都知道，葡萄糖为人体大脑的活动提供能量，葡萄糖在转化为能量的过程中离不开维生素的参与。如果只有葡萄糖而缺乏维生素，那么葡萄糖就无法转变成大脑所需要的能量，同时，没有被及时转化成能量的葡萄糖会在大脑内淤积，产生不利于大脑正常工作的酸性物质，从而影响到智力的发展。

研究证实，当把少量的维生素与蒜放在一起时，便会产生一种物质叫“蒜胺”，蒜胺可以将维生素B的作用增强。所以经常给宝宝喂养一点葱和蒜可以起到补脑的作用。

同时，葱和蒜中还含有一种物质叫作前列腺A，前列腺A能够舒张小血管，促进血液循环，因而适当地食用可以增强宝宝的体质。

不宜同食的食物

有一些食物是不可以一起食用的，否则会使食物的营养价值降低，甚至产生不利于身体的化学反应，从而影响宝宝的身体健康。我们总结了以下五种食物相克的例子，家长在给宝宝准备美味营养餐时，一定要对以下的情况多加注意。

1.橘子与牛奶。橘子中的果酸和维生素C容易与牛奶中的蛋白质凝结成块，使宝宝的消化功能大受影响。

2.柿子与螃蟹。柿子中的鞣酸与螃蟹中的蛋白质凝固成块，如此会导致宝宝出现恶心、呕吐、腹胀甚至是腹泻等症状。

3.柿子与红薯。宝宝吃完红薯后，其胃内会产生大量的胃酸，柿子中的鞣酸和果胶会与胃酸结合成胃柿石。胃柿石无法被及时排出体外时，

7种美味零食不宜给孩子多吃

现在的孩子大多数都是独生子女，在家中自然是万千宠爱集于一身，向来有求必应。但父母们要注意了，对于孩子的饮食一定要把好关。有些食物是孩子们喜爱的，但却不能多吃，吃多了将危害孩子的健康。

泡泡糖

泡泡糖中的增塑剂含有微毒，其代谢物苯酚也对人体有害。

可乐饮料

可乐饮料中的咖啡因，对儿童尚未发育完善的各组织器官危害较大。

咖啡因

咖啡因会对儿童骨骼“痛下杀手”。专家说：“儿童在成长过程中通过食物或者钙类营养品补充钙质，促进钙沉积在骨头上，从而促进儿童正常发育。

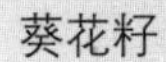

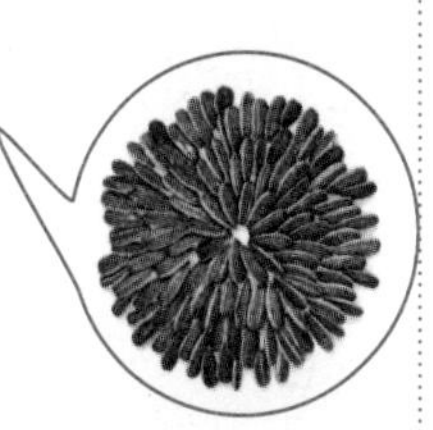

葵花籽

葵花籽中含有不饱合脂肪酸，儿童多吃会影响肝细胞的功能。

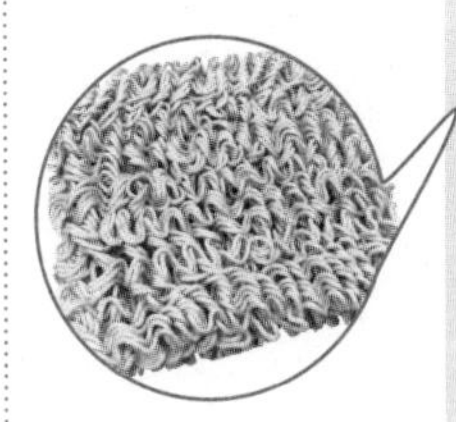

方便面

方便面含有对人体不利的食用色素和防腐剂等。

罐头

罐头食品中的添加剂，对正发育的儿童有很大影响，还容易造成慢性中毒。罐头食品大多数还是采用焊锡封口，焊条中的铅含量颇高，在储存过程中可污染食品。幼儿消化道的通透性较大，这些添加剂和重金属均可被吸收，并影响幼儿健康。

爆米花

爆米花含铅量很高，铅进入人体会损害神经、消化系统和造血功能。因为在爆米花机的铁罐内和封口处有一层铅或铅锡合金，当铁罐加热时，一部分铅以铅烟或铅蒸气的形式出现，当迅速减压爆米时，铅便容易被疏松的米花所吸附而使米花受到污染。

则有可能导致胃炎、胃溃疡和胃穿孔，甚至会影响到宝宝的生命安全。

4.含鞣酸多的食物与海产品。这两种食物若一起食用的话，海产品的蛋白质会被氧化成其他不容易被消化掉的食物，一方面食物的营养价值被降低，另一方面宝宝还有可能会出现恶心、呕吐、头晕、腹泻等病症。

宝宝喝水的科学方法

睡觉之前不给宝宝喝水。宝宝的神经系统发育的还不是很完善，在晚上深睡以后还不能完全控制自己的排尿。如果宝宝在睡觉之前饮用较多的水，很容易出现尿床的现象，即使没有尿床，起床小便的行为也会大大影响宝宝的睡眠质量。

吃饭前不要给宝宝喝水。饭前宝宝饮用较多的水，一方面会使宝宝的食欲受影响，另一方面会让宝宝的胃液被大大稀释，从而影响了肠胃对食物的消化吸收能力。最好在饭前半个小时给宝宝喝点水，这样相当于吃饭前对胃的一个“热身”，适时地把胃唤醒，有助于宝宝的消化。

不给宝宝喝冰水。夏天宝宝很容易出汗，容易出现口渴的现象。很多家长都会给宝宝饮用冰水。其实饮用较多量的冰水会使宝宝娇嫩的胃黏膜血管收缩，如此会对宝宝的消化系统造成比较大的刺激，情况严重的话甚至会出现肠痉挛。

不让宝宝一次性喝太多水。否则一方面宝宝即使当时喝得痛快，但是事后会因胃部胀得慌而非常难受，另一方面宝宝有可能会出现“水中毒”严重后果。

不用饮料代替白开水。白开水是宝宝的最佳饮料。因为饮料对宝宝胃的刺激性比较大，而且其中含有较多的糖分和电解质，非常不利于宝宝的生长发育。

什么是强化食品

为了满足人体对某种营养素的需求而在某种食品中添加这种营养素，这样的食品就叫作强化食品。维生素、矿物质、蛋白质、氨基酸和各种微量元素等是现在市场上强化食品中所含有的主要的强化剂。在我们日常生活中比较常见的如添加了钙糖的饼干、添加了鸡蛋或酵母粉面条、添加了维生素B赖氨酸的面包……

强化食品的意义是调节宝宝辅食中的营养素来源，它既不能代替辅食，更不能作为宝宝的主食，否则很容易引起宝宝营养不良，或者是因为一种营养素过剩而出现中毒的现象。

宝宝喝水的科学方法

对于婴幼儿体重来说，水几乎占了其体重的70%，远高于成人，所以水对婴幼儿来说非常重要。但是宝宝口渴了在不会说话的情况下，全靠家人的细心观察，因此要掌握宝宝正确喝水的科学方法。

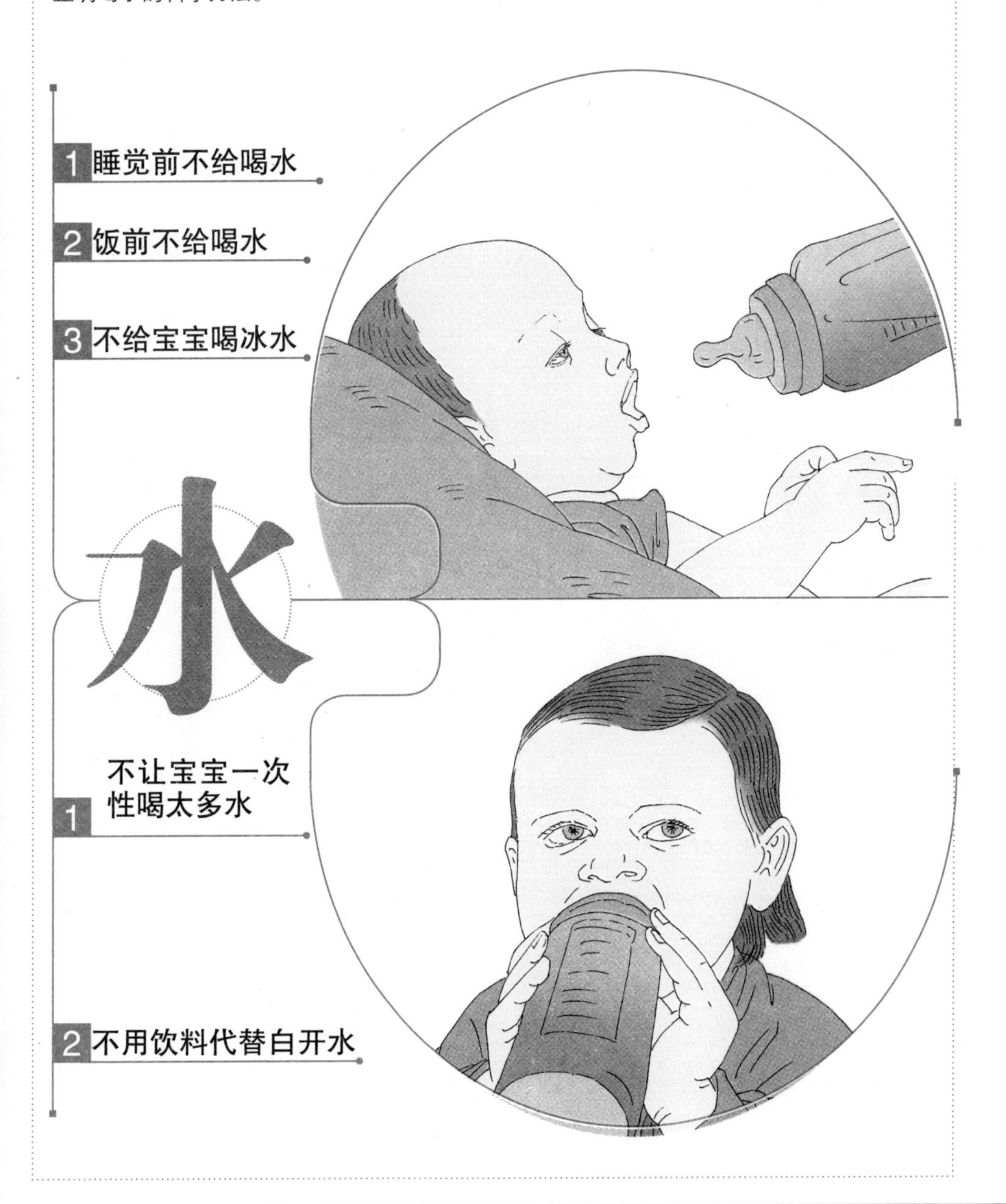

选择强化食品的原则

一般地，家长在给宝宝选择强化食品时要遵循以下3个原则：

1.强化剂的选择。给宝宝选择的强化剂应该是在食物中缺乏、当地的居民也非常缺乏的营养素。家长在给宝宝选择强化剂时一定要考虑到当时所处的大环境，因为全国各地的营养素缺乏状况是大不一样的，如含氟强化水就不适用于高氟地区。

2.强化剂载体的选择。强化剂的首选载体应该是宝宝每天都会定量食用的主食或主要的辅助食品，如馒头、乳类或豆制品等。如可选用碘强化食盐作为缺碘地区的强化食品。

3.强化剂剂量的选择。剂量的选择方面家长一定要特别注意，强化剂的剂量一定要科学合理，量太少的话达不到理想的效果，量太大的话则容易出现中毒的现象。家长可根据我国营养学会推荐的各营养素的每日供给量及平均每日摄入不足的部分作为宝宝的强化量。

蔬菜营养的价值高低

蔬菜的颜色主要有绿色、红色或黄色等。叶绿素含量比较多的蔬菜是绿色蔬菜，绿色蔬菜的颜色总体是绿色的，如菠菜、芹菜、韭菜、柿子椒等；黄酮类色素或胡萝卜素含量较多的蔬菜是红色或黄色蔬菜，其颜色总体是红色或黄色的，如番茄、瓜类、黄花菜、胡萝卜等。

蔬菜的颜色与蔬菜的营养价值有着直接的关系。一般地，绿色蔬菜的营养价值要高于黄色蔬菜的营养价值，而黄色蔬菜的营养价值则高于红色蔬菜的营养价值。

同时，蔬菜颜色的深浅与蔬菜的营养价值有着非常密切的关系。一般地，颜色较深的蔬菜其营养价值要比颜色较浅蔬菜的营养价值高。如深绿色的蔬菜富含维生素C、胡萝卜素和无机盐；橙黄色和红色的蔬菜富含胡萝卜素等。在宝宝的饮食中，要合理搭配多种蔬菜，以满足宝宝生长发育所需要的各种营养素。

0～3岁宝宝每日营养素摄入量参考表

营养素	0～3个月	4～6个月	7～9个月	10～12个月	1～2岁	2～3岁
能量	397千焦/千克（非母乳喂养加20%）	397千焦/千克（非母乳喂养加20%）	397千焦/千克（非母乳喂养加20%）	397千焦/千克（非母乳喂养加20%）	438～459千焦/千克	480～501千焦/千克
蛋白质	1.5～3克/千克体重	1.5～3克/千克体重	1.5～3克/千克体重	1.5～3克/千克体重	3.5克/千克体重	4克/千克体重
烟酸	5毫克	5毫克	6毫克	6毫克	9毫克	9毫克
叶酸	25微克	25微克	35微克	35微克	50微克	50毫克
脂肪	占总能量40%～50%	占总能量40%～50%	占总能量35%～40%	占总能量35%～40%	占总能量35%～40%	占总能量30%～35%
维生素A	375单位	375单位	375单位	375单位	400单位	400单位
维生素B1	0.1毫克	0.1毫克	0.4毫克	0.4毫克	0.7毫克	0.7毫克
维生素B2	0.4毫克	0.4毫克	0.5毫克	0.5毫克	0.8毫克	0.8毫克
维生素B6	0.5毫克	0.5毫克	0.6毫克	0.6毫克	1毫克	1毫克
维生素B12	0.3微克	0.3微克	0.5微克	0.5微克	0.7微克	0.7微克
维生素C	20～35微克	20～35微克	20～35微克	20～35微克	40微克	40微克
维生素D	300～400单位	300～400单位	300～400单位	300～400单位	400单位	400单位
维生素E	3单位	3单位	4单位	4单位	6单位	6单位
钙	400毫克	400毫克	600毫克	600毫克	800毫克	800毫克
铁	0.3毫克	0.3毫克	10毫克	10毫克	10毫克	10毫克
锌	3毫克	3毫克	5毫克	5毫克	10毫克	10毫克
硒	15毫克	15毫克	15毫克	15毫克	20毫克	20毫克
镁	40毫克	40毫克	65毫克	65毫克	80毫克	80毫克
磷	150毫克	150毫克	300毫克	300毫克	450毫克	450毫克
碘	40微克	40微克	50微克	50微克	50微克	50微克

第三章

科学护理

宝宝的诞生，给全家人带来了无比的喜悦和幸福。当然，也随之带来了许许多多琐琐碎碎的事情，宝宝不但要吃喝，而且还要拉，要睡，真是千头万绪，对于新手爸爸和妈妈来说，就像是一道道没有做过的难题。

1 新生儿的护理

刚出生的孩子就像嫩草之芽、幼蚕之苗，肌肤娇嫩，抗病力弱，对外界环境还需要逐步适应，所以特别需要谨慎抚养，精心护理。若稍有疏忽，极易患病，且变化迅速，容易造成不良后果。

体重减轻

新生儿出生后的2~5天里，由于外环境的改变，如皮肤及呼气的水分蒸发和乳汁的吸取量少，以及本身大小便的排泄，出生后第三天体重会减轻，通常减轻出生时10%的体重。慢慢地，等到一周以后宝宝能正常进食了，体重便不再减轻了，而是渐渐增加，约10日体重会恢复出生时的体重，以后每日增加30~40克，一个月后约有四千克重了。

此时不能为了增加体重就轻率地让宝宝改喝牛奶，体重减轻是宝宝一个正常的生理现象，宝宝很快就会恢复，而且对宝宝来说，母乳是最理想的营养品。

体温升高

新生儿的体温一般维持在37℃左右，但是，哭了以后或者喂食后，体温会升高到37.5℃。还有一些比较特别的情况，有的宝宝在出生2~5天的时候，体温会莫名其妙地升高到38℃，有人称这种现象为暂时性发热。这种现象主要是由于宝宝体内水分不足所致，这时候父母最好让宝宝喝点奶和水，这样宝宝的体温就会恢复正常。另外，大人给宝宝捂得太热也会使宝宝体温升高。

如果宝宝38℃的体温一直不退，（或者相反的，一直保持在35℃以下）就要去医院找医生了。

新生儿的囟门

父母可以通过触摸宝宝的囟门来了解囟门的大小和闭合情况，患病时也能通过检查囟门发现问题。

囟门关闭过早或过晚都不是好事。如果囟门关闭过早（生后3~4个月），测得头围小于正常值，会常见

新妈妈育儿经

新生儿的体重和体温

新生宝宝的护理是一门很大的学问，当刚出生的宝宝体重出现下降，而体温出现上升的情况时，妈妈要理性对待，不要因为不了解而白白地虚惊一场。

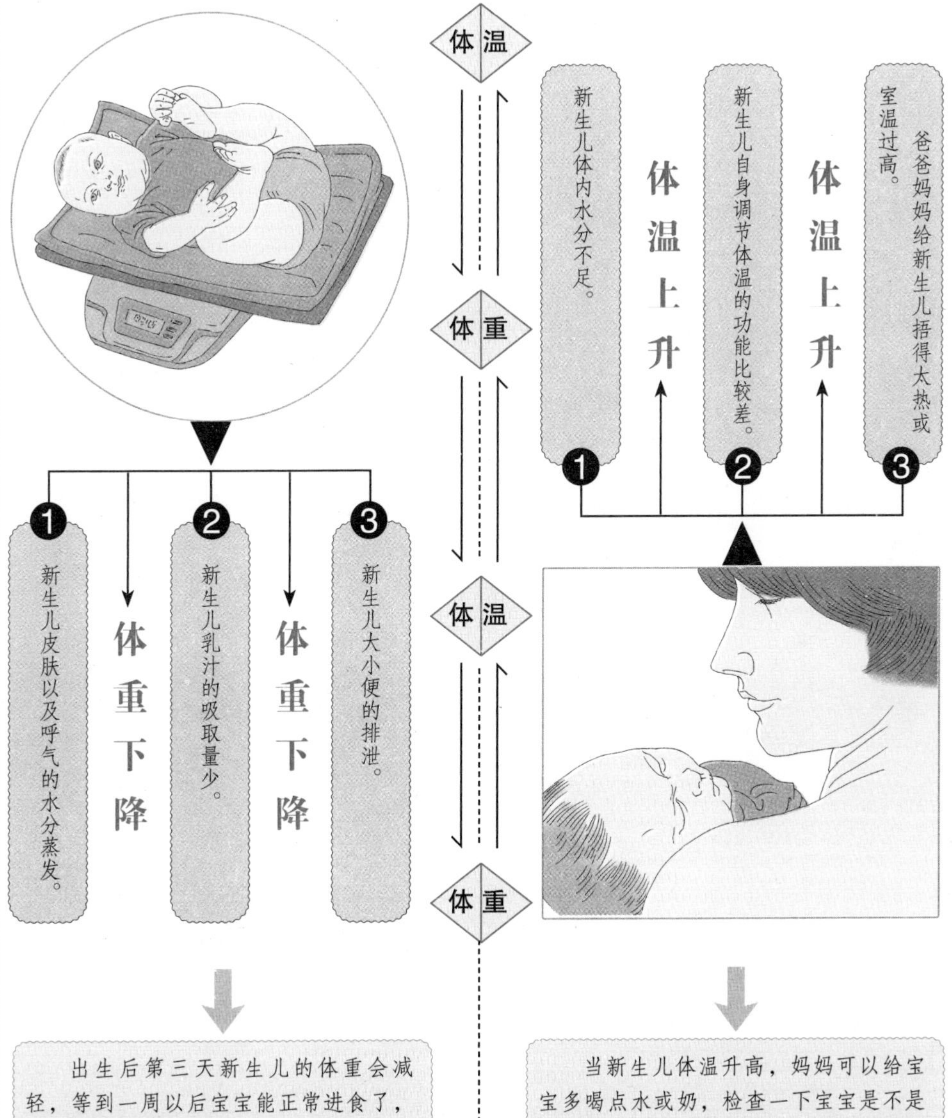

出生后第三天新生儿的体重会减轻，等到一周以后宝宝能正常进食了，宝宝的体重就会慢慢恢复。体重减轻是宝宝正常的生理现象，妈妈千万不能为了增加体重就轻率地让宝宝改喝牛奶。

当新生儿体温升高，妈妈可以给宝宝多喝点水或奶，检查一下宝宝是不是穿得过多，或者室温是否太高。如果宝宝体温超过38℃或低于35℃，就要带宝宝及时看医生。

小头畸形、脑发育不良等症状；如果囟门关闭延迟，前囟超过18个月还未闭合，则提示我们宝宝有可能会患有骨骼发育及钙化障碍、佝偻病、甲状腺功能低下、严重营养不良、脑积水等症。

如果宝宝在安静状态下囟门明显凹陷或饱满、隆起，则提示我们可能有异常情况。前者状况提示我们宝宝可能患有重度脱水、重度营养不良的病症；后者提示我们宝宝可能患有颅内压增高、有炎症（脑炎、脑膜炎）或中毒等病症。

当宝宝出现这些情况时一定要与医生及时联系，及早发现问题，及早治疗。

呼吸不规则

通常，初生宝宝的呼吸都不那么稳定，有时候会有一种呼吸不规则现象，听得妈妈心神不定，其实妈妈不必太过担心，这属于宝宝的正常生理现象。刚出生的宝宝，由于身体发育不完整，几乎不用肺呼吸，而是采用腹部呼吸。出生2～3天的宝宝，每分钟呼吸的次数约为20～30次。

由于新生宝宝只会用鼻子呼吸，所以，这个时候，保持宝宝的呼吸道畅通非常重要，妈妈要当心宝宝的鼻子被鼻涕堵塞。

护理宝宝娇嫩的皮肤

新生宝宝的皮肤非常娇嫩并且代谢很快，所以特别容易受汗水、大小便、奶汁和空气灰尘的刺激而发生糜烂；皮肤的皱褶处更是病菌进入体内的门户，如颈部、腋窝、腹股沟、臀部等处，更容易发生感染。妈妈在照料宝宝时一定要细心打理，最好能每日都给宝宝洗澡，清洗时动作一定要轻柔。

宝宝在出生24～36小时后会开始有脱皮的现象，并持续2～3周，这属于正常的生理现象。这主要是因为宝宝刚刚脱离母体，对周围的环境还不适应。同时，由于新生宝宝的表皮角质层于出生时并未完全褪去，且油脂分泌不足，所以新生儿的皮肤易干燥及皲裂。如果宝宝身体的某些部位，如手腕、膝盖、脚踝等处出现裂口或有出血现象，妈妈可以为宝宝擦拭婴儿油以滋润宝宝的肌肤。

新生儿脐带的护理

脐带在宝宝出生后数日会变为黑色，脐带脱落的时间会依宝宝情况而定，一般会在一周到四周之间脱落。为加速愈合及防止感染，妈妈在护理宝宝的脐带时要注意以下3点。

新妈妈育儿经

新生儿的囟门、呼吸和皮肤

囟门是新生儿脑发育最重要的参照，新生儿只会用鼻子呼吸，而且皮肤特别娇嫩。

新生儿的囟门、呼吸和皮肤

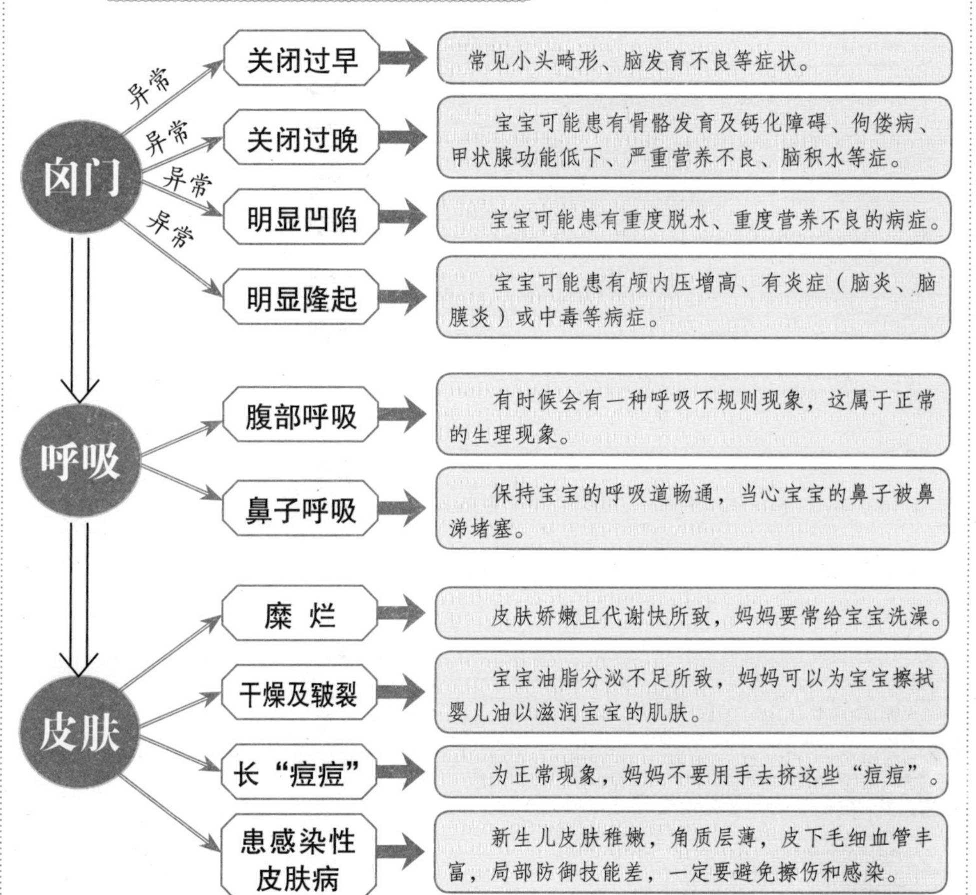

给新生儿洗澡

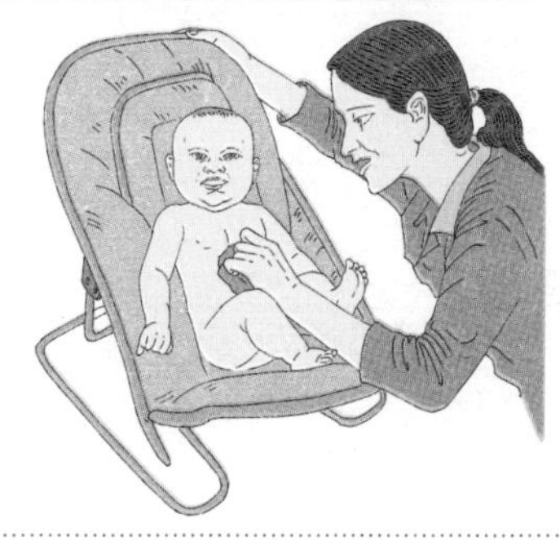

妈妈最好能每日都给宝宝洗澡，尤其是耳后、颈下、腋下、手心、大腿根部、指（趾）缝间等处，要细细清洗，清洗动作要轻柔，不可用毛巾擦洗。

1.妈妈要注意保持宝宝脐带的干燥，让脐带尽量多接触接触空气。尤其是在给宝宝包尿片时，要将系带的前端往下摺到肚脐以下，同时让上衣往上翻，这样肚脐就可以直接与空气接触了。

2.避免盆浴。在给宝宝擦澡时要防止沾湿脐带，若一不小心将脐带沾湿了，一定要用酒精及碘酒将其清洁干燥。

3.若宝宝的脐带部位变为红色，要及时向医生咨询。

新生宝宝的大便

宝宝出生2天内，大便的颜色会呈现暗绿或者黑褐色，这就是所谓的“胎便”。这是因为宝宝在妈妈的肚子里的时候，吃下了羊水和肠黏膜，出生后就会排出这种黑不溜秋或者发绿的大便。5～6天以后，就会变成普通的土黄色。如果新生宝宝在出生后的36小时内尚无大便排出，可能宝宝患有先天性消化道畸形，这时候一定要及时地向医生请教。

新生儿的排便情况总是不那么稳定，有时候会拉稀，有时候会有颗粒状的大便排出来，只要宝宝能吃能睡，情绪正常，妈妈就不必担心。但是如果宝宝的大便的形态、颜色、次数有明显的改变，尤其是宝宝大便呈脓血便、宝宝严重脱水和宝宝发高烧时，妈妈一定要当心了，一定要带宝宝及时地请医生诊治。

新生宝宝的小便

由于发育不成熟，新生宝宝小便的次数很多，量却很少。大约一个月以后，他们每次小便的量会渐渐增多，次数会慢慢减少。

新生宝宝的尿液一般是透明的，呈淡黄色，可是有的新生宝宝的小便竟然会出现红色，“难道是血尿了？”有的妈妈看到这种情形时会被吓一大跳。其实，碰到这种情况也不用担心，那是因为宝宝的尿里含有酸盐结晶所致，不需要爸爸妈妈做特殊的护理，一般在3天左右宝宝的尿液就会自动变成淡黄色的。

新生儿的“小红臀”

红臀主要是由于新生儿柔嫩的皮肤受尿液的刺激而导致，严重时可致臀部破溃。

新生儿使用的尿布应具有清洁、柔软、吸水力强等特点，而且不能在尿布下垫放塑料布或橡皮布，因为塑料布与橡皮布均不透气，使用后宝宝臀部始终处于湿热环境中，因而易生

新妈妈育儿经

新生儿的脐带、便便和“小红臀”

在加速新生儿脐带愈合的过程中，要预防其感染；新生儿的排便情况总不那么稳定，而且宝宝还会常常出现“小红臀”。

脐带

脐带一般会在一周到四周之间脱落，为加速愈合及防止感染，妈妈在护理宝宝的脐带时要注意保持宝宝脐带的干燥，让脐带尽量接触空气；避免盆浴；若宝宝的脐带部位变为红色，要及时向医生咨询。

大便

宝宝出生2天内，大便的颜色会呈现暗绿或者黑褐色，这就是所谓的“胎便”。如果新生宝宝在出生后的36小时内尚无大便排出，可能宝宝患有先天性消化道畸形，这时候一定要及时地向医生请教。

小便

新生宝宝的尿液一般呈透明的淡黄色，可是有的新生宝宝的小便竟然会出现红色，那是因为宝宝的尿里含有酸盐结晶所致，不需要爸爸妈妈做特殊的护理，一般3天左右宝宝就会自动痊愈。

小红臀

红臀主要是由于新生儿柔嫩的皮肤受尿液的刺激而导致，严重时可致臀部破溃。如出现红臀，则应采取相应措施，除勤换尿布及每次换尿布后用温热水将臀部皮肤洗净外，尚须涂以治疗红臀的红臀膏。

红臀。

洗尿布时应将尿布中的皂液或碱性成分洗净，用开水烫洗后在阳光下晒干，以备再用。

如出现红臀，则应采取相应措施，除勤换尿布及每次换尿布后用温热水将臀部皮肤洗净外，尚须涂以治疗红臀的红臀膏（用鱼肝油滴剂与凡士林混合配制的软膏）或涂以经过消毒的植物油。还可用灯泡或电吹风局部烘烤，以促使红臀部位的皮肤干燥、局部血管扩张，促进局部血供，加快红臀的愈合，每天2～4次，每次10～15分钟。但须注意，烘烤应离臀部皮肤有一定的距离，以防烫伤。

读懂新生宝宝的哭声

新生儿哭闹的常见原因有以下4种情况：

1.睡眠环境太热。如室温过高、包被裹得太紧、衣服穿得过多等，使新生儿极不舒服甚至体温上升，此时只要将室内温度降下来，或将包被松开就可以解决问题了。

2.室内温度过低。此时可采取一些简易的保暖措施，如调高室内温度、用热水袋或热水瓶放在新生儿被褥外面取暖。

3.新生儿大小便后将尿布被褥弄湿。这也可使新生儿身体不舒服，这时要将湿尿布换下来，给宝宝换上干爽的清洁尿布。

4.新生儿饥饿。给宝宝喂奶，宝宝吃饱了很快就会又入睡了。

当宝宝哭泣时，一定要及时地查找原因，对症解决。

给新生宝宝做按摩好处多多

按摩对宝宝的身心发展大有益处，宝宝天生就渴望妈妈的拥抱和抚摸，希望妈妈跟他肌肤亲密接触，给宝宝做按摩会使宝宝感觉到亲密的身体接触，切身体会到温暖和放松的感觉。具体地，给宝宝做按摩会有以下5点好处。

1.促进宝宝的身体发育：按摩时，宝宝的身体血液循环加快，对食物的消化吸收率较高，进而宝宝的体重增长速度也会比较快。在按摩过程中，宝宝触觉和感觉发育也会快速地提升。

2.建立母子感情：妈妈给宝宝多按摩有利于为宝宝和妈妈之间建立良好的感情。

3.平缓情绪：按摩会让宝宝的压力激素水平降低，烦躁的宝宝经过按摩后一般会安然入睡。

4.有益宝宝性格发展：妈妈的按摩让宝宝拥有充足的安全感，这对宝宝性格发展非常有利。

新妈妈育儿经

新生儿的哭声及按摩

新生儿的哭声是有“内容”的，父母在平时一定要及时知道宝宝为什么会啼哭；按摩对于新生宝宝来讲好处多，但是父母一定要掌握给宝宝按摩的方法和动作要领。

给宝宝按摩的好处

- 促进宝宝的身体发育
- 建立母子感情
- 平缓宝宝的情绪
- 有益宝宝性格发展
- 缓解宝宝的身体不适

如何给宝宝做按摩

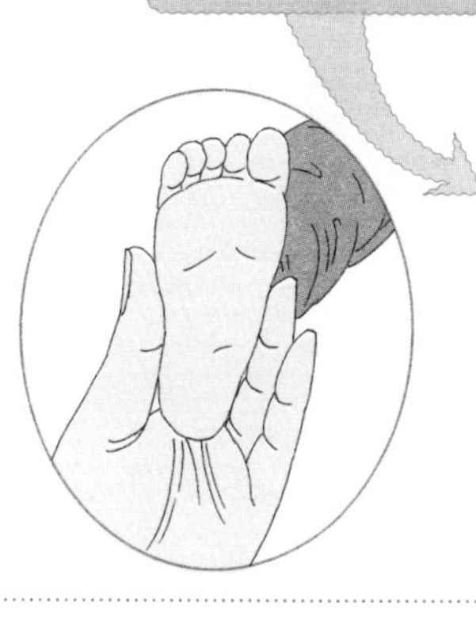

- 在睡前或者洗澡后，两次奶之间进行。
- 做按摩时，把宝宝放在小床上或让宝宝躺在大腿上，以轻柔的声音对宝宝说话，使他安静放松下来。
- 动作要轻柔，力度不要太大，注意不要让指甲刮伤宝宝的皮肤。
- 循序渐进，一次按摩的时间不宜太长，先从5分钟开始，然后逐渐延长到15~20分钟。
- 给宝宝做按摩的过程中，可以播放一些轻柔的音乐。

5.缓解宝宝的身体不适：按摩还可以缓解宝宝身体上的不适，如果宝宝腹胀时哭闹，妈妈给他按摩腹部会使宝宝很快安静下来。

如何给新生宝宝做按摩

1.在睡前或者洗澡后，两次奶之间进行。宝宝吃奶前后30分钟～1小时内，以及宝宝情绪异常激动时，都不要给宝宝按摩。室温要保持在28℃以上，注意不要让宝宝着凉。

2.做按摩时，把宝宝放在小床上或让宝宝躺在大腿上，以轻柔的声音对宝宝说话，使他安静放松下来。

3.动作要轻柔，力度不要太大，注意不要让指甲刮伤宝宝的皮肤。先由脚部开始，用手握住孩子一边小脚，另一只手则轻轻由他的脚踝开始往上按摩。双手移到大腿时轻轻地搓揉，再由大腿顺着轻抚到脚踝。

按摩腹部时，以掌心及手指向下滑行的方法，由胸部开始向肚子位置转动，然后再以顺时针方向用双手在肚子上打转按摩。

给宝宝按摩时，注意观察宝宝反应，总结出宝宝喜欢的按摩方式和按摩部位。

4.循序渐进，每次按摩的时间不宜太长，先从5分钟开始，然后逐渐延长到15~20分钟。

5.给宝宝做按摩的进程中，可以播放一些轻柔的音乐。

新生宝宝该怎么抱

新生宝宝生长发育的特点是头大、头重、骨骼胶质多、肌肉不发达。因此，抱新生宝宝的姿势是很讲究的，关键是要托住宝宝的头部。宝宝的身体很柔软，抱的时候，一定要保护好他的脖子、腰。具体地，我们介绍以下四种方法。

1.腕抱法。是指将宝宝的头放在左臂弯里，肘部护着宝宝的头，左腕和左手护背和腰部，右小臂从宝宝身上伸过护着宝宝的腿部，右手托着宝宝的屁股和腰部。这一方法是比较常用的姿势。

2.手托法。用左手托住宝宝的背、脖子、头，右手托住他的小屁股和腰。这一方法比较多用于把宝宝从床上抱起和放下。

3.肩伏法。大人的前臂把新生儿紧靠在大人的上胸部，让他的头伏在大人的肩上并且用手扶托着后脑勺。这样大人可以腾出一只手来，如果单独一人并且需要捡起地上的东西时，这就显得很重要了。但是如果感到还是应该小心的话，就应该支托着他的臀部。

4.抱带法。用抱带时，要保证宝

新妈妈育儿经

抱新生儿

新生儿的抱与放的姿势非常讲究，这与宝宝本身的身体娇嫩有关，爸爸妈妈在抱宝宝时一定要讲究动作要领。

新生儿四种抱法

腕抱法

将宝宝的头放在左臂弯里，肘部护着宝宝的头，左腕和左手护背和腰部，右小臂从宝宝身上伸过护着宝宝的腿部，右手托着宝宝的屁股和腰部。

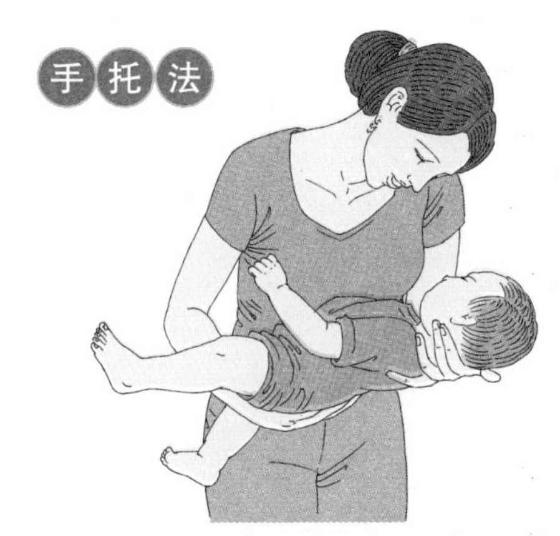

手托法

用左手托住宝宝的背、脖子、头，右手托住他的小屁股和腰。这一方法比较多用于把宝宝从床上抱起和放下。

肩伏法

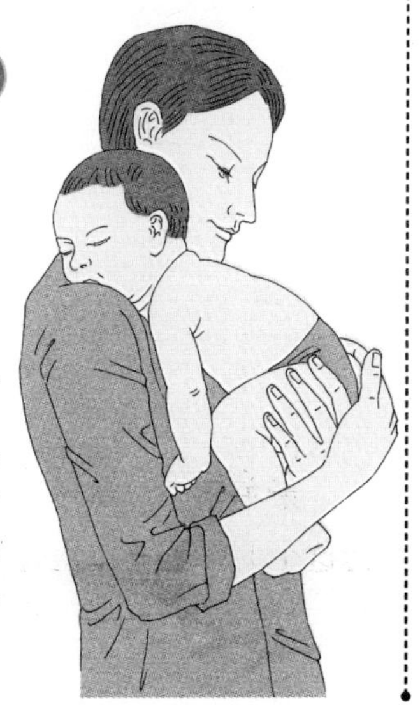

把新生儿紧靠在胸部，让新生儿的头伏在大人的肩上并且用手扶托着宝宝的屁股。

用抱带时，要保证宝宝的头、颈有充分的支持，并让抱带能舒适地套着他的身体，避免从任何一边滑下来。

抱带法

宝的头、颈能够得到充分的支持，并让抱带能舒适地套着他的身体，避免从任何一边滑下来。

抱新生宝宝的注意事项

1.抚抱新生儿时要轻柔，倾斜度不可超过36°，而头部和身体一定要呈直线状，即3个月以内都要以横抱为主。这是因为宝宝的颈部、背部肌肉还没完全发育好，横着抱可以最大限度减轻他的背部和颈部压力。

2.最初几周，抱新生儿时要抱得紧一些，使其有被紧紧围住的感觉，这样可以给宝宝强烈的安全感。最好让宝宝的头贴着你的左胸。让宝宝听到熟悉的心跳声，这样也会令他有安全感。

3.新生儿要等到4周以后才能完全控制自己的头，因此当大人抱起新生儿时，一定要托住他的头部。把手伸到新生儿的颈部下，托起她的头，把另一只手放在他的背部和臀部下面，稳稳地支持着他的下半身。

4.让宝宝体会到你的爱，不仅仅是多抱抱就能达到目的。在抱宝宝的同时，要和宝宝多交流、多说话，这样既能让他感受到你的爱，又能对他进行语言刺激，开发宝宝的大脑。否则，你就是一天24小时抱着他，也不见得效果就好。

如何放下新生儿

当放下新生儿时，必须保证托住他的头，不然他的头会猛然往后，给宝宝一种跌下去的感觉。

可以用抱起新生儿的方式那样放下他，这样整只手臂可支托着婴儿的脊柱、颈部和头。或者把婴儿紧紧地包在裹布中，使他的头部得到支持，直到他被放到床上，再轻轻地把裹布打开。

新生宝宝的睡眠姿势

让新生宝宝采取什么样的姿势睡觉最好？在正常情况下，大部分新生儿是采取仰卧睡觉姿势，因为这种睡觉姿势可使全身肌肉放松，对新生儿的内脏，如心脏、胃肠道和膀胱的压迫最少。但是，仰卧睡觉时，因舌根部放松并向后下坠，而堵塞咽喉部，影响呼吸道通畅，而如果再给新生儿枕上一个较高的枕头，就会更加加重呼吸困难，因而此时应密切观察新生儿的睡眠情况。

最好不要采用俯卧位睡觉，因为这个时期的新生儿还不能抬头、转头、翻身，尚无保护自己的能力，因此，俯卧睡觉容易发生意外窒息。另

新妈妈育儿经

抱新生儿的注意事项

抚抱新生儿时要轻柔，倾斜度不可超过36°，而头部和身体一定要呈直线状，即3个月以内都要以横抱为主。

最初几周，抱新生儿时要抱得紧一些，使其有被紧紧围住的感觉，这样可以给宝宝强烈的安全感。

新生儿要等到4周以后才能完全控制自己的头，因此当大人抱起新生儿时，一定要托住他的头部。

让宝宝体会到你的爱，不仅仅是多抱抱就能达到目的。在抱宝宝的同时，要和宝宝多交流、多说话。

当放下新生儿时，必须保证托住他的头，不然他的头会猛然往后，给宝宝一种跌下去的感觉。可以用抱起新生儿的方式那样放下他。

外，俯卧睡觉会压迫内脏，不利于新生儿的生长发育。

由于新生儿的胃呈水平位，胃的入口贲门肌肉松弛，而出口幽门肌肉较紧张，当新生儿吃奶后容易溢奶，严重的可以将溢出的奶汁吸入气管中而发生窒息，因此，对这些新生儿在喂奶后，可让新生儿右侧卧，在0.5～1小时后，即可平卧。

新生宝宝的睡眠环境

为新生儿的睡眠安排一个良好的睡眠环境非常重要，要为新生儿创造一个昼夜有别的环境，以适应新生儿体内的自发的内源性昼夜变化节律，保证新生儿有充足的睡眠，有利于新生儿的生长发育。

新生儿睡觉的小环境也非常重要，新生儿应该独立地睡在自己的小床上。有的妈妈怕新生儿冷，而与大人同睡一个被窝，甚至搂在怀里睡觉，这种做法极不科学，一来大人和孩子都不能得到很好的休息，二来这样睡觉是很危险的，由于在同一被窝中睡觉温度较高，新生儿的体温也会随之上升，致使大量出汗，很容易发生脱水和缺氧而窒息。也有的妈妈让新生儿含着乳头睡觉，孰不知胖大的乳房会将新生儿的口鼻堵起来，也会造成窒息。

给宝宝穿衣

新生儿的衣服宜选择不脱色、浅色、柔软的棉布缝制，这样的衣服通透性和保暖性都很好，对宝宝的皮肤刺激小，而且还比较容易洗涤。

衣服应该适当地宽大一些，这样给宝宝脱穿衣服都会比较方便，而且还不会妨碍宝宝的四肢活动。上衣最好没有领子，这样可以避免损伤宝宝的皮肤。

穿衣时妈妈不要忽略了与宝宝的交流，给宝宝换衣服时，很多宝宝都会哭闹，这时候妈妈一定要有耐心，给宝宝传递安全感，可以亲切地注视着宝宝，用温柔的话语安慰他，手下的动作一定也要轻柔，如此一来说不定宝宝会爱上妈妈给他穿衣服的这个过程呢。

新生宝宝尿布的选择

新生儿的尿布宜选择柔软、吸水性强、耐洗的棉织品；尿布的颜色以无色或浅色为宜，如白色、浅黄色或浅粉色，因为浅色的尿布对宝宝的皮肤刺激性小，且便于看清宝宝大小便的颜色和性状，这样就可及时发现新生儿的大小便正常与否。

尿布在宝宝出生前就要准备好，使用前都要清洗消毒，然后在阳光下曝晒至干。

如何给宝宝垫尿布

给新生宝宝垫尿布前，首先要把双手洗干净。把尿布的右下角对左上角折叠成三角形，三角形底边在上，左手提起宝宝的脚，右手将尿布平塞入宝宝臀下，三角尿布的底边放在宝宝的腰间；把尿布的下角经双腿间折叠到宝宝腹部，然后轻按着这一角，再将两侧的尿布角折起，盖在腹部中间的尿布角上。最后将尿布固定，然后将衣服拉平、包好。可以在尿布角上缀上布条以供固定使用。

为避免脐部感染，给新生宝宝垫尿布时尿布不要盖住脐部。

尿布的清洗及消毒

因为尿布与新生儿的皮肤直接接触，所以清洗及消毒工作不可马虎。给新生宝宝清洗尿布时最好使用洗涤

新妈妈育儿经

新生儿的睡眠

新生儿的睡眠是影响其生长发育的一个重要因素，宝宝睡觉的姿势及环境都需要妈妈精心考虑。

新生儿不俯卧睡觉

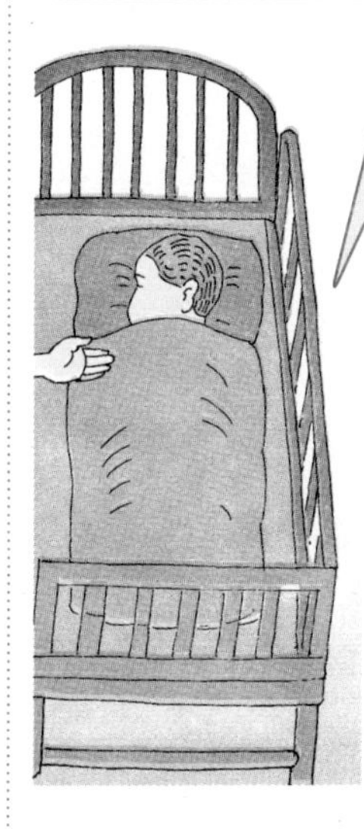

这个时期的新生儿还不能抬头、转头、翻身，尚无保护自己的能力，因此，俯卧睡觉容易发生意外窒息。另外，俯卧睡觉会压迫内脏，不利于新生儿的生长发育。

新生儿仰卧睡觉

仰卧可使全身肌肉放松，对新生儿的内脏，如心脏、胃肠道和膀胱的压迫最少。但是，仰卧睡觉时，因舌根部放松并向后下坠，而堵塞咽喉部，影响呼吸道通畅，而如果再给新生儿枕上一个较高的枕头，就会更加加重呼吸困难，因而此时应密切观察新生儿的睡眠情况。

新生儿侧卧

新生儿的胃呈水平位，胃的入口贲门肌肉松弛，而出口幽门肌肉较紧张，当新生儿吃奶后容易溢奶，严重的可以将溢出的奶汁吸入气管中而发生窒息，因此，对这些新生儿在喂奶后，可让新生儿右侧卧，在0.5~1小时后，即可平卧。

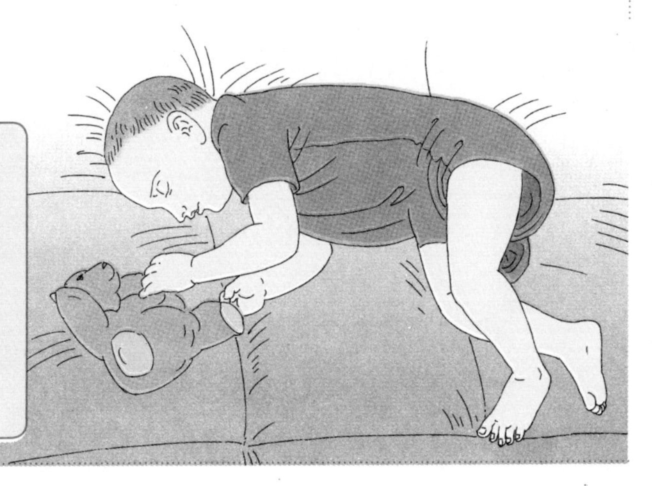

婴儿用品的专用皂液，每次清洗时一定要漂洗干净，不要残留洗涤剂或消毒剂，否则会伤害新生宝宝娇嫩的皮肤。冲洗干净后的尿布需要在通风处晾干晒透，最好经过太阳曝晒。

经过如此处理以后的尿布妈妈就可以放心地给宝宝用啦。

纸尿裤和棉质尿布的较量

纸尿裤用起来很方便，但是透气性差，很容易引起宝宝红屁股，而且纸尿裤的使用大大减少了亲子互动的机会。纯棉尿布透气性好，能保障宝宝肌肤干爽，经济、耐用，而且爸爸妈妈会定时给宝宝把把尿，这样宝宝也容易养成排尿的习惯；纯棉尿布的不足之处在于棉尿布尿湿一次就必须更换，所以需要准备很多。

除非是夜间和外出时使用纸尿布，其他时间则建议爸爸妈妈给宝宝使用纯棉尿布。

新妈妈育儿经

新生儿与父母分床睡

新生儿与父母分床睡的好处有如下2点：

◆ 新生儿和父母都能得到比较好的休息。

◆ 避免不必要的危险，如避免新生儿大量出汗，发生脱水和缺氧而窒息。

新妈妈育儿经

新生儿与尿布

新生儿尿布的选择与衣服的选择有相似之处，都应选浅色或无色、棉质的布料，新生儿尿布的清洗与消毒也是不容马虎的。

尿布的选择

新生儿的尿布可到母婴店或超市购买，也可自己做。自己做时选柔软、吸水性强、耐洗的棉织品，新棉布要充分揉搓后再用。尿布颜色以无色或浅色为宜。

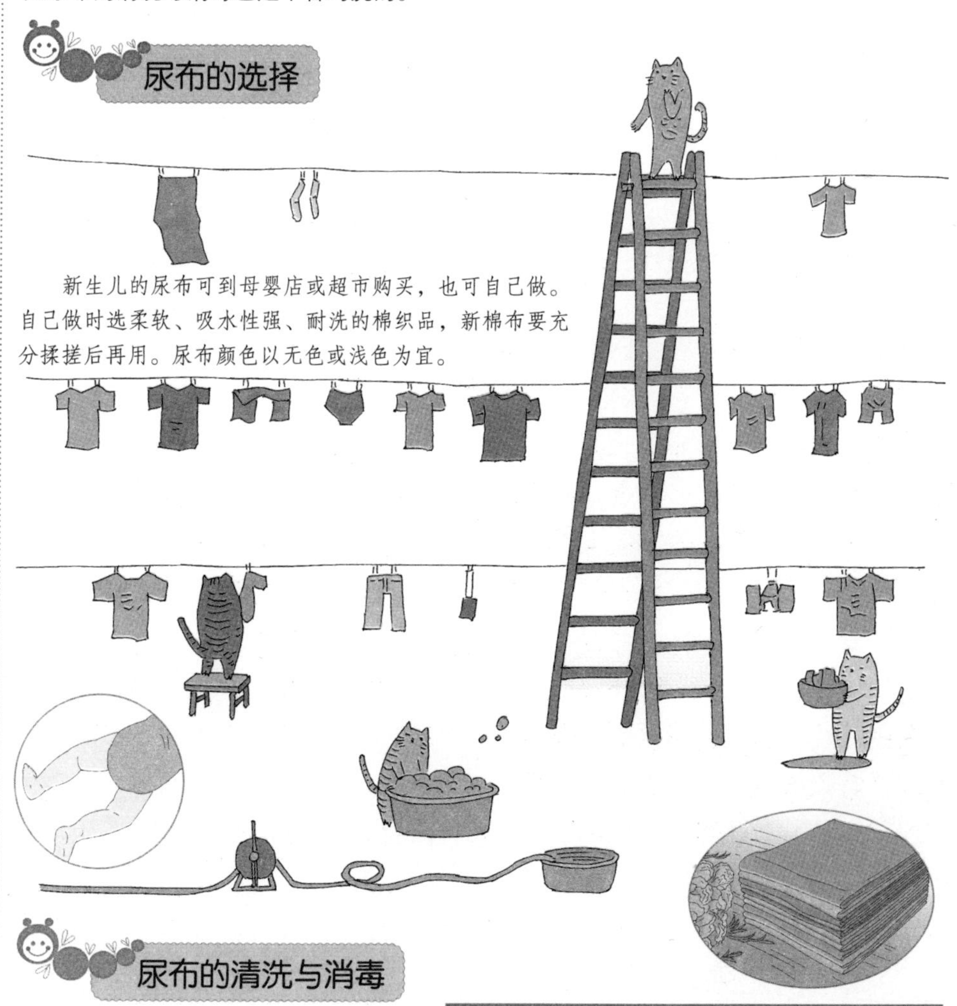

尿布的清洗与消毒

新生宝宝的尿布在准备使用前，无论新旧，都需要经过清洗及消毒。使用过的尿布在清洗之前要尽可能除去上面的粪便，清洗时最好使用洗涤婴儿用品的专用皂液。可以在使用5～6次后对尿布进行一次消毒处理。

- ◆ 把尿布右下角对左上角折成三角形，底边在上。
- ◆ 把尿布平塞入宝宝臀下，三角形底边放在腰间。
- ◆ 把尿布下角经双腿间，折叠到宝宝腹部。
- ◆ 将两侧尿布角折起，盖在腹部中间的尿布角上。
- ◆ 将尿布固定，形成“三角形”内裤。
- ◆ 将衣服拉平、包好。

1~3个月宝宝的护理

满月的宝宝越来越棒了，眼睛可以看得远了，对声音也能做出不同的反应了。更让您感到甜蜜的是，宝宝认识妈妈了。爸爸妈妈应该有意识地逐步增加1~3个月宝宝户外活动的时间，多带宝宝晒晒太阳，因为这样非常有利于宝宝的健康成长。

保护宝宝的眼睛

眼睛是人的重要视觉器官，人人都希望自己的孩子有一双健康明亮的大眼睛。眼睛又是十分敏感的器官，极易受到各种侵害，如温度、强光、尘土、细菌以及异物等。宝宝的眼睛需要大人来保护，怎样来保护宝宝的眼睛呢？

1.讲究眼的卫生。婴儿要有自己的专用脸盆和毛巾，每次洗脸时应先洗眼睛，眼睛若有分泌物时，用消毒棉球或毛巾去擦眼睛。

2.家中的灯光要柔和，防止强光直射宝宝的眼睛。

3.要防止锐物刺伤宝宝的眼睛。

4.要防止异物飞入眼内。一旦异物入眼，要用干净的棉球蘸温水冲洗眼睛。

5.不给宝宝看电视。如果大人抱着孩子看电视，使婴儿吸收过多的X线，婴儿则会出现乏力、食欲不振、营养不良、白细胞减少、发育迟缓等现象。

6.多给婴儿看色彩鲜明的玩具，经常调换颜色，多到外界看大自然的风光，有助于提高婴儿的视力。

保护宝宝的听力

人的听力在胎儿期已经形成，出生后听力逐步发展。1~3个月宝宝的听觉神经和器官发育不够完善，外耳道较短、窄，耳膜较薄。那么如何保护1~3个月宝宝的听力呢？

1.为宝宝创造一个安静、和谐、悦耳的声响环境，对宝宝说话时，声音要轻而柔和。让宝宝听一些愉快的音乐，有助于其听力发展。

2.不给宝宝挖耳朵，防止耳道内进水，否则引起耳病，影响听力。

3.慎用以下药物：链霉素、庆大霉素、卡那霉素、妥布霉素、小诺霉素、新霉素等氨基甙类药物，这些药物有较强的耳毒性，可引起听神经的

新妈妈育儿经

关于剃“满月头”及保护宝宝的眼睛

宝宝满月了，建议爸爸妈妈不要轻易给宝宝剃头，而且，要注意保护好宝宝的眼睛。

要不要剃“满月头”

最好不剃『满月头』

1. 头发可以保护宝宝的头部，当头部受到意外袭击或外界物件的伤害时，浓密而富有弹性的头发首当其冲，可以防止或减轻头部的损伤。
2. 剃光头后，孩子的头部皮肤暴露出来，如果外出时没有做好防晒工作，就会很容易因为阳光的直接辐射而导致宝宝脑部损伤。
3. 婴儿颅骨还比较软，头皮柔嫩，理发不慎，极易擦破头皮发生感染。
4. 决定要给宝宝剃头时一定要非常小心，不要弄伤他的头皮，以免损伤头皮及毛囊组织，从而令各种细菌乘隙而入，进而发生痱子、疖子等，严重者甚至会引起败血症。
5. 给宝宝理发的工具最好先用75%的酒精消毒，不要用剃头刀为婴儿剃头。

不轻易剃『满月头』

保护宝宝的眼睛

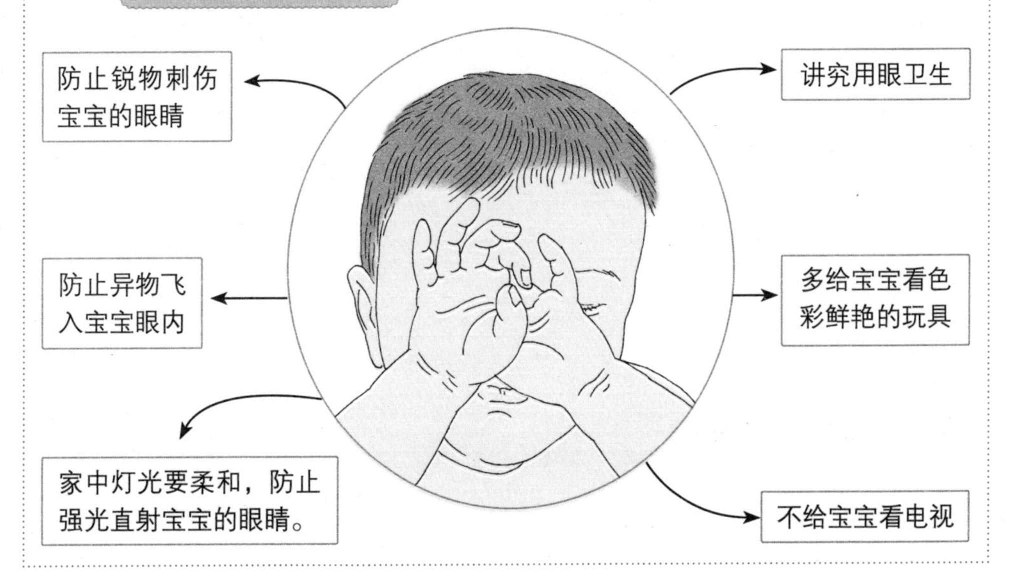

损害；抗生素引起的耳聋与用药剂量和时间长短有关，用药剂量越大，时间越长，造成的危害越大。

在使用这类药物时，婴儿如出现烦躁、恶心、呕吐、站立不稳等异常现象，应立即停药。

4.不让宝宝受到强声刺激。各种噪音对宝宝不利，会影响其听觉器官，使听力降低。

保护宝宝的嗓音

宝宝降生后发出的声音就是哭声，它伴随着宝宝生命的开始，也是一个健康宝宝的标志。宝宝头3个月就会“咿呀”做语，继而出现喊叫声，喊出“妈妈、爸爸”等声音。

为了保护其嗓音，就要正确对待宝宝的哭。哭是宝宝的一种运动，也是一种需要的表达方式，但也不能让宝宝长时间地哭，长时间地哭或喊叫会造成声带的边缘变粗、变厚而致嗓音沙哑。呼吸道疾病，如上感、咽炎、喉炎等，也会影响婴儿的嗓音。

在传染病易发的季节，不带宝宝去公共场所。

宝宝的睡眠护理

充足的睡眠对宝宝很重要，1~3个月宝宝的神经细胞的功能还不健全，而睡眠是对大脑皮层的保护性抑制措施，通过睡眠使得神经细胞中的能量加以储备，让大脑得到充分的休息。睡眠不足的宝宝会哭闹不止，烦躁不安，食欲欠佳，体重下降。

为让宝宝睡得更好，应注意以下5点：

1.为宝宝创造一个良好的睡眠环境，如灯光要柔和，家人说话要轻，室内温度要适宜，衣服要少穿，被子不要盖得太厚。

2.帮宝宝养成良好的睡眠习惯，要按时睡觉，不要因玩耍破坏睡眠规律。

3.睡前不要过分逗玩孩子，否则宝宝会太兴奋而难以入睡。

4.要培养宝宝自己在床上睡眠的习惯，而不是由妈妈拍着、哼着小调入睡后再放到床上。

5.不让宝宝含着奶头入睡。

宝宝爱流口水

新生儿期由于中枢神经系统和唾液腺分泌功能不完善，因此，新生宝宝分泌唾液较少。出生3个月以后，婴儿的中枢神经系统和唾液腺发育逐渐完善，唾液分泌量增多，但婴儿此时吞咽功能尚不完善，因此常流口水，形成所谓的生理性流涎。6~7个

新妈妈育儿经

1～3个月宝宝的听力、嗓音及其睡眠

1~3个月的宝宝要呵护其听力和嗓音，当然，仍要继续做好宝宝的睡眠护理工作。

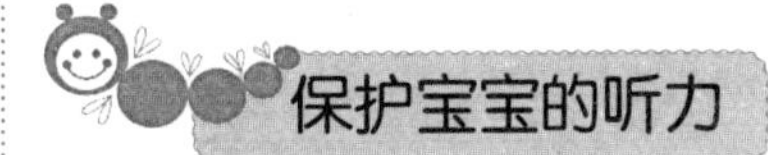

保护宝宝的听力

为宝宝创造一个安静和谐的声响环境，对宝宝说话时要轻而柔和。让宝宝听一些愉快的音乐，有助于其听力发展。

不给宝宝挖耳朵，防止耳道内进水，否则引起耳病，影响听力。

慎用以下药物：链霉素、庆大霉素、卡那霉素、妥布霉素、小诺霉素、巴龙霉素、新霉素等氨基甙类药物。

不让宝宝受到强声刺激。

保护宝宝的嗓音

不能让宝宝长时间地哭，长时间地哭或喊叫会造成声带的边缘变粗、变厚而致嗓音沙哑。在传染病易发的季节，不带宝宝去公共场所。

宝宝的睡眠护理

不让宝宝含着奶头、手指睡

为宝宝创造良好的睡眠环境

培养宝宝自己入睡的习惯

养成良好的睡眠习惯，按时睡觉

睡前不过分逗孩子玩

月以后的婴儿由于乳牙萌发，对口腔内神经刺激造成唾液大量增加，这时口水流得更多。婴儿流口水是一种正常的生理现象，不是病态，一般1~3岁后就会自然消失，若宝宝1~3岁以后仍流口水或有发热等情形出现，应去医院就诊。

宝宝口腔卫生的护理

1~3个月宝宝口腔卫生很重要，因为口腔的环境很适合细菌的生长和繁殖，而宝宝又较易患鹅口疮，因此要注意口腔的日常护理。

具体的方法是：让宝宝侧卧，用小毛巾或围嘴围在衣领下，用棉签蘸上淡盐水或温开水，由口腔的两颊部开始，牙龈的外面、里面，舌部，逐步擦拭。每擦拭一个部位就要更换一个棉签。在擦拭的过程中，动作要轻柔，宝宝的口腔黏膜极其柔嫩且唾液分泌少，动作较大很容易损伤宝宝的口腔黏膜，易致口腔感染。

若宝宝出现口唇干裂，可为宝宝涂些消过毒的植物油；若宝宝口腔出现溃疡，可为宝宝涂些金霉素鱼肝油；若宝宝患了鹅口疮，可为宝宝涂些霉菌素甘油。

宝宝衣着

宝宝衣服及尿布应选浅色、柔软的纯棉织物，宽松而少接缝，以避免摩擦皮肤，便于穿、脱。

父母要随季节气候的变化给宝宝更换及增减衣服。冬季服装应保暖、轻柔，婴儿穿棉衣时里面需穿内衣，以利于保暖和换洗。棉衣不宜穿得过厚，以免影响四肢的血液循环，并可让婴儿活动自如，保持下肢屈曲姿势，有利于髋关节的发育。宝宝最好穿连衣裤和背带裤，不穿松紧腰裤，以利于胸廓发育。棉袄可做和尚领，不用纽扣，只用两条带子松松系上。棉裤可用腈纶棉代替棉花，以利于常洗，可做成系背带的连脚开裆裤。

给宝宝洗手和脸

婴儿的皮肤柔嫩，皮下血管丰富，容易受损伤和并发感染，所以要经常进行皮肤清洁护理。

给1~3个月的宝宝洗手、洗脸时，要注意避免宝宝的皮肤受损伤。水温不要太热，以和体温相近为宜。婴儿要有专用的脸盆和毛巾。

给宝宝洗手、脸时，爸爸妈妈可用左臂把宝宝抱在怀里，或让宝宝平卧在床上，也可让他坐在大人的膝

新妈妈育儿经

1~3个月宝宝的口腔卫生及洗手、洗脸

1~3个月的宝宝开始经常流口水，这个时候妈妈要注意宝宝的口腔卫生，同时要经常给宝宝洗手和洗脸。

宝宝爱流口水

新生儿时期

由于中枢神经系统和唾液腺分泌功能不完善，因此，新生宝宝分泌唾液较少。

→ 宝宝不流口水

3个月以后

中枢神经系统和唾液腺发育逐渐完善，唾液分泌量增多，但婴儿吞咽功能尚不完善。

→ 宝宝常流口水

婴儿流口水是一种正常的生理现象，不是病态，一般1~3岁后就会自然消失，若宝宝1~3岁以后仍流口水或有发热等情形出现，应及时去医院就诊。

口腔卫生护理

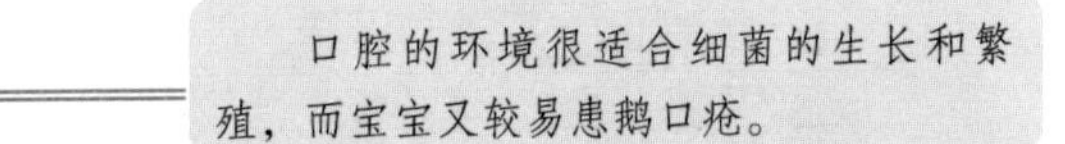

口腔的环境很适合细菌的生长和繁殖，而宝宝又较易患鹅口疮。

让宝宝侧卧，用小毛巾或围嘴围在衣领下，用棉签蘸上淡盐水或温开水，由口腔的两颊部开始，牙龈的外面、里面，舌部，逐步擦拭。每擦拭一个部位就要更换一个棉签。在擦拭的过程中，动作要轻柔。

- 若宝宝出现口唇干裂，可为宝宝涂些消过毒的植物油。
- 若宝宝口腔出现溃疡，可为宝宝涂些金霉素鱼肝油。
- 若宝宝患上鹅口疮，可为宝宝涂些霉菌素甘油。

给宝宝洗手、洗脸

婴儿的皮肤柔嫩，皮下血管丰富，容易受损伤和并发感染。

❶水温不要太热，以和体温相近为宜。

❷父母可用左臂把宝宝抱在怀里，或让宝宝平卧在床上，也可让他坐在大人的膝头，使他的头靠在大人的左臂上，由大人蘸水擦洗。

❸给宝宝洗手、脸时动作要轻、快，先洗脸后洗手。

❹给宝宝洗脸时不用肥皂，以免刺激皮肤。

❺洗完要用毛巾沾去宝宝脸上的水，注意不要用力擦洗。

头，使他的头靠在大人的左臂上，由大人蘸水擦洗。

给宝宝洗手、脸时动作要轻、快，不要把水弄到宝宝的眼、耳、鼻、口中。给宝宝洗脸时不用肥皂，以免刺激皮肤。宝宝经常会把手放到嘴里，也会用手去抓东西，因此，洗手时可适当用些婴儿皂。

洗完要用毛巾沾去宝宝脸上的水，注意不要用力擦洗。

如何给宝宝洗头

婴儿新陈代谢比较旺盛，有的婴儿前囟处的头皮会有一些黄褐色油腻性鳞屑，是婴儿脂溢性皮炎造成的，有的婴儿由于不常洗，也会结痂。因此，婴儿应常洗头，以保持头部清洁，避免生疮，同时也有利于头发的生长。下面我们介绍一下给1~3个月宝宝洗头的方法。

洗头时，大人可坐在小椅子上，用左臂、腋下挟着婴儿身体，左手托着婴儿头部，使其面朝上，用右手轻轻洗头。一般不用肥皂，可间隔使用婴儿洗发液，每周1~2次，注意不要让水流到婴儿的眼睛及耳朵里。

如果宝宝头上结痂，可适当涂些熟的植物油，使之软化后再洗去。

洗完后可用软的干毛巾轻轻擦干头上的水，用脱脂棉沾干耳朵，及时除去不慎溅入的水。

如何给宝宝洗澡

婴儿新陈代谢快，出汗多，有条件的要每天洗澡。掌握常给宝宝洗澡的方法，是当妈妈的必修课；由于给宝宝洗澡较困难，新手妈妈要好好学一下。

为缩短宝宝的洗澡时间，妈妈事先要准备好洗澡所需的东西，包括：婴儿浴盆、婴儿香皂、纱布做的手绢、洗脸盆、浴巾、婴儿爽身粉、棉棒等；为防止宝宝着凉，还要准备好换的衣服和尿布。因冬天水凉得较快，可适当准备一些热水。

给宝宝洗澡最好用盆浴，1~3个月的宝宝应使用婴儿浴盆洗澡。冬天洗澡时父母必须要做好保温工作，冬天室内温度应保持20℃左右；水的温度，夏天时38℃~39℃，冬天时39℃~40℃为宜。加热水时，为避免烫伤，应将宝宝靠一边，顺盆沿慢慢注入，或抱起宝宝一次性注入。

什么情况下宝宝不可以洗澡

父母应该经常给1~3个月的宝宝洗澡，但是有以下情况时要停止给宝宝洗澡：

1.宝宝发热时；

新妈妈育儿经

1～3个月宝宝洗头和洗澡

婴儿的新陈代谢旺盛，所以要经常给他们洗头和洗澡。在给宝宝洗头和洗澡时，速度一定要快，避免让宝宝着凉感冒。

给宝宝洗头

必要性：婴儿新陈代谢比较旺盛，有的婴儿前囟处的头皮会有一些黄褐色油腻性鳞屑，是婴儿脂溢性皮炎造成的，有的婴儿由于不常洗，也会结痂。

方法：大人可坐在小椅子上，用左臂、腋下挟着婴儿身体，左手托着婴儿头部，使其面朝上，用右手轻轻洗头。

事后：洗完后可用软的干毛巾轻轻擦干头上的水，用脱脂棉沾干耳朵，及时除去不慎溅入的水。

如果宝宝头上结痂，可适当涂些熟的植物油，使之软化后再逐渐洗去。

给宝宝洗澡要准备的东西

- 婴儿浴盆
- 婴儿香皂
- 沙布做的手绢
- 洗脸盆
- 浴巾
- 婴儿爽身粉
- 棉棒
- 尿布
- 要换的衣服

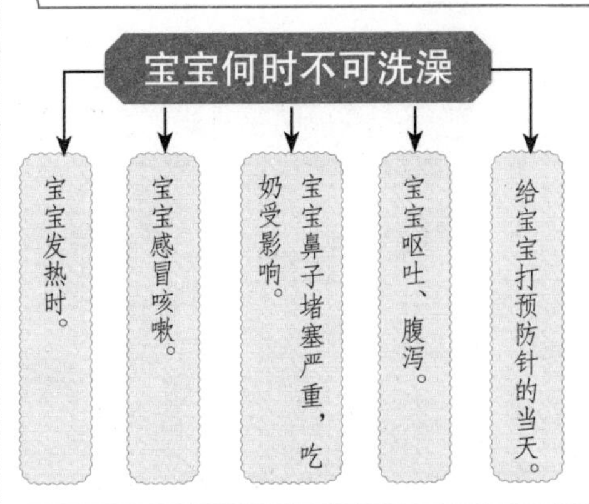

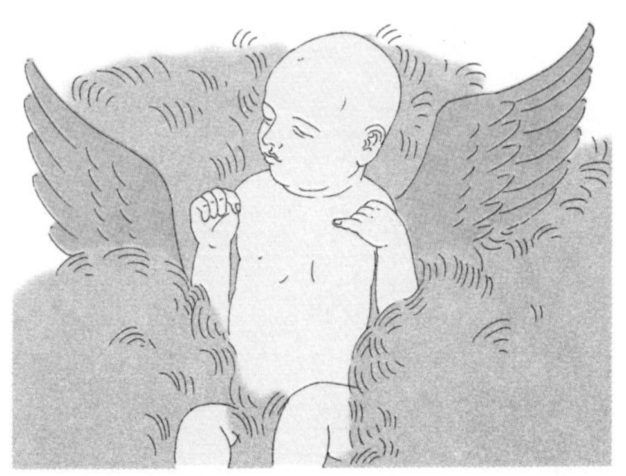

宝宝有病不能洗澡时，可用湿布擦洗。先将婴儿的衣服脱掉，用浴巾包住，把纱布浸上热水，拧干，擦洗婴儿的脖子、腋下、屁股、大腿根等难洗的部位。擦洗时，只把擦洗的部位从浴巾中露出擦洗。用微热毛巾擦洗2～3次，注意毛巾不要过热。

2.宝宝感冒咳嗽；

3.宝宝鼻子堵塞严重；

4.宝宝呕吐、腹泻；

5.给宝宝打预防针的当天。

宝宝有病不能洗澡时，可用湿布擦洗。冬天擦洗时，房间内要暖和，动作要快。先将婴儿的衣服脱掉，用浴巾包住，把纱布浸上热水，拧干，擦洗婴儿的脖子、腋下、屁股、大腿根等难洗的部位。擦洗时，只把擦洗的部位从浴巾中露出擦洗。用微热毛巾擦洗2～3次，注意毛巾不要过热。

带宝宝晒太阳

宝宝1个月以后，无论春夏秋冬，都可让宝宝多晒太阳，享受阳光的直接照射。在天气合适的情况下，父母每天应安排一定的时间带宝宝到户外晒太阳。具体地，带宝宝晒太阳有以下好处：

1.阳光是最好的维生素D“活化剂”，维生素D进入血液后能帮助吸收食物中的钙和磷，不但有助于骨骼的健康成长，而且可以预防和治疗佝偻病。

2.多晒太阳能增强宝宝机体抗病能力，有效预防感冒。紫外线还可以刺激骨髓制造红细胞，防止贫血，并可杀除皮肤上的细菌。

晒太阳要选合适的时间

宝宝满月以后，即可常抱到户外晒太阳。宝宝晒太阳的时间根据季节而定，冬季太阳比较温和，适合多在户外晒太阳，一般在中午11~12点；春、秋季节一般在10~11点；夏季一般在9~10点。每次晒太阳时间长短应由少到多，可由10分钟逐渐到30分钟。晒后要注意补水。

春季一到，不少性急的妈妈就要抱着宝宝出去晒太阳，但是，春季空气中有一些对宝宝皮肤不利的物质，空气里所含的大量花粉和细菌会使免疫系统还没有发育完善的宝宝受到伤害，宝宝的脸部最容易受到花粉、细菌的侵袭，皮肤过敏、瘙痒是宝宝在春季最容易出现的问题。所以，在春天带宝宝外出晒太阳，最好别超过半小时。

带宝宝晒太阳的注意事项

1.不要给宝宝穿得太多。有的父母怕宝宝感冒，给孩子戴着帽子、手套和口罩，这样晒太阳很难达到目的。给宝宝晒太阳应根据当时的气温条件，尽可能地暴露皮肤。

2.带宝宝晒太阳时避免去人群密集的地方，这些地方通风不好，人流复杂，无法避免病毒传播，而宝宝抵

新妈妈育儿经

带宝宝晒太阳

宝宝1个月以后，妈妈就可以经常带着宝宝出去晒太阳，享受阳光的直接照射。

晒太阳的注意事项

1. 不要给宝宝穿得太多。
2. 带宝宝晒太阳时避免去人群密集的地方。
3. 不要让太阳直射宝宝的眼睛和头部。
4. 不要在室内隔着玻璃晒太阳。
5. 宝宝生病和精神不振时不要勉强。
6. 晒太阳的时间应控制在30分钟之内，晒完后要给宝宝多喝水和擦点婴儿专用的润肤霜。

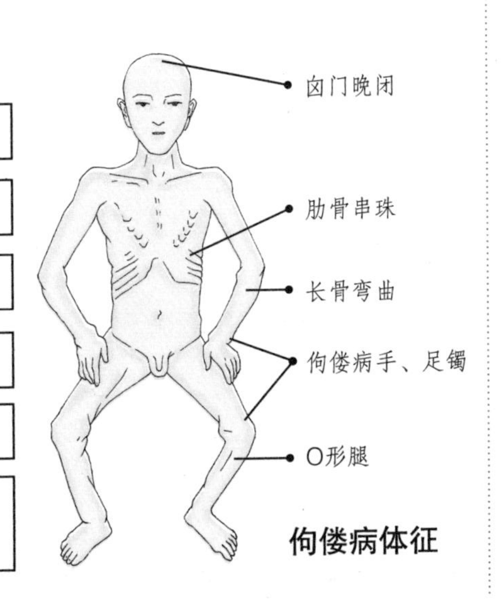

佝偻病体征

抗力低，最容易被感染。

3.不要让太阳直射宝宝的眼睛和头部，一般来说，宝宝的后脑勺、屁股、双手双脚都是晒太阳的好部位。夏天阳光过强不可让孩子在太阳下暴晒，可在树荫下利用太阳的一些散射光线照射即可，亦可采用散步、做游戏的方式晒太阳。

4.不要在室内隔着玻璃晒太阳，皮肤生产维生素D主要靠阳光中的紫外线，而玻璃会阻挡太阳光中的紫外线，所以隔着玻璃晒太阳达不到预期的效果。晒完太阳后，最好给宝宝涂些滋润皮肤的保湿霜之类，保养一下宝宝的皮肤。

5.宝宝生病和精神不振时不要勉强，要只在婴儿身体良好的状况下进行。

6.为避免宝宝娇嫩的皮肤受到伤害，晒太阳的时间应控制在30分钟之内，晒完后要给宝宝多喝水和擦点婴儿专用的润肤霜。

给宝宝剪手指甲和脚趾甲

1～3个月的宝宝，手经常随

意、不协调地乱动，指甲长了会把自己的脸抓伤。3个月的婴儿喜欢把手放入嘴里，指甲长了会藏有污垢，把细菌带入体内，引起疾病。另外，婴儿的脚趾甲过长会经常与裤、袜摩擦，易发生劈裂。所以，应经常给婴儿剪手指甲和脚趾甲。

洗过澡之后，指甲较软，容易剪，所以尽量在洗澡之后剪指甲。但由于婴儿手紧握拳，剪指甲不容易，在婴儿睡着后再为他剪手指甲和脚趾甲会较为安全。

婴儿的指甲细小、薄嫩，剪的时候要细心，不要剪得太短，免得宝宝会有疼痛感。

给宝宝做健康快乐空气浴

空气浴，就是让宝宝柔嫩的皮肤与干净、新鲜的空气相接触，让全身皮肤沐浴在空气中。氧是人体生存不可缺少的物质，新鲜空气中含有丰富的氧气，空气浴时可以多吸入一些氧气，供给全身需要。经常呼吸新鲜空气能够保护宝宝的呼吸系统健康。

空气浴要在空气新鲜的场所进行，一般可在公园、树荫、绿地、菜园，露台、山坡、海滨等环境清洁、空气新鲜，无明显污染处进行。

给宝宝进行空气浴锻炼要遵循循序渐进原则。应当先在室内给宝宝做空气浴。在宝宝满月以后，每当给宝宝换尿布和衣服时，可以不要急于给宝宝穿衣服，而先让宝宝身体的一部分在冷空气中裸露一两分钟，让他的皮肤逐渐适应空气浴。

给1～3个月宝宝把便便

对于1~3个月的宝宝，妈妈可以适当有意识地训练宝宝规律排便，试着给宝宝把便便。

妈妈给宝宝把便便时可以采用这样的方式：妈妈抱起宝宝，解开尿布，让宝宝的头躺在胳膊肘窝里，前臂托住宝宝的身体，宝宝顺势一侧依附在妈妈的怀里，手掌五指分开托住宝宝的屁股，另一手轻轻抓住宝宝的双脚并提起分开。

给宝宝勤换洗尿布

给宝宝更换尿布时，动作要迅速，过慢宝宝的下半身易受凉。宝宝大便后，可利用没被污染的尿布给宝宝擦屁股，然后，再用浸上温水的纱布或卫生棉擦洗。宝宝小便后，如不用清水进行擦洗，易患尿布皮疹。给宝宝擦洗大便时，女宝宝要特别注意，要从前往后擦，因为大便中含有大肠杆菌，如果进入

新妈妈育儿经

1~3个月宝宝的卫生

妈妈可以给1~3个月的宝宝剪指甲了，同时也可以试着给宝宝把便便了，但是也仍要注意宝宝尿布的卫生。

给宝宝剪指甲

1~3个月的宝宝，手经常随意、不协调地乱动，指甲长了会把自己的脸抓伤。

3个月的婴儿爱把手放入嘴里，指甲内会藏有污垢，把细菌带入体内，引起疾病。

要经常给婴儿剪手指甲、脚趾甲

洗过澡之后，指甲较软，容易剪，所以尽量在洗澡之后剪指甲。但由于婴儿手紧握拳，剪指甲不容易，在婴儿睡着后再为他剪手指甲、脚趾甲会较为安全。

给宝宝把便便

妈妈抱起宝宝，解开尿布，让宝宝的头躺在胳膊肘窝里，前臂托住宝宝的身体，宝宝顺势一侧依附在妈妈的怀里，手掌五指分开托住宝宝的屁股，另一手轻轻抓住宝宝的双脚并提起分开。

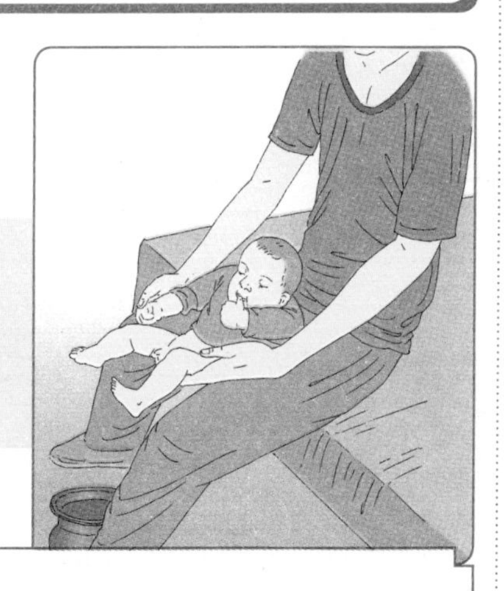

温馨提示

宝宝大便后，可利用没被污染的尿布给宝宝擦屁股，然后，再用浸了温水的纱布或卫生棉擦洗。宝宝小便后，如不用清水进行擦洗，易患尿布皮疹。

女宝宝阴部，容易引起宝宝的膀胱发炎。

宝宝的尿布要洗干净，否则尿布上残留的洗涤剂及尿中的氨会刺激宝宝皮肤，从而引起尿布皮疹。尿布需要消毒，日光暴晒是为尿布消毒的最好方法，在阴天无法晾晒时妈妈可以用熨斗熨干。

4~6个月宝宝的护理

满百天的宝宝明显地比以前活跃了很多，他不再愿意老老实实地躺着了。

宝宝要翻身

翻身对宝宝的生长发育具有很大的作用，具体可分为以下4点：

1.可以增强宝宝四肢肌肉及腰腹肌肉力量，为日后学爬打下基础；

2.宝宝学习翻身可以刺激宝宝的前庭平衡觉，进而促进宝宝感觉统合功能的发展；

3.可以促进宝宝空间智能进一步发展，进而对宝宝其他智能的发展具有重要意义；

4.会翻身的宝宝，活动的自由度大，可以接受到外界更多的信息和刺激，扩大了视觉范围，这对宝宝认识、探索外界世界有很大的好处。

如何训练4～6个月宝宝翻身

宝宝动作的发育虽然是循序渐进的，但如果能够恰当地训练，给孩子锻炼的机会，在一定范围内可以使孩子的动作发育早些，成熟些。具体地，可以分为以下5个步骤：

1.练宝宝两臂的支撑力。

妈妈可以充分利用宝宝的好奇心，逗引宝宝抬头、挺胸往上看，并尽量让宝宝看的时间长一些。随着一天天练习，宝宝支撑的时间会变得越来越久。

2.练宝宝的身体协调性。

宝宝的两臂有了一定支撑力以后，妈妈可以经常拿着宝宝喜欢的玩具在他面前摇晃，吸引宝宝伸出小手和小脚去抓碰，训练宝宝的手脚协调能力。

3.帮宝宝把身体自然扭过去。

让宝宝仰卧在床上，妈妈则轻轻握着宝宝的两条小腿，把右腿放在左腿上面，这样会使宝宝的身体自然地扭过去，变成俯卧，多次练习宝宝就能学会翻身。

4.逗引宝宝做从侧卧到仰卧再到侧卧的独立翻身动作。

新妈妈育儿经

4～6个月宝宝翻身

翻身对宝宝的生长发育具有很大的好处，爸爸妈妈给予宝宝适当地训练，就可使宝宝的动作发育得早些，成熟些。孩子学会了翻身，为他自己探索世界迈开了第一步。

翻身的好处

- 可以增强宝宝四肢肌肉及腰腹肌肉力量，为日后学爬打下基础。
- 宝宝学习翻身可以刺激宝宝的前庭平衡觉，进而促进宝宝感觉统合功能的发展。
- 可以促进宝宝空间智能进一步发展，进而对宝宝其他智能的发展具有重要意义。
- 会翻身的宝宝，活动的自由度大，可以接受到外界更多的信息和刺激。

训练宝宝翻身

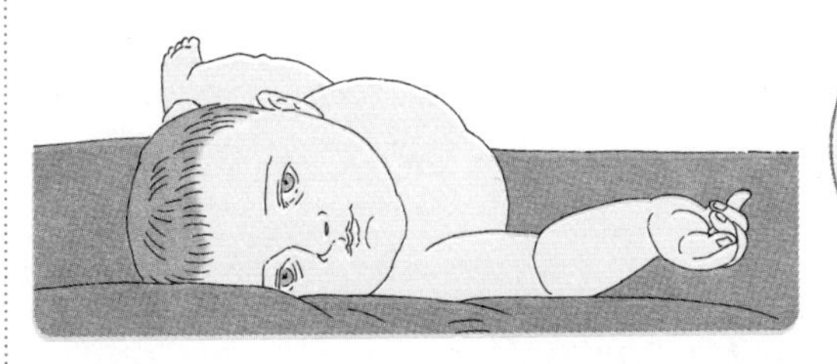

❶ 练宝宝两臂的支撑力

逗引宝宝抬头、挺胸往上看，看得尽量久一些。

❷ 练宝宝身体的协调性

妈妈摇动风铃等物品，吸引宝宝用小手和小脚去抓。

❸ 帮宝宝把身体自然扭过去

让宝宝仰卧在床上，妈妈协助宝宝变成俯卧。

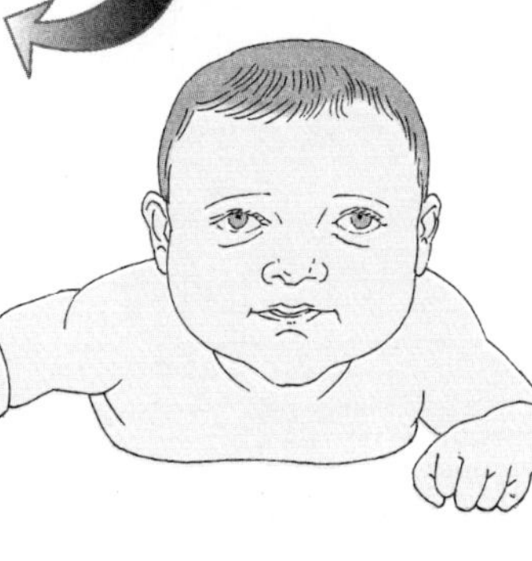

❹ 逗引宝宝独立翻身

妈妈用带声响的玩具逗引侧卧的宝宝，让宝宝顺势将身体翻成仰卧位。

❺ 诱导宝宝由仰卧翻成俯卧

宝宝侧卧抓玩具时，故意把玩具放得稍远一点，促使宝宝顺势翻成俯卧。

当宝宝侧卧在床时，妈妈在宝宝身后叫他的名字，诱发宝宝在寻找声音时，顺势将身体翻成仰卧位；待宝宝这一动作熟练了，再把宝宝喜爱的玩具放在他的身边，不断逗引宝贝去抓玩具，宝贝有可能在抓玩具时顺势又翻回侧卧位。

5. 诱导宝宝由仰卧翻成俯卧。

待宝宝从仰卧翻成侧卧位的动作熟练后，可以在宝宝从仰卧翻成侧卧抓玩具时，不妨故意把玩具放得离他稍远一点，这样就会促使宝宝顺势翻成俯卧。

通过不断地练习，宝宝慢慢地就学会了翻身，为他自己探索世界迈开了第一步。

训练宝宝翻身的注意事项

训练宝宝翻身时有以下5个注意事项需要父母引起重视：

1.不操之过急，遵循宝宝动作发育的规律，科学训练。一开始，练习时间不宜过长，次数不要太多，以孩子不感到疲劳，不表现出哭闹为宜。随着宝贝的肌肉能力逐渐增强，逐渐增加训练量。

2.训练中妈妈要对宝宝亲切、耐心，让宝宝感到愉快，若宝宝不舒服，莫勉强宝宝做练习。

3.练习适宜安排在两次喂奶之间，宝贝处于清醒状态下进行。

4.妈妈帮助宝贝做翻身动作时，手脚一定要轻柔，以免扭伤宝贝的小胳膊小腿。

5.待宝贝能够独立翻身后，妈妈仍要继续让宝贝练习，这样可以为宝贝日后学爬打下基础。

科学管理宝宝的睡眠

父母从宝宝4~6个月开始就要有意识地培养宝宝独立入睡的习惯，从宝宝4个月开始给其建立一个持续的睡眠仪式。比如，若宝宝在喂奶时入睡，妈妈要叫醒他，然后放到床上，让他试着自己睡。开始宝宝哭闹抗议是正常的，因为他正在学习自我安慰，父母此时千万不能放弃让宝宝独自睡觉的想法，慢慢地，宝宝就会习惯一个人睡觉。

在开始时要注意宝宝头部的睡眠位置，要保持两侧均匀。一侧睡眠不仅影响到宝宝牙齿的发育，还会影响到宝宝的外观，如果宝宝睡眠总是偏向一侧，不但会造成颌骨发育不对称，也可造成头颅发育不对称，而一旦宝宝1岁半以后，靠骨骼发育的自我调整已经非常困难了，从而会严重影响到宝宝的外貌。

新妈妈育儿经

4～6个月宝宝的睡眠

从宝宝4个月开始，家长要有意识地训练宝宝独立睡觉的习惯，给他营造一个好的睡眠环境，而且让宝宝早睡早起。

让宝宝独自睡觉

营造好的睡眠环境

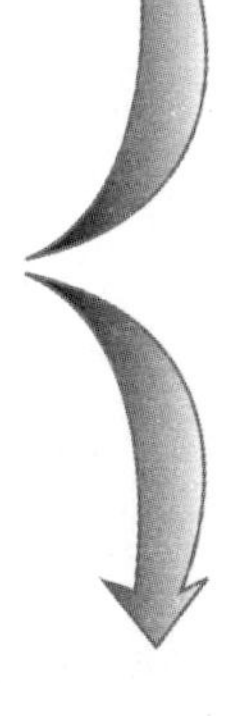

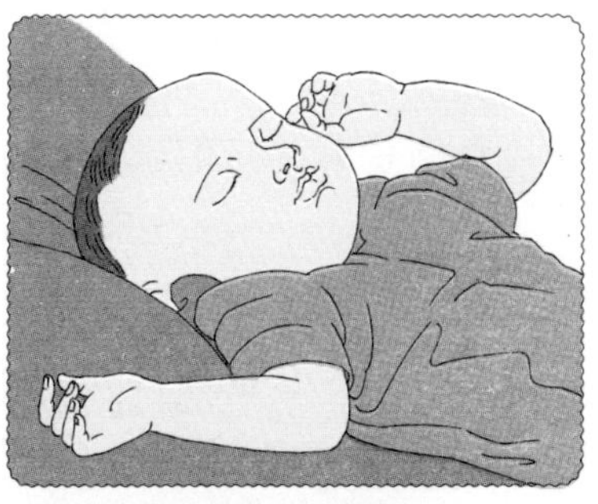

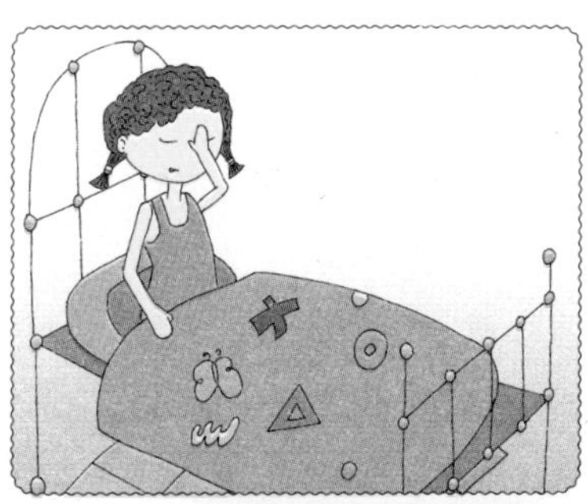

注意宝宝的睡姿

让宝宝早睡早起

睡眠环境

4个月左右的宝宝就知道他的睡眠环境了，如果孩子总是在怀里入睡，他将期望在每个睡眠周期都能看到父母的怀抱，保持同样的睡眠环境可利于孩子更好睡眠。另外，婴儿最好分床睡，因为父母跟宝宝由于生活、睡眠习惯不同，同睡一床，容易影响彼此的睡眠质量。

让宝宝早睡晚起

一般来说，4~6个月孩子的总睡眠时间11.5~13.5小时，包括白天2个小觉，晚上至少睡6个小时，如果达不到这个时间，可能是父母无意中怂恿宝宝不好的睡眠习惯。

如果家长在4~6个月开始培养宝宝自己入睡的习惯，也就是在培养婴幼儿正常的昼夜睡眠规律以及睡眠周期自动转换的能力，可清除睡眠障碍，孩子会一觉睡到天亮，将来也会保持好的睡眠习惯。

科学研究表明：宝宝入睡早能睡得更好，而宝宝过度疲劳通常不会睡更长。4~6个月的宝宝在晚上8点就要入睡，临睡前不要进行过于激烈和兴奋的活动。当孩子宝宝睡觉时，爸爸妈妈要坚持原则督促孩子尽快睡觉。

衣服安全易穿脱

婴儿穿的衣服，要舒适、宽大、柔软、安全、易穿脱、吸水性强、透气性好、色彩鲜艳、款式漂亮。5～6月龄的婴儿，感觉更灵敏了，如果穿着不舒适，就会哭。衣服瘦小，会影响宝宝生长发育；衣服不柔软，会伤及婴儿稚嫩的皮肤。

这个时间段的宝宝很可能会拿起比较小的东西，而一旦拿到手里，就会马上放到嘴里。如果小纽扣或饰物被宝宝拽下来，放到嘴里，那是很危险的，气管异物危及生命。因此给宝宝选择衣服，安全性第一，不选有纽扣和小饰物的宝宝服。

比玩具更好玩的“玩具”

对于4~6个月的宝宝，很多细心的妈妈会发现，宝宝淘汰玩具的速度越来越快，再高级的玩具，宝宝玩熟了，就会把它扔到一边。原来，这个时间段的宝宝真正感兴趣的还不是玩具，而是我们日常生活中所出现的东西。对于日常生活中的东西，宝宝会表现出极大的兴趣。比如一把吃饭的小勺，宝宝会不厌其烦地玩好长时间，还很开心。

对于这样的现象，妈妈会很不解，不禁要问宝宝为什么喜欢那些

新妈妈育儿经

比玩具更好玩的“玩具”

对于4~6个月的宝宝，真正感兴趣的不是什么玩具，而是我们日常生活中所出现的东西，比如一把吃饭的小勺，宝宝会不厌其烦地玩好长时间，还很开心。

宝宝更喜欢日常生活中的东西

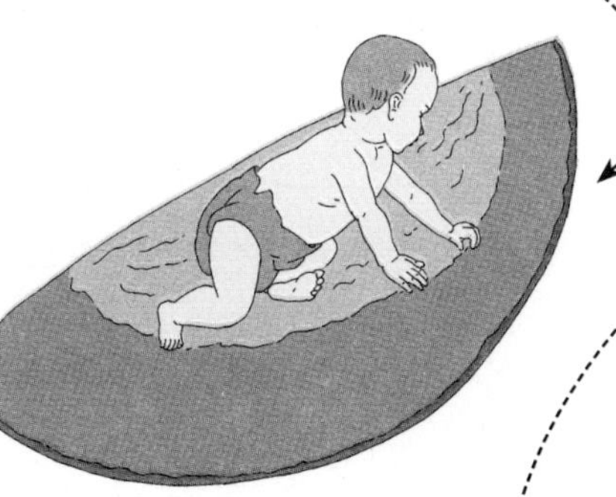

聪明的爸爸妈妈不会给宝宝买太多或太贵的玩具，而是把日常用的东西拿给宝宝玩，或者带宝宝到外边玩，边玩边认。其实这是引导宝宝认识世间万物一个非常好的方法，各位爸爸妈妈您也可以改变一下。

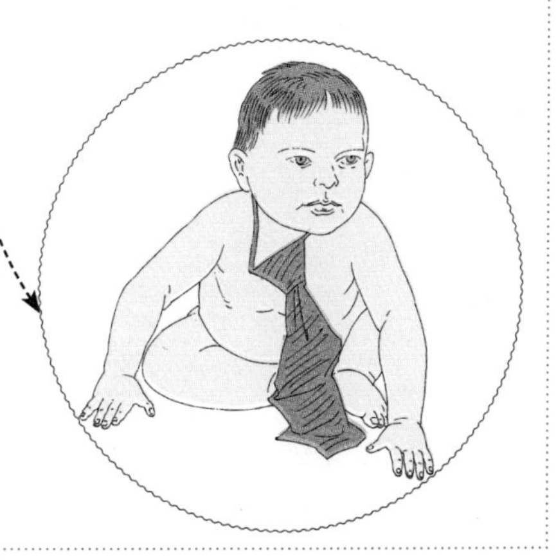

“破玩意”，而不喜欢一些高档玩具呢？其实这是宝宝的天性使然。再高级的玩具也代替不了自然界的“破玩意”。不让宝宝在外面玩，怕脏了，怕碰了……这是很多父母常有的做法，孰不知这样会扼杀宝宝对外面世界的探索，会扼杀宝宝的兴趣。

聪明的爸爸妈妈不会给宝宝买太多或太贵的玩具，而是把日常用的东西拿给宝宝玩，或者带宝宝到外边玩，边玩边认。其实这是引导宝宝认识世间万物一个非常好的方法，各位爸爸妈妈您也可以改变一下。

适时为宝宝把便便

对于4个月以前的宝宝来说，大小便是一种无条件反射。4个月以后，宝宝的生活逐渐变得有规律，基本上能够定时睡觉，定时饮食，大小便间隔时间变长，这时妈妈可以试着给宝宝把大小便，让宝宝形成条件反射，为培养宝宝良好的大小便习惯打下基础。

家长要了解规律，按需把便。如果宝宝能很好地配合你把便，自然是件好事，省去了你洗尿布、换裤子等诸多麻烦。而宝宝能否配合把便，还取决于你的水平。你可以通过观察来了解宝宝的排便规律，如果你常常在宝宝有便意时未能觉察到而不把便，或者在他没便意时把便，都会造成在以后把便时宝宝的不配合或反抗。

宝宝的大便信号

很多宝宝每天的大便时间往往比较固定，而且宝宝在大小便之前会有一些特殊的表现：小脸憋得通红，会不时地用力的迹象；玩得好好的，突然不动了，开始发呆、愣神；和妈妈游戏时，忽然不配合妈妈的动作；小肚子硬硬的，两腿挺得直直。

这些都是宝宝想要大便的信号。

宝宝的小便信号

在想要尿尿前，宝宝也会发出一些信号：莫明其妙地打尿颤；睡梦中突然扭动身体。

宝宝吃奶和吃固体食物后尿尿的频率和次数都不一样，这就需要父母多观察，总结经验，进而逐渐了解宝宝的自然排便规律，按需把便，这样宝宝就容易配合了，把便过程就会变得和谐而愉快。

新妈妈育儿经

4～6个月宝宝规律、快乐排便

4~6个月的宝宝有了一定的自控能力，大小便之前都会发出一些信号，这个时候是训练宝宝规律排便的最佳时机。

宝宝的大便信号

- 小脸憋得通红，不时有用力的迹象。
- 玩得好好的，突然不动了，开始发呆、愣神。
- 和妈妈游戏时，忽然不配合妈妈的动作。
- 小肚子硬硬的，两腿挺得直直。

宝宝的小便信号

- 莫明其妙地打尿颤。
- 睡梦中突然扭动身体。

给宝宝把大便的注意事项

◆ 不要长时间把宝宝大便，如果长时间让宝宝肛门控着，会增加脱肛的危险。

◆ 不要让宝宝在饭后立即把大便。因为这时解大便，会增加腹腔的压力。当腹腔内压力增加后，胃肠道的血流减少，会妨碍食物的消化吸收。

训练宝宝排便

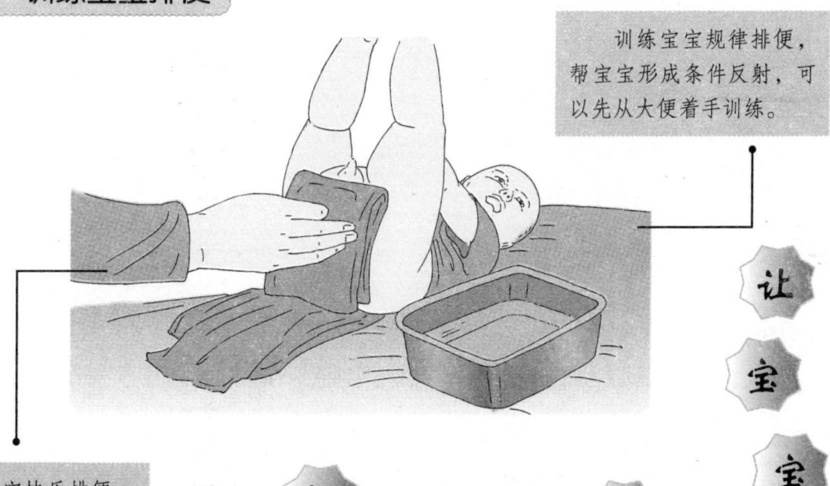

训练宝宝规律排便，帮宝宝形成条件反射，可以先从大便着手训练。

让宝宝快乐排便，给宝宝把便尽量在轻松愉快的气氛中进行。

给宝宝正确把便便

此阶段宝宝随着月龄的增加，已经具备一定的控制力。

当宝宝出现情况时，妈妈及时抱起宝宝，解开尿布，让宝宝躺在妈妈的怀里，双手握住宝宝的大腿并分开，同时辅以“嘘嘘”、“嗯嗯”等用力的声音来作为排便的信号。

把屎和把尿的姿势基本上是一致的，只是妈妈们口中发出的声音有所不同，一定要分清楚哦。

另外，父母需要注意2点：

1.不要长时间把宝宝大便，如果长时间让宝宝肛门控着，会增加脱肛的危险；

2.不要让宝宝在饭后立即把大便。因为这会儿解大便，会增加腹腔的压力。当腹腔内压力增加后，胃肠道的血流会减少，会妨碍食物的吸收消化。

训练宝宝规律排便

有意识地培养宝宝良好的生活习惯，一方面可以培养宝宝的优秀品质，如自律，一方面也可以大大减少爸爸妈妈的工作量。宝宝良好的生活习惯必须通过父母有意识地培养和训练而养成，此乃一劳永逸之良策。训练宝宝规律排便是非常有必要的，可以把其认为是年轻父母的必修课。

有一些宝宝在排便之前并不会发出什么信号或者发送的信号太不明显，这时爸爸妈妈就需要掌握宝宝排便的时间规律，训练宝宝规律排便。具体地，训练宝宝规律排便可以有以下2种方法：

1.帮助宝宝建立条件反射。宝宝从出生到五六个月是对排便功能的学习敏感期，在这个关键阶段，如果爸爸妈妈对宝宝的排便要求及时做出了反应，就可以帮助宝宝慢慢地建立起条件反射，训练宝宝规律排便也就不再是什么难事，以后只要将宝宝抱成排便的姿势，并配合“嘘嘘”、“嗯嗯”的诱导声，宝宝就会排便了。

2.爸爸妈妈可以在固定的时间试着给宝宝把便。父母可以每天固定地在早上起床后或晚上临睡前给宝宝把大便，在宝宝睡醒后或者喝水喝奶后15～20分钟给宝宝把小便。

由于大便的排泄次数比较少，时间相对比较固定，而且排大便前的信号也比排小便之前的信号明显，容易被捕捉到，容易增强父母训练宝宝规律排便的信心，专心训练宝宝规律排便，帮助宝宝形成条件反射，可以从训练宝宝规律排大便开始。宝宝大便失控后的处理工作非常烦琐和困难，训练宝宝规律地排大便可以大大减轻爸爸妈妈的工作量。

宝宝快乐排便最重要

给宝宝把便尽量在轻松愉快的气氛中进行。如果宝宝正在哭闹，或因饿了、困了心情不佳时，不要强行把尿。有些宝宝一把尿时就“打挺”，满脸不高兴，但一放到床上，立刻尿尿。这就是宝宝对此的一种反抗。可能是爸爸妈妈平时对宝宝的大小便过于关注或要求过严了。这时，不要强迫宝宝一定把尿拉出来再把他放下，更不要严厉地说一些威胁的话。这种激烈的对抗会使宝宝形成固执、反抗的个性特点，即使他在你的严格训练下妥协了，也会因此形成拘谨、过分注意条理和细节等个性特点，对宝宝日后的生长极为不利。

宝宝为什么爱流口水

宝宝爱流口水一般由以下3个原因所致：

1.与宝宝自身的身体结构和身体发育特点有关。因为宝宝的口腔小且浅，而且其吞咽反射功能也发育不完善，所以宝宝分泌的口水没被全部吞咽进去，反而会流出来。

2.与辅食添加有关。4~6个月的宝宝已经开始添加米粉、蛋黄、果汁等辅食，尤其是米粉中的淀粉成分刺激了宝宝的唾液腺，因而唾液分泌也就明显增加。

3.6 ~ 7个月的宝宝开始长第一颗牙齿，乳牙萌出时刺激了宝宝牙龈上的神经，因而唾液分泌增加。

宝宝流口水属于生理现象。但是如果宝宝流口水时伴有哭闹及不吃奶等现象，就属于病理性现象了，这时就需要父母带宝宝及时就医。

宝宝口水好处多

不要小看宝宝口水的重要性，其实它的功能很多，如可促进吞咽、刺激味蕾；保持口腔潮湿，维持口腔和牙齿的清洁；促进嘴唇和舌头的运动，有助于说话。此外，还有少许的抗菌作用，可在牙齿的珐琅质上形成一层无菌细胞成分的薄膜，有助于防范蛀牙的发生。

口水宝宝护理

宝宝的皮肤比较薄，非常地娇嫩易破，而宝宝的口水中含有一些消化酵酸，这些消化酵酸具有一定的腐蚀性。当宝宝的口水流到了嘴角、脸庞、脖子或者是胸部的皮肤时，这些部位的皮肤的角质层很容易就被宝宝口水中的消化酵酸所腐蚀。口水也会导致皮肤因潮湿而感染霉菌，口水所到之处的皮肤往往会发红、发炎或产生湿疹等症状。

因而在护理口水宝宝时爸爸妈妈一定要做到以下8点：

1.为了让宝宝嘴角、脸部和颈部的皮肤保持干爽，以避免湿疹的发生，家长要及时地把宝宝不小心流出来的口水擦拭干净。

2.为了避免将宝宝的局部皮肤损伤到，家长在给宝宝擦拭口水时不要用力，要轻轻地将口水拭干。

3.给宝宝擦口水的手帕一定要质地柔软，最好选择棉布质地的手帕。手帕要经常洗烫杀菌。

4.为了避免宝宝的皮肤受到刺激伤害，家长尽量不使用含香精的湿纸巾给宝宝擦拭脸部和颈部的口水。

5.要经常用温水给宝宝洗净口水流到处，然后再涂上油脂，以保护宝宝的下巴和颈部的皮肤。

6.为了保护宝宝颈部的皮肤，最好给宝宝使用围嘴。围嘴要经常保持整洁和干燥，这样宝宝才会感到舒服并且乐于使用。

7.宝宝因流口水而局部皮肤发炎时，可以在局部皮肤发炎处涂抹止痒的药膏。为了防止宝宝将药膏吃入口中影响其健康，最好在宝宝睡前或趁宝宝睡觉时给宝宝擦药。

8.如果宝宝已经出疹子或皮肤糜烂时，一定要及时地带宝宝去医院就医，请医生给予正确的治疗。

新妈妈育儿经

4~6个月的宝宝爱流口水

4~6个月的宝宝流口水属于正常的生理现象，而且宝宝流口水好处多多，妈妈在这个时期对于口水宝宝一定要做好相应的护理工作。

宝宝为什么爱流口水

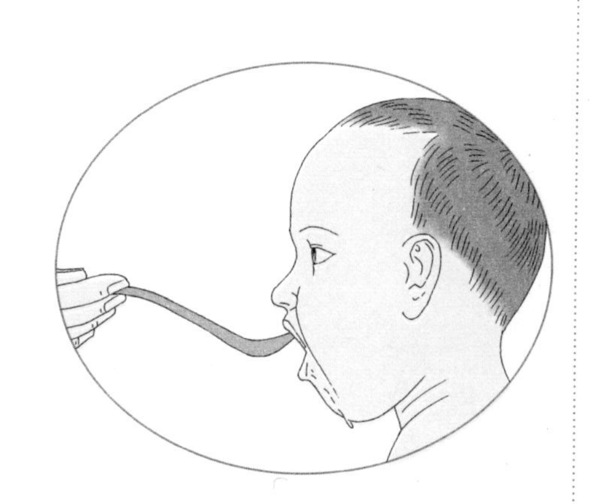

1. 宝宝辅食的添加
2. 宝宝的口腔小而且比较浅
3. 宝宝的吞咽反射功能不健全

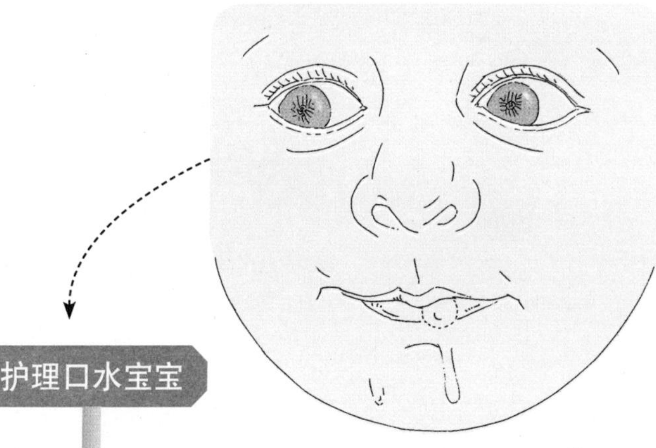

护理口水宝宝

◆ 应该经常帮宝宝擦拭不小心流出来的口水。

◆ 擦时不可用力，轻轻将口水拭干即可。

◆ 尽量避免用含香精的湿纸巾帮宝宝擦拭脸部。

◆ 常用温水洗净口水流到处，然后涂上油脂。

◆ 给宝宝擦口水的手帕，要求质地柔软，以棉布质地为宜，要经常洗烫。

◆ 最好给小宝宝围上围嘴，围嘴应经常保持整洁和干燥。

宝宝流口水的好处

◆ 可促进吞咽、刺激味蕾；

◆ 保持口腔潮湿，维持口腔和牙齿的清洁；

◆ 促进嘴唇和舌头的运动，有助于说话。

7~8个月宝宝的护理

这个时期的宝宝，会渐渐掌握人生中很重要的一项技能：爬行。护理这个时期的宝宝，新手的爸爸妈妈也少不得继续要多费一番心思哟！

爬行对宝宝的重要性

对于宝宝来说，爬行可是一种极好的全身运动。

1.能训练宝宝的手、眼、腿等部位的协调能力和四肢关节的灵活度。

2.而且能够较早地让宝宝正面地面对世界，主动接触和认识事物，促进宝宝认知能力的发育。

3.宝宝爬行时用手腕支撑身体重量，这样既能训练手腕的力气，又对宝宝未来拿汤匙吃饭、拿笔涂鸦都有所助益。

4.爬行对宝宝来说是一项较剧烈的活动，消耗能量较大。据测定，爬行时要比坐着多消耗一倍能量，比躺着多消耗两倍能量，这样就有助于孩子吃得多、睡得好，从而促进身体的生长发育。

安全有趣的爬行场所

在宝宝学习爬行的过程中，安全是第一位的，一定要给宝宝准备一个安全的学爬场所。宝宝学习爬行的场所应该避开磁砖、水泥等铺设的地板，因为这样的地面非常坚硬，宝宝一旦跌倒，后果就非常严重。父母可以让宝宝在有地毯铺设的场所学习爬行，也可以在硬地板上铺一层软垫。宝宝学习爬行的场所也应该避开尖锐的桌角、柜子角或电插座等，它们都是非常大的安全隐患，可以采用安全电插座、墙边包边等方式。

宝宝学习爬行的场所最好有趣，这样可以刺激宝宝探索、爬行的欲望。爸爸妈妈可以在宝宝学习爬行的场所多放置一些宝宝平日里非常喜欢的玩具，让整个房间的色调更鲜亮活泼一些，也可以在房间里播放一些欢快的儿歌等，让宝宝学习爬行的场所变成一个快乐的成长乐园。

新妈妈育儿经

7~8个月宝宝学爬行

7~8个月的宝宝会学会人生中很重要的一项技能：爬行。爸爸妈妈在教宝宝爬行的过程中，还要注意宝宝的人身安全。

爬行的好处

❶ 能训练宝宝的手、眼、腿等部位的协调能力和四肢关节的灵活度。

❷ 能够较早地让宝宝正面地面对世界，主动接触和认识事物，促进宝宝认知能力的发育。

❸ 能训练手腕的力气，对宝宝未来拿汤匙吃饭、拿笔涂鸦都有所助益。

❹ 有助于孩子吃得多、睡得好，从而促进身体的生长发育。

父母给予的辅助

父母应尽量把宝宝放在地板上，并利用色彩鲜艳、丰富的玩具或其他有趣的东西，诱导宝宝向前爬行、当宝宝努力爬到终点时，父母也别忘了须适时给予鼓励。此外，为了让宝宝爬得好，一定要将爬行的环境准备完善。

父母应尽量把宝宝放在地板上，并利用色彩鲜艳、丰富的玩具或其他有趣的东西，诱导宝宝向前爬行，当宝宝努力爬到终点时，父母也别忘了适时给予鼓励。

宝宝爬行易生意外的地方

宝宝处于爬行的关键阶段，有一些地方很容易发生意外，对于这些容易发生意外的东西父母一定要格外注意。以下3个场所是宝宝学习爬行时比较容易发生意外的地方：

1.水泥地板或磁砖地板。这两种地板质地都非常的坚硬，宝宝学习爬行的过程中若一不小心摔倒，很有可能就会造成难以弥补的损失。为了避免宝宝学习爬行时摔倒受伤，父母可以选择在硬地板的上面再铺设一层厚厚的软垫。为了避免宝宝误食中毒，父母所选择的软垫一定不要有可以被抠下来的小花纹。

2.尖锐的桌角、墙角和柜子角处。这种有棱角的地方很容易将自卫意识比较淡薄的宝宝磕伤。如果家中有小宝宝，家长一定要注意让宝宝远离这些地方，条件允许的话最好一律把有棱角的地方都用软垫包起来。

3.电插座。宝宝在到处爬行的过程中，如果所处的环境有电插座，宝宝很有可能就爬到了电插座的附近，从而大大增加了其触电的可能性。在宝宝学习爬行的场所，最好不要有电插座，或者将电插座放在宝宝触碰不到的地方，家长还可以在电插座的上面加上防护盖，或者使用安全插座。

关注宝宝爬行细节

有些宝宝在爬行时出现用一腿爬行来带动另一腿的方式，如此易让父母误以为宝宝另一腿发育不良，会出现这种情形是因为婴儿在刚开始学习爬行时，两只脚的力量并不平衡，经常一只脚较不灵活，这种情况属于正常现象，父母不须过度担忧，但是如果这种状况维持太久而没有改进，就要怀疑宝宝可能罹患了肌肉神经或脑性麻痹等异常状况。

正确训练宝宝爬行

宝宝在刚开始学习爬行时，爸爸妈妈可以给予一定的辅助和鼓励。

宝宝刚开始学爬的时候，只能趴着玩但不能向前爬，或者是在原地旋转及向后退，这时候，爸爸妈妈可有意识地教宝宝练习。让宝宝采取俯卧的姿势，妈妈在宝宝的面前放一些能够引起宝宝强烈兴趣的玩具，来吸引宝宝的注意力，然后逗引宝宝移动身

新妈妈育儿经

提高7～8个月宝宝的免疫力

宝宝一旦过了六个月，婴儿体内的母体免疫球蛋白彻底耗尽，疾病的高发期从此开始，因而对于六个月以后的宝宝，父母在护理时要比以往提高警惕。

疾病多发阶段提高警惕

到春季、冷热交替的季节，都是感冒及各种疾病的高发季节，要特别注意。

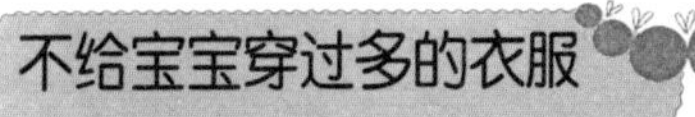

不给宝宝穿过多的衣服

由于宝宝自身的散热和排汗功能还不够完善，如果宝宝长期穿衣过多，手心经常是热热的，尤其是干热，不出汗，宝宝很容易就会肺胃蕴热，抵抗力降低，进而会引发呼吸道感染。

多喝水

对于添加辅食后的4~6个月的宝宝，爸爸妈妈每天都要给喝水。

体来拿，并不停地说：“宝宝，小鸭子叫了，快来拿啊！”爸爸在身后用手推着宝宝的双脚掌，让他借助爸爸的力量向前移动身体，接触到玩具，以后逐渐减少帮助，让宝宝试着自己爬，直到宝宝真正掌握了爬行这项了不起的本领。

在宝宝学习爬行的过程中，提高和保持宝宝的爬行兴趣很重要，爸爸妈妈一定要及时给予一定的赞扬。

宝宝爬行碰到头的应对

宝宝在学习爬行的过程中最容易使自己的头部磕伤或碰伤。

一般情况下，头部受伤往往是外伤。当宝宝在爬行的过程中不小心撞到了自己的头部时，不管当时宝宝有没有出现异常或不舒服的情况，父母都要仔细地对宝宝的头部加以观察，看是否有瘀血、起包等症状的出现，若有的话可以用热毛巾热敷宝宝的瘀青处，必要时及时带宝宝去就医。

宝宝若不小心碰到了头部，家长最好在宝宝睡觉时将宝宝叫醒2～3次，以观察宝宝是否有异状。如果宝宝出现了严重地头痛、呕吐、昏睡、抽搐等症状，要立即送医院。

宝宝头部受伤的前三天内，家长一定要对宝宝的头部特别细心地加以观察，以便及时发现异常症状。

提高宝宝免疫力

1.疾病多发阶段提高警惕。宝宝一旦过了六个月，婴儿体内的母体免疫球蛋白彻底耗尽，疾病的高发期从此开始。六个月之后的宝宝，要比以往的日常护理提高警惕。尤其到春季、冷热交替的季节，都是感冒及各种疾病的高发季节，要特别注意。

2.不要给宝宝穿过多的衣服。由于宝宝自身的散热和排汗功能还不够完善，如果宝宝长期穿衣过多，手心经常是热热的，尤其是干热，不出汗，宝宝很容易就会肺胃蕴热，抵抗力降低，进而会引发呼吸道感染。

3.多给宝宝喝水。添加辅食后的宝宝，每天都要喝水。

不让宝宝睡软床

处于生长发育时期的宝宝，骨骼还没有发育完善，睡眠时间较成人长，床太软，对孩子的发育十分不利。因为宝宝出生后，全身各器官都正处在生长发育过程中，尤其是骨骼生长更快。骨中含无机盐少，有机物多，因而具有柔软、弹性大、不易骨折等特点，所以脊柱和肢体骨骼易发生变形、弯曲，而且一旦骨骼或脊柱变形，以后往往较难矫治。软床不但

新妈妈育儿经

提高宝宝的睡眠质量

处于生长发育时期的宝宝，骨骼还没有发育完善，睡眠时间较成人长，对于7~8个月的宝宝，妈妈首先需要科学地认识并评估宝宝的睡眠质量，进而有针对性地护理宝宝睡觉。

衡量宝宝安睡质量的标准

❶ 宝宝是否每晚能在8～9时前就乖乖入睡？

❷ 宝宝晚上上床是不是20分钟之内就可以进入梦乡？

❸ 宝宝的睡眠是否能够一觉到天亮？或者最多只是偶然醒来一次？

❹ 即便晚上醒来，宝宝是否能在妈妈简单安抚下，或自己就能在几分钟之内重新进入梦乡？

❺ 是不是宝宝夜间从来都不会有张嘴呼吸、打鼾等特别现象？或者只是偶然会出现？

❻ 每天早上醒来后，宝宝会不会很乖地起床？

❼ 宝宝经过一整夜睡眠后，白天是不是很有精神地和妈妈一起玩耍？

不穿厚衣服睡觉

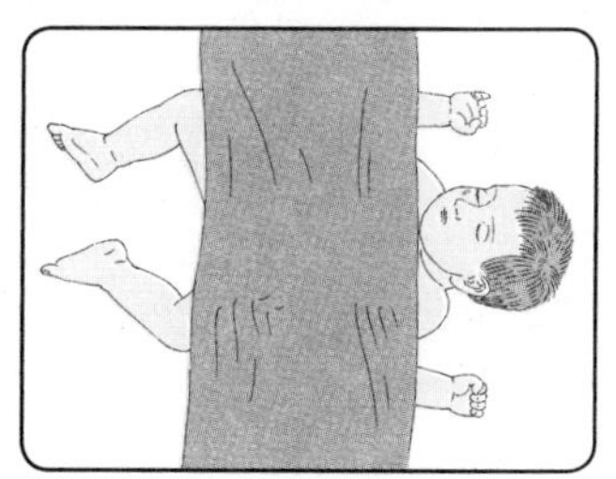

不睡软床

不和大人一起睡

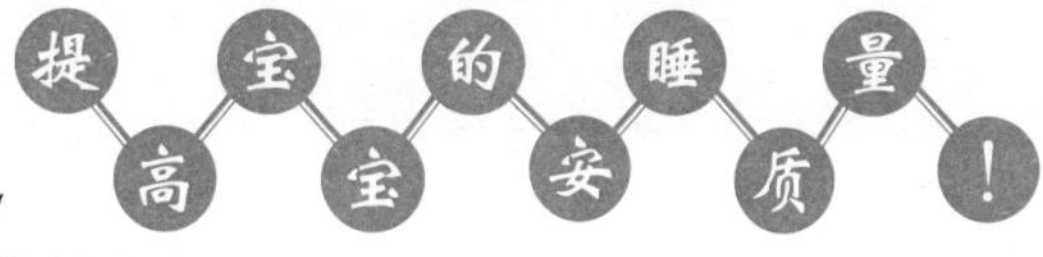

不能给孩子的脊椎很好的承托，还会随着孩子身体重量不平衡下沉，增加骨骼的局部压力，时间长了会造成畸变甚至伤害内脏。

宝宝可以睡木板床或竹床，睡这类床可避免脊柱畸形、骨骼变形，从而让宝宝健康发育成长。

不给宝宝穿厚衣服睡觉

7~8个月的宝宝晚上睡觉时很不老实，总是把盖得好好的被子踢到一边，妈妈生怕宝宝着凉，于是在宝宝睡觉时给他穿着厚厚的衣服，以为这样做就可以放心了。

其实，穿太厚的衣服睡觉很不利于宝宝的睡眠，因为衣服紧裹在宝宝身上，会使宝宝的全身肌肉不能完全松弛，呼吸及血液循环不通畅，因而宝宝也就不能进入熟睡状态，这进而就妨碍了宝宝生长激素的分泌。

所以，为了提高宝宝的睡眠质量，不要给宝宝穿太厚的衣服睡眠。

不让宝宝和大人一起入睡

很多妈妈都会选择和自己的小宝宝一起睡，因为她们认为这样可以增强宝宝的安全感，而且还方便自己给宝宝喂奶。但是大人和宝宝一起睡还是很危险的。

因为，搂着宝宝睡觉时，大人的头和宝宝的头部挨得比较近，而大人的肺活量要比宝宝大得多，因此，空气中大量的氧被爸爸妈妈夺去了，大人呼出的二氧化碳则弥漫在宝宝周围，使宝宝在缺氧状态下睡眠。成人睡熟后，不断地翻身，也使宝宝容易出现睡眠不安。

可以让宝宝睡在成人床旁边的小床上，这样既方便照顾又让宝宝拥有独立的睡眠空间。

正确照料宝宝入睡的小窍门

婴儿的安稳睡眠所需要的条件很多，如舒适的睡眠环境、卧具，此外还需要一定的“助眠”系统。由于脱离了子宫的环境还不长，宝宝常常对周围环境缺乏安全感，让宝宝感到饱足和安全也是非常重要的。营造宝宝安全感的方式包括科学的怀抱方式、提供吮吸物等，而最好的方法就是让宝宝逐渐学会自我安抚。为了能够认知这个世界，婴儿必须找到一个使自己身体和情绪安静下来的方法，吮手指是一个行之有效的途径。

如果宝宝缺钙、身体不适或情绪不稳也会影响睡眠。尤其是接种疫苗后，宝宝身体会有一些反应，如轻微发热、食欲不振、烦躁等，这是正常

新妈妈育儿经

宝宝出牙

通常宝宝在出生6~7个月便开始长牙，出牙早的宝宝在4个月便开始长牙，出牙晚的宝宝要到10个月左右才萌出，个别宝宝要到1岁以后才长出第一颗乳牙，这种情况与婴幼儿时期宝宝骨骼生长的快慢有关。

宝宝正常的出牙顺序

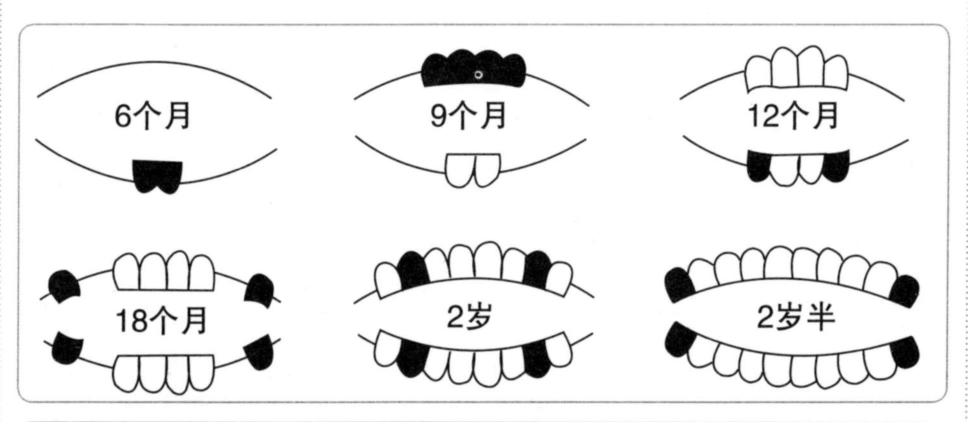

宝宝正常出牙顺序：先出下面的二对正中切牙，再出上面的正中切牙，然后是上面的紧贴中切齿的侧切牙，而后是下面的侧切牙。宝宝到1岁时一般能出这八颗乳牙。1岁之后，再出下面的一对第一乳磨牙，紧接着是上面的一对第一乳磨牙，而后出下面的侧切牙与第一乳磨牙之间的尖牙，再出上面的尖牙，最后是下面的一对第二乳磨牙和上面的一对第二乳磨牙，共20颗乳牙，全部出齐大约在2~2.5岁。

宝宝出牙疼的对策

❶ 给宝宝一些凉的苹果泥或原味酸奶吃。

❷ 用手指摩擦疼痛的牙床就能暂时让疼痛感麻木。

❸ 巧用奶瓶。在奶瓶中注入水或果汁，然后倒置奶瓶，使液体流入奶嘴，将奶瓶放入冰箱，保持倒置方式，直至液体冻结。宝宝会非常高兴地咬奶瓶的冻奶嘴。

❹ 好好地抱抱他是最佳疗法。

的。这时候可以给宝宝多饮水，一般1~2天就会自动消失。

衡量宝宝安睡质量的标准

要科学地管理宝宝睡眠，有针对性地进行科学护理，妈妈们首先需要科学地认识并评估宝宝的睡眠质量。下面4点可以用来帮助您衡量宝宝的睡眠质量。

1.宝宝是否每晚能在8~9时前就乖乖入睡？

2.宝宝晚上上床是不是20分钟之内就可以进入梦乡？

3.宝宝的睡眠是否能够一觉到天亮？或者最多只是偶然醒来一次？

4.即便晚上醒来，宝宝是否能在妈妈简单安抚下，或自己就能在几分钟之内重新进入梦乡？

宝宝乳牙萌出的时间和规律

宝宝出牙时间的早晚，主要是由遗传因素决定的。通常宝宝在出生6~7个月便开始长牙，出牙早的宝宝在4个月便开始长牙，出牙晚的宝宝要到10个月左右才萌出，个别宝宝要到1岁以后才长出第一颗乳牙，这种情况与婴幼儿时期宝宝骨骼生长的快慢有关。

对大多数宝宝来说，头几颗牙都是最难长的。与出牙相关的问题往往要等到臼齿（指嘴里头的大牙）开始长出后才会消失，不过臼齿在宝宝1岁之前是不太可能长出来的。所以一定要有耐心，给你和宝宝多些时间来克服这一困难。

宝宝正常出牙顺序是这样的，先出下面的二对正中切牙，再出上面的正中切牙，然后是上面的紧贴中切齿的侧切牙，而后是下面的侧切牙。宝宝到1岁时一般能出这八颗乳牙。1岁之后，再出下面的一对第一乳磨牙，紧接着是上面的一对第一乳磨牙，而后出下面的侧切牙与第一乳磨牙之间的尖牙，再出上面的尖牙，最后是下面的一对第二乳磨牙和上面的一对第二乳磨牙，共20颗乳牙，全部出齐大约在2~2.5岁。如果宝宝出牙过晚或出牙顺序颠倒，可能会是佝偻病的一种表现。严重感染或甲状腺功能低下时也会出牙迟缓。

宝宝出牙为什么会疼

宝宝的牙齿从他还在子宫里时就开始发育了，那时候牙床里的牙蕾已经形成。随着牙齿的发育，在冲破牙床的过程中会引起刺激、疼痛和肿胀。你应该记得自己的智齿长出来时的那种宝宝正在经历的痛苦与我们成人长智齿时的那种疼痛很相似。吮吸

新妈妈育儿经

宝宝出牙时的不良反应及保护宝宝牙齿

宝宝出牙时会有一些不良反应，如发热、腹泻等，在宝宝的出牙期妈妈一定要做好护理工作。

宝宝出牙时的不良反应及应对

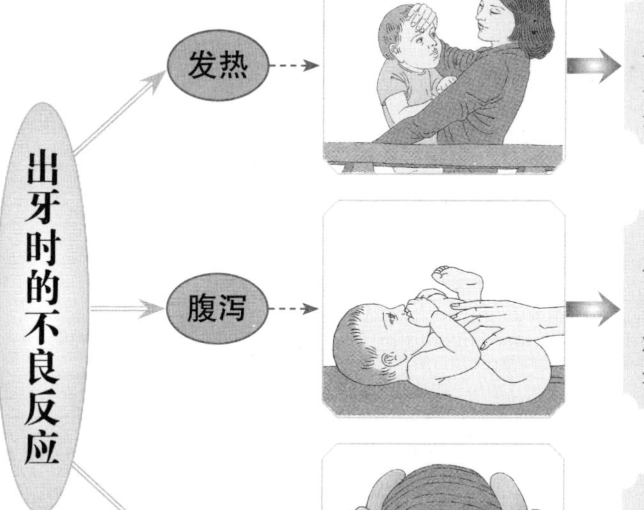

只要体温不超过38℃，且精神好、食欲旺盛，就无须特殊处理，多给宝宝喝些开水就行了。

当宝宝大便次数增多、但水分不多时，应暂时停止给宝宝添加其他辅食，以稀粥、烂面条等易消化食物为主，并注意餐具的消毒。

一般只要给以磨牙饼让宝宝咬并转移其注意力，通常会安静下来。

保护好宝宝的牙齿

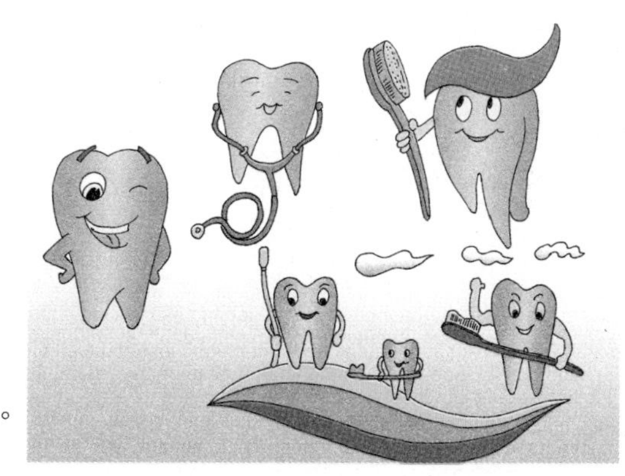

- 睡觉前不给宝宝喂食带糖分的食物或水。
- 保持良好的睡觉姿势。

会让更多的血液涌到肿胀部位，从而使这些地方更加疼痛，因而有些宝宝出牙时可能会暂时性地不愿意吃母乳或用奶瓶喝奶了。

如何缓解宝宝出牙疼

1.给宝宝一些凉的苹果泥或原味酸奶吃。

2.用手指摩擦疼痛的牙床就能暂时让疼痛感麻木。

3.巧用奶瓶。在奶瓶中注入水或果汁，然后倒置奶瓶，使液体流入奶嘴，将奶瓶放入冰箱，保持倒置方式，直至液体冻结。宝宝会非常高兴地咬奶瓶的冻奶嘴。

4.好好地抱抱他是最佳疗法。

宝宝出牙的不良反应

发热：有些宝宝在牙齿刚萌出时，会出现不同程度的发热。只要体温不超过38℃，且精神好、食欲旺盛，就无须特殊处理，多给宝宝喝些开水就行了；如果体温超过38.5℃，并伴有烦躁哭闹、拒奶等现象，则应及时就诊，请医生检查看是否合并其他感染。

腹泻：有些宝宝出牙时会有腹泻。当宝宝大便次数增多、但水分不多时，应暂时停止给宝宝添加其他辅食，以稀粥、烂面条等易消化食物为主，并注意餐具的消毒；若次数每天多于10次、且水分较多时，应及时就医。流涎（俗称流口水）：多为出牙期的暂时性表现，应为宝宝戴口水巾，及时擦干流出的口水。

烦躁：当出牙前的宝宝出现啼哭、烦躁不安等症状时，一般只要给以磨牙饼让宝宝咬并转移其注意力，通常会安静下来。

需要注意的是，佝偻病、克汀病、营养不良等都可引起出牙延迟，牙质欠佳。如果宝宝超过12个月还未出牙，应到医院及早诊治。

保护好宝宝牙齿

出牙早的宝宝从4个月开始就出牙了，宝宝出牙前也会有些征兆，那就是宝宝的脾气会变得比较暴躁，牙龈开始出现红肿，然后就会发现牙齿冒了出来，宝宝的两颊也会变得很红，可能还会流口水，这时给宝宝一些食物或东西，让宝宝咬着，有助于宝宝牙齿的生长。

注意如果宝宝出牙时出现了发热、呕吐等，要及时就医。

宝宝开始长牙时，父母一定要从小培养宝宝良好的饮食习惯，睡觉前不给宝宝喂食带糖分的食物或水。因为含糖的食物在口腔细菌的作用下，极易产生酸性物质，而酸性物质对牙齿的腐蚀性很强，被腐蚀的乳牙极易形成龋齿。

睡觉时姿势不良，也会影响到宝宝的牙齿发育，比如喜爱一侧偏睡的宝宝，由于长久地压迫一侧的颌骨，使这一侧颌骨发育受到影响，从而影响到牙齿的发育。

宝宝开始认生了

很多家长都曾注意到这样的现象：当邻居的阿姨如往常一样摸宝宝的头时，宝宝突然大哭起来；当家里来了客人时，宝宝似乎很害怕，他一直躲在爸爸的怀里不肯出来。大部分家长对此会感觉到非常惊讶：为什么宝宝的性情大变？怎么在一夜之间宝宝就变得认生了呢？其实，认生是宝宝的正常现象，认生期是随着宝宝的成长而出现的。

大部分的宝宝长到8个月大的时候就会开始出现认生的现象，因而这个时期被很多人都称作是“8月之恐惧”。虽然有的宝宝认生的现象比较明显，而有的宝宝似乎并没有出现什么认生现象，但是几乎每一个宝宝在一岁左右都会经历认生的时期，只是表现得程度不同而已，认生程度因个体差异而不同。

当宝宝有了自我意识之后，就会出现认生的现象，也就是说，认生是宝宝心理发育的表现，适度的认生对宝宝来讲是一件好事。一般地，当宝宝长到12个月大的时候，其认生现象就会自动地消失，当然有的宝宝认生期比较长，认生现象一直持续到宝宝3岁时方消失。

什么样的宝宝更易认生

宝宝的认生程度会因个体的差异而有所不同。

相对而言，性格内向容易害羞的宝宝比性格外向活泼开朗的宝宝更容易认生；体弱多病而且接触的人比较少的宝宝比体格健壮而且接触的人比较多的宝宝更容易认生；接触的环境刺激比较贫乏的宝宝比接受的环境刺激比较丰富的宝宝更容易认生；过分依恋妈妈的宝宝比母子依恋关系正常或依恋妈妈的程度比较低的宝宝更容易认生。此外，有的宝宝对具有某种特征的人特别容易认生，如当宝宝看到有戴眼镜或文身的人出现时，会表现出非常害怕的神情。这可能是与宝宝曾经受过具有这种特征的人的强制或恐吓有关系。

认生对宝宝的不利影响

1.宝宝如果过于认生，自然就会失去很多与人交往的机会，让很多有益的刺激和锻炼机会丧失掉，久而久之宝宝的生活圈子就会变得狭小。

2.过度认生会大大影响宝宝的智力发展。当宝宝过度认生时，由于其生活环境中缺少了很多有益刺激和锻炼机会，宝宝的智力发展也会受到很大影响。研究和事实都证明，在先天条件相同的情况下，生活在丰富多彩环境中的孩子会比生活在单调乏味的环境中的孩子聪明些。

3.过度认生会影响宝宝良好性格的养成。过度认生影响了宝宝的人际交往能力，如果在以后成长的过程中这种交往能力得不到补偿，宝宝长大以后就会变得比较懦弱、胆怯，不善于与人主动交往或难于与人相处。其结果是宝宝经常体验到孤独、无能、缺少自主和自信，从而大大影响了宝宝个性和性格的健康发展。

当宝宝认生现象比较严重时，父母要及时做好积极的引导工作，帮助宝宝克服这种现象。

克服宝宝的认生心理

1.培养宝宝安全感。父母对宝宝的态度、情感要稳定，不要忽冷忽热。与宝宝接触的时间最好固定，尽可能避免宝宝长时间见不到妈妈。

2.不溺爱宝宝。被溺爱的宝宝很多会胆小。比如看见宝宝磕碰了一下，不必过分安抚等。多数宝宝对成人的态度很敏感，如果父母对宝宝总是很担心、很焦虑，宝宝多半就会变得比较胆小。过分认生就是这种养育方式造成的后果之一。

3.提前预防。在宝宝还不懂得认生的时候，可以有意识地带宝宝多接触其他人。比如，让家里其他人员帮着给宝宝喂奶、喝水、换尿布、逗着说话、抱着玩、做简单的游戏，让宝宝不太熟悉的人逗宝宝玩等，通过与其他人的接触，帮助宝宝适应他可能接触到的各种社会环境。

4.不强迫宝宝和陌生人交往。如果宝宝不愿意跟陌生人亲近，不要强迫他。

5.尝试投宝宝所好。一般宝宝比较喜欢年轻女性和小宝宝，因此，让宝宝接触陌生人可从这些人群入手。

6.找机会发挥宝宝强势。平时根据他的兴趣培养宝宝特长，让他有更多的机会表现自己，这样可以增强宝宝自信心。

7.给宝宝适应的时间。当抱着宝宝遇到熟人时，可先自然地与对方打个招呼，谈谈话，待宝宝习惯后再告诉宝宝对方是谁。然后才可以让他们摸摸宝宝甚至抱抱宝宝。

新妈妈育儿经

克服7～8个月宝宝的认生心理

大部分宝宝的认生期开始于八个月大的时候，所以人们也把这个时期称为“8月之恐惧”。而到了12个月大的时候，这种现象基本上会消失，但是也有些孩子会将它持续到三岁。宝宝在这个期间认生，其实是他们心理发育的表现。

什么样的宝宝易认生?

- 性格内向的孩子。
- 体弱多病，接触人少的孩子。
- 环境刺激贫乏。
- 过分依恋母亲。
- 有的婴儿则只对具有某种特征的人认生。

认生的不利影响

认生会影响宝宝的智力发展

认生会影响宝宝的交往能力

克服宝宝的认生心理

1. 培养宝宝安全感。
2. 不溺爱宝宝。
3. 提前预防。
4. 不强迫宝宝和陌生人交往。
5. 尝试投宝宝所好。
6. 找机会发挥宝宝强势。
7. 给宝宝适应的时间。

5 9~10个月宝宝的护理

这个时期的宝宝开始有了自己的"小情绪"了呢，爸爸妈妈可要小心了，当心被您自己的宝宝给"雷"到了。此时在和宝宝建立良好亲子关系的过程中，爸爸妈妈一定要尊重宝宝的情感需求，掌握适合宝宝情感发育的优良技巧。

宝宝可以站起来了

宝宝在经历了抬头、坐、翻身、爬行等运动发育的过程，慢慢就要开始学习站立了。站立不仅仅是运动功能的发育，同时也能促进婴儿的智力发展。

一般在宝宝9～10个月时就能独自站立了。9～10个月的宝宝抓着东西就会站立，他们最喜欢的就是牵着妈妈的手站立，似乎这样最有安全感。其实，还有一点是抓着妈妈的手，他可以借力。练习站立是宝宝开步走的前奏，等宝宝站得很好以后就可以在大人的扶持下练习向前走了。

训练宝宝站立的方式

站立，是走的前奏，站立动作的发展比较缓慢，一般要宝宝12个月时才能掌握，是一个要求下肢支撑身体，随之直腰、挺胸抬头，使身体保持一定平衡的连贯性的动作。在宝宝站立动作发展过程中，父母可采取如下具体方法进行训练。

1.扶持站立。宝宝第7个月时，先让宝宝坐在床上，然后大人两手扶住宝宝的腋下，将宝宝扶至站姿，站立片刻后，再使宝宝成坐姿。每次重复练习5~7次。

2.牵拉站立。宝宝8个月后，先让宝宝仰卧在床上，然后大人拉住宝宝的双手，稍用力将宝宝拉至坐姿，继而拉至蹲姿，最后拉成站姿，扶直其身体站立约2分钟后，再使宝宝仰卧床上。每次练习可反复进行3～5次。

3.抓球站立。宝宝9个月后，在小床上方悬挂一彩球或铃铛，让宝宝扶床栏站立，然后大人轻轻左右摆动彩球或铃铛，逗引宝宝用手去抓碰。每次练习时间不宜过长，应控制在2～3分钟之内。

4.靠墙站立。宝宝10个月后，让宝宝背部、臀部靠墙，脚跟稍离墙，

新妈妈育儿经

训练9～10个月宝宝站立的方式

宝宝在经历了抬头、坐、翻身、爬行等运动发育的过程，慢慢就要开始学习站立了。站立不仅仅是运动功能的发育，同时也能促进婴儿的智力发展。

训练宝宝站立的方式

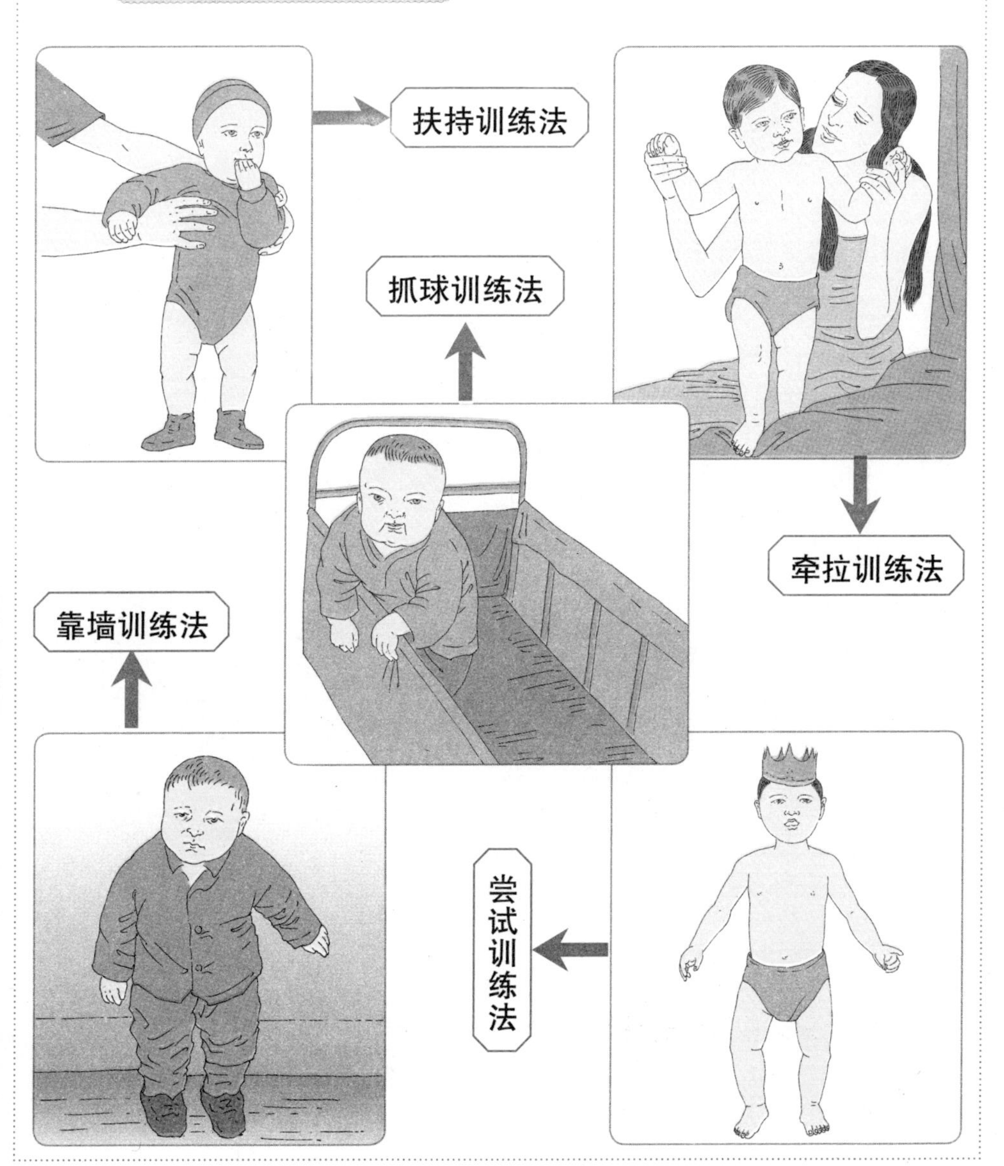

两腿分开成45度站立。宝宝站稳后，大人可以用玩具逗引宝宝，让宝宝适当地站立时间长一点。

5.独立站立。宝宝11个月后，大人可先扶住宝宝的腋下，帮助宝宝站稳。然后轻轻松开手，让宝宝尝试着站一站，反复尝试，直到宝宝学会。

不宜过早让宝宝学习站立

过早站立对宝宝的健康成长极为不利。这是因为宝宝的骨骼中所含的无机盐相对较少，骨骼的硬度小、弹性大，容易变形。而且宝宝脊椎骨之间的软骨盘比较厚，而外面的韧带较松，长时间勉强站立很容易导致宝宝脊椎变形。患有维生素D缺乏性佝偻病的宝宝更不能勉强站立，否则一旦负重过度的话很容易让宝宝的骨骼弯曲变形。

一般来说，宝宝的智力、骨骼和肌肉发育正常，到了6～7个月时自然会坐，12个月时就能扶着走，长到18个月左右孩子就能独立行走。因此，对宝宝的动作发育，爸爸妈妈们不要操之过急。

训练宝宝站立的注意事项

宝宝学站每次不应超过5分钟，因为相对体重而言，宝宝下肢的支撑能力是不足的，过早过多地站立会影响下肢的形状。

有些家长看到宝宝小腿不直就怀疑他有O形腿，这是不正确的。几个月的孩子小腿的胫骨都是向外侧弯曲的，并没有谁的小腿骨直得像一根棍子一样。这是生长过程中必须经过的一个阶段，长大后就好了，因此也不必过于担心。判断真正的O形腿或X形腿应看膝关节和踝关节能否同时并拢，而非长骨是否笔直。

与宝宝建立亲密的感情

这个时期的宝宝，已经开始有了自己的情感需求，鉴于此，父母要注意以下5点：

1.对宝宝的日常生活起居一定要精心照顾，满足宝宝的生理需要。

2.增强对宝宝情感信号的敏感性。家长要对宝宝发出的如微笑、咿呀学语、哭叫、注视、依偎等各种信号做出迅速而准确的反应，保证亲子之间积极而又愉快的相互作用，满足宝宝的情感需要。

3.多与宝宝交往、说话。在日常生活中，家长要满腔热情、耐心细致地陪伴宝宝玩耍，多与宝宝进行语言方面的沟通，与宝宝一起分享进步时的快乐。

新妈妈育儿经

尊重宝宝的情感需求

9个月的宝宝开始寻求与父母的情感联络，小宝宝会做出手势表示要坐在妈妈的膝盖上或扭着身子依偎在爸爸身旁；他们开始向身边亲近的人寻求有声或无声的暗示，以便知道如何对周围环境做出情绪反应。

尊重宝宝情感需求的方式

对宝宝精心照顾。

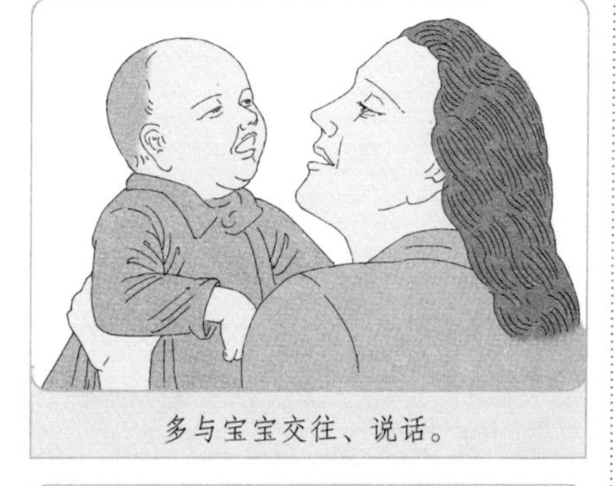

多与宝宝交往、说话。

多与宝宝一起游戏。

建立稳定的亲子依恋关系，并让宝宝学会等待。

增强父母的敏感性。对宝宝发出的各种信号做出迅速而准确的反应。

4.家长要经常与宝宝一起游戏，一起分享游戏的快乐，特别是爸爸要积极地参与到游戏中来，让宝宝与爸爸有更多的交往机会。

5.建立安全的亲子依恋关系，让宝宝学会等待，共享美妙的成长时光。随着宝宝各方面的发展，会出现“撒娇哭闹”的情形，家长如果处理不好，宝宝则会养成总是让人抱的习惯。当宝宝第一次要求妈妈抱时，让他坐到妈妈腿上，5分钟内放下，让宝宝自己去玩；宝宝第二次要求抱时，把宝宝轻轻抱到腿上，接着马上放下他；反复几次，宝宝就会按妈妈的“干完这件事再来抱你，等一会儿”的要求去做。让宝宝等待的时候，家长的活动都要在宝宝的视线之内。经过多次强化和重复，宝宝撒娇的时间间隔就会逐渐延长，进而逐渐地建立起了安全的亲子依恋。

宝宝的情感发展历程

9个月的宝宝开始寻求与父母的情感联络，小宝宝会做出手势表示要坐在妈妈的膝盖上或扭着身子依偎在爸爸身旁；他们开始向身边亲近的人寻求有声或无声的暗示，以便知道如何对周围环境做出情绪反应。

10个月的宝宝会表现出波动较大的情绪变化，偶尔还会脾气暴躁。

父爱也很重要

很多爸爸在宝宝3岁之前很少接触宝宝，因为他们觉得自己不如妈妈细心、耐心，毛手毛脚的一个大男人根本不适合照顾自己的宝宝。其实，那种认为3岁前的教育完全是妈妈的事情的想法是不正确的。

宝宝安全感建立的关键时期是在2岁以前。这一时期的宝宝通过收集外界信息以判断个人存在的价值，也就是说这一时期是建立宝宝自信和信任他人的能力的关键时期。如果宝宝在与爸爸妈妈一起生活的过程中能够不断地确认“爸爸妈妈是爱我的，我是有价值的”，宝宝的安全感就会非常强；反之，如果宝宝的需求得不到有效回馈，很多需求得不到满足，宝宝的内心深处就会认为“我是不重要的，我不可爱”，这样的宝宝就会不自信，而且很难去相信别人。

2岁以前的宝宝的安全感来自父母双方。如果有一方给宝宝“爱的确认”不明确，甚至是负面的，宝宝就很难在自己的内心深处建立起安全感。不要让宝宝“爱的确认”只是来源于自己的妈妈，因为那样宝宝安全感的建立是很难变得完整的。

父爱也很重要，爸爸在日常生活中一定要多关心自己的宝宝，千万不要认为陪宝宝玩耍只是妈妈一个人的

父爱也很重要

在宝宝“安全感”建立的关键时刻，父爱与母爱具有同等的重要性，千万不要以为3岁前的宝宝只由妈妈一个人照顾就可以了，爸爸对宝宝的陪伴与母爱对宝宝一样重要。

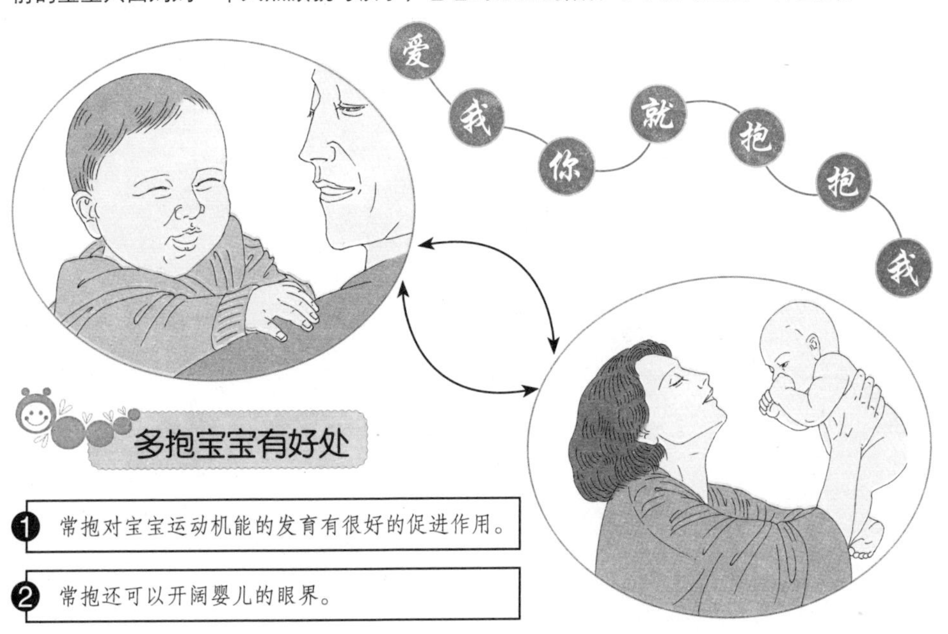

多抱宝宝有好处

1. 常抱对宝宝运动机能的发育有很好的促进作用。
2. 常抱还可以开阔婴儿的眼界。

事情。3岁之前的宝宝同样需要父亲的关注和积极的参与养育。

爱我你就抱抱我

怕宝宝养成抱癖，很多妈妈都尽量不抱宝宝。她们把房间整理得漂漂亮亮，摆放许多玩具，就是为了让宝宝养成在床上老实睡觉的习惯。除了给宝宝吃奶或洗澡，其余时间她们选择尽量不抱宝宝。但是长此以往很多家长会发现宝宝抬头和起坐的时间都比正常的宝宝晚了很多。其实，在平时家长多抱抱宝宝对宝宝的健康成长具有很大的益处，宝宝到了2个月时，每天累计应抱2个小时左右。具体地，常抱宝宝有以下3点好处：

1.有利于促进宝宝身体运动机能的发育。宝宝被抱着时因具有强烈的好奇心，所以会东张西望地看，这样就锻炼到了宝宝的颈肌；宝宝被抱着时，如果看到了他认为新鲜有趣的东西，宝宝的小手会不断地尝试去抓取，这样其手指的灵活度会得到锻炼；宝宝因高兴而不断拍手时，就锻炼到了宝宝胳膊处的肌肉；宝宝被抱着时想立起身体，这样宝宝的背肌、腹肌和胸肌就得到了锻炼。

2.促进宝宝眼睛的发育。当宝宝一直躺在床上时，其视力范围很小，不利于其眼睛的发育。当宝宝被抱起来时，他可以看到室内花花绿绿的东西，尤其到室外，可以看到飞跑的汽车，五颜六色的花草，还可看到别的宝宝玩耍，对宝宝来说这都是很愉快的事情。常常抱抱，可以增加眼肌的活动，刺激视神经的发育，从而促进了宝宝的视力发育。

3.开阔宝宝的眼界，促进宝宝的智力发育。当宝宝被抱起来时，看到的东西更多，接触到的良性刺激更多，因而其眼界更开阔。

婴儿操的好处

1.做婴儿操可以促进宝宝的动作发育，可以从最初的无意的、无秩序的动作慢慢地变成有目的、有协调的动作，增强了宝宝身体的协调性和灵活性。

2.做婴儿操可以提高宝宝对外界自然环境的适应能力。经常做婴儿操可以促进宝宝的动作发展，使宝宝的动作变得更加灵敏，肌肉更发达，宝宝因此对外界自然环境的适应能力也变得更强。

3.让宝宝更聪明，促进宝宝的思维发育。经常做婴儿操可以促进宝宝的大脑发育，让宝宝的大脑更灵活、思维更加敏捷。做操时伴随着欢乐的音乐，让宝宝接触多维空间，可以促进宝宝左右脑平衡发展，进而也会促进宝宝的智力发育，让宝宝成为一个聪明的小天才。

教宝宝做婴儿操

体操的种类有很多种，婴儿按摩操应按以下顺序操作。

手臂按摩：左右臂各做4~5次。

腹部按摩：6~8次。

背部按摩：上下各做4~5次。

腿部按摩：左右腿各做4~5次。

脚底按摩：左右脚各做4~5次。

脚心按摩：左右脚各做4~5次。

双腿屈伸运动：6~7次。

亲子游戏

父母在日常生活中应该多与宝宝一起游戏，在一起分享游戏的快乐的同时，既可以增加与宝宝的亲密感，还可以让宝宝变得越来越聪明。具体地，我们来介绍以下四种亲子游戏。

新妈妈育儿经

亲子游戏

亲子游戏是促进宝宝身体和智力发育的一个好方法，父母在日常生活中应该多与宝宝一起做亲子游戏，与宝宝一起分享快乐。

找爸爸

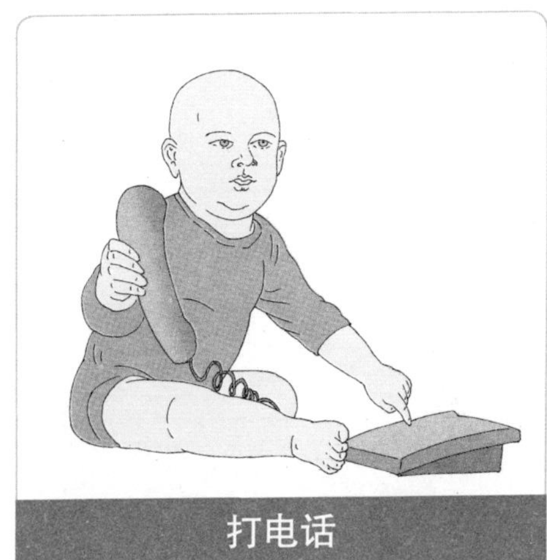

打电话

模仿

一起唱儿歌

宝宝为什么哭

在婴幼儿期，宝宝的哭闹是其表达内心感受的一种重要途径。它既可以是生命活力的表现（比如：饥饿、焦虑、衣服穿着不舒服、尿布湿了等），也可以是疾病的早期表现。对于后者，年轻父母必须有所警觉，而且还需要留意宝宝哭闹的时间、规律、特点等，不能粗心大意地忽略细节，对宝宝的健康造成重大伤害。

找爸爸的照片

当爸爸不在家时，妈妈可陪宝宝一起玩“找爸爸”的游戏。把爸爸的照片藏起来让宝宝去找，如果找到了，就大叫“爸爸”。经常玩这个游戏可以让宝宝变得更加细心和有耐心。注意照片不要换得太过频繁，否则宝宝会变糊涂或者降低宝宝的寻找兴趣。

打电话

妈妈拿着自己的手机，让宝宝拿着自己的玩具电话，然后相互通话。妈妈可以问宝宝一些简单的问题或让宝宝自己想说什么就说什么，以锻炼宝宝的语言表达能力。把一个真的电话线拔下，做起来更逼真些，但这样做时要注意，宝宝很有可能会在没有拔下电话线的情况下，也做这种打电话游戏。

模仿

这个年龄的宝宝最喜欢的就是模仿了。妈妈可以和宝宝一起模仿小动物，妈妈也可以做一些非常有趣的姿势，如把两只手捂住自己的耳朵等，让宝宝来模仿自己。这样的游戏可以开发宝宝的身体动作智能，提高宝宝身体的协调性和灵活性。

一起唱儿歌

爸爸妈妈还有宝宝可以采取一个人唱一句的形式一起跟着CD学，看谁能先把儿歌学会。当然这个进程中一定要注意及时鼓励宝宝，多给宝宝表现机会，对宝宝的良好表现一定要大力赞扬。

分清宝宝的哭声

宝宝哭泣所代表的信息是多层面的，大约可分为生理需求、心理反应、病理状况三种。当宝宝哭时一定要弄清宝宝的哭是属于何种原因，属于生理或心理需求的哭泣是正常的，要用关爱的态度去安抚和满足他们。如果是疾病引起的哭泣，就必须请医师诊治。

1.生理需求的哭。宝宝因尿布脏了、湿了、饿了、渴了、太热、太冷等而哭泣是生理需求的哭。

2.心理需求的哭。当宝宝想要抱抱或想要有人陪他玩时，宝宝会盯着爸爸妈妈看，或伸出小手，或者低声地哭。这时候父母只要陪宝宝玩一会儿，逗一逗宝宝，宝宝就不会再哭了。

3.病理状况的哭。如果宝宝表现得烦躁不安，哭声比平常尖锐而凄厉，或握拳、蹬腿，不论怎么抱也无法搞定时，宝宝很有可能是生病了。当身体不适引起疼痛的感觉时，不会说话的小宝宝就一定会用肢体语言和哭声来表达，而且哭声特别尖锐或凄

新妈妈育儿经

宝宝哭了

在婴幼儿期，宝宝的哭闹是其表达内心感受的一种重要途径。它既可以是生命活力的表现（比如：饥饿、焦虑、衣服穿着不舒服、尿布湿了等），也可以是疾病的早期表现。

分清宝宝的哭声

生理需求的哭

宝宝基本生理需求的哭泣是比较好解决的，只要满足宝宝的要求就可以了。

心理需求的哭

宝宝因心理需求而哭时你只要逗着、哄着他玩就会停止哭闹了。

病理状况的哭

当宝宝出现病理状况的哭时，父母要及时带宝宝去医院就医。

厉。消化道系统疾病、呼吸系统疾病、皮肤问题、脑部问题、泌尿生殖系统疾病、重金属或药物中毒、大人吸烟或吸毒等，都会引起宝宝的异常哭泣。这时候家长一定要及时带宝宝去医院就医。

如何应对宝宝的哭闹

肚子饿了是宝宝哭泣最通常的原因，因此此时给宝宝喝奶是让宝宝停止哭泣最有效的方法；宝宝尿湿了或大便后也会哭闹不停，这时妈妈只要给宝宝替换干净的尿布，他舒服了自然就会停止哭闹。

转移宝宝的注意力，也是让宝宝停止哭闹的有效办法。大部分宝宝对声音都会有反应，一些可发出悦耳声音、铃声的小玩具都会吸引宝宝的注意力，而让宝宝安静下来。小镜子也有同样的功效，看到镜中的自己，宝宝会因为好奇，觉得有趣而静下来。给宝宝一些色彩鲜艳的物品如图书，宝宝可能看得着迷而忘了哭泣，或是抱着宝宝到处走动，都是转移注意力的好方法。另外，模仿宝宝的动作、逗逗宝宝、或是做鬼脸给宝宝看，都能引起宝宝发笑而停止哭泣。

宝宝牙齿畸形的因素

牙齿坚固美观、面部骨骼发育良好是宝宝牙齿健康的表现，宝宝的牙齿健康为宝宝以后的美丽容貌的形成奠定了基础。但是如果宝宝出现了包括“地包天”在内的牙齿畸形，宝宝成人后的面容则会大受影响。

宝宝牙齿畸形主要与以下四个方面的因素有关：

其一，与妈妈孕期不注重口腔保健有关。其二，与遗传因素有关系。其三，与婴幼儿的喂养方式不当有关系。其四，与宝宝的口腔卫生没有做到位有关。

在日常生活中，可以让宝宝多吃粗硬的食物来防止宝宝的牙齿畸形。如让宝宝吃一些坚硬耐磨的食品，如饼干、苹果、牛肉干等，但要注意这样的食品一次不能吃太多，让宝宝每天定量的吃一些就可以。

在宝宝吃饭时一定要让宝宝用两侧磨牙一起咀嚼，否则一侧锻炼过多，另一侧锻炼过少，也会造成颌骨因受刺激不均而致颌骨畸形和牙列不齐，并且由于偏侧咀嚼，而导致面部的不对称发育。

孩子在2岁左右乳牙基本完全萌出后，爸爸妈妈应该定期带宝宝到正规口腔专科检查，预防龋齿，保证恒牙的正常萌出，同时对有颌骨异常发育的患儿进行早期干预治疗。

新妈妈育儿经

宝宝排便时的基本症状

如果发现宝宝有出现脸红、瞪眼、凝视等神态时，就意味着想要拉便便了，这时应把宝宝抱到便盆前，使宝宝形成排便的条件反射。

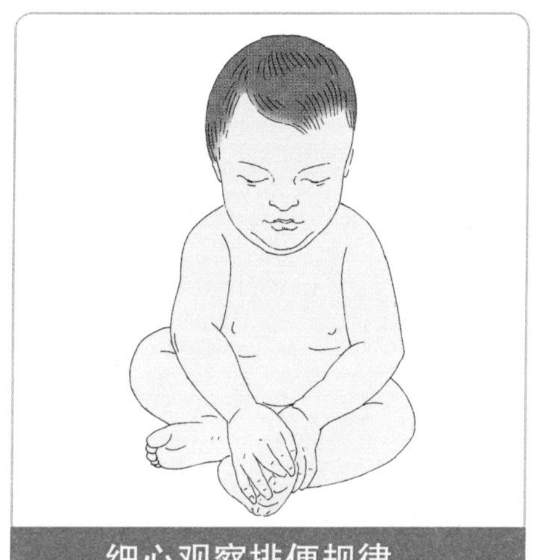

细心观察排便规律

让宝宝熟悉便盆

训练宝宝坐便盆的基本步骤

1.细心观察宝宝排便规律。如果发现宝宝有出现脸红、瞪眼、凝视等神态时，就应把宝宝抱到便盆前，并用“嗯、嗯”的发音使宝宝形成条件反射，久而久之宝宝一到时间就会有便意了。

2.让宝宝熟悉“便盆”。将便器放在宝宝游戏地方的旁边最好，也允许他当作一般小椅子用，或是穿着衣服假装上厕所。可挑选有卡通人物的小内裤，并且告诉“若希望不弄脏你喜欢的卡通人物，就要学习脱裤子，在便器上尿尿才行。”并鼓励宝宝每天在便盆上坐一会儿，并把纸尿裤上的粪便放入便盆内，指给宝宝看，使他逐渐理解便盆的概念。

3.消除宝宝对便盆的恐惧感。最好将便盆放在宝宝经常活动的地方，最好是卧室、客厅、阳台等比较明亮的场所。

4.对宝宝要及时鼓励，反复强化。当宝宝被带到便器旁，妈妈可以协助他，或试着让他自己处理。当发现宝宝有排便的表情时，要称赞、鼓励他，加强宝宝的动机。

11~12个月宝宝的护理

这个时期的宝宝就要试着迈出人生的第一步了，爸爸妈妈对宝宝的良好表现一定要记得及时鼓掌噢。

宝宝要学走路了

这个阶段是宝宝从摇摇晃晃走几步到掌握身体平衡行走的阶段。孩子学独自行走时，父母在一旁的保护和鼓励必不可少。

宝宝学走路前的准备

1.选择适合走步的衣服。衣服要以肥大、宽松为好。衣服的袖子、裤腿宽大，才能使宝宝的四肢有充裕的活动余地，更有利于生长发育。有些妈妈过早给宝宝穿牛仔裤和紧身裤，殊不知这样的裤子会影响宝宝的血液循环，而且浅裆包臀不仅让宝宝蹲、跑、跳不方便，而且还会影响生殖系统的发育。有一些妈妈会给宝宝穿松紧带的裤子，这样的裤子同样也对孩子不利，因为此时宝宝的呼吸方式是胸腹混合式呼吸，松紧带让宝宝的腹部受压，影响了宝宝的呼吸。如果裤子过长影响到胸部，也会使宝宝的肋骨向内凹陷。

处于学习走路期的宝宝最好穿背带裤。

2.宝宝学走路时候的安全措施要做好。现在宝宝不仅学会了爬，又开始站立移动，他能够到的东西就更多了，因此妈妈的安全措施更要加强。家里的摆设要尽量避免妨碍宝宝学习走路，对于一些有危险性的物品，应该放置高处或移走，并且需要特别留意家具的尖锐的角，以防宝宝碰到。另外，宝宝经过门窗的时候也要特别留意，因为在开关的时候很容易夹伤宝宝。

3.不过早使用学步车。学步车是很多宝宝学走路之前的学步付诸工具，它可以给终日看护宝宝的妈妈们带来一定的方便，有了它，妈妈能腾出时间吃饭做家务。但是，如果过早让宝宝坐上学步车的话，对宝宝是非常有害的。7个月以下的宝宝是坚决

新妈妈育儿经

宝宝学走路

11~12个月是宝宝从摇摇晃晃走几步到掌握身体平衡行走的阶段。孩子学独自行走时，父母在一旁的保护和鼓励必不可少。

学走路前的准备

1 选择适合走步的衣服

2 做好安全措施

3 不宜过早使用学步车

使用学步车的注意事项

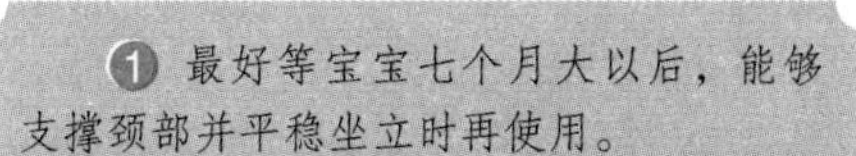

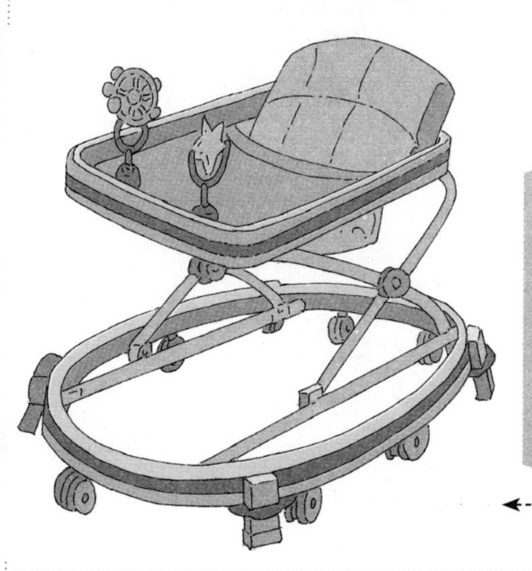

① 最好等宝宝七个月大以后，能够支撑颈部并平稳坐立时再使用。

② 学步车的高度须适合宝宝的身高，不宜过高或过低。

③ 每次使用的时间不宜过长，以不超过20分钟为原则。

④ 使用学步车应在大人们的视线范围内。

不能使用学步车的，因为7个月前的宝宝腰腿部骨骼和肌肉力量都不是很强，长时间站立或行走对宝宝的生长发育不利。

宝宝不要过早学走路

宝宝从仰天躺着到能站立起来，是一个飞跃，过早地坐和站立对宝宝的健康成长极为不利。这是因为宝宝的骨骼中所含的有机物较多，无机盐相对较少，所以宝宝的骨骼硬度小、弹性大，容易变形。而且尤其是宝宝脊椎骨之间的软骨盘比较厚，而外面的韧带较松，所以长时间勉强坐起和站立，很容易导致宝宝脊椎变形。同时，过早地学走不但容易使宝宝的下肢发生弯曲畸形，而被父母牵拉的小手的肘关节也很容易发生“桡骨头半脱位”。

有些父母认为提早锻炼宝宝坐、站、走，可以防止维生素D缺乏性佝偻病的发生。实际上恰恰相反，患佝偻病的宝宝因骨质疏松，一旦过度负重极容易引起骨骼弯曲畸形。所以，患有维生素D缺乏性佝偻病的宝宝更不能勉强站立、多坐或多站，否则一旦负重过度的话很容易让宝宝的骨骼弯曲变形。

一般来说，宝宝的智力、骨骼和肌肉发育正常，到了6～7个月时自然会坐，12个月时就能扶着走，长到18个月左右孩子就能独立行走。因此，对宝宝的动作发育，爸爸妈妈们不要操之过急。

宝宝学走路发展的几个阶段

站立，是走的前奏，但是站立动作的发展比较缓慢，一般要宝宝长到12个月大时才能掌握。站立是一个要求下肢支撑身体，随之直腰、挺胸抬头，使身体保持一定平衡的连贯性的动作。在宝宝站立动作发展过程中，家长可采取如下具体方法进行训练。

1.扶持训练宝宝站立。宝宝从第7个月会坐后，先让宝宝坐在床上，然后家长有两手扶住宝宝的腋下，稍用力将宝宝扶至站姿，站立片刻后，再使宝宝成坐姿。每次练习可如此反复进行5～7次。

2.牵拉训练宝宝站立。当宝宝长到8个月后，先让宝宝仰卧在床上，然后家长拉住宝宝的双手，稍用力将宝宝拉至坐姿，继而拉至蹲姿，最后拉成站姿，扶直其身体站立约2分钟后，再使宝宝仰卧床上。每次练习可反复进行3～5次。

3.抓球训练站立。当宝宝长到9个月之后，在其睡觉的小床上方悬挂一个大彩球或铃铛，让宝宝扶床栏站立，然后家长轻轻地左右摆动彩球或

新妈妈育儿经

关注宝宝学走路时的异常现象（一）

看见宝宝迈出人生的第一步是父母们最开心的瞬间，不过同时还要特别注意宝宝的走路姿势，许多奇怪的走路姿势其实是宝宝身体异常的信号，很多在出生时表现不明显的足、腿的疾病会在宝宝开始走路后被觉察。

宝宝学走路时的异常现象

足趾走路

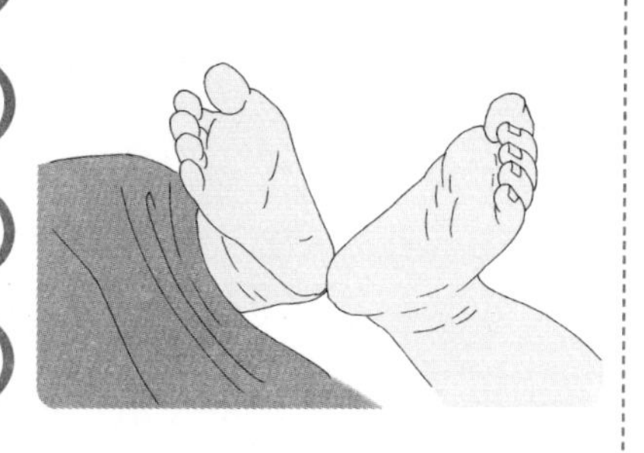

鸭步

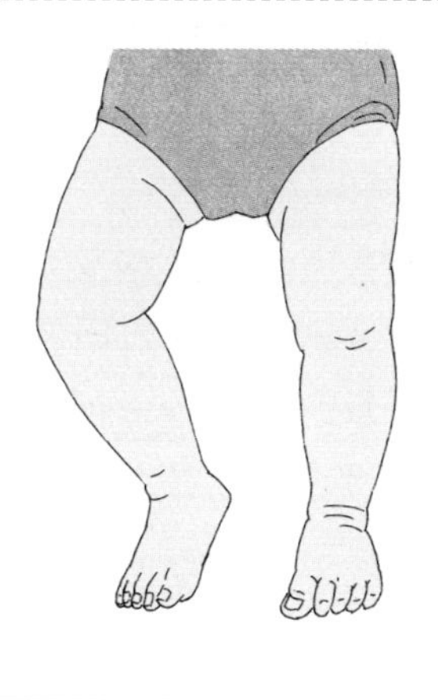

醉步

宝宝出现的异常步态，有些可以通过一些日常训练得以缓解。妈妈们可以有意识地让宝宝做一些游戏性质的锻炼活动。例如：蹬三轮或两轮小轱辘童车；大一点的宝宝，试着让他做用脚趾夹铅笔或者比较大的扣子、手绢等；很多公园里有踩滚桶的项目，不妨让孩子上去试试。不过需要注意的是：给宝宝做训练应该在医生的指导下进行，各种纠正措施不要自己盲目采用。

铃铛，逗引宝宝用手去抓、碰。每次练习时间不宜过长，应控制在2～3分钟之内。

4.靠墙训练站立。宝宝长到10个月以后，让宝宝的背部、臀部靠墙，脚跟稍离墙，两腿分开成45度站立。当宝宝站稳后，家长可以用玩具或语言等逗引宝宝，让宝宝适当地站立时间长一点。这时宝宝会情绪激动，兴奋地摆晃身体，甚至用臀部碰击墙壁。如此宝宝便会在欢乐的气氛中学习站立。

5.让宝宝尝试独立站立。宝宝11个月后，家长可先扶住宝宝的腋下，帮助宝宝站稳。然后轻轻松开手，让宝宝尝试着站一站，若宝宝出现倾倒现象，家长要立刻扶宝宝站稳，防止宝宝跌倒。再让宝宝反复尝试，直到宝宝能够独立地站立。

关注宝宝学走路时的异常现象

看见宝宝迈出人生的第一步是父母们最开心的瞬间，不过同时还要特别注意宝宝的走路姿势，许多奇怪的走路姿势其实是宝宝身体异常的信号，很多在出生时表现不明显的足、腿的疾病会在宝宝开始走路后被觉察。

足趾走路。有时候足趾走路是神经系统疾病的一个表现，当宝宝很长的一段时间都用足趾走路时，父母需要及时带宝宝到儿童骨科医生处看看。

“鸭步”。如果宝宝走路时像小鸭子那样，身体向两侧一摇一摆，那么宝宝就很有可能患有先天性髋关节脱位，父母一定要第一时间带宝宝去做检查。

“罗圈腿”。很多在出生时发现有罗圈腿的宝宝，在学会走路后，他们的双腿会慢慢伸直，一般在两岁左右就能慢慢恢复正常。但是这个概率并非是百分之百，一些症状严重的宝宝可能需要通过打石膏来纠正，而另外一些可能与缺乏维生素和钙有关。

“醉步”。爸爸们在发现家里的小宝宝好像打醉拳那样摇摇晃晃地走路，常常会会心一笑，但是如果到了两岁以后还是这样醉着走，父母最好带他去医院检查一下，出现醉步的原因可能是骨架结构的问题；另一种可能是小脑疾病影响平衡，也可能是脑缺氧或脑瘫。

宝宝出现的异常步态，有些可以通过一些日常训练得以缓解。妈妈们可以有意识地让宝宝做一些游戏性质的锻炼活动，如蹬三轮或用脚趾夹铅笔等，很多公园里有踩滚桶的项目，不妨让孩子上去试试。需要注意的是：给宝宝做训练应该在医生的指导下进行，各种纠正措施不要自己盲目采用。

新妈妈育儿经

关注宝宝学走路时的异常现象（二）

宝宝学走路时的几个阶段

❶ 10～11个月：此阶段是宝宝开始学习行走的第一阶段，当宝宝扶站已经很稳了，甚至还能单独站一会儿了，这时就可以开始练习走路了。

❷ 12个月：蹲是此阶段重要的发展过程，父母应注重宝宝“站、蹲、站”连贯动作的训练，如此做可增进宝宝腿部的肌力，并可以训练身体的协调度。

❸ 12个月以上：此时宝宝扶着东西能够行走，接下来必须让宝宝学习放开手也能走二至三步，此阶段需要加强宝宝平衡的训练。

❹ 13个月左右：此时父母除了继续训练腿部的肌力，及身体与眼睛的协调度之外，也要着重训练宝宝对不同地面的适应能力。

❺ 13～15个月：宝宝已经能行走良好，对四周事物的探索逐渐增强，父母应该在此时满足他的好奇心，使其朝正向发展。

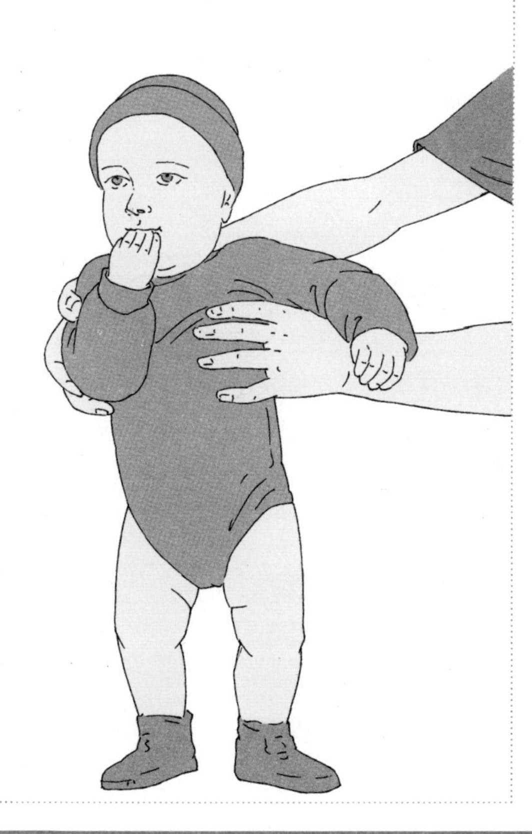

宝宝学走路的注意事项

1.每次训练前让宝宝排尿，撤掉尿布，以减轻下半身的负担；

2.创造一个安全的走路环境，特别要将四周的环境布置一下，要把有棱角的东西都拿开；

3.家长带宝宝出去玩时，最好扶着宝宝腋下练习行走，在宝宝学走初期，避免用手抓着孩子的手，万一宝宝要摔跤，家长一使劲拽，用力过大的话会将宝宝胳膊拽脱臼，等宝宝已经可以自己扶着东西行走时，再抓着手走。

4.每天练习时间不宜过长，30分钟左右就可以了。

几种游戏教宝宝学走路

游戏一：大脚小脚

妈妈用双手拉着宝宝的手，宝宝的小脚踩到妈妈的大脚上，妈妈边说儿歌边带动宝宝向前迈步。这个游戏主要是训练宝宝如何迈步，体会走路的动作感觉。

游戏二：学走路儿歌

一二一，走呀走，
妈妈宝宝手拉手，
小脚踩在大脚上，
迈开大步向前走。

游戏三：找妈妈

宝宝和妈妈分别站在场地两端，妈妈叫宝宝的名字，宝宝从场地的一端走向另一端去找妈妈。特别注意宝宝和妈妈的距离不要太远，以免宝宝感到困难，失去信心。这个游戏可以训练宝宝学走路时朝着一定的方向独立行走。

游戏四：踩尾巴

可以配合音乐，妈妈自制拖地纸条当作尾巴系在后腰上行走，引起宝宝的兴趣。宝宝用手抓或用脚踩“尾巴”。这个游戏培养宝宝对音乐的感受力，引导孩子大胆地行走。

游戏五：捉蝴蝶

爸爸拿着纸蝴蝶逗引宝宝，让宝宝的视线追逐蝴蝶的落点。逗引宝宝追着蝴蝶走动，当蝴蝶落地时，让宝宝蹲下捉住它。这个游戏训练宝宝的视觉追逐能力，练习宝宝四散行走，转换蹲下、站起动作。

游戏六：送小动物回家

引导宝宝用小推车装着小鸡、小猫、小兔、小狗等常见毛绒玩具送回家（用积木搭四间小房子，房子的上面贴有以上小动物图片，作为每个小动物的家）这个游戏训练宝宝独立稳步行走。

新妈妈育儿经

教宝宝学走路的游戏

下面的几款游戏简单有趣，经常练习不但可以让宝宝学会独自稳步走路，而且还可以开发宝宝多方面的能力，父母在平时可以多陪宝宝做一下。

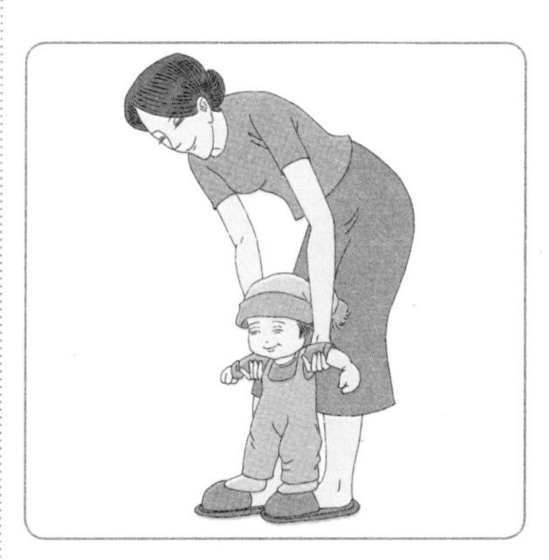

训练宝宝如何迈步

训练宝宝朝一定的方向独立行走

引导宝宝大胆行走

练习宝宝四散行走，转换蹲下站起动作

训练宝宝独立稳步走路

宝宝走路晚的原因

1.宝宝个体差异。在发育过程中每个宝宝都不同，有的比较早就会走路，有的则比较晚，但是只要不超过18个月，都算正常现象。

2.兴趣不足。宝宝学走路时，若家中没有可供扶着走的合适家具，会让宝宝缺乏学步的兴趣；如果宝宝在学步中摔倒受伤或受到惊吓，也会让他惧怕和排斥学步。

3.宝宝缺乏锻炼。

4.病理因素。除学步晚以外，如果宝宝在语言、精细动作及社会交往能力等方面也落后于同龄宝宝，则应从肌肉关节疾病以及神经系统疾病等方面来考虑，要及时带宝宝去就诊。

宝宝开始有自我意识了

1岁左右的宝宝的自主意识开始发展，他们会要求自己拿勺子吃饭，自己喝水，而拒绝成人的帮忙。11～12个月的宝宝很容易把接近他们头、手、脚的东西作为外部的东西和自己区别开（如把一个小圆环挂在孩子的耳朵上，他们很快就能摘下圆环），但很难把身体前方接触到的东西分别出来（如将圆环紧贴婴儿身体，使其对身体产生压迫感，他们也只是扭了扭身体，拽了一下衣服，没发现什么，就不去管了）。这时如果看宝宝在镜子前的反应，就会发现他们把镜子当作游戏伙伴，亲吻它。

宝宝各阶段自我意识发育特点

宝宝早期没有所谓的自我意识，在宝宝的头脑中没有“自己”这个概念，他无法认识到自己身体的存在，所以宝宝总会吮手指，啃自己的脚丫，抱着自己的脚自娱自乐。随着认识能力的发展，宝宝就会慢慢知道手和脚都是自己身体的一部分。

1岁以后的宝宝开始有了自我意识，知道了属于自己的名字，而且会用自己的名字来称呼自己，逐渐认识到自己的身体和身体的各个组成部分，比如“宝宝的手”、“宝宝的嘴巴”等，还对自己身体的感觉有意识，比如会说“宝宝饿”、“宝宝痛”等，这表明宝宝已经会把自己作为一个整体和别人区分开。

宝宝在学会走路以后，能逐渐感受到自己的力量，认识到自己的动作行为，比如宝宝用脚能把皮球踢走，用手能把玩具捏响，这都是幼儿初级自我意识的表现。

大约在2岁以后，宝宝在说出“你”、“我”这样的代词后，自我意识又有了进一步的发展。这时的宝宝已真正地把自己作为一个主体而不

新妈妈育儿经

宝宝自我意识的发育阶段

宝宝早期并没有自我意识，他无法认识到自己身体的存在；随着自我认识能力的发展，宝宝慢慢意识到手和脚都是自己身体的一部分。

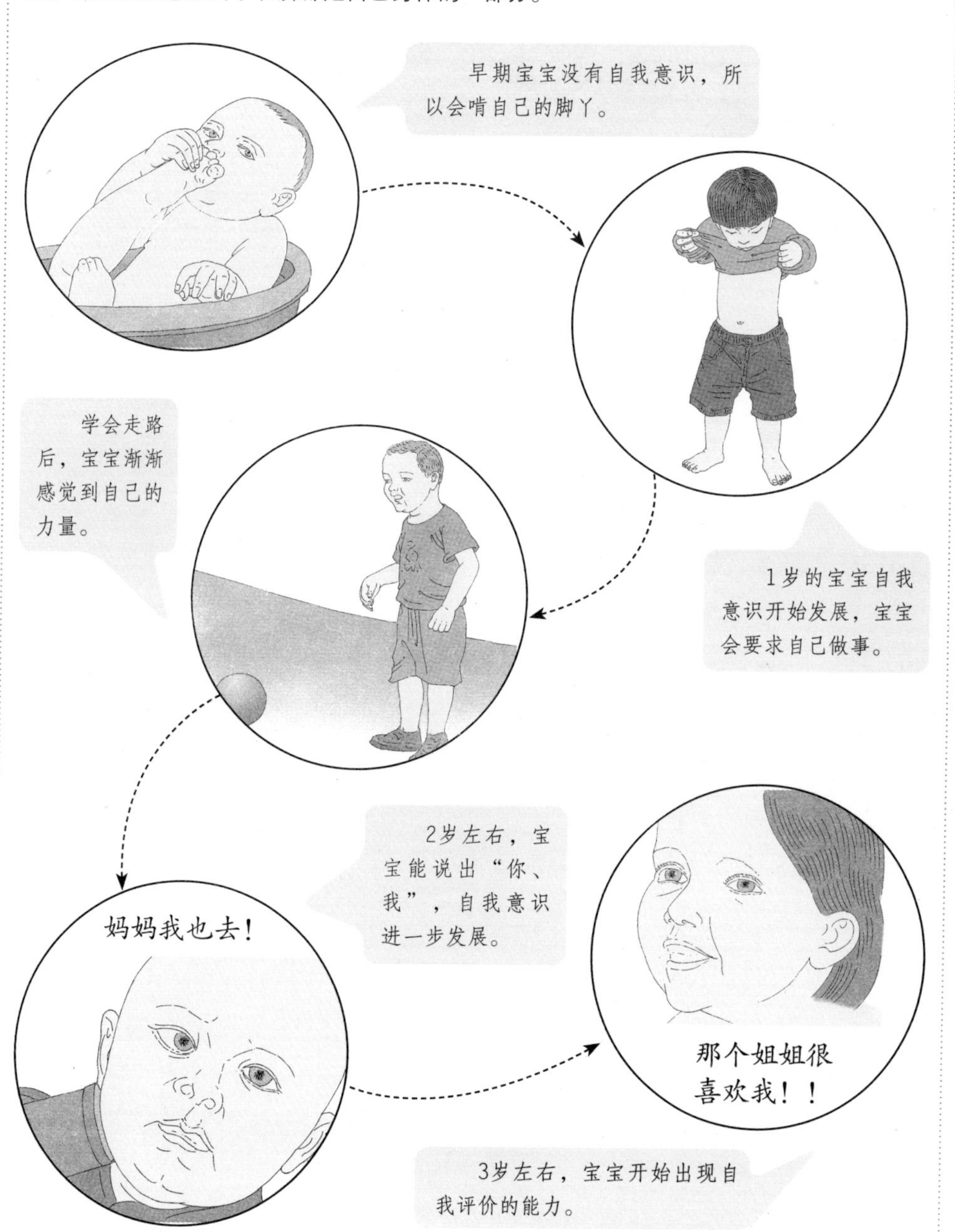

是作为一个客体来认识。

3岁以后，宝宝的自我意识继续发展，开始出现自我评价的能力，会对自己的行为给予好或者坏的评价。

培养宝宝自我意识的几种方式

从培养自我意识的形式上看，可采用各种宝宝感兴趣的形式来进行：

1.鼓励宝宝在镜子前照一照，看看自己的五官长得怎么样；

2.启发宝宝通过不同的手段，绘出自己的形象，比如躺在地上，请父母帮忙描出身体的轮廓，然后自己进行剪贴，或者画自画像等；

3.引导宝宝对自己的照片、作品进行分类、整理，按日期前后进行排列，或按照内容进行编排，建立一个较为完整的成长档案；

4.把宝宝的各种"作品"收集起来装订成册，使宝宝能经常翻阅、观赏，为自己的进步感到骄傲和自豪。

宝宝变得很胆小

6个月到1岁半，宝宝逐渐产生了对黑暗、高处等一些物体或情境的恐惧，宝宝开始对陌生事物产生警觉和拒绝接近。相比一个不满半岁的宝宝来说，稍大一点的宝宝看到一个从来没有玩过的新玩具时，他们会犹疑一会儿，而不像不满半岁的宝宝那样，立即抓起来往嘴里塞。

这一时期宝宝最常见的害怕在心理学中称为分离焦虑。当母亲离开时，宝宝会以为再也见不到母亲了而大哭。这时的宝宝也开始出现对陌生人的害怕，当陌生人靠近或试图逗逗他时，宝宝会害怕得哭起来。

父母大可不必为宝宝变得胆小而担心，这其实是宝宝成长的标志，它表明宝宝的认知能力已经有了质的提高，他们已经能够分清哪些是自己见过的，哪些是没有见过的。

宝宝怕黑

不同年龄的宝宝都有其害怕的事物，比如7~8个月的宝宝比较怕生，9~10个月的宝宝害怕与爸爸妈妈分离……11个月的宝宝也开始怕黑了，这是为什么呢?

原先对黑暗毫不害怕，是由于宝宝不理解周围的各种事物，因而除了某种本能的反应外，一般不会产生恐惧反应。但如果宝宝在黑暗中受到某种意外的惊吓，这时黑暗就形成了一个条件刺激，以后再进入黑暗的环境时，宝宝就会触景生情，产生恐惧的条件反射。

宝宝害怕黑暗时，父母首先要

新妈妈育儿经

培养宝宝的自我意识

日常生活中爸爸妈妈可以采用宝宝感兴趣的方式来培养宝宝的自我意识。

鼓励宝宝照镜子

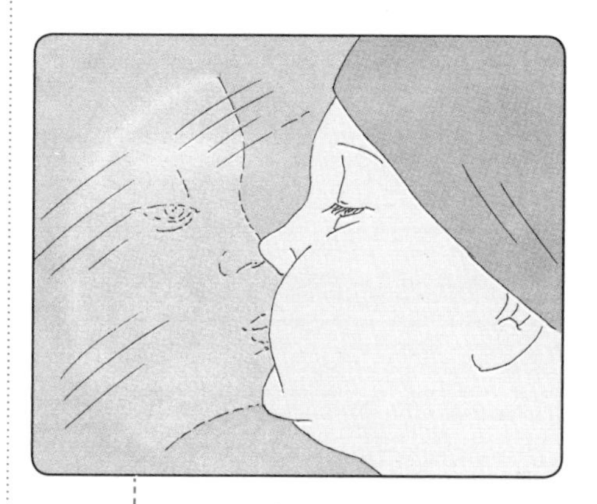

让宝宝看自己的五官、身材如何。

画自画像

启发宝宝绘出自己的形象。

建立成长档案

描出宝宝的身体轮廓，然后让其进行剪贴。

收集宝宝的“作品”

让宝宝为自己的进步感到骄傲、自豪。

弄清宝宝怕黑的原因，然后帮助他克服。一般来说，要注意不要给宝宝讲迷信鬼怪的故事，不要用恐吓的手段来使宝宝听话，以保护其神经系统的正常发育。此外，要使宝宝用自身的感受纠正其对黑暗的种种错误印象。一旦孩子因过度害怕而患了黑暗恐怖症，就要立即寻求医生的帮助，使宝宝的身心健康能够正常发展。

宝宝孤独症

在现代社会，患孤独症的宝宝越来越多。患有孤独症的宝宝会有以下四方面的表现：

1.社会交流障碍。这是患有孤独症的宝宝所面临的最大问题。他们对周围的事物漠不关心，难以体会别人的情绪和感受，也无法正确地表达自己的情绪和感受。患有孤独症的宝宝存在“思维盲区”，他们似乎认为凡存在于他们自己脑子里的东西，也一样存在于别人脑子里，彼此没有什么区别，但是这并不意味着他们没有感情。

2.缺乏学习与模仿的能力。宝宝通过模仿学习说话，学习运用无声的身体语言、手势和表情进行沟通。但是患孤独症不懂得模仿。

3.语言障碍突出。大多数患有孤独症的宝宝很少说话，即便有的宝宝会说话，也宁愿用手势来代替语言，或者只会机械地模仿别人的语言，并且患有孤独症的宝宝常常分不清你我。

4.兴趣狭窄，行为刻板，对环境要求严格，不容许有丝毫改变。患有孤独症的宝宝通常会较长时间地专注于某种或某几种游戏，经常重复一些固定刻板的动作，严重地甚至有自残行为。

为了防止宝宝患孤独症，家长在平时一定要及时地关注宝宝，经常与宝宝沟通，时刻关注宝宝内心的想法和内心感受。患有孤独症的宝宝更需要家长的关爱，如果宝宝患有孤独症，这时候家长一定要更加有耐心，多多了解宝宝的想法，尽量加强与宝宝的沟通，引导宝宝多开口说话，必要时要及时带宝宝去看心理医生。

宝宝孤独症

宝宝的自我评价体系尚未形成，对自己或别人的认识和评价往往只是成人评价或成人行为的简单再现。

孤独症的症状

社会交流障碍。

语言障碍突出。

如何预防宝宝的孤独症

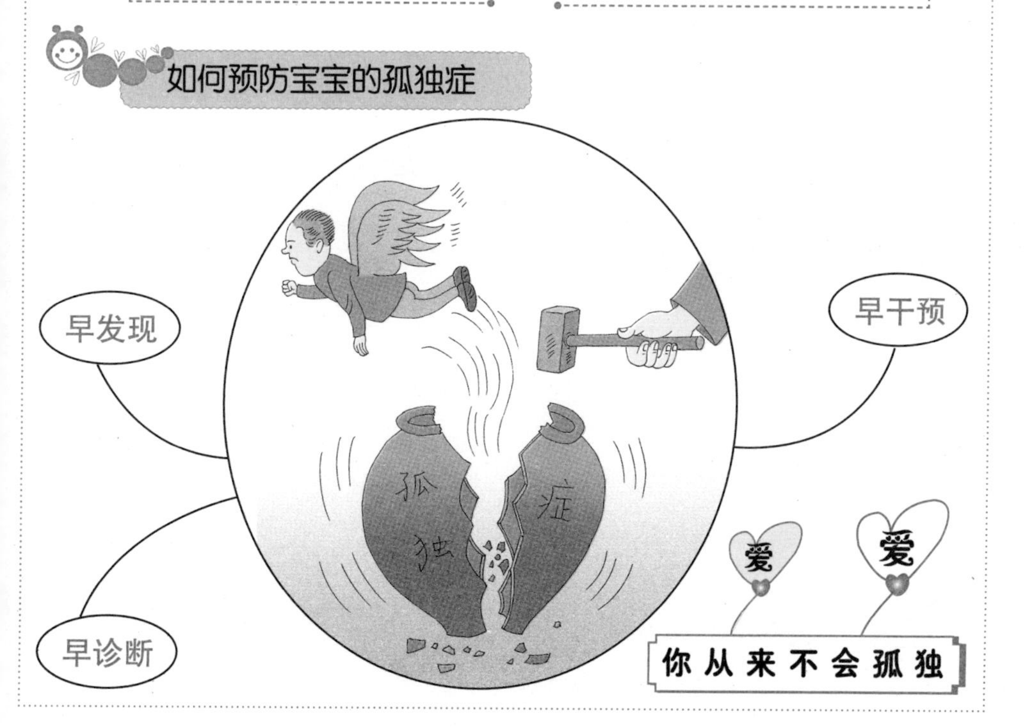

1~2岁宝宝的护理

宝宝害羞了？没错，这是宝宝身心发展的表现。爸爸妈妈一定不要嘲笑宝宝，做宝宝最贴心的朋友和老师是对宝宝身心健康成长最好的做法。

宝宝开始害羞了

害羞是人的一种天性，适度害羞是种自我保护的行为。但如果小宝宝过于害羞，导致他们退缩和裹足不前，将会阻碍他们身心的健康发展。

2岁左右的宝宝语言表达能力还较差，在碰到陌生人和不熟悉环境时，表现出不安和尴尬都属于正常而自然的反应。但如果宝宝每次都退缩、不说话也不做出任何行动，就会封闭自己，妨碍交往能力的发展。

当宝宝过度害羞时，家长一定要及时地采取措施加以改善。

宝宝害羞的表现

1.面红耳赤，脉搏增快，心跳加速，出汗。

2.过分敏感。害羞是使人偏于极端地关心别人对其看法的一种心理状态，表现为逃避人与情境，以免受到任何潜在批评，不敢抬头挺胸地面对他人，以避免引起注意。

3.过分专注自己。典型害羞者，一向很顾虑自己，处处放不开，很难专注在任何工作上。最极端的是：不能接受游戏和比赛活动。这种人无论参与、抑或旁观，通常都过于担忧别人对他的印象。

4.特殊表现：犹豫、寡欢、独立性差、被动、退缩、容易忧伤、没有领导能力；爱脸红、说话结结巴巴、咬指甲；不敢正眼对人、较不友善、活动量少、易有无目的闲逛等表现。

宝宝害羞的原因及对策

1.缺少社会交往。对于这类宝宝，首先要对他多鼓励，少批评，尽可能为宝宝提供与人交往的机会。

2.批评过多。宝宝难免做错事，

新妈妈育儿经

宝宝害羞

害羞是宝宝身心发育的表现，与宝宝缺乏此方面的锻炼有关系，对于害羞宝宝，父母一定要耐心引导，让害羞宝宝成长为人见人爱的宝宝。

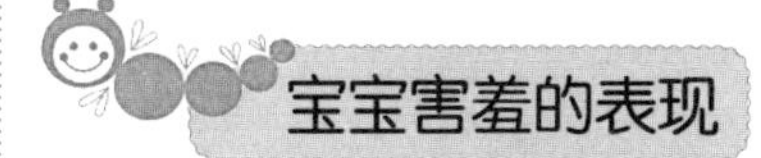

宝宝害羞的表现

过分敏感

过分专注自己

犹豫、寡欢，不敢正眼对人，脸红

面红耳赤，心跳加速，脉搏增快，出汗

宝宝害羞的原因及对策

宝宝害羞	原因	对策
1	缺少社会交往	多鼓励，少批评，尽可能为孩子提供与人交往的机会。
2	批评过多	尊重孩子的意见，提高孩子的自信心。善于并及时发现孩子身上的闪光点，多表扬。
3	包办过多	让孩子做力所能及的事。

不要总批评，要注意尊重宝宝的意见，提高宝宝的自信心。多表扬宝宝的长处，这样宝宝的害羞心理会有所改善。

3.包办过多，宝宝的自主性没有得到发展。应让孩子做力所能及的事，父母如果总是心疼孩子小，生怕宝宝做不好而事事代劳，其结果就会压抑孩子自主性的发展，使他们怀疑自己的能力，形成胆怯心理。

因此，多鼓励宝宝做些简单的事情，宝宝做对的，给予肯定、表扬，做得不太好的地方，除告诉他们应该怎么做外，还应该鼓励他们下次做好，增强宝宝自主发展的积极性。

宝宝有了嫉妒心

嫉妒是人类情感的一种表现方式，是对他人的优点心中产生的不愉快的情感，尽管是一种负面情感，但初期的嫉妒有积极的一面，它起到提醒对方的重视、唤起自尊心的作用，是一种自我保护。但嫉妒过度，对人对己都会造成伤害。

宝宝产生嫉妒心的原因

宝宝的自我意识刚刚出现，自我评价体系尚未形成，不能客观地评价自己和别人，对自己或别人的认识和评价往往只是成人评价或成人行为的简单再现。例如，宝宝跟你说："我很乖，我很听话"，实际上是反映你的意见和期望。

由于嫉妒而引发了生气的情绪，这是一种强烈的社会信号，即告诉你他需要安慰和更多的爱。宝宝会为了满足个人需要而改变情绪表达，并夸大真实的感受，如果你没有理解这一点，往往会对宝宝的愤怒感到困惑，甚至严厉地教训宝宝，或对他置之不理，这将更加剧宝宝的焦虑和不安。

宝宝会嫉妒什么

1.爸爸妈妈亲近别的宝宝。

2.别的宝宝受到夸奖表扬，而自己没有。

3.对别人，特别是同龄人所拥有的自己不具备的能力，或自己没有的物品产生嫉妒。比如，别的宝宝的玩具比自己多。

3种情况下宝宝会嫉妒

1.表扬当然能增进宝宝的自信心，但如果不注重技巧，一味说好话，宝宝习惯了以后便认为自己真的什么都好，只有自己好。这时的宝宝就会对其他得

宝宝的嫉妒心

在这里我们提供了五种有效的方法，来帮助您巧妙应对宝宝的嫉妒心。

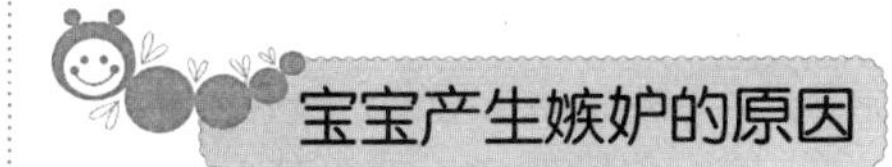

不注重技巧
一味地表扬宝宝

家长喜欢拿宝
宝和别的宝宝比

家长对宝宝
的关注有所转移

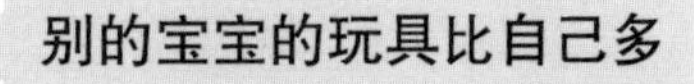

别的宝宝受夸奖而自己没有

小宝宝爱争宠父母要巧应对！

到表扬的宝宝产生嫉妒。

2.家长喜欢拿宝宝和别的宝宝比较，如“你看兵兵多聪明、多能干啊”。宝宝的成长有快有慢，宝宝无法在短时间里改变现状，便会产生挫败感和无法掌控感，便会感到焦虑，进而产生嫉妒。

3.当你对宝宝的关注有所转移时，宝宝会产生嫉妒。

克服宝宝嫉妒心的方法

1.给宝宝充分的爱。让宝宝时刻感受到你的爱，即便在宝宝因嫉妒无法释怀的时候，也要无条件地接受他的负面情绪，学会安静、耐心地倾听宝宝的感受，引导他讲出不快，甚至愤怒。

2.适度表扬。如果宝宝经常表现出嫉妒心，那么你在表扬他时就要适度并注意技巧。表扬要有的放矢，具体化，不要为了表扬而表扬，如“能干、懂事”等概括性语句，宝宝很难理解其内涵，没有具体实例，宝宝也很难信服，不利于其行为模仿。

3.提高自我认知能力。引导宝宝发现他人的优点，对他的发现加以表扬；引导宝宝逐渐认识自己的特点，了解自己的长处，也正确认识别人的优缺点，使自己更自信。

4.培养移情能力。移情能力是指设身处地为别人着想的能力。这种能力的培养可以从宝宝认识自己的情绪开始。比如，带宝宝去别人家做客，阿姨对他特别热情，你就可以引导宝宝想象：“如果阿姨的宝宝到我们家来，我们是不是也应该这样热情地对待他呀？”

5.让嫉妒成为进取的力量。可以适时地引导宝宝把嫉妒转化为进步的动力。平日里鼓励宝宝多参加一些竞赛型的游戏，如画画、赛跑、下棋等。在有输有赢的比赛中，适时引导宝宝去欣赏别人的闪光点，发现自己的特点，在此基础上不断进步。

6.发挥父母的表率作用。榜样的作用是巨大的，父母首先要做到心胸开阔、开朗包容，不为琐事斤斤计较，能正确认识自己的优点、缺点，对别人的优点表示承认和欣赏，也要保持自信心。久而久之，宝宝也会在潜移默化中形成豁达开朗的个性。

理性对待宝宝的“坏毛病”

不管东西干净不干净，能不能吃，1岁以内的宝宝都特别喜欢把东西抓起来放在嘴“嚼一嚼”。很多爸爸妈妈看到这种情况时都会极力阻止宝宝这样做，因为他们认为这样很不卫生，而且也很不安全。爸爸妈妈的担

新妈妈育儿经

克服宝宝的嫉妒心

成人内心的“嫉妒”往往是心胸狭窄的表现，而宝宝其实也有“嫉妒心”，那么怎样能帮孩子克服嫉妒心呢?

宝宝产生嫉妒的原因

克服宝宝的嫉妒心

- **给宝宝充分的爱** → 让宝宝时刻感受到你的爱，安静、耐心地倾听。
- **适度表扬** → 表扬要具体化，而且要让宝宝听得懂并且信服。
- **提高自我认知能力** → 引导宝宝发现别人的优点，并且认识自己的特点。
- **培养移性能力** → 培养宝宝设身处地为别人着想的能力。
- **让嫉妒成为进取的力量** → 适时地引导宝宝把嫉妒化为进取的力量。
- **发挥父母的表率作用** → 父母要做好宝宝的榜样，心胸宽广，不攀比。

培养宝宝设身处地为他人着想的能力

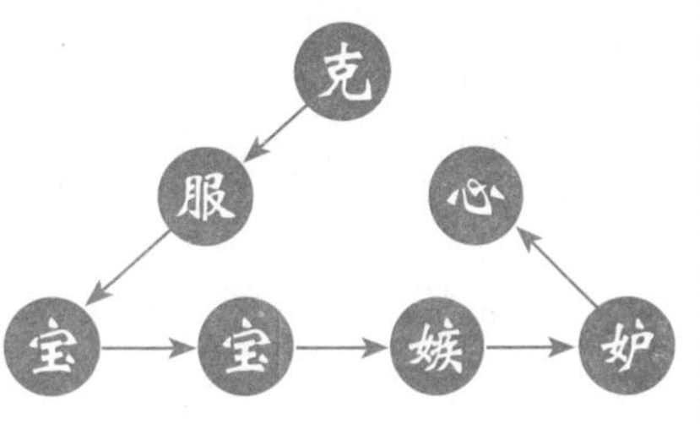

心是有道理的，但是，这是宝宝在努力地探索这个美妙世界，宝宝是用口舌来感知世界的，这段时间喜欢把东西放嘴里很正常。

爸爸妈妈千万不要打消宝宝的积极地探索，并且要给宝宝准备一些干净、柔软、无毒的小东西或咀嚼饼干让宝宝嚼，这样既满足了宝宝的好奇心，而且还可以促进宝宝牙齿的发育以及提高宝宝的咀嚼能力。

宝宝爱打人

对于1到2岁的孩子来说，攻击行为很普遍。有时宝宝打人看不出理由，他们常怀有玩的心理去试探自己的行为能力，或试探大人反应。打完人他们等着看下面将发生什么事情。对宝宝来说，打人是正在进行的重大试验。另外，宝宝打人也是带有强烈的情绪因素的。宝宝的每一天都在努力掌握各种新的技能，遇到他们不熟悉的各种情形。因此，打人成为了孩子们表达挫败感，或者遭受打击后的复杂情感的一种方式。

宝宝打人的原因

打人是因为无法用语言表达。当一个4岁孩子的玩具被抢走之后他会说："还给我!"但1岁的孩子他的表达能力有限，还没有发育完全，于是就用拳头代替语言。而且一两岁的孩子也意识不到打人会伤害别人，即使大人告诉他别人会疼，这么大的宝宝也是没有自控能力的。

避免攻击的办法是防患于未然。父母应仔细观察是什么促使宝宝产生了打人的欲望，然后事先有所行动。先回想一下宝宝是不是累了或饿了以后就会爱打人，还是在人多的场合爱攻击人，或者是当他去一些陌生场所的时候，如果是的话父母就应该提前做好预防工作。

宝宝打人后父母该怎么做

当宝宝出现了打人的行为时，家长一定要采取有效的措施对宝宝进行"施教"。

1.宝宝打人后，家长最重要的就是要保持冷静。当家长做出了好的榜样时，宝宝就会积极地向家长学习，在紧迫关头时家长一定要保持耐心。

2.认可宝宝的感觉，简约地给宝宝做一些指导。家长应该向宝宝表明理解他的感受，平静且清楚地告诉宝宝"我知道你很想要那个玩具，但是不能打人……"一定要避免过长的训导和讲道理，因为这会使宝宝一头雾水，不知所云。

新妈妈育儿经

宝宝爱打人

打人是宝宝表达挫败感，或者遭受打击后的复杂情感的一种方式。打人是因为宝宝无法用语言表达。

宝宝打人的原因

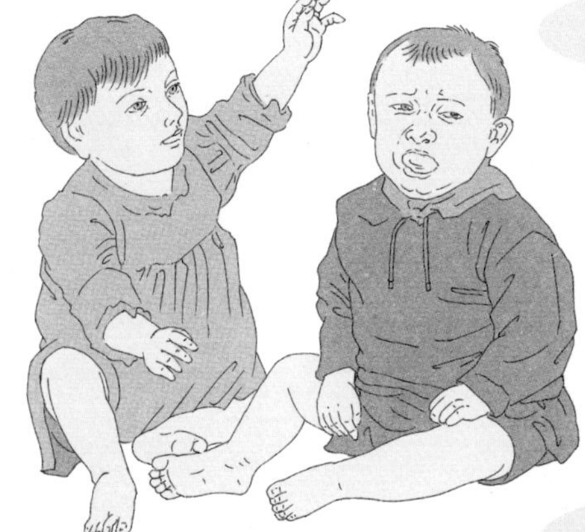

防患于未然

防止宝宝打人的最好方法是防患于未然，父母总结归纳一下宝宝都是在什么情况下会打人，然后做好防范措施。

宝宝打人后父母怎么办

◆ 保持冷静。

◆ 表达想法和感受，向孩子解释打人使其他人受伤了。

◆ 认可宝宝的感觉，简约地给他一些指导。

◆ 给孩子提供一个可选择的替代攻击的方法。

◆ 表扬孩子积极的努力行为。

◆ 循环往复才能取得最终的成功。

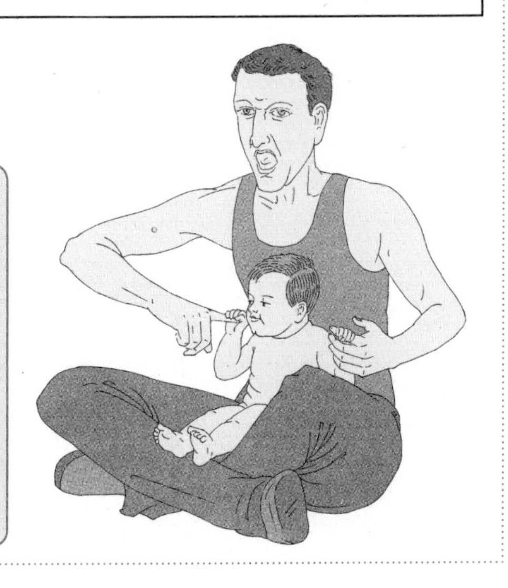

3.让宝宝进行换位思考。向宝宝解释打人使其他人受伤了，使宝宝明白他的打人行为所造成的后果是什么。告诉宝宝被打的胳膊很疼。

4.给宝宝提供一个可选择的替代攻击的方法。对于学会说话的宝宝来说，使用语言是一个替代武力的好方法。家长可以直接告诉宝宝，如果下一次遇到同样的情况不要打小朋友，可说“让我玩玩你的玩具”。

5.表扬宝宝积极的努力行为。应该寻找机会鼓励宝宝，可夸奖宝宝“和小朋友分享真好”、“这次没打人好棒，下次再试着这样做”……赞扬是宝宝最好的动力。

6.循环往复才能取得最终的成功。家长不要担心宝宝打人行为的重现。1岁的宝宝需花很长时间学会不打人，家长教导宝宝的同时还要培养自己的忍耐性，加强自己的幽默感。

面对宝宝反抗的正确做法

对待1~2岁的宝宝，爸爸妈妈如果一味地只知宽容，听之任之，就会使他们分不清对与错，错把胡闹当武器，在大人面前撒娇和要赖。如果一味拒绝，又会使孩子觉得大人太霸道，就会加重“逆反”心理。如何才能有效地安抚孩子呢？下面我们介绍5种比较行之有效的方法供您参考。

1.因势利导。当宝宝正玩得非常高兴时，家长千万不要打断宝宝的兴趣，待他们玩了一阵且兴趣减退后，便可安排他们做其他事情，并与他们讲清道理，此时宝宝一般都会听话的，会高兴地做你安排的作业。

2.巧搭梯子。宝宝有时是为了逞能要犟而不听话或做错了事，家长千万不能对他嘲笑讽刺或是责骂，宝宝也有自尊心，此时要帮他“搭梯子”，让他体面地下台。比如，当孩子吃饭前不愿意洗手时，你可拉着孩子的小手对孩子说：“你看，宝宝的小手有多脏，上面有好多好多看不见的细菌，吃到小肚子里会生病，要打针的。”孩子怕生病，怕打针就会顺从地去洗手了。

3.甜言蜜语。充分利用孩子渴望被家长认可的心理，适时地对他们说些“甜言蜜语”。

4.皆大欢喜。在教育和引导孩子做某种事时，家长可把自己企盼孩子接受的做法与其他几种做法摆在一起，让他们自己选择，这样既让孩子表现自己的独立性，又能心甘情愿地顺从你的建议，双方皆大欢喜。

5.戴“高帽子”。父母可适当地给宝宝戴戴“高帽子”，如“宝宝最能干，会把房间整理得干干净净”，“宝宝最听话，最懂礼貌……”这样，既给孩子讲清道理，又让孩子心里舒服，孩子就会听话了。

新妈妈育儿经

面对宝宝反抗的正确做法

对于宝宝的反抗，既不能一味地听之任之，也不能一味地拒绝。对于反抗宝宝，爸爸妈妈一定要科学合理地引导。

◆ **因势利导**：当孩子玩了一阵兴趣减退时，再安排他去做别的事情。

◆ **巧搭楼梯**：当孩子是为了逞能要犟而不听话或做错了事时，家长要让孩子体面地下台。

◆ **甜言蜜语**：在坚持下面教育的原则上，适当地对宝宝说一些“甜言蜜语”。

◆ **皆大欢喜**：在家长想让宝宝做的几件事里，让宝宝自己做选择。

◆ **戴“高帽子”**：家长在坚持原则的基础上，可适当地给宝宝戴“高帽子”。

第四章

医疗保健

现在的孩子都是独生子或独生女，父母无不百般呵护，唯恐孩子受半点委屈。在体质上尤其是这样，都希望自己的孩子健健康康的，能够长得高、长得壮。

给宝宝预防接种

宝宝出生后，接触细菌和病毒的机会增加，而其发育不完全，免疫功能低下，接种疫苗则可以让宝宝有效地避免很多疾病。疫苗是宝宝健康的“保护神”，给宝宝定期接种疫苗，是宝宝健康的保证。

人体免疫力分为哪两种

人体免疫力一般分为非特异性免疫和特异性免疫两种。非特免性免疫往往是人体的第一道防线，其免疫作用快，作用范围一般包括皮肤表膜的屏障作用和吞噬细胞的作用，对各种病原体均有防御作用。特异性免疫，其免疫作用单一，只对某种特定的病原体有防御作用。

获得性免疫的方式有两种，即自然免疫和人工免疫。自然免疫的来源一般有两种，一种是婴儿借助于母体，从而获得对某些疾病的抵抗力。例如，婴儿出生后六个月内对麻疹的免疫力；另一种是通过感染过的某种病原体，从而获得对某种疾病的免疫力，例如，感染过水痘病毒后所获得的对水痘的免疫力。

计划免疫

计划免疫是指有计划、有重点地在人群中进行预防接种，并且建立与之相对应的科学的登记管理方法。计划免疫依据的是人群对传染病的免疫能力、生物制品的性能和传染病的流行情况。具体地，目前我国所实施的计划免疫预防接种的程序是这样的：

新生儿：出生后的第一针是注射卡介苗；2个月的婴儿：第一次口服婴儿麻痹糖丸活疫苗；3个月的婴儿：第二次口服婴儿麻痹糖丸活疫苗，同时第一次注射百白破三联疫苗；4个月的婴儿：第三次口服婴儿麻痹糖丸活疫苗，同时第二次注射百白破三联疫苗；5个月的婴儿：第三次注射百白破三联疫苗；8个月的婴儿：第一次注射麻疹疫苗；1岁的婴儿：第一次、第二次注射日本脑炎疫苗，两次间隔7~10天；1岁半的宝宝：第三次加强注射百白破疫苗；2

新妈妈育儿经

预防接种的途径和方法

预防接种有六种途径和方法，它们分别是皮下注射、肌肉注射、皮内注射、口服法、皮肤划痕法和喷雾吸入法。

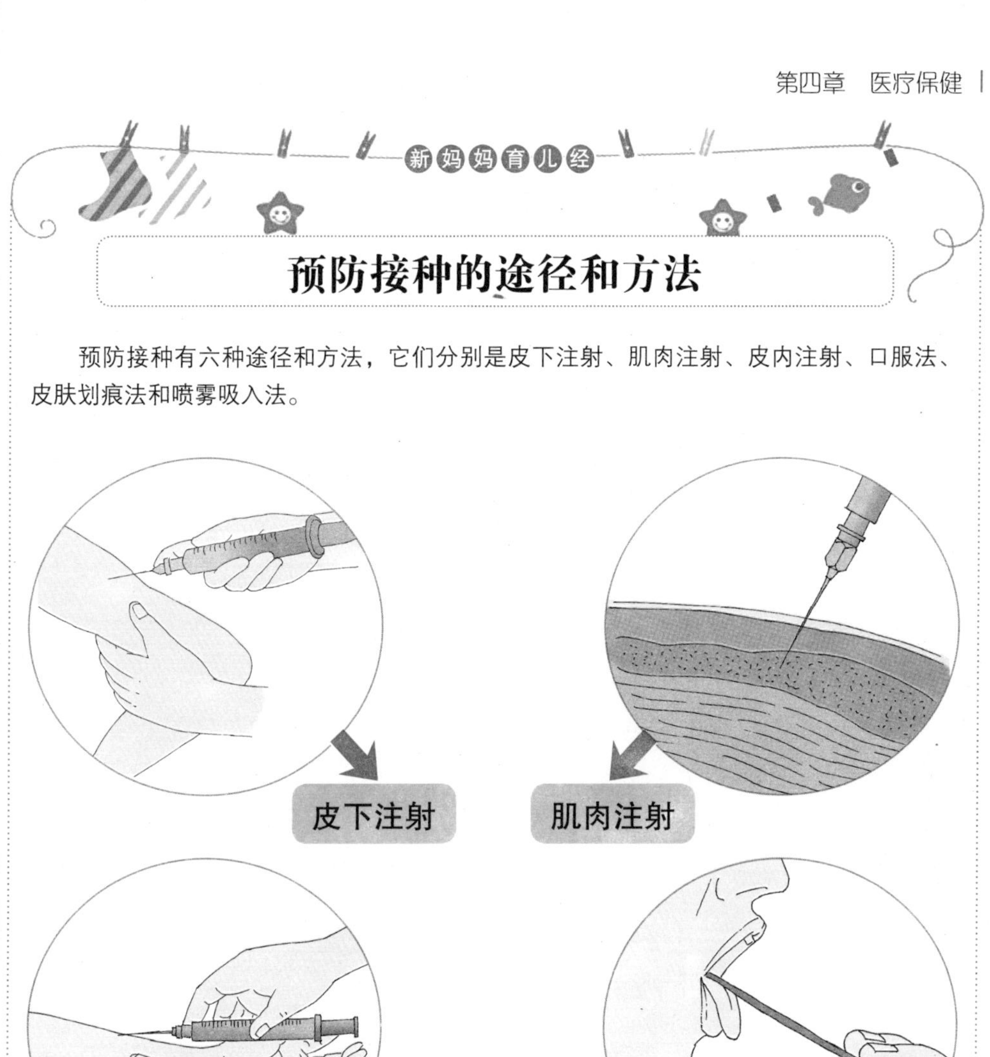

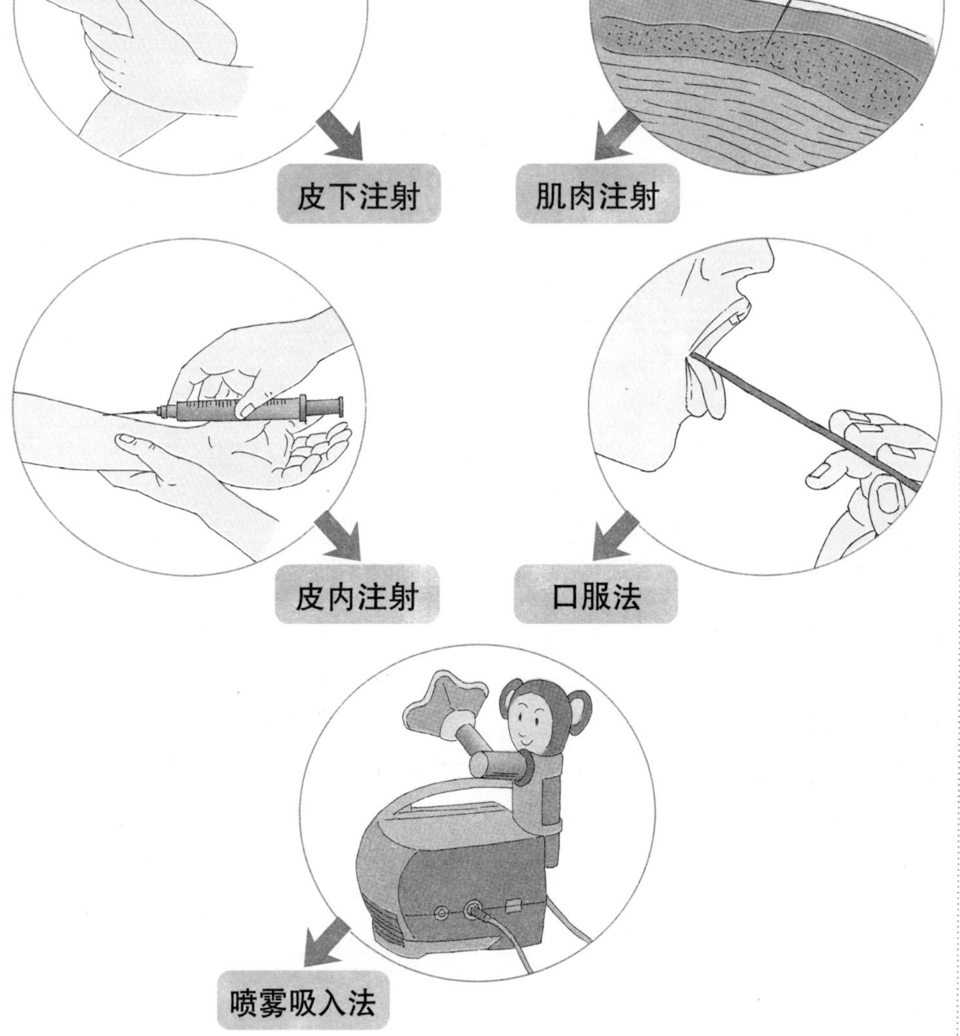

岁的宝宝：第三次加强注射日本脑炎疫苗；3岁的宝宝：第四次加强注射日本脑炎疫苗；4岁的宝宝：第四次口服婴儿麻痹糖丸活疫苗；6~7岁的宝宝：第二次注射卡介苗，第四次注射百、破二联疫苗，第二次注射麻疹疫苗，第五次加强注射日本脑炎疫苗；12岁的农村宝宝：第三次注射卡介苗；12~13岁的宝宝：第六次加强注射日本脑炎疫苗。

综上所述，1周岁内的宝宝应该完成卡介苗、婴儿麻痹糖丸活疫苗、百白破疫苗和麻疹疫苗的预防接种，以后再根据宝宝的具体情况在合适的时间里对宝宝进行加强免疫或其他类型的必要免疫。

卡介苗

卡介苗是用来预防结核病的减毒活疫苗，它不引起人体发病但却有免疫的原作用，是由经过人工培养的无毒副型结核杆菌悬液制成。卡介苗被称为“出生第一针”，新生儿出生后24小时内就应该接种卡介苗，当宝宝6~7岁时要第一次接种卡介苗，另外农村儿童在12岁时还要第三次接种卡介苗。

不宜接种卡介苗的情形

新生儿出生时体重不足2500克、早产儿、新生儿患有严重的窒息和吸入性肺炎时，都不宜接种卡介苗。但是当宝宝出生后3个月体重上升到了3000克，身体恢复了健康，经医生检查以后，宝宝可以接种卡介苗，如果超过了3个月，则应该先做结核菌素试验，呈阳性方可给新生宝宝接种卡介苗。

发热、腹泻、处于各种病的急性期、病后的恢复期不足一个月的宝宝以及患器官性疾病和皮肤病的宝宝，应该暂时停止接种卡介苗。

有过敏史的宝宝、难产宝宝和低体重宝宝，经过医生同意以后慎重给宝宝接种。

甲肝疫苗的作用

甲肝疫苗是预防甲型病毒性肝炎的减毒活疫苗，该疫苗是将对人无害的甲型肝炎病毒减毒株培养处理后注射到人体内，使人体产生免疫力。

接种甲肝疫苗后可促进人体体液和细胞的免疫，接种8周左右人体便可获得较高的免疫力，进口的疫苗保护期长达20年，国产的疫苗保护期也有10年的时间。

给宝宝接种卡介苗

卡介苗是用来预防宝宝结核病的预防接种疫苗，接种后可以让宝宝产生对结核病的特殊抵抗力。

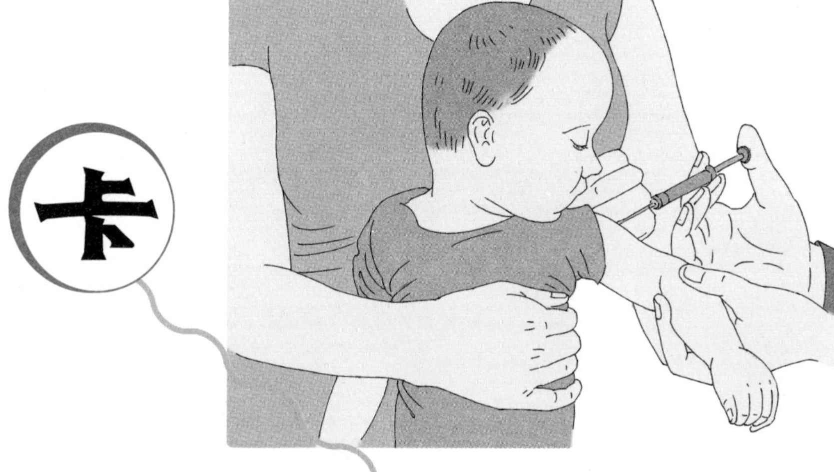

“新生儿出生第一针”

新生儿应该在出生24小时内接种卡介苗，如果出生时没能及时接种，在1岁以内一定要到当地结核病防治所卡介苗门诊或者卫生防疫站计划免疫门诊去补种。

不宜接种卡介苗的情形

- 新生儿出生体重不满2500克。
- 宝宝出生时患有先天性的免疫缺陷。
- 宝宝是早产儿。
- 宝宝出生时有严重窒息或严重的湿疹等。

宝宝在1周岁以后便可接种甲肝疫苗，家长要根据宝宝的实际情况及时给宝宝接种甲肝疫苗。

流脑多糖疫苗

流脑是流行性脑脊髓膜炎的简称，是一种急性呼吸道传染病，由脑膜炎双球菌引起。流脑在冬春季节比较流行，而且多发生于儿童。流脑多糖疫苗可以预防流脑的发生，预防效果可以维持3年左右，对于儿童的保护率高达86%~92%。

接种流脑多糖疫苗以后，大多数宝宝反应轻微，只有极少数的宝宝会出现比较强烈的反应。

发热、处于急性病期间的宝宝应该暂时停止接种流脑多糖疫苗，等到宝宝身体恢复健康以后再接种；对于患有脑部疾患或者有过敏体质的宝宝应该慎重接种流脑多糖疫苗。

接种乙肝疫苗的必要性

乙型肝炎在我国的发病率很高，我国现有1.2亿的乙肝病毒携带者，有3000万的乙肝患者，预防乙肝的情况非常严峻；而且如果怀孕时妈妈患有乙型肝炎，那么宝宝出生后的患病可能性达到90%，在乙肝的高发区，有很多婴幼儿是因母婴传播而感染疾病的，所以让下一代接种乙肝疫苗是非常有必要的。

宝宝接种疫苗后，出现表面抗体是注射乙肝疫苗成功的标志，只要表面抗体持续阳性，就可以使宝宝免受乙肝病毒的感染。

接种乙肝疫苗的注意事项

宝宝接种乙肝疫苗后并没有什么副作用，少数宝宝出现轻微地发热、不安、食欲减退的症状也属于正常现象，大都在2~3天内自动消失。但是当宝宝出现严重的发热或其他异常情况时，应及时带宝宝去医院。

当宝宝出现以下情况时，则应该禁止给宝宝接种疫苗：

1.注射前宝宝有发热的症状。

2.宝宝患有急性或慢性的严重脏器畸形。

3.宝宝属于早产儿。

4.宝宝患有严重的皮肤湿疹。

5.宝宝出现窒息、呼吸困难、心脏机能不全、严重黄疸、昏迷或抽筋等病情。

丙种球蛋白的作用

丙种球蛋白可以预防婴幼儿感染

接种乙肝疫苗

宝宝接种疫苗后，出现表面抗体是注射乙肝疫苗成功的标志，只要表面抗体持续阳性并保持较高的效价，就可以免受乙肝病毒的感染。

疫苗接种的步骤

第一针必须在宝宝出生后24小时内注射，并且越早越好。

第二针在宝宝满月后注射。

宝宝满6个月的时候注射第三针。

消灭乙肝

消灭乙肝

不宜接种的情形

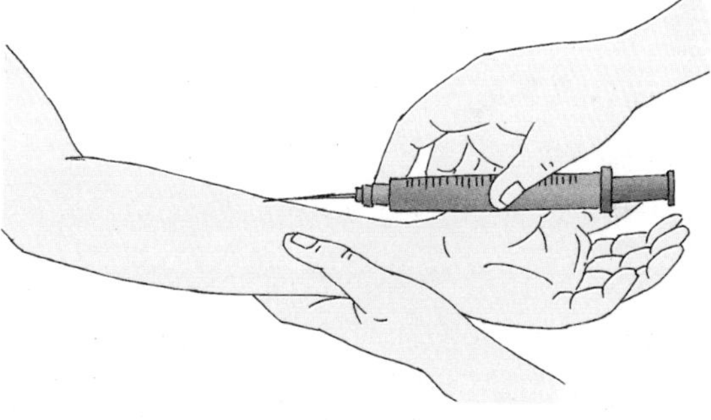

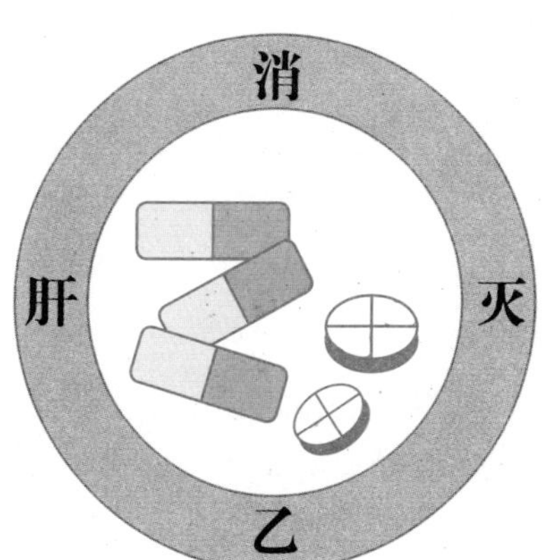

1.注射前宝宝有发热的症状。

2.宝宝患有急性或慢性的严重脏器畸形。

3.宝宝属于早产儿而且其体重不足2500克。

4.宝宝患有严重的皮肤湿疹。

5.宝宝出现窒息、呼吸困难、心脏机能不全、严重黄疸、昏迷或抽筋等病情。

麻疹、传染性甲型肝炎、流行性腮腺炎传染性疾病。其保护期为4~6周，最好在宝宝接触传染性疾病患者后使用，如果超过6周宝宝又接触了传染性疾病患者，则需要再次注射丙种球蛋白。

丙种球蛋白也可以用于内源性过敏性疾病，如过敏性鼻炎、湿疹、哮喘等。丙种球蛋白注射后在人体内一般可以保留3周，所以一般一个月只注射一次。

丙种球蛋白还可以辅助治疗因患急性白血病、类风湿性关节炎等病而出现的继发性低丙种球蛋白血症和一些免疫缺陷病。

接种百白破疫苗

百日咳、白喉和破伤风是儿童常见的传染病，而接种百白破疫苗是宝宝同时预防百日咳、白喉和破伤风的最有效手段，百白破三联疫苗适合3个月以上的宝宝接种。百白破疫苗以接种3次为原则，在宝宝3个月、4个月和5个月时各注射一次以求获得基础免疫，1岁6个月时再给宝宝加强免疫一次。这样的间隔收到的免疫效果是最好的。

如果宝宝在接种百白破疫苗前感染上了百日咳，则可以改成接种白喉和破伤风两种混合疫苗。由于接种的种类减少，相应的一期接种次数也减少，宝宝只需要接种两次便可。

百白破三联疫苗多半在婴幼儿臀部的外上四分之一处接种。

不宜接种百白破疫苗的宝宝

当宝宝出现以下情况时，则应该停止给宝宝接种百白破三联疫苗：

1.宝宝患有神经系统疾病，如癫痫、抽风、脑炎、小儿麻痹症等疾病。

2.宝宝有过敏性体质或痉挛性体质。

3.宝宝的主要脏器有器质性疾病，包括心、肝的疾病及活动性肺结核等。

4.宝宝患有急性传染病。

5.宝宝脑部损伤及有抽风的病史。

6.宝宝以前接种百白破疫苗产生了严重的反应。

接种百白破疫苗注意事项

在注射百白破三联疫苗12小时左右，宝宝往往会发生一定的反应，如在接种后的当天晚上宝宝会哭闹不安，难以入睡，有时还会发热（一般不超过38.5℃）；而且注射的局部会红肿、疼痛，这也会使宝宝烦躁不安。这种反应一般可持续1~2天，之后这些症状便会自行消失，不需要做

新妈妈育儿经

接种百白破疫苗

接种百白破疫苗是宝宝同时预防百日咳、白喉和破伤风的最有效手段。

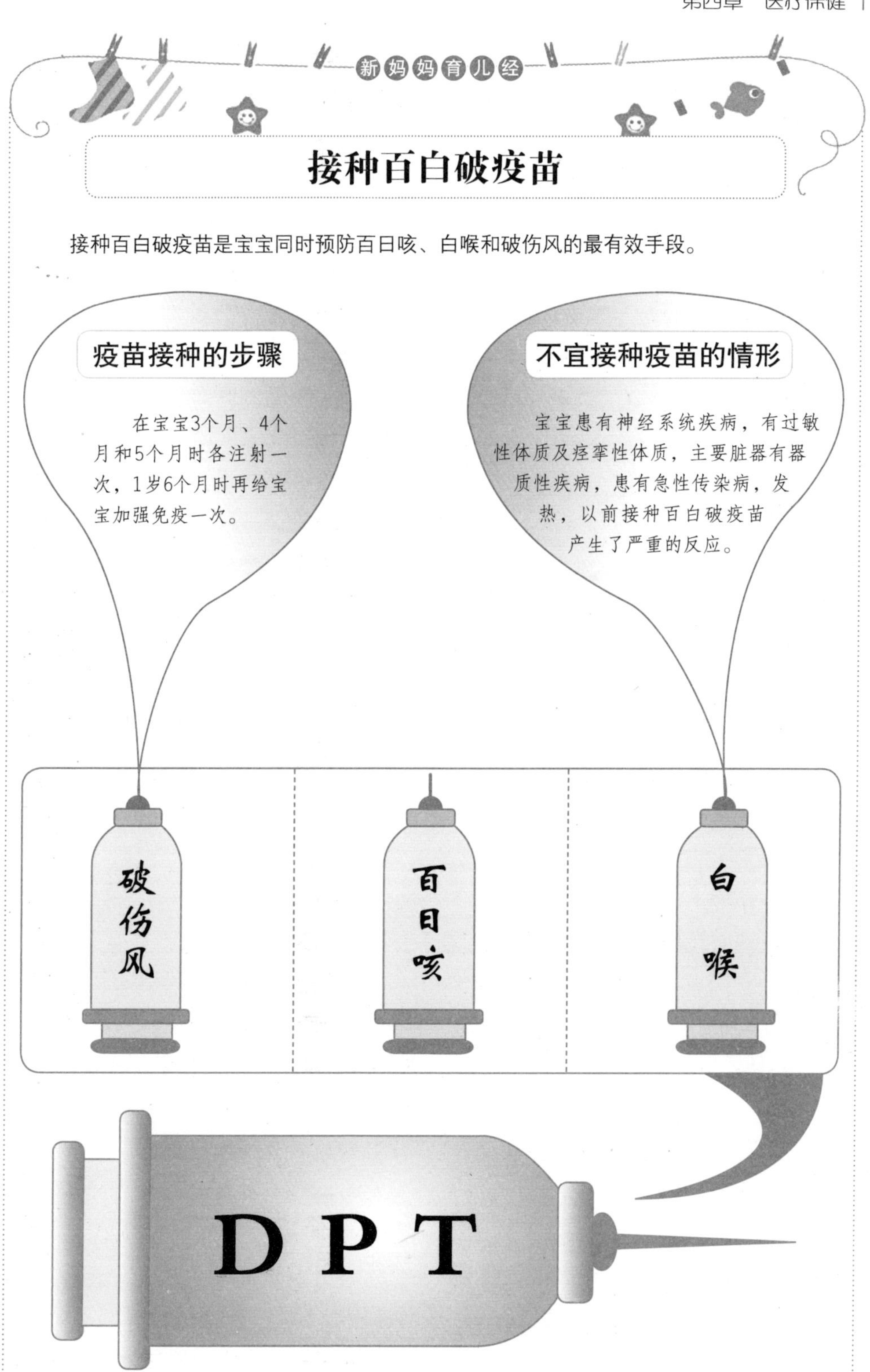

处理。

给宝宝注射百白破疫苗后爸爸妈妈需要注意以下几点：

1.应该多给宝宝喂一些白开水，仔细观察宝宝的体温变化及注射部位的情况，必要时采用局部热敷的方式来让肿块慢慢地消失。

2.接种的当天最好不要给宝宝洗澡，若实在想洗澡的话则应该尽量避开打针的地方，洗过后要对宝宝的注射部位进行仔细地消毒。

3.如果宝宝体温超过了38.5℃，爸爸妈妈最好带宝宝去医院。

接种麻疹疫苗

麻疹是由麻疹病毒引起的全身发疹性急性呼吸道传染病，麻疹疫苗用于预防麻疹疾病，麻疹疫苗初免成功，就可获得牢固的持久的免疫力。

儿童是麻疹多发年龄段，接种以8月龄以上未患过麻疹的人为主。宝宝满8个月以后就要给宝宝第一次接种麻疹，在宝宝7周岁时再加强注射一针。

麻疹疫苗是一种减毒活疫苗，一般副作用很轻，绝大多数宝宝接种后反应轻微，并没有不适的感觉，极少数宝宝会在接种后6～10天出现发热的症状，但是这种症状持续不超过2天，对宝宝并无其他影响。

当宝宝的体温超过38.5℃并且持续时间超过5天以上，则认为异常现象，爸爸妈妈应该及时带宝宝到医院就诊。

接种麻疹疫苗注意事项

丙种球蛋白里面含有抵抗麻疹病毒的抗体，如果同时给宝宝注射麻疹疫苗和丙种球蛋白，丙种球蛋白中的麻疹抗体就会把进入人体的麻疹活疫苗杀死，因而疫苗接种就会失败。

因此，如果事先接种过麻疹疫苗，那么要间隔两周以上再给宝宝注射丙种球蛋白；如果事先给宝宝注射过丙种球蛋白，那么就要间隔1个月以上再给宝宝接种麻疹疫苗。

预防接种后出现过敏性皮疹

预防接种后最常见的过敏性皮疹是荨麻疹，主要表现为淡红色或深红色的、大小不等的丘疹，通常宝宝会感觉到非常地瘙痒，多在宝宝注射后几分钟或者几天内出现。

由于疫苗在局部吸收不良，因而疫苗中的成分堆积而发生无菌性化脓；慢性炎性刺激也会使局部皮肤形成硬结，并且慢慢液化坏死。

对于轻度的过敏性皮疹，用湿毛

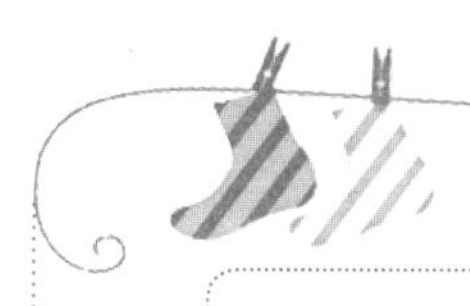

新妈妈育儿经

接种麻疹疫苗

麻疹疫苗用于预防麻疹疾病，麻疹疫苗初免成功，就可获得牢固的持久的免疫力。

接种麻疹疫苗的程序

宝宝满8个月后第一次接种

1岁时复种

7岁时加强一次

12岁时加强一次

18岁时加强一次

由于麻疹疫苗是在鸡胚中培养的，所以对鸡蛋过敏的宝宝不宜接种麻疹疫苗。

疫苗接种的宜与忌

麻疹、乙肝疹苗不能同种

注射后两天内忌洗澡

注射后在接种处休息半小时

注射疫苗前忌空腹

忌剧烈运动

忌吃辛辣刺激性食物

免疫力低的宝宝不宜接种

宜多喝开水

绝大多数宝宝接种疫苗后反应轻微，没有不适的感觉，极少数宝宝会在接种后6~10天出现发热的症状，但是不超过2天，对宝宝无其他影响。

巾热敷即可恢复；如果已经形成脓肿而且脓肿并未溃破，可以用消过毒的注射器将里面的脓液吸取出来，但是一定不要切开，否则极易感染；如果脓肿溃破，则需要立刻带宝宝去医院就医，来请医生处理。

宝宝服用脊髓灰质炎疫苗

脊髓灰质炎是由病毒引起的一种急性传染病，多发生在 6 个月至 5 岁的宝宝，在夏秋季节流行比较多，是由消化道或呼吸道传染。发病重者会有生命危险，即使治愈后也会有下肢麻痹的后遗症。

脊髓灰质炎活疫苗是由人工进行组织培养而制成，是一种减低了毒力的活疫苗，是脊髓灰质炎的自动免疫剂，宝宝口服后，其体内就会发生1次相当于隐性感染的自然感染过程，从而使宝宝对脊髓灰质炎产生相应的抵抗力。

2个月以后的宝宝体内不再有妈妈通过胎盘传递给的脊髓灰质炎中和抗体，因而给宝宝服用脊髓灰质炎活疫苗糖丸是非常必要的预防措施。

脊髓灰质炎疫苗的程序

脊髓灰质炎疫苗糖丸吃起来甜甜的，因而有很多宝宝都喜欢吃，但是糖丸不能随便乱吃，一定要按规定认真口服，切不可粗心大意。

1.要注意宝宝的月龄和年龄。宝宝2个月时需要首次接种脊髓灰质炎疫苗，3个月和4个月时再各服一次，宝宝4岁时再加强免疫一次，口服疫苗后约两周内即可产生抗体。

2.服糖丸时，一定要用冷开水溶解后送服，并且半个小时内不要进服热水。此疫苗是活病毒制品，如用热水送服，活苗会被烫死，服后无用。同时，家长要看着宝宝吃下，吐出的要补服。

3.不要在哺乳后 2 小时内服。母乳中可能有抵抗病毒的抗体存在，使糖丸失去作用。

4.糖丸需冷藏。如果有特殊原因宝宝当时不能服用时，一定要把糖丸放在冰箱冷藏柜内。糖丸在20℃ ~ 22℃只能保存12天；2℃ ~ 10℃可保存5个月。

脊髓灰质炎疫苗的禁忌

服用这种疫苗以后并没有什么不良反应，少数的宝宝可能会有腹泻现象，也属于正常，大都会不治而愈，爸爸妈妈也不用太过担心。

当宝宝出现以下状况时，不宜给宝宝接种：

1.宝宝发高热。

服用脊髓灰质炎疫苗

只要按要求给宝宝服用脊髓灰质炎活疫苗糖丸，在流行脊髓灰质炎的时候，宝宝便可免除一场具有生命危险并可留下终生残疾的灾难。

脊髓灰质炎的发病机制

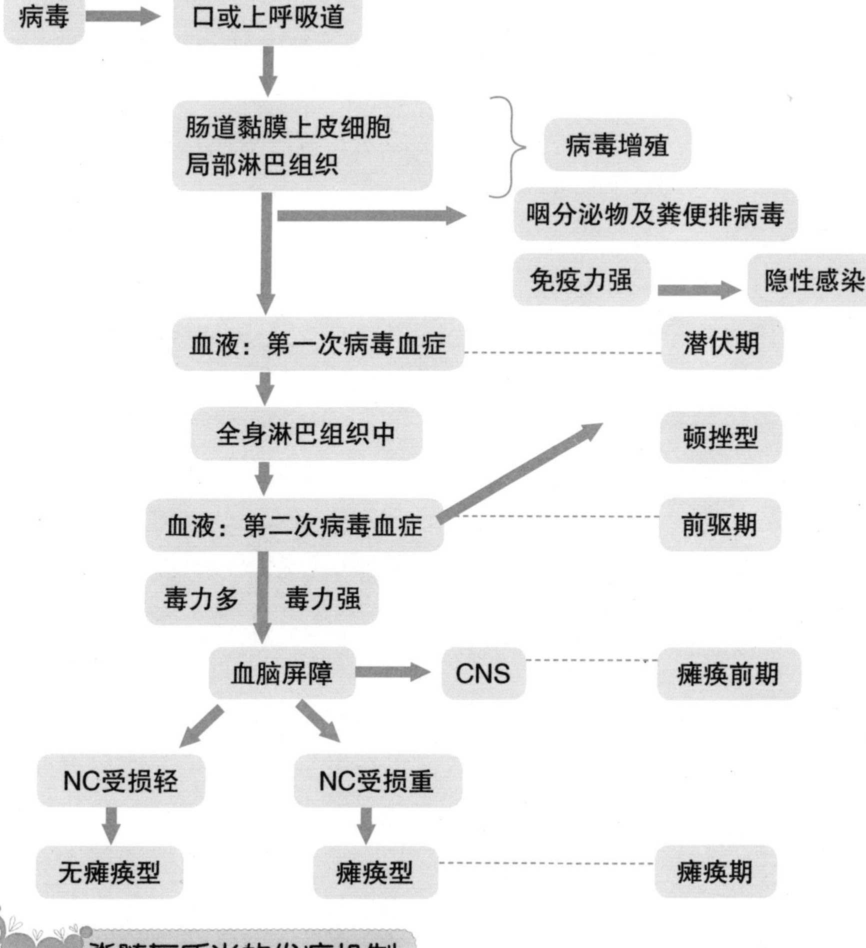

脊髓灰质炎的发病机制

- 宝宝发高热。
- 宝宝患有传染病和慢性病。
- 宝宝正在使用肾上腺皮质激素。
- 宝宝的免疫能力不全。

2.宝宝患有传染病和慢性病。

3.宝宝患有急性疾病。

4.宝宝患有严重的腹泻。

宝宝出现以上情况时，则应该暂时停止服用，等宝宝病愈后再补服。

接种乙脑疫苗的必要性

流行性乙型脑炎简称乙脑，在我国流行比较广，是由乙脑病毒引起的一种侵害中枢神经系统的急性传染病，常常造成患者死亡或留下神经系统后遗症。

乙脑疫苗专用于预防流行性乙型脑炎，接种乙脑疫苗是预防流行性乙型脑炎的有效措施，目前我国已经将乙脑疫苗纳入计划免疫程序之中，对所有身体健康的宝宝均要予以安排接种。所以父母一定要按时给宝宝接种乙脑疫苗。

不适合接种乙脑疫苗的情形

当宝宝出现以下情形时，则不能接种乙脑疫苗：

1.宝宝发热。

2.宝宝患有急性传染病、中枢神经系统、心、肾及肝脏等疾病。

3.宝宝体质衰弱、有过敏史或抽风史。

4.宝宝属于先天性免疫缺陷者。

5.宝宝近期或正在进行免疫抑制剂治疗。

接种乙脑疫苗的注意事项

1.疫苗接种应在流行季节前一个月完成。

2.满6个月的宝宝属于乙脑疫苗的接种对象，1岁时加强。6个月以内的婴儿无须接种此疫苗，因为6个月的宝宝其体内含有从母体那儿得来的乙脑抗体，这种抗体随着时间的推移其浓度慢慢地降低，一直到宝宝6个月以后，宝宝体内的抗体已经不能够抵抗乙脑的侵袭，因而就需要在宝宝6个月的时候给宝宝接种乙脑疫苗。

3.乙脑疫苗很安全，一般不良反应比较少，乙脑疫苗接种后少数宝宝可能出现轻微的发热反应，一般不会超过2天，这属于正常情况，按普通的发热处理即可，给宝宝降温，让宝宝多喝水，适当地休息，并不需要做特殊处理；偶有散在皮疹出现，一般也不需要特殊处理。但是如果宝宝的反应强烈或者异常，爸爸妈妈则应该及时地带宝宝去医院就医。

4.为了加强预防，在乙脑的流行区内、流行季节，除了6个月的婴儿必须做预防接种外，成人最好也能接种乙脑疫苗。

新妈妈育儿经

接种乙脑疫苗

乙脑疫苗专用于预防流行性乙型脑炎，接种乙脑疫苗是预防流行性乙型脑炎的有效措施。

乙脑多通过蚊子传播

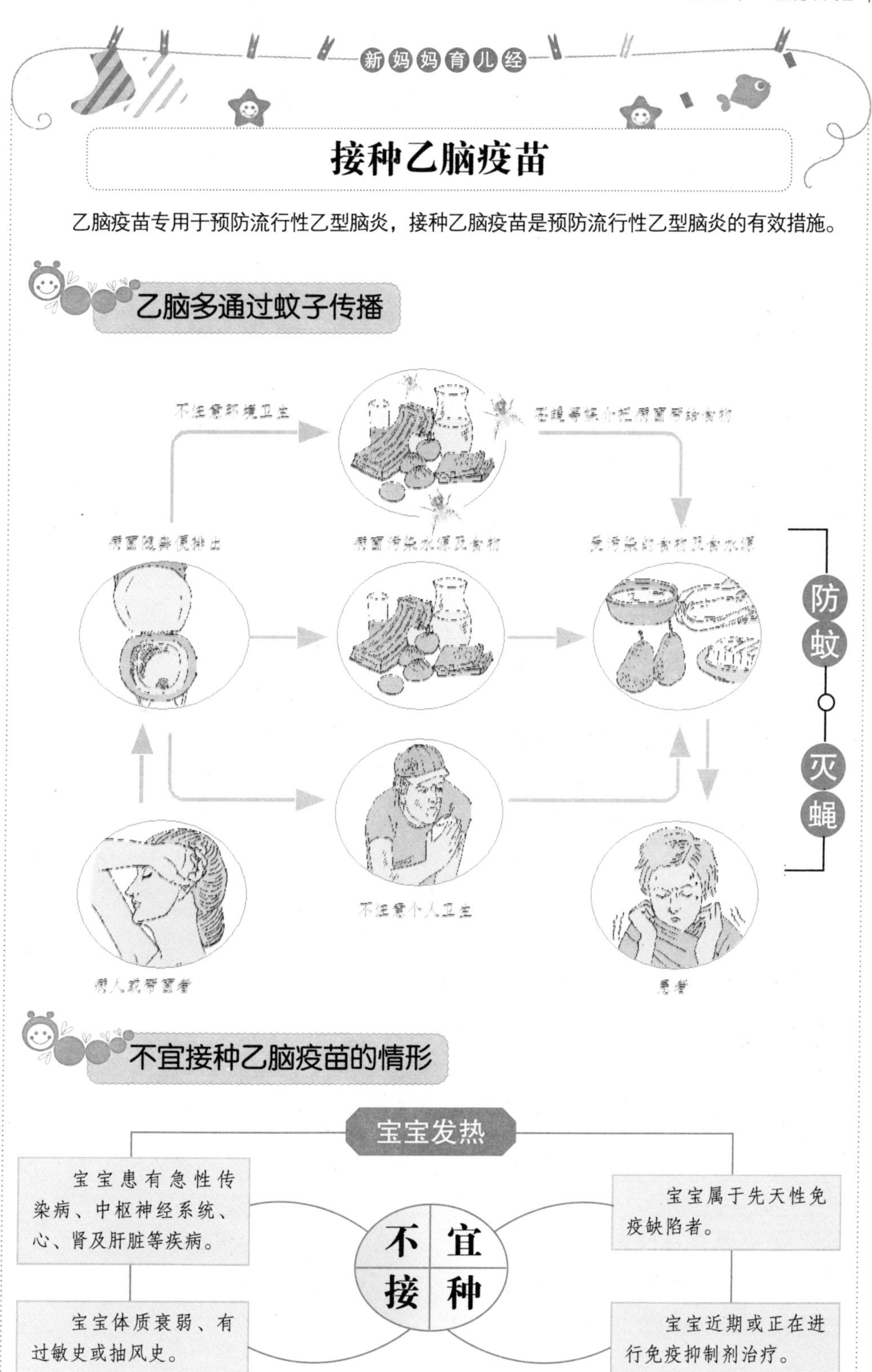

不宜接种乙脑疫苗的情形

宝宝发热

不宜接种

宝宝患有急性传染病、中枢神经系统、心、肾及肝脏等疾病。

宝宝体质衰弱、有过敏史或抽风史。

宝宝属于先天性免疫缺陷者。

宝宝近期或正在进行免疫抑制剂治疗。

疫苗接种后宝宝发生了晕厥

大多数宝宝对打针还是充满了恐惧感的，当宝宝内心非常紧张、害怕时，就非常容易出现打针时发生晕厥现象，一些人也把这种现象称为“晕针”。

如果在疫苗接种后宝宝发生了晕厥，要马上解开宝宝的衣扣并让其平躺，最好采取头低脚高的姿势，以便大脑得以获得较多的氧；同时给宝宝喂一些温开水或温甜水。一般地，宝宝休息几分钟以后就可以恢复正常。

为了避免宝宝疫苗接种后出现晕厥，在接种前一定要让宝宝精神上放轻松，不要让他过度紧张，鼓励宝宝做一个勇敢的“小大人”。

接种后发生过敏性休克

预防接种时的过敏性休克主要表现为呼吸困难、面色苍白、四肢发凉抽搐、血压下降，常常在宝宝注射后几分钟甚至是几秒钟内发生，如果得不到及时的抢救，很有可能会危及宝宝的生命。

带宝宝接种完疫苗以后，应该在接种处休息一会儿，一定程度上可以减少宝宝出现过敏性休克的概率，而且当宝宝出现不良症状时也可以给予及时的有效干预。当宝宝预防接种后发生了过敏性休克时，应该立即注射肾上腺素，同时给予抗过敏药物。

免疫接种后患病的原因

一般情况下，宝宝接种某种疫苗以后，其体内就会产生相应的抗体，对相对应的病原体也就产生了抵抗力，但是有时候宝宝接种完疫苗以后仍然会患病，具体的原因我们总结有以下3点：

1.疫苗失效。一些怕光、怕热非常娇嫩的疫苗受外界环境的影响以后很容易失效，因而接种后也无法起到抗病的功效。

2.疫苗接种时间过早。

3.宝宝体内原来产生的抗体功效下降或消失。这也是为什么很多疫苗需要定期复种。

接种乙脑疫苗

疫苗接种后一些宝宝可能会出现晕厥、过敏性休克等现象，爸爸妈妈这个时候一定要冷静、慎重、及时地处理好，必要时在第一时间请医生处理。

疫苗接种后

宝宝发生晕厥的应对

马上解开宝宝的衣扣
↓
采取头高脚低让宝宝平躺的姿势
↓
给宝宝喂一些白开水或温甜水
↓
打针前让宝宝精神放松很关键

宝宝发生过敏性休克的应对

立刻注射肾上腺素
↓
给宝宝喂服抗过敏药物

温馨提示

接种完后让宝宝在接种现场休息观察一会儿再离开。

乙脑早期发病自测

乙脑潜伏期

一般在10~14天

患者主要表现

高热、头痛、恶心、呕吐和嗜睡不醒等症状。重者出现抽搐、昏迷，甚至会因呼吸衰竭而死亡。如有上述症状，立即就诊。

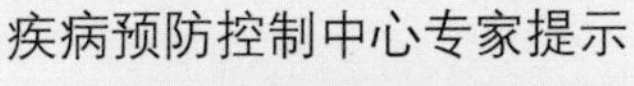

疾病预防控制中心专家提示

每年七八月为乙脑高发季节，在乙脑流行区居住或在此期间曾到过乙脑流行区者，尤其应当提高警惕。

宝宝常见疾病

宝宝生病了，父母比自己生病还要着急难受。宝宝常见疾病有哪些呢？教您识别宝宝生病的迹象，告诉您一些常见宝宝疾病的治疗和护理方法。

新生儿黄疸病

很多宝宝在出生后24小时以后会出现皮肤黄疸，刚出生的足月的新生儿大约有一半以上会出现皮肤黄疸，早产儿有80%以上会出现皮肤黄疸，一般地这些都属于生理性黄疸，并不需要特殊处理宝宝即可很快自愈。但是如果宝宝在出生后24小时以内即出现黄疸而且迅速加重，或者宝宝皮肤出现黄疸已达2周仍无消退的迹象甚至还有加重的情形，同时宝宝还伴有发热、吐奶、拒食、精神不佳等，则非常有可能是病理性黄疸，此时父母一定要尽快带宝宝去医院就医。

新生儿被确诊为病理性黄疸

新生儿出现病理性黄疸经常与妈妈有很大的关系，孕妇尤其是分娩期者，一定要慎用或禁用可能对宝宝有影响的一些药物，如对肝脏有毒性的药物氯丙嗪，促进胆红素与血浆蛋白分离的苯甲酸钠和咖啡因等。

宝宝一旦被诊断为病理性黄疸，就要积极地查找病因并且及时治疗，如对于新生儿败血症引起的黄疸，应该应用抗菌药物控制其感染；对于宝宝先天性胆管闭锁应该及时地进行手术治疗。严重的黄疸可以引起宝宝脑的损害，因而在对宝宝进行消炎或手术等治疗时，退黄也是一个非常必要的步骤。

新生儿头颅血肿

在生产的过程中，机械的牵引或产道的挤压导致新生儿的颅骨膜血管破裂、血液瘀积，进而产生了新生儿头颅血肿。新生儿头颅血肿在宝宝出生后数小时出现。

家长会发现宝宝的头皮出现了肿块，摸上去肿块很柔软，有波动感，

新生儿疾病分析表（一）

新生儿黄疸病、新生儿低血糖、新生儿头颅血肿			
	病症	病因	预防与治疗
新生儿黄疸病	皮肤与巩膜出现黄疸。	过多的胆红质出现在血液内。	必要时及时上医院检查。
新生儿低血糖	实际血糖值低于正常值。	营养不良。	保证营养供给。
新生儿头颅血肿	头骨部出现肿物，边缘清楚。	出生时血管破裂、骨膜血液积留。	保持皮肤清洁干燥、避免感染，必要时及时就医。

而且肿块也有渐渐增大的迹象。

对于新生儿头颅血肿家长不要惊慌，睡觉时让新生宝宝向没有血肿的一方侧卧，起初可以冷敷以减轻出血，随后可以热敷来促进血肿的吸收。在护理的过程中一定不要用手去按摩，要让血肿的地方避免受压。

新生儿低血糖

新生儿低血糖比较常见，可在宝宝出生后数小时或者1周内出现。起初，新生儿会表现为手足震颤、吮奶差、哭声微弱、对外界反应差、嗜睡，进而会面色苍白、惊厥、昏迷。

新生儿之所以会容易出现低血糖，与新生儿的主要能量来源有关系。新生儿的主要能量来源是糖，在胎儿期其肝内储藏糖原比较少，如果宝宝出生后营养供给不足的话，则很容易发生低血糖，尤其对于早产儿、双胎儿或多胎儿以及出生时体重轻的新生宝宝更是如此。另外，患有其他疾病的新生儿也容易发生低血糖，如宝宝颅内出血、窒息、感染败血症等，这与疾病影响了宝宝的饮食营养的摄入有关系。

当宝宝出现的低血糖症状较轻时，可以给宝宝喂白糖水或葡萄糖水，如果宝宝出现的低血糖症状较重时，则需要给宝宝静脉注射葡萄糖。当对宝宝采取有效的措施以后，其低血糖症状就会迅速消失。

新生儿容易得硬肿症的原因

新生儿患硬肿症与自身的体温调节机制不健全有关系。首先，新生儿的体温调节功能发育不完善，因而其体温非常容易受外界环境温度的影响；其次，新生宝宝的皮下脂肪比较薄，体表面积相对较大，而且皮肤的毛细血管又特别丰富，因而特别容易散热。

新生儿出生前生活在温暖、舒适的妈妈的子宫里，体温一直保持在比较恒定的状态下，宝宝出生后便离开了母体的避护，即使自身发育不健全也需要独自面对外界这个复杂的环境。所以平时如果对宝宝的保暖工作做得不到位，宝宝的体温就很容易下降而出现低体温，严重时就出现了新生儿硬肿症。由于早产儿自身的脂肪量少，产热贮备力更差，所以更易发生硬肿症。

新生儿硬肿症的特点

新生儿硬肿症的特点可以用四个字来概括：硬、肿、凉、红。

硬。宝宝的皮肤及皮下脂肪从臀部至面颊、上肢，最后直至全身变硬，早期的硬表现为皮肤紧张，不容易被捏起，慢慢地皮肤就会变得僵硬如硬馒头样。

肿。皮肤变硬的部位，看起来也会比较肿，挤压时会陷下去。

凉。把手轻轻地靠近，会感觉到宝宝的皮肤发凉，严重时宝宝的全身都会发凉。

红。硬肿症的前期宝宝的皮肤会呈现出红色，当病情严重时宝宝的皮肤呈现紫红色。

除以上四点外，在精神状态方面，宝宝也会有一些表现，如宝宝不爱吃饭，也没有了以往的活泼好动。

预防新生儿硬肿症的措施

预防新生儿硬肿症的关键措施就是保暖。出生24小时以内的正常新生儿应该放在暖箱中，温度要保持在31℃~34℃；出生2~7天的新生儿，即使离开了暖箱，温度也要保持在31℃~34℃；一般的家庭环境下，将新生宝宝包裹好以后，室内的温度不能低于25℃；早产儿或低体重儿室内温度为33℃~35℃。

对于冬季出生的新生儿以及早产儿、不成熟儿，尤其是要提高预防新生儿硬肿症的警惕性，如北方的冬季气候严寒，保证新生儿适宜的室温相对来讲有些难度，因此更需要采取有效的保暖措施。

新生儿硬肿

新生儿患硬肿症与自身的体温调节机制不健全有关系，预防新生儿硬肿症的关键措施是保暖。

病因

新生儿体温调节功能不完善 → 体温易受外界环境温度影响

皮下脂肪薄，毛细血管丰富 → 身体易散热

对宝宝的保温工作未做到位

→ 新生儿容易得硬肿症

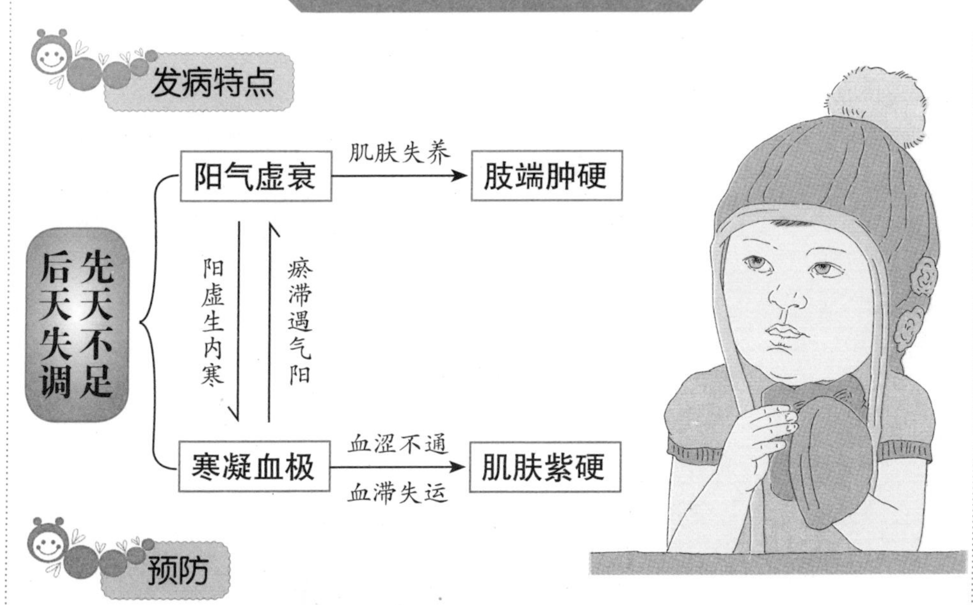

预防

新生儿所在室内的温度不能低于25℃，早产儿、低重儿对温度的要求更高。

新生儿破伤风的由来

新生儿破伤风常在宝宝出生后的4~6天内发病，是由破伤风杆菌引起的急性感染性疾病。由于破伤风杆菌由脐部入侵，所以又称为“脐风”；由于牙关紧闭是患儿最初出现的症状，所以又称为“锁口风”。

新生儿之所以会感染破伤风杆菌与结扎脐带及其后期的护理工作中卫生工作没有做好有关系。接生时用未消毒的剪刀、线绳结扎宝宝的脐带，破伤风杆菌就会通过脐带进入体内；如果在宝宝已坏死的脐带上盖没有消毒的棉布等，破伤风杆菌也会在坏死的脐带中繁殖并产生毒素。

在过去，新生儿破伤风的发病率及死亡率都是很高的，现在在农村少数地区以及边远的山区，由于医疗卫生条件比较差，孕妇大都在家分娩，新生儿破伤风也仍有发生。

感染破伤风杆菌的症状

新生儿在感染破伤风杆菌以后3~14天开始发病，潜伏期越短，病情就越严重，病死率也就越高。

宝宝感染破伤风杆菌以后首先会出现牙关紧闭的症状，渐渐四肢及全身的肌肉痉挛，进而引起呼吸肌痉挛而造成宝宝呼吸困难甚至呼吸停止。

新生儿感染破伤风杆菌的后果非常严重，所以预防工作尤为重要。给新生儿接生用的工具如剪刀等一定要做好清洁消毒工作，在宝宝的脐带自然脱落之前要保持其通风及清洁。

预防新生儿尿布疹

新生儿尿布疹又称“臀红”，预防新生儿尿布疹的关键是保持新生儿臀部的清洁与干燥。新生儿大便以后将屁股洗干净，然后再用干布将其臀部擦干，以保持臀部的清洁干燥；同时每次大小便后要及时给宝宝换尿布。

在护理新生儿时，如果能够做到上述提到的要点，宝宝一般不会得新生儿尿布疹了，即使宝宝患有轻度的尿布疹，通过以上方式的护理，宝宝也能很快痊愈。如果宝宝患了比较严重的尿布疹，如局部的红斑已经融合成片，而且还有糜烂渗出，那么除了保持宝宝臀部的清洁与干燥之外，还要注意防止其感染。可以用0.5%新霉素软膏和炉甘石擦剂涂擦宝宝的臀部，每日3~4次。

新生儿溶血症

新生儿溶血病是指母亲与胎儿血型不合而引起的新生儿免疫性溶血病。此病的病理是这样的：胎儿从父

新生儿疾病分析表（二）

新生儿破伤风、新生儿尿布疹、新生儿溶血症			
	病症	病因	预防与治疗
新生儿破伤风	痉挛发作。	接生断脐时感染了细菌。	服用止痉药，将宝宝放在安静避光的环境里。
新生儿尿布疹	皮肤表面起小红丘、脱皮、渗液。	潮湿的尿布刺激皮肤。	用纯棉尿布、勤换洗，曝晒杀菌。
新生儿溶血症	出现黄疸并迅速加重。	母亲与胎儿血型不合。	蓝光照射，药物治疗、换血。

亲处遗传来的抗体通过胎盘进入母亲的体内，刺激母体产生与抗原相对应的抗体，抗体又经过胎盘进入胎儿的血液中，导致胎儿的红细胞凝聚、破坏而发生溶血，这样就出现了我们听说的“胎死腹中”（当然，新生儿溶血并不是导致此现象的唯一原因）的情形。即使胎儿顺利地出生，也会出现核黄疸现象，这主要是由于先天性溶血产生的大量胆红素没有排出而渗入到宝宝的脑细胞中所致。

新生儿溶血如果能够得到及早的治疗，其治愈率还是很高的。孕妇应该在合适的时间做必要的相关性检查，新生儿也以采取光照疗法、药物疗法或者换血疗法来治疗。

什么是新生儿肺炎

新生儿肺炎是新生宝宝的头号感染性疾病，如果防治护理不当就很容易导致新生儿死亡，是新生儿时期的多发病。

根据感染途径、产生病原的不同可以将新生儿肺炎分为吸入性肺炎和感染性肺炎。胎儿在胎内吸入羊水或胎粪，以及宝宝出生后吸入乳汁或分泌物都可以导致宝宝患吸入性肺炎；出生前患有传染性疾病的母亲将疾病通过胎盘传给胎儿，以及宝宝出生后患有传染性疾病的家人有可能会将疾病传给宝宝，这两者导致了宝宝患感染性肺炎。

新生儿肺炎的防治与护理

当宝宝患新生儿肺炎时会表现为精神差、哭闹不安、吃奶量减少或拒绝吃奶、容易呛奶、体温不升、口吐泡沫、呼吸急促、口周发青，当宝宝有上述症状出现时，父母应考虑到宝宝可能患了新生儿肺炎，应该立即送往医院住院治疗。因患新生儿肺炎而死亡的病例中几乎有一半是未成熟儿，所以对于未成熟儿尤其要格外小心，宝宝一旦出现了上述症状，父母就要引起高度警惕。

在日常生活中对患新生儿肺炎的宝宝一定要做好家庭护理工作。

1.要保持房间里的空气流通，让宝宝呼吸新鲜的空气。

2.保持宝宝的正常体温，室温要保持在22℃~24℃，不宜过高或过低，宝宝的穿着要适度。

3.让宝宝的呼吸道保持通畅，必要时家长要帮助新生儿把痰咳出。

4.保证宝宝的营养供给，在给宝宝喂奶时要避免宝宝吐奶，以免吐出的奶液被宝宝吸入气管。

5.若母亲感冒，在给宝宝喂奶时一定要戴口罩。

6.密切关注宝宝的病情变化，一有异常要立即送往医院处理。

新生儿肝炎综合征

新生儿肝炎综合征有多种致病因素，最主要的病因是病毒感染，除了乙型肝炎病毒以外，其他很多种病毒都可以通过胎盘使胎儿受到感染；新生儿还可因多种细菌感染而患此病。

新生儿肝炎综合征的起病缓慢，通常于宝宝出生后数天至数周内才出现症状，其最突出的表现是出现黄疸。黄疸持续不退，常常比较严重。同时宝宝的血清胆红素增高，检查时可以发现其肝脾肿大，肝功能受到损伤。宝宝还会伴有恶心、呕吐、腹胀、吃奶不好、体重不增等症状。

新生儿有“斗鸡眼”

很多家长都会遇到这样的情形：宝宝的眼睛有时会出现“斗鸡眼”，一部分家长也会担心宝宝是不是某个身体部位发育不正常。其实新生儿“斗鸡眼”并不是什么疾病，这与新生儿的大脑发育不完善有关系。由于宝宝的大脑发育并不健全，由大脑所支配的眼神经与眼肌的协调性比较差，所以就会出现宝宝的两只眼球向不同的方向转动的情形，也就是“斗鸡眼”。

新生儿“斗鸡眼”的现象是暂

新生儿疾病分析表（三）

新生儿肺炎、新生儿肝炎综合征、新生儿“斗鸡眼”			
	病症	病因	预防与治疗
新生儿肺炎	发热、咳嗽、呼吸困难	痰热、壅盛、肺热不宣	杀灭病原菌，止咳化痰
新生儿肝炎综合征	黄疸、恶心、呕吐、体重不增、肝脾肿大	病毒感染	及时带宝宝去医院检查治疗
新生儿“斗鸡眼”	两只眼珠向不同的方向转	大脑发育不健全，眼与脑的协调性差	无须治疗

时的，随着宝宝大脑发育渐趋完善，神经与肌肉的协调性也会越来越好，“斗鸡眼”现象便会不治而愈，一般在3个月以后宝宝的眼睛就可以恢复正常了。

什么是新生儿脓疱疮

新生儿脓疱疮是新生儿常见的一种传染性皮肤病，属于接触性传染病，其传染力特别强。新生儿多在出生后一个星期感染此病，其脓胞呈小米粒状，皮肤的基底呈红色。

由于新生儿的皮肤比较娇嫩，非常容易感染，尤其是皮肤的褶皱处及尿布包裹的区域更加容易感染。这种皮肤病多发于炎热的夏季，家长护理新生儿时手没有洗干净，或者宝宝的衣服、尿布等被污染，宝宝就非常容易得新生儿脓疱疮病。

新生儿脓疱疮的防治

预防新生儿脓疱疮最重要的是卫生工作要做好。经常给宝宝洗澡，勤换衣服及尿布，宝宝大便后要及时地清洗外阴；接触新生儿的家人要保持好个人卫生尤其是手部的卫生。

如果新生宝宝得了脓疱疮，在早期症状较轻时可以用消毒过的针把脓疮挑破，用消毒过的针管把脓液吸出，然后再涂上碘酒进行消毒。若新生儿患脓疱疮较严重时，除了进行上述方式的处理外，还要对宝宝进行消炎处理。如果发现新生宝宝出现了黄疸、发热、精神不好等异常状况时，则应该及早地带宝宝去医院就医。

新生儿脱水热

新生儿脱水热通常会在宝宝出生后5~6天内出现，表现为宝宝的体温突然升高至39℃，宝宝皮肤干燥，尿少，而且宝宝还会表现烦躁不安、哭吵不停，带宝宝去医院检查时其各项指标又显示正常。

原来，新生儿脱水热与宝宝体内水分损失过多有关系。宝宝出生后，其呼吸、大小便、皮肤汗腺等会带走很多水分，再加上父母担心宝宝会受凉而把室内温度调得比较高，更加重了宝宝体内水分流失的速度。

患脱水热的宝宝需要补充足量的水分，父母多次、足量地给宝宝喂水，宝宝的体温就会很快地下降。

新生儿耳病

新生儿常患外耳道炎、外耳道疖肿、中耳炎等耳病，这与新生儿的耳朵结构有关系。人的耳朵由外至内分为外耳道、中耳和内耳；中耳与外耳有一层鼓膜相隔，中耳还与咽喉通过一段叫耳咽管的小管相通，而新生儿的耳咽管呈水平位，且短而粗。正是基于这样的生理结构，新生儿仰卧在床时，吐的奶水、泪水等就很容易进入耳朵里，引起外耳道炎和外耳道疖肿；宝宝吐的奶水、泪水经耳咽管进入中耳，就会引起化脓性中耳炎；新生儿嗓子发炎时炎症也常常会蔓延到中耳。

宝宝患了耳病时常常会哭闹不停，不吃也不睡，这是因为耳病在早期会有很强烈的疼痛感。在平时，父母在护理新生宝宝时一定要注意预防耳病的侵袭，当宝宝吃完奶以后不让宝宝仰卧，可以先采取侧卧的姿势；宝宝睡觉时尽量避免宝宝哭泣。

家长对新生儿要多观察多留意，千万不要等到看到宝宝耳道口有脓汁流出时才发现宝宝得了耳病。新生儿的耳病一定要及早发现，彻底治疗，否则若发现过晚或治疗不彻底就会很容易影响到宝宝的听力。

新生儿发热的原因

新生儿发热是指新生儿的体温在37.4℃以上。导致新生儿发热的原因有很多，归纳起来有几下4种原因：

1.由新生儿自身的身体机能所致。新生儿的体温调节中枢发育不成

新生儿疾病分析表（四）

新生儿脓疱疮、新生儿脱水热、新生儿耳病			
	病症	病因	预防与治疗
新生儿脓疱疮	黄痂附着、发热、吐奶、少食、腹胀。	皮肤感染化脓。	保持皮肤清洁干燥。
新生儿脱水热	烦躁、啼哭、体温上升。	体内水分丢失过多。	补充足量水分。
新生儿耳病	耳朵发炎。	耳咽管短而粗、呈水平位。	吃完奶后不仰卧，睡觉时尽量不哭泣。

熟，体温调节功能比较差，因而很容易受外界环境温度的影响，当外界环境的温度升高并且超过新生儿的肌体调节能力时，则会引发新生儿发热。

2.外界环境温度过高。如天气炎热、室内温度过高、宝宝衣被过多等都有可能导致新生儿发热。

3.新生儿体内水分不足。如人工喂养的宝宝水分喂养不足、母亲母乳不足、新生儿呕吐而水分丢失过多等都很有可能导致新生儿发热，这种发热我们通常称为新生儿脱水热。

4.新生儿因感染而发热。这是导致新生儿发热最常见的原因，新生儿常于出生后的1~2天出现发热的症状。

新生儿发热时的护理

新生儿发热时，首先要查找原因，然后对症“下药”。如果是因为室内温度过高而发热，则应该把室内的温度调整到22℃~25℃；如果宝宝是因为衣被过多而发热，则应该松开或减少宝宝的衣服和包被来散热降温；如果宝宝是因为体内缺水而出现脱水热，则首要的一步就是要给宝宝补充足量的水分；如果宝宝是因为细菌或病毒感染而发热，则应该给宝宝消炎杀菌。

如果宝宝的体温在38℃左右，则最好采用物理法降温。可以用温湿的毛巾擦拭宝宝的前额、颈部、腋下、四肢以及大腿根部，以促进宝宝的皮肤散热来达到降温的目的。

如果使用物理法宝宝的体温仍然很高，应立即带宝宝去医院就医。

新生儿窒息的原因

新生儿窒息的分类：

1.孕妇高血压、低血压或患有妊娠中毒症等疾病，影响了胎盘的功能，进而导致了气体交换困难。

2.胎盘前置与早剥，影响了胎盘与子宫间的血液循环，造成气体交换障碍。

3.脐带血流中断而缺氧。即脐带被夹在了母体阴道与胎儿的头之间，而导致了气体交换困难。

4.新生儿出生时气管被黏液阻塞，从而导致了新生儿窒息。

5.一些药物如乙醚麻醉、杜冷丁等抑制了新生儿的中枢神经系统，从而影响了新生儿的呼吸。

6.新生儿颅内出血。

新生儿易患败血症的原因

1.妈妈患传染性疾病时，可以通过胎盘把细菌或毒素传染给胎儿，在这种情况下新生儿一般会于出生后48小时内发病。

2.胎儿分娩时，若助产过程中的消毒工作做不到位，而且产程又比较长，宝宝就很容易感染细菌病毒，进而很有可能就会患上新生儿败血症。

3.新生儿的皮肤黏膜薄嫩，极易破损，尤其未愈合的脐部更是细菌入侵的门户，再加上新生儿自身发育不健全，免疫功能低下，所以细菌极易从皮肤进入循环进而向全身扩散，最终导致患新生儿败血症。

4.新生儿的局部感染如脐炎、眼睑炎等，若不能及时被发现、治疗，也很有可能发展为败血症。

新生儿败血症的预防

1.要积极地防治孕妇感染，以防止胎儿在宫内受到感染。

2.在分娩中要对产房环境、抢救设备等做好严格地消毒工作，严格执行无菌操作。

3.对于产程比较长的新生儿，应该对其进行预防性的治疗工作，如进行严格地隔离消毒等，以防出现感染。

4.要特别注意新生儿的皮肤、脐部等受到感染。

5.在日常生活中要密切地观察新生儿，即使是很轻微的感染也要及早处理，以免感染加重而导致败血症的出现。

新生儿疾病分析表（五）

新生儿发热、新生儿窒息、新生儿败血症			
	病症	病因	预防与治疗
新生儿发热	体温在37℃以上。	外界温度高；体内水分不足；因感染而发热。	所处环境温度要适宜，多补充水分；一定及时降热。
新生儿窒息	呼吸异常。	颅内出血、药物中毒、呼吸系统受压迫。	谨慎使用药物、患病后要争分夺秒地抢救。
新生儿败血症	吃奶少、哭声低微、全身软弱、四肢少动、黄疸不退。	细菌感染。	及时使用适当的抗菌药物卧床休息，加强营养。

新生儿肾脏功能的特点

新生儿的肾脏功能比较弱，新生儿排泄同样数量的代谢产物所需要的水分要比成人多2~3倍，所以新生儿会以多喝、多尿的方式将体内的废物排出；同时，新生儿对一些药物和钠盐的排泄能力也是非常有限的。

基于新生儿肾脏功能的这些特点，在日常生活中应该尽量采用母乳喂养宝宝，这样可以减轻其肾脏的负担；同时不要给新生儿擅自用药，一定要在医生的指导下谨慎用药，也不要给新生儿摄入过多的盐，以免新生儿发生水肿。

上呼吸道感染

上呼吸道感染，俗称感冒，常见于春、秋、冬及气候变化时，以鼻咽部的炎症为主要症状。上呼吸道感染的发病率比较高，宝宝患病后通常会表现为低热、咳嗽、鼻塞、流涕、精神不佳、食欲减退等，如果不能及时治疗，病变则有可能向下蔓延至喉、气管、肺部，从而会影响宝宝的生长发育。

若宝宝处于感染初期，病症比较轻时，可以给宝宝服用小儿感冒冲剂，如果病情较重，则一定要及时地带宝宝去医院就医。

平时要加强对上呼吸道感染的防

治，气候变化时要及时地给宝宝增减衣服；让宝宝适当地加强锻炼以增强体质；还要让宝宝多喝水，注意饮食卫生。

宝宝咳嗽

咳嗽是人体的一种保护性反射动作，它能够将从外界进入呼吸道内的异物以及呼吸道内的病理性分泌物排出体外，任何异物刺激呼吸道黏膜和呼吸道炎症都可以引起人体不同程度的咳嗽，咳嗽则是宝宝最常见的呼吸系统症状。

当宝宝的咳嗽声音比较清脆时，一般提示宝宝患上呼吸道感染；当宝宝的咳嗽声音比较深沉时，一般提示宝宝患下呼吸道感染；当宝宝咳嗽时无痰或者痰量很少时，一般提示宝宝患急性咽喉炎、肺炎等。

当宝宝咳嗽时，家庭护理很重要。一定要保持室内空气新鲜湿润，如果室内太干燥的话可以使用加湿器来提高室内的温度；饮食方面应该少食多餐，避免吃刺激性食物，如咸菜、韭菜、大葱等；还要让咳嗽的宝宝多休息，以便让宝宝快速康复。

宝宝感冒时的并发症

宝宝感冒时经常会有以下四种并发症：

1.鼻窦炎。宝宝会出现咳嗽、头痛、鼻塞的现象，而且连续10天流黄绿色的浓稠鼻涕。

2.中耳炎。宝宝连续3天高热不退，烦躁，而且耳朵疼。

3.脑膜炎。宝宝持续高热，头痛剧烈，怕光，而且颈部也变得僵硬，严重者还会发生意识不清的状况。

4.肺炎。宝宝的咳嗽加剧，高热不退，且呼吸变得急促，食欲减退。

宝宝感冒的护理要点

1.坚持室内的通风换气，保持室内空气的新鲜、湿润。

2.饮食清淡，易于消化，可以让宝宝多喝一点粥，忌食生冷油腻及刺激性食品。

3.注意休息，多喝水。

4.谨慎使用药物，尽量不用抗生素，若宝宝发热，最好采用物理降温法，当宝宝咳嗽厉害时也可以让宝宝喝热饮止咳化痰。

5.必要时一定要及时带宝宝去医院就医。

按摩手法治咳嗽

按揉孩子的肺俞穴约5分钟，接着向两侧分推肩胛骨约100次，以大拇指点揉天突穴50次。揉膻中穴、足三里、丰隆穴各1分钟。

按摩疗法

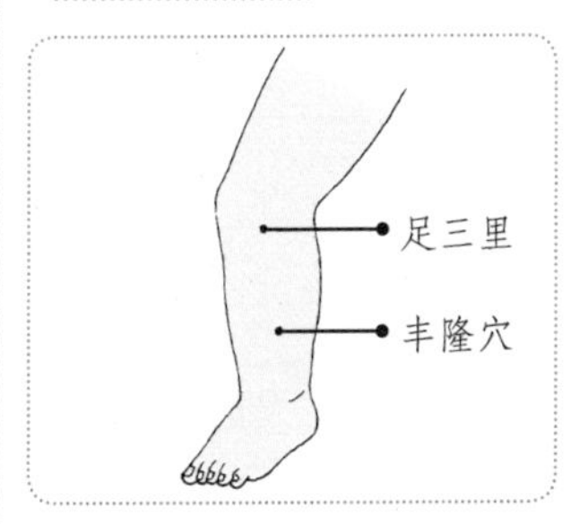

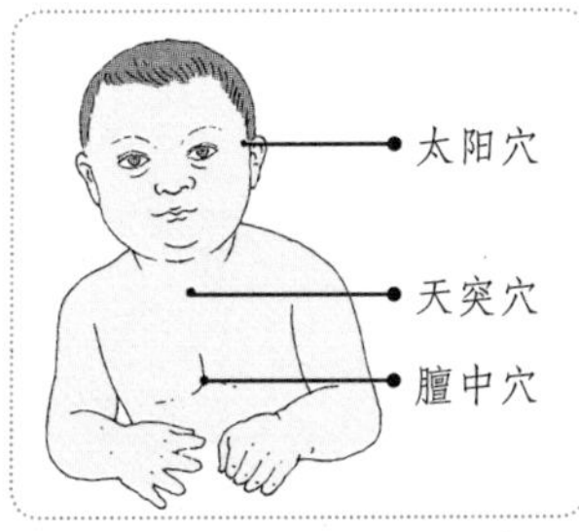

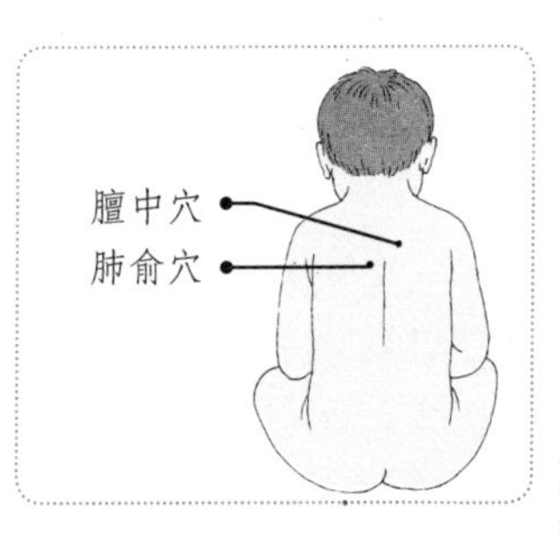

基本操作方法：按揉孩子的肺俞穴5分钟，接着向两侧分推肩胛骨约100次，以大拇指点揉天突穴50次。在膻中穴、足三里、丰隆穴各按揉1分钟。

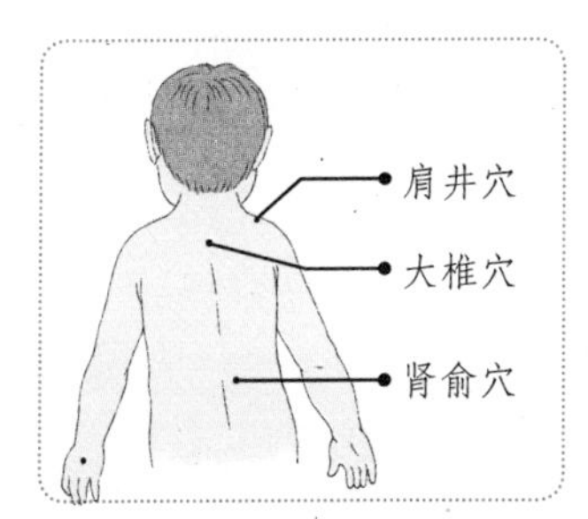

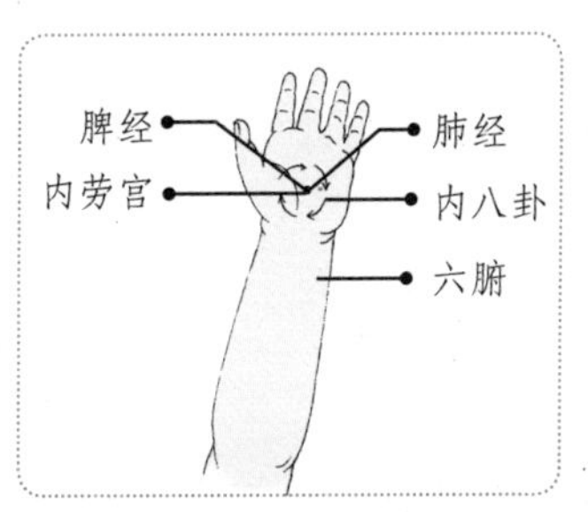

按揉大椎穴约1分钟，以拇指按揉肩井穴约10次，然后用双手拇指和食指、中指提拿5次。

饮食禁忌

❶ 宜食粥类、软饭等清淡易消化的食物。

❷ 脾虚痰多的患儿可以多食山药或者莲子粥等。

❸ 梨加冰糖煮水饮用，止咳润肺。

❶ 忌食橘子和肥甘味厚的食物。

❷ 忌食绿豆、冬瓜、甜瓜、香蕉、柚子等寒凉食物。

佝偻病

佝偻病的本质是一种营养缺乏症，与宝宝体内缺乏维生素D有关系，由于维生素D在人体的骨骼发育过程中起着非常重要的作用，所以当维生素D缺乏时，宝宝就很容易患佝偻病。婴幼儿处于生长发育旺盛、骨骼生长发育迅速的关键时期，对维生素D的需求量比较大，在日常生活中家长可以通过给宝宝注射维生素D来满足宝宝生长发育所需要的营养素，也可以多给宝宝晒太阳而使其自然生成维生素D。前一种方法若掌握不好的话很容易对宝宝造成不良影响，而后一种方法更健康、更安全，我们更提倡家长采用后一种方法来预防宝宝佝偻病。

鹅口疮

鹅口疮是由白色念珠菌引起，是宝宝常见的口腔炎症，因宝宝消化不良、营养不良或长期使用抗生素所引起。

当宝宝患鹅口疮时，其口腔内会有许多白点、白片覆盖，有的甚至融合成片，跟一片白雪似的，因而又称“雪口病”。患病的宝宝会啼哭、烦躁不安，也有的宝宝会发低热，而且由于其唾液增多，宝宝的吮吸也受到影响。

为避免宝宝患鹅口疮，一定要做好平时的卫生工作，如家长接触宝宝时要先把手洗干净，宝宝的奶具每天都要煮沸消毒；而且还要禁止给宝宝滥用抗生素。

鹅口疮的治疗和护理

若宝宝患了鹅口疮，用10%的紫药水滴到宝宝的舌头下面，每天滴2~3次；同时可以给宝宝喂维生素B和维生素C的水溶液，一天两次，一次各一片。如果白斑比较多，则用消毒棉签蘸2%~5%的小苏打溶液为其清洗表面，然后再涂紫药水，注意不要把白斑擦掉，以免感染。必要时一定要及时带宝宝去医院就医。

在平时家长一定要注意宝宝的口腔卫生。妈妈在给宝宝喂奶前，要把奶头洗干；宝宝使用的奶具每次使用前都要煮沸消毒；宝宝吃完奶后要喂一些清水以清洗口腔。

过敏性紫癜

过敏性紫癜表现为黏膜出血和皮肤紫癜，是婴幼儿时期常见的毛细血管变态反应性疾病，属于婴幼儿自身的免疫性疾病。宝宝病前会出现发热、咽部疼痛的症状，继而出现黏

佝偻病

佝偻病的高危因素

◆ 1岁的婴儿，尤其是6个月内的婴儿。

◆ 早产儿、多胎儿、出生体重异常的婴儿。

◆ 人工喂养的婴儿。

◆ 冬季出生的婴儿或每天晒太阳不足2小时的婴儿。

◆ 生长发育迅速的婴儿。

佝偻病的预防

◆ 新生儿出生后14天左右，应服用维生素D。

◆ 每日户外活动大于2小时。

◆ 多食用富含维生素D的食物。

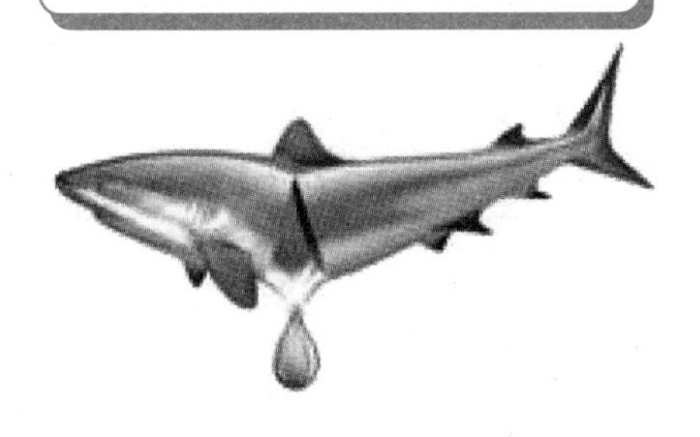

膜出血、皮肤紫癜，有的患病宝宝还会出现膝关节、踝关节肿痛的症状。过敏性紫癜多是由感染或过敏所致。当宝宝患过敏性紫癜时，要让宝宝多休息；如果是因感染而得此病，可以用青霉素控制炎症；如果是对食物过敏，则要避免食用这些食物；如果是对药物过敏，则应立即停药。

婴儿夜惊

宝宝出生6周后，易出现“夜惊症”。当宝宝的小手握住父母的手时，宝宝很快就会安静下来，但是父母的手一拿开，宝宝就会大声哭起来，像是很害怕的样子。

原来，由于宝宝生长发育比较快，所以容易出现血钙降低的现象，血钙降低会使宝宝的大脑及其植物性神经兴奋度增高，从而导致宝宝出现夜啼、夜惊的现象。

婴儿夜惊一般不需要治疗，随着宝宝的大脑神经系统发育渐趋成熟，这种情况就会不治而愈。在护理时为宝宝营造一个和谐温馨的家庭氛围，以及在宝宝睡觉之前不过分地逗引宝宝，都可有效地避免婴儿夜惊。

宝宝生理性啼哭的应对

宝宝啼哭时声音响亮，面色正常，而且其发育正常，不发热，食欲良好，吸吮有力，我们把这种啼哭称为生理性啼哭。导致宝宝生理性啼哭的原因大致分为两方面：身体需求而导致的生理性啼哭和精神需求导致的生理性啼哭。

当宝宝饿了、渴了、冷了、热了、尿布湿了等就会啼哭，这是由身体需求而导致的生理性啼哭，当宝宝在身体方面被满足以后就会很快地停止哭泣。

宝宝白天睡得比较多时，晚上就会有精神，不想再睡觉，没有人理睬就会哭闹不停，此即由精神需求而导致的生理性啼哭，我们也常常把这种日夜颠倒、夜间啼哭的宝宝称为“夜啼郎”，这让很多爸爸妈妈头痛不已。针对这种情况，父母可以适当地让宝宝在白天时少睡一会儿，把睡眠的“黑白颠倒”纠正过来以后，宝宝就不会再做“夜啼郎”了。

婴儿夜啼的食疗方：姜糖水

食材原料：生姜3片，红糖15克。

制作方法：第一步，将生姜洗净、切丝，放入锅内加适量的水煮沸；第二步，在姜水中加入红糖，搅拌至溶化。稍凉可多次饮用，直到婴儿夜啼的症状消失。

功效：温中散寒，止痛，用于脾胃虚寒而导致的夜啼（如哭声低弱、面色发青、腹部与四肢发凉）等症。

呆小症

呆小症是一种先天甲状腺发育不全或功能低下造成幼儿发育障碍的代谢性疾病。主要表现为生长发育过程明显受到阻滞，特别是骨骼系统和神经系统，如：

1.身体矮小，上身长，下身短，并常伴有四肢骨畸形等。因为甲状腺激素和生长激素一样是长骨生长和骨骼正常发育所必需的因素。

2.表情淡漠，精神呆滞，动作迟缓，智力低下，并常有耳聋。这主要是由于神经系统机能的发生、发展，脑的血流供应等，均有赖于适量的甲状腺激素。

3.常伴有体温偏低，毛发稀少，面部水肿等一系列甲状腺功能低下的一般症状。

呆小症患儿出生时身高、体重等可无明显异常，至3～6个月时，则出现明显症状。如果能在宝宝出生3个月左右即明确诊断，开始补充甲状腺素，可以使宝宝基本正常发育。一旦

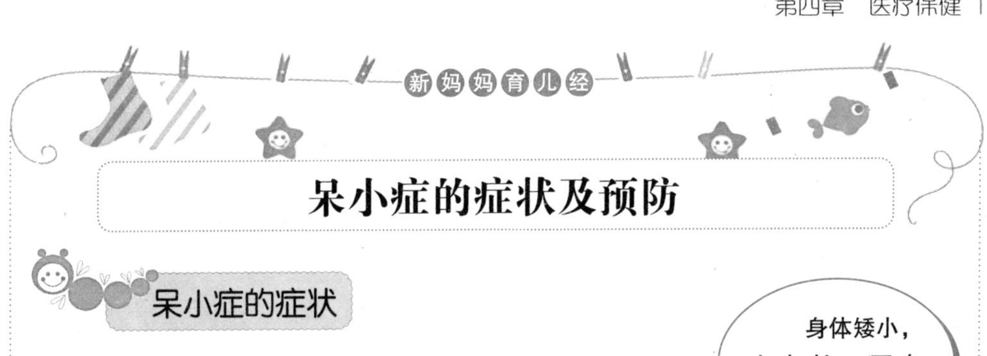

呆小症的症状及预防

呆小症的症状

常伴有体温偏低，毛发稀少，面部水肿等症状。

身体矮小，上身长，下身短，四肢骨畸形

表情淡漠，精神呆滞，动作迟缓，智力低下，并常可有耳聋。

温馨提示

呆小症的预防

预防呆小症的有效方式就是适当给宝宝补充甲状腺素。

发现过晚，贻误了早期治疗时机，则治疗难以生效。

什么是小儿肺炎

小儿肺炎一年四季均可发生，尤其是在寒冷的冬春季节和气候变化时节多发，常于感冒之后继发，是儿科常见的肺系疾病之一，发病率较高，起病较急。患儿常表现为发热、咳嗽、喉中痰鸣、气急，严重时可见口周青紫、鼻扇，甚至出现呼吸衰竭和心功能不全；X射线胸部摄片可显示肺部有大片浸润阴影，同时伴有肺气肿及肺不张。当宝宝体内白细胞减少或正常时，一般提示为病毒性肺炎；当宝宝体内的白细胞明显增多时，则可以辅助诊断细菌性肺炎。

肺炎食疗方：杏梨枇杷汁

食材原料：雪花梨1个，杏仁6克，枇杷叶10克。

制作方法：第一步，将雪花梨洗净去皮、核，切块；杏仁去皮、尖，洗净捣烂成泥。第二步，将枇杷叶洗净切段，放入锅内煮沸，再用文火煮10分钟；第三步，把枇杷叶取出，加入梨块、杏仁泥，继续煮至梨块变烂。然后取汁饮用，同时把梨吃掉。

功效：养阴润肺，降逆止咳，适用于肺燥阴伤、干咳无力等症。

婴幼儿支气管哮喘

婴幼儿支气管哮喘是支气管哮喘的一种类型，作为一种慢性病，严重影响婴幼儿的健康和生活质量，如果得不到及时的治疗，宝宝的心肺功能将会受到严重的影响，而且很多的儿童哮喘是婴幼儿哮喘的延续，一部分患儿还会最终发展为成年性哮喘。

婴幼儿支气管哮喘的主要症状是患儿会出现呼气性呼吸困难，在夜间病情更加严重。此病容易反复发作，而且病程长，幼儿的患病率高。

如果宝宝的年龄在3岁以下，而且患有引起哮喘的其他疾病，喘息发作超过了3次，发作时能够听到双肺呼气相哮的鸣音，呼气相延长，则可以诊断为婴幼儿支气管哮喘。

对于此病要采用综合的治疗方法。糖皮活激素吸入疗法，可选用必可酮、辅舒酮及普米克气雾剂中的一种；抗组胺药，如酮替芬；免疫调节剂，如胸腺肽、斯奇康等。

如何预防小儿肠梗阻

肠梗阻通常起病急骤，变化急剧，症状因肠梗阻的部位、程度、性质等有所区别，但大多有腹痛、呕吐、腹胀、无大便、无肛门排气的症状。儿童出现肠梗阻时，如不能及时得到治疗，会给患儿带来严重的后果，轻则儿童的生长发育和智力发展受到影响，重则导致儿童出现昏迷或死亡。

预防措施：

1.注意饮食要搭配合理，饮食要干净卫生，要有规律，避免暴饮暴食或久饿不食。

2.吃完饭后不要立即进行剧烈的运动，且运动量也不可过大。

3.孩子应适量进食柿子等食物，空腹吃大量的柿子容易引起肠梗阻。

4.患有蛔虫病的儿童，要积极进行治疗。

小儿肠梗阻

肠梗阻是指肠内容物在自空肠起至直肠之间一段肠管内的正常运行受到阻碍，不能顺利通过的症状，主要表现为腹痛、呕吐、便秘、腹胀四大症状。

不同类型的粘连性肠梗阻

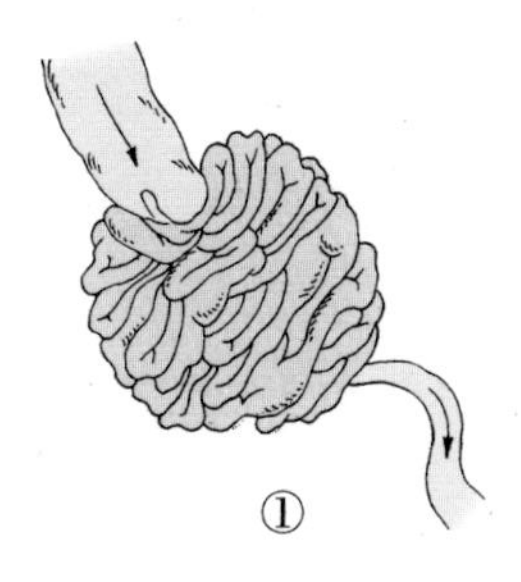

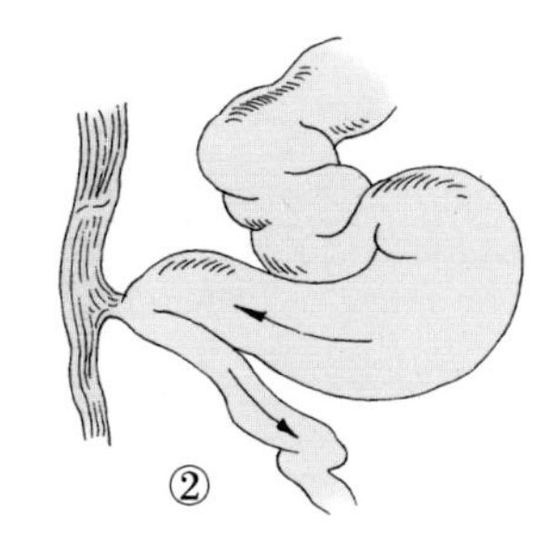

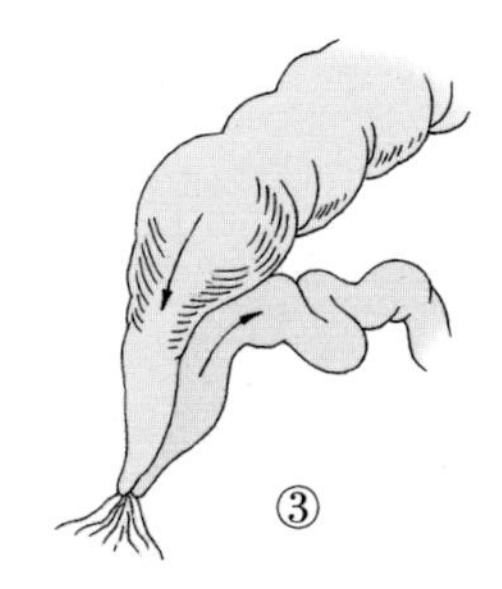

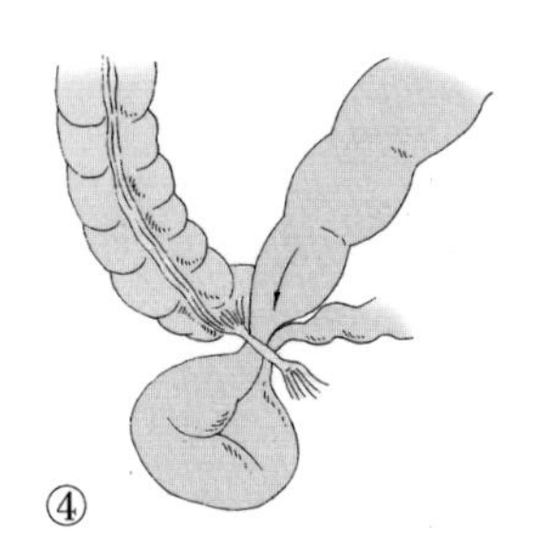

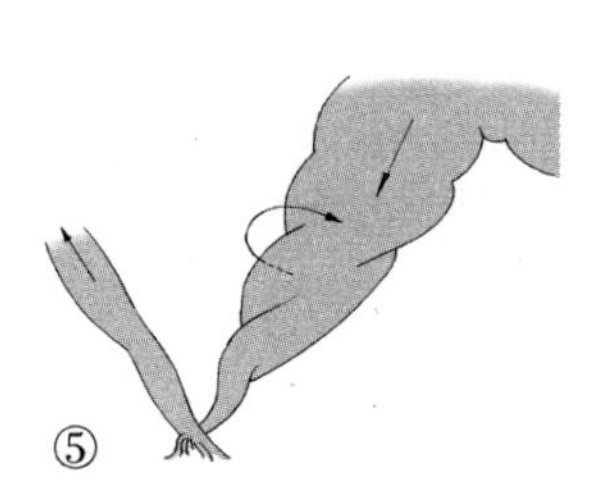

①粘连成团
②局限性粘连肠管折叠
③局限性粘连肠管牵拉成角
④粘连闭袢性肠梗阻
⑤粘连部位肠管扭转

6~12个月的婴儿易患肠叠套

◆ 尽量保持孩子肠道蠕动正常。

◆ 防止孩子病从口入，食具一定严格消毒，防止交叉感染。

◆ 给孩子添加辅食时，应严格遵守循序渐进的添加原则。

◆ 父母最好不要擅自给孩子使用驱虫药驱除肠道寄生虫。

预防宝宝生痱子

1.给宝宝经常洗澡，经常理发，保持其皮肤的干燥清洁。给宝宝洗澡时尽量不用有刺激性的肥皂，洗完澡后给宝宝扑些痱子粉。

2.让宝宝多喝开水，多吃蔬菜、水果，帮助身体降温，避免吃生冷食物。

3.宝宝的衣服最好选用舒适、清爽的纯绵制品，与宝宝身体接触的床单、枕头等要保持清洁、干爽。

4.夏季的中午气候炎热，避免让宝宝过度运动，避免让宝宝在室外待太久。

婴儿腹泻的类型

根据引起腹泻的原因，可以将腹泻大致分为三类：

1.生理性腹泻。有的新生儿出生后不久大便呈黄绿色的稀状，次数比较多，同时宝宝的食欲并无异常，而且精神也很好，我们通常把这种情况称为生理性腹泻。对于这种腹泻爸爸妈妈不用担心，这是由宝宝自身的身体特点所引起的，随着宝宝月龄的增加，此种腹泻的状况就会不治而愈。

2.消化不良引起的腹泻。这是导致宝宝腹泻最常见的原因。当宝宝因消化不良而腹泻时常常表现为呕吐、发热、食欲缺乏等症状，其大便呈稀糊状、蛋花汤样或水样，甚至会带有黏液。导致宝宝消化不良的原因一般有三种：给宝宝加辅食时频繁地调换新的食品，宝宝的肠胃不适应而出现消化不良；宝宝受凉而消化不良；喂养不当，宝宝吃的过多而消化不良。

3.感染引起的腹泻。当细菌、病毒或霉菌侵入胃肠道时，就容易引起宝宝腹泻。当宝宝因受感染而腹泻时常常会发热，其粪便很臭，而且含有黏液或脓血。

婴儿腹泻的预防

1.坚持母乳喂养。

2.人工喂养时注意饮食卫生。

3.给宝宝添加辅食时要循序渐进，一样一样地添加。

4.饮食要适量，避免让宝宝吃得过多而加重其胃肠道的负担。

5.让宝宝多喝水，营养搭配要均衡，提高宝宝的免疫力。

6.饭前便后要洗手，不喝不洁净的水，不吃不洁净的食物。

营养性缺铁性贫血

营养性贫血以6个月至2岁最多见。通常患有此病时宝宝会出现以下

小儿腹泻

小儿腹泻病是由多种病原及多种病因而引起的一种疾病，是婴幼儿最常见的消化道综合征。

按摩疗法

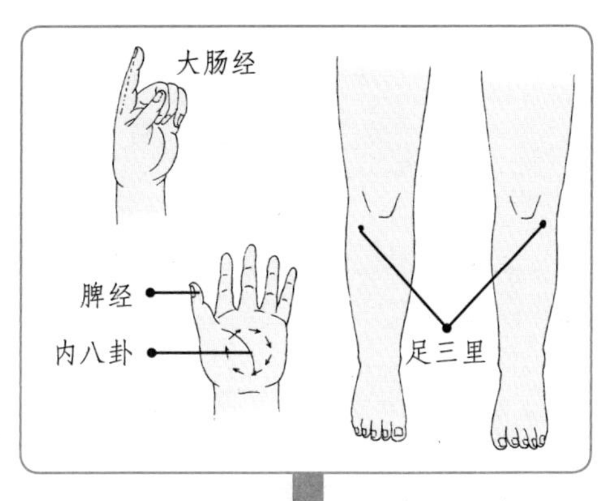

伤食泻

孩子为伤食泻，可以按摩脾经、大肠经、大鱼际、中腕、天枢穴、内八卦、足三里。

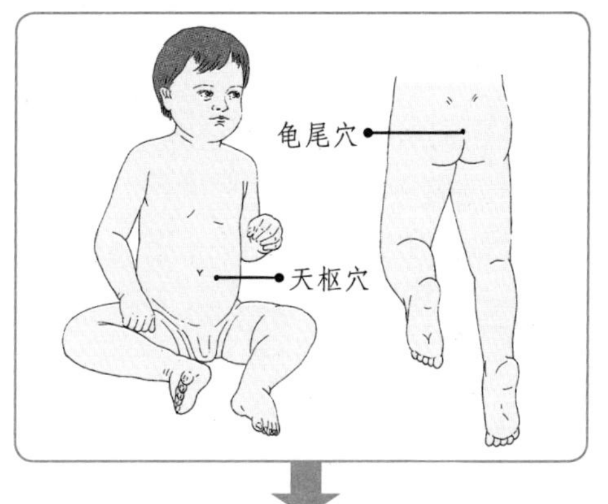

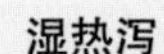

湿热泻

孩子为湿热泻，可以推拿天枢穴和龟尾穴进行治疗。

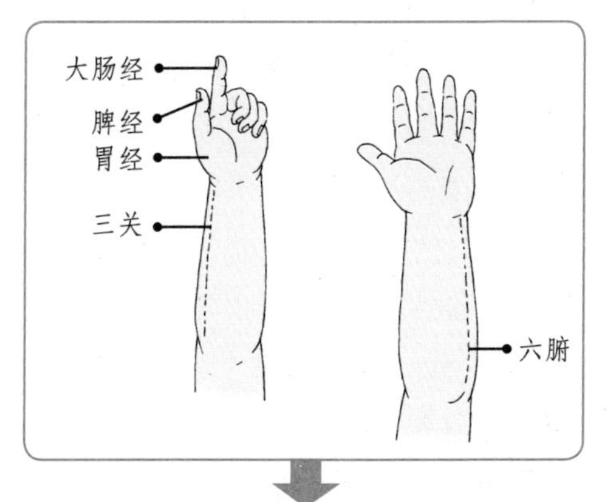

脾虚泻

治疗脾虚泻可以按孩子背部的肾俞穴、龟尾穴及推上七节骨。由脾虚引起的腹泻还可以推三关及六腑。

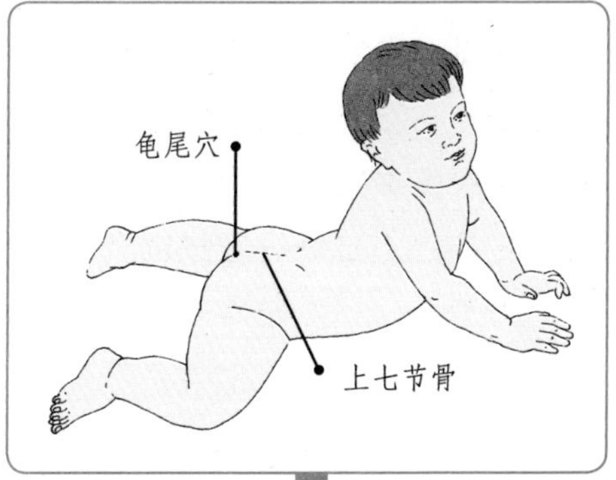

寒湿泻

治疗寒湿泻按摩补脾经、大肠经，加按足三里、外劳宫穴和背部的龟尾穴，推上七节骨。

症状：皮肤苍白、疲乏无力、情绪烦躁、喜欢哭闹、胃口通常不好。

对于营养性缺铁性贫血，妈妈应坚持以下几点：

1.坚持母乳喂养。

2.选择配方奶粉。人工喂养的宝宝可以选择配方奶粉，这些奶粉均强化了铁和维生素C，可预防贫血。

3.及时添加辅食。从4～6个月起开始为宝宝添加含铁丰富的辅食，同时还要注意添加一些绿色蔬果等富含维生素C的食物，促进铁的吸收。

4.定期检查血色素，以便及时发现贫血。

什么是婴幼儿水肿

水肿一年四季都可发生，是婴幼儿常见的一种病症。由于外感风邪，婴幼儿的肺、脾、肾功能失调，运水不利，从而水湿溢于肌肤而致水肿。

婴幼儿水肿有阴水和阳水之分，阴水分为脾虚湿困型、脾肾阳虚型和肺脾气虚型；阳水分为湿热内蕴型和风水相搏型。

婴幼儿水肿的食疗方

红豆绿豆粥

食材原料：红豆30克，绿豆30克，粳米50克。

制作方法：第一步，将红豆、绿豆洗净，用温水浸泡2个小时，将粳米淘洗干净。第二步，将红豆、绿豆和粳米放入砂锅，加适量水煮成粥。一日3次，连服6天。

功效：利水消肿，清热解毒，适于水肿患儿服用。

小儿呕吐

婴幼儿呕吐是指小儿胃或部分小肠内容物被强制性地经口排出，常伴有恶心，并有强力的腹肌收缩。

病因：

1.乳食不节，损伤脾胃，导致胃不能完全吸纳，脾失运化，胃气不能上行，气逆于上而引发呕吐。

2.脾胃受寒，食生冷过多，导致寒邪侵入胃脘，脾胃虚弱，升降失和，下行受阻，上逆导致呕吐。

3.胃热导致呕吐。

症状：

伤食呕吐者呕吐频繁，呕吐物酸臭，大便秘结等。脾胃受寒者，呕吐时轻时重，吐物不化，或者为清稀黏液，进食稍多就会呕吐。肠鸣腹痛，四肢冰冷，精神萎靡，舌苔薄白，脉细无力。胃热呕吐者患者烦躁不安，口渴唇干，入食即吐，吐物恶臭或者为黄水，舌苔发黄舌质红。

小儿呕吐

小儿呕吐是指小儿胃或部分小肠内容物被强制性地经口排出，常伴有恶心并有强力的腹肌收缩。

按摩疗法

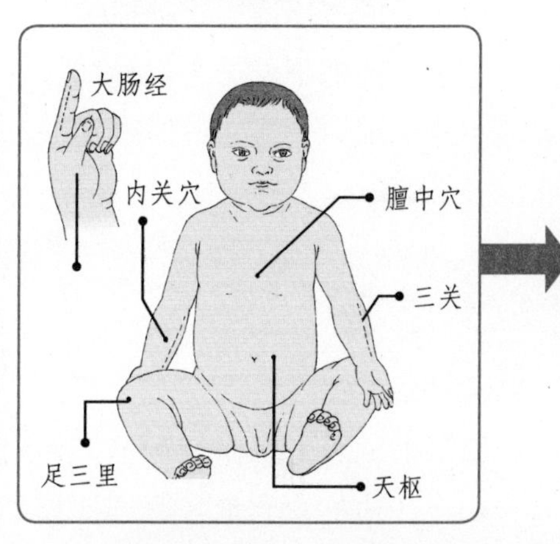

基本操作方法：以拇指按揉膻中穴2分钟，以双手拇指自中脘穴至脐部向两边分推约50次。以顺时针、逆时针各按摩腹部1分钟，以拇指指端按揉足三里、内关穴各1分钟。

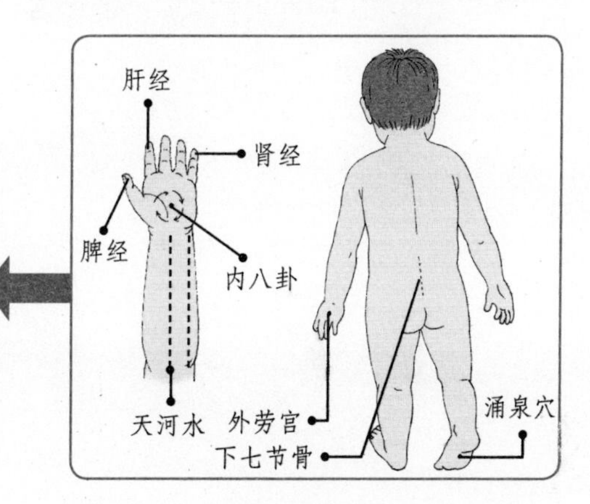

基本操作方法：

使用基本手法加补脾经约200次，清大肠200次，推六腑300次，按揉双侧天枢穴各1分钟，再推下七节骨约100次。

饮食禁忌

饮食

❶ 多食山楂、乌梅等具有消化作用的食物。

❷ 多食鸡蛋、牛奶等营养丰富且养阴生津的食物。

❸ 多食香蕉、苹果等含维生素的水果。

❹ 稍大的患儿可以吃山药、莲子等具有健脾功能的食物。

❶ 忌食辣椒、大蒜、葱等辛辣刺激性食物。

❷ 忌食雪糕等生冷食物。

❸ 忌食羊肉、动物油等烧烤油腻食物。

扁桃体炎

患扁桃体炎的宝宝往往会发热、嗓子疼和轻度咳嗽，需要服用消炎药或抗生素消炎。扁桃体炎非常容易复发，而且还可以引发肾炎或风湿病，严重影响宝宝的身体健康，甚至会危及其生命。

对于扁桃体炎最重要的是预防工作。在平时要及时给宝宝增减衣服，避免忽冷忽热；最好给宝宝创造一个无烟环境，让宝宝的卧室保持空气新鲜；多带宝宝去户外呼吸新鲜的空气，避免去人群拥挤、空气污浊的地方；注意宝宝的饮食营养搭配，让宝宝多喝水、多休息，增强抵抗力，减少宝宝患病的机会，减少宝宝对抗生素的使用概率。

小儿惊风

小儿惊风又叫小儿惊厥，是小儿时期常见的一种集中病症，以出现抽搐、昏迷为主要特征。

病因：

1.急惊风病因以外感六淫、疫毒之邪为主，偶有暴受惊恐所致。外感六淫，皆能致痉。尤以风邪、暑邪、湿热疫疠之气为主。小儿外感时邪，易从热化，热盛生痰，热极生风，痰盛发惊，惊盛生风，则发为急惊风。

2.慢惊风多见于大病久病之后，气血阴阳俱伤；或因急惊未愈，正虚邪恋，虚风内动；或先天不足，后天失调，脾肾两虚，筋脉失养，风邪入络。

症状：

小儿出现高热神昏、抽风惊厥、睡卧不宁、惊慌不安、手足抽搐或者昏迷不醒的症状，醒来的时候啼哭，面色乍青乍赤、不思饮食。

施救中暑宝宝

宝宝中暑后，应立刻把宝宝移到没有阳光照射的通风处。脱去他身上的衣服，让宝宝仰卧，并且将他的头部垫高一些。用冷毛巾擦拭宝宝的身体，尤其是头部要进行冷敷，以使其体温降低。如果宝宝的手脚冰凉，则需要为他做手脚按摩，以促进血液循环。如果宝宝的意识清醒，就可以喂点开水、淡盐水或果汁，然后让宝宝多休息一会儿，可以多躺一会儿；如果宝宝发生了神志不清楚、抽搐、呕吐等现象，则必须立刻送宝宝去医院医治。

在炎热的夏季，家长带宝宝去郊外旅行或长时间在阳光下玩耍时，一定要避免宝宝中暑。

小儿惊风

小儿惊风又叫小儿惊厥，是小儿时期常见的一种集中病症，以出现抽搐、昏迷为主要特征。

按摩疗法

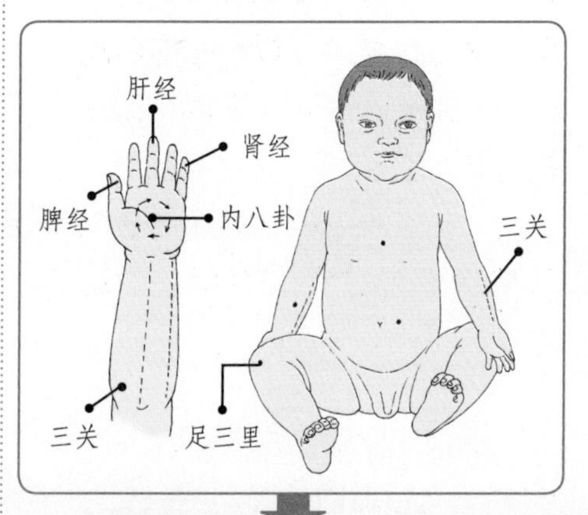

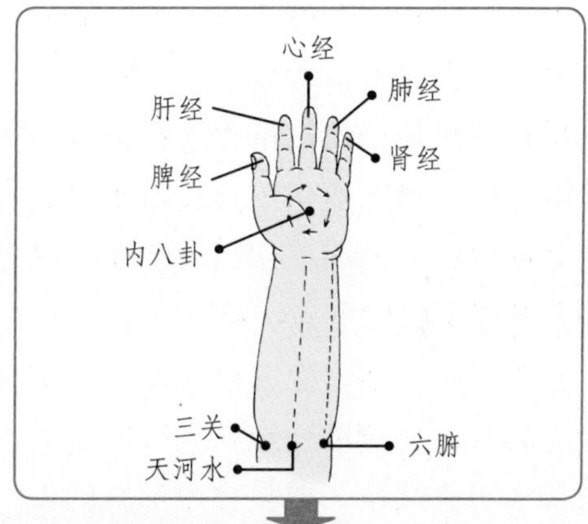

基本操作方法：

针对慢惊风患者，呈仰卧位，医者施用补脾经、补肾经、推三关、揉中脘、摩腹、按揉足三里、捏脊，健脾和胃，增补元气，施用清肝经、拿曲池、委中，平肝息风，镇静止痉。

预防措施

平时加强体育锻炼，提高抗病能力。

按时预防接种，避免跌仆惊骇。

有高热惊厥史患儿，在外感发热初起时，要及时降温，服用止痉药物。

避免时邪感染。注意饮食卫生，不吃腐败及变质食物。

宜

宜吃小米汤、稀饭、藕粉、山药粉等易消化的流质食物或者半流质食物。

忌

忌油炸、辛辣等食物，也不要吃巧克力、糖果等高热量食物。不能吃荔枝、龙眼、橘子三种水果。不要吃羊肉、牛肉等温补性的食物。

宝宝中暑后的饮食误区

误区一：让宝宝过量饮水。饮水过量特别容易导致宝宝“水中毒”，即过量饮水会稀释血液，导致宝宝体内的电解质紊乱，严重时还会引起宝宝抽风。正确的做法是让宝宝少量多次地饮水。

误区二：过多地食用冷食。宝宝中暑后很多家长都会让宝宝多吃一些瓜果，甚至是冷饮，以为这样就可以缓解宝宝中暑的症状，其实过多地食用凉性食物会削弱消化道的功能，反而不利于宝宝的身体恢复。

误区三：不清淡多量饮食。宝宝中暑后其消化道的功能就会减弱，如果宝宝过多饮食，或是食用油腻的食物，很容易就加重了消化道的负担。宝宝中暑后，其饮食一定要爽口。

什么是溃疡性口腔炎

溃疡性口腔炎常常是因感染链球菌、肺炎球菌、大肠杆菌、金黄色葡萄球菌或口腔不卫生所致，多发于婴幼儿。溃疡性口腔炎表现为口腔黏膜充血、水肿、流口水，而且宝宝的口唇、舌面、牙齿等处出现大小不等的溃疡面，呈出血性糜烂。患此病的宝宝会出现发热、有疼痛感、不想吃饭、烦躁不安、睡眠差等症状。

溃疡性口腔炎的治疗

1.注意口腔卫生。

2.每天饭后或起床后用3%双氧水清洗口腔，一天2~3次；饭前20分钟用2%利多卡因10毫升和庆大霉素10万单位混合涂于溃疡面上，既消炎杀菌，又可以减少吃饭时的疼痛感。

3.食物以流质、半流质为主，不能太热。

4.宝宝的毛巾、奶瓶、餐具等用后洗净消毒，专人专用，预防交叉感染。

龋齿

龋齿是很常见的口腔疾病。在发病的一开始宝宝并不会感觉到疼痛，当龋洞发展到牙本质时，冷、热、酸、甜的刺激就会让宝宝感觉到疼痛，当龋洞发展到牙髓时，疼痛感会更加剧烈。为了预防宝宝龋齿，家长要尽量做到以下几点：

1.平时让宝宝少吃糖果等太甜的食品，尤其在睡前不给宝宝吃甜食。

2.宝宝长出牙齿以后就要开始教宝宝每天刷牙，早晨起床后以及晚上让宝宝养成临睡前刷牙的好习惯。

龋齿及其并发病

龋齿是很常见的口腔疾病。在发病的一开始宝宝并不会感觉到疼痛，当龋洞发展到牙本质时，冷、热、酸、甜的刺激就会让宝宝感觉到疼痛，当龋洞发展到牙髓时，疼痛感会更加剧烈。

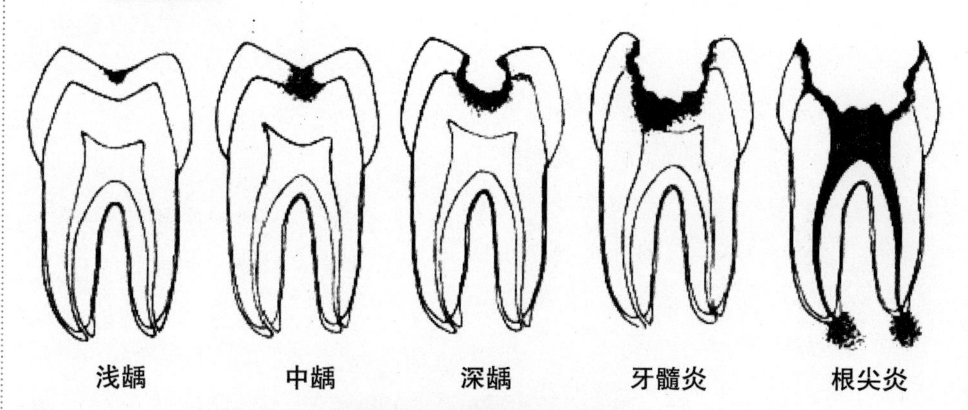

龋齿及其并发病

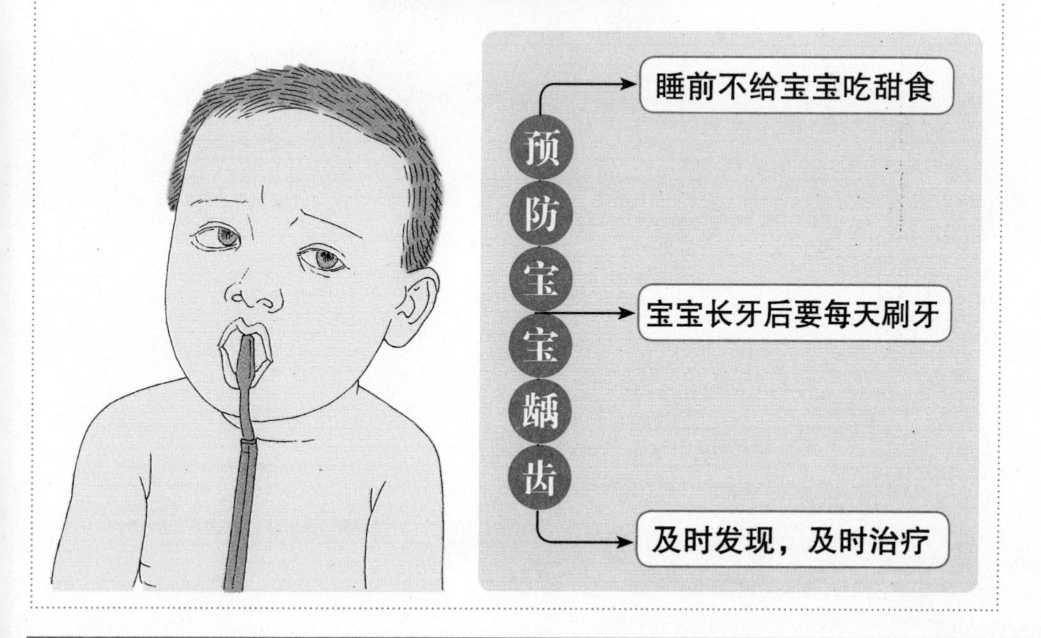

小儿疳积

由于喂养不当，脾胃受伤导致疳积。疳积影响生长发育。多见于1～5岁儿童。

病因：

1.乳食不节，伤及脾胃：乳食不节，过食肥甘生冷，伤及脾胃，脾胃失司，受纳运化失职，升降不调，营养不足，气血精微不能濡养脏腑，形成积滞。积滞日久，脾胃更伤，转化为疳。

2.脾胃虚寒薄弱导致疳积。脾胃虚寒薄弱，则乳食难于腐熟，导致乳食停积，阻碍气机，时间长久之后导致营养失调，患儿羸瘦，气液虚衰，发育障碍。

3.因慢性腹泻、慢性痢疾、肠道寄生虫等慢性疾病或者其他疾病，经久不愈，损伤脾胃等引起。

症状：

患儿主要出现精神萎靡、面黄肌瘦、毛发焦枯、肚大筋露、表情淡漠、形体消瘦、喜怒无常等症状。

什么是湿疹

湿疹是儿童常见的一种皮肤病，可以发生在宝宝身体的每一个部位，会引起剧烈瘙痒，而且病程迁延，容易反复发作，让很多父母和宝宝苦不堪言。日常生活中，我们经常会看到一些宝宝白白胖胖的脸上会有成片的小疙瘩，有的甚至会流水、结痂。

湿疹除了会引起剧烈瘙痒以外，还会在皮肤上呈弥漫性、对称性分布，常常会联合成片。

湿疹婴儿的护理

1.母乳喂养时妈妈忌食辛辣刺激性食物。

2.给宝宝喂食的牛奶要多煮一会儿，用以破坏牛奶中的致敏物质。

3.不给宝宝用有刺激性的肥皂洗脸和洗澡。

4.为宝宝选择接触皮肤的衣服、被子等，要选择那些无刺激、柔软、舒适的纯棉布料。

5.不让宝宝的皮肤直接裸露在强烈的阳光下。

6.宝宝患湿疹严重时不随便给宝宝涂抹药膏，要及时带宝宝去医院就医。

小儿疳积

由于喂养不当，脾胃受伤，消化功能长期产生障碍，导致疳积。疳积影响生长发育。

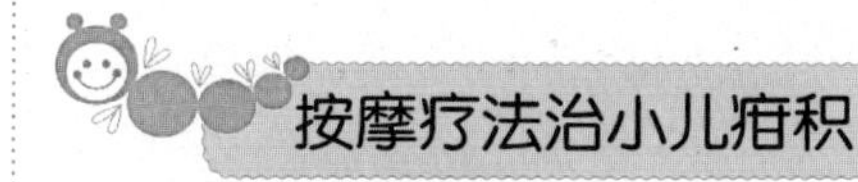

按摩疗法治小儿疳积

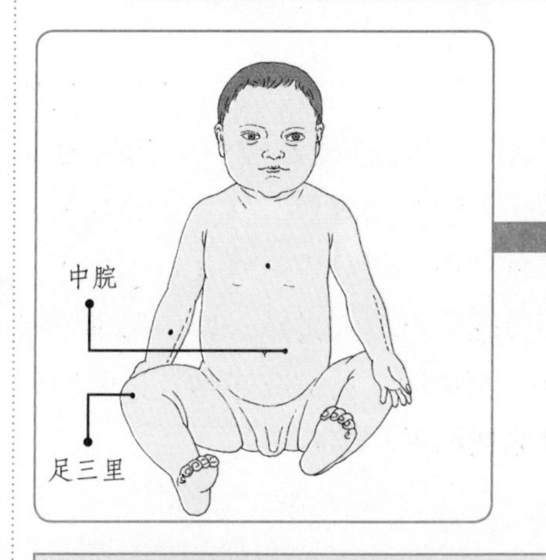

前期：患儿呈坐位，施用揉板门，推四横纹，运内八卦，以消食化滞，疏调肠胃积滞，理气调中；补脾经、按揉足三里以健脾开胃，消食和中。揉中脘、分推腹阴阳、揉天枢消食导滞，疏调肠胃积滞，共达消食中和，调理脾胃之功。

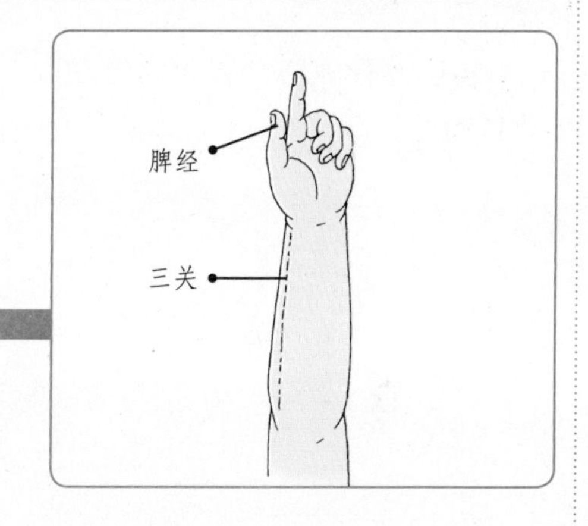

后期：患者呈坐位，施用补脾经、推三关穴，以温中健脾；运内八卦，按揉劳宫穴，以温阳助运，理气和血；施用掐揉四横纹穴，以治疳积。患者呈仰卧位，施捏脊穴，以温中健脾，益气补血；阴火虚妄者，加用补肝经，补肾经，揉上马穴，运内劳宫穴，滋阴降火。

如何预防小儿疳积

预防

- 注意饮食搭配，营养均衡。
- 小孩不宜断奶过早，一岁左右为最佳断奶时间。
- 喂养时，遵循先少后多，先素后荤，先稀后干，先软后硬的原则。
- 增强小儿自我活动能力，促进对食物的消化吸收。

打嗝不止

由于吸入冷空气或者消化不良刺激横膈膜等原因导致打嗝。打嗝是各种消化道疾病常见的症状之一。

病因：

1.饮食过量，导致胃部过胀，刺激横膈膜，从而导致打嗝。

2.感染风寒，寒气会在胃部集中，此时就会导致打嗝。

3.忧愁或者思虑过度会伤脾胃；暴怒伤肝，肝气和脾胃伤都可以引起打嗝。

4.病后脾胃虚弱，胃虚则气逆，导致打嗝。

5.过食生冷食物、苦寒食物、辛热食物等引起暂时性的打嗝儿。

症状：

吸入冷空气后，会厌突然闭合而发出特有的奇怪的声音，持续一段时间后才会消失。

治疗方法：

治疗打嗝儿时，应尽量避免腹部受凉，同时还要养成良好的进食习惯。不能暴饮暴食，饮食要有规律，在秋冬季，饭前应先喝几口温开水；不要吃得过冷或过热；吃饭时细嚼慢咽，避免边说话边吃东西；进餐时保持愉快而平和的心情。

打嗝儿不止

打嗝儿是由于一块称为膈的胸部肌肉突然收缩而产生的结果。它通常是由于进食或者饮水太快而引起的。当膈肌收缩时，空气通过口腔快速进入肺，引起喉的开口处突然关闭，产生打嗝儿的声音。

打嗝儿机理示意图

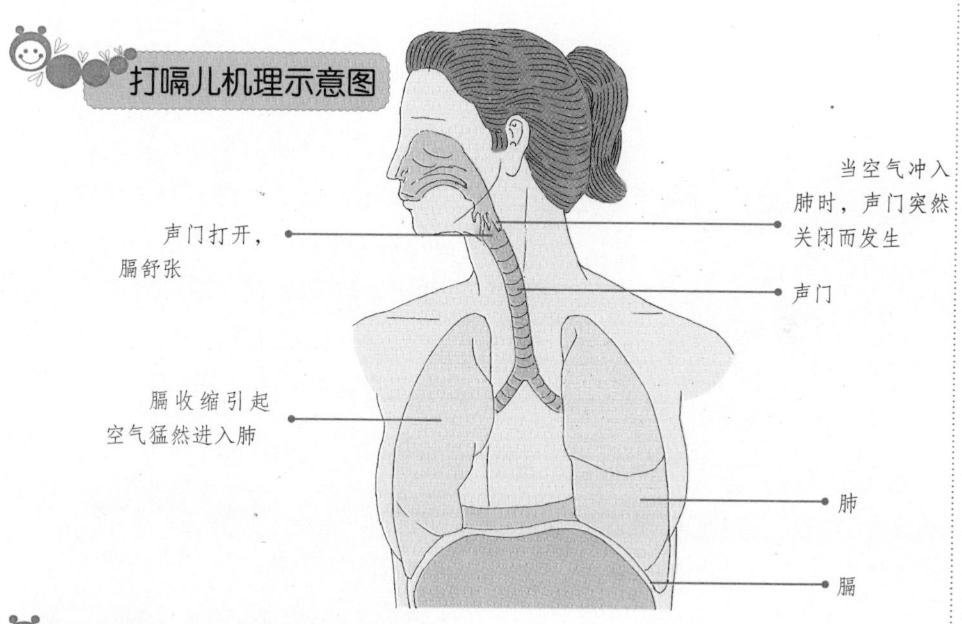

宝宝打嗝儿处理方法

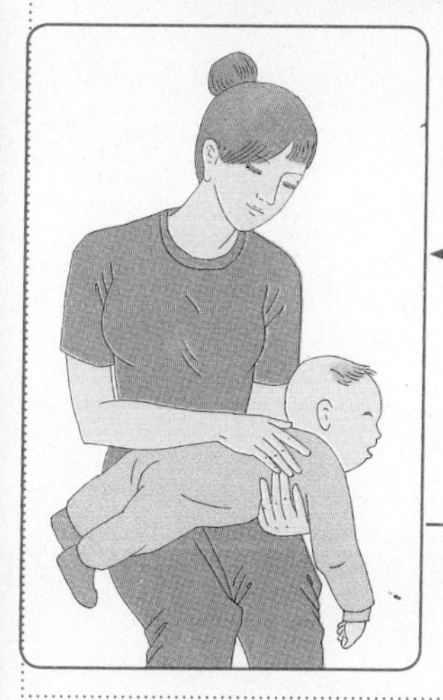

把婴儿放在妈妈的大腿上，然后轻轻拍打婴儿的后背。

抱起婴儿，使婴儿的头部位于妈妈肩膀上，然后轻轻地拍打婴儿后背。

宝宝传染性疾病

对于传染性疾病，家长应坚持“8字方针”：预防为主，防治结合。

幼儿期宝宝易患哪些传染病

1岁以后的宝宝，由于从母体带来的免疫力已逐渐用尽，而自身的免疫功能低下，因而容易患多种传染病，常见的有麻疹、水痘、百日咳、肝炎、流行性腮腺炎、小儿麻痹症、流行性脑髓膜炎、流行性乙型脑炎、急性结膜炎、中毒型菌痢等。

流行性乙型脑炎

流行性乙型脑炎是一种急性病毒性传染病，由乙脑病毒引起、由蚊虫传播人畜共患，主要侵犯神经组织引起大脑炎，是威胁人群特别是宝宝健康的主要传染病之一。患病宝宝会有高热、意识障碍、抽搐、病理反射等症状。

人对乙脑病毒普遍易感，发病者以10岁以下儿童为主。在我国大部分地区流行季节为5~10月，7~9月为乙脑高发季节。目前尚无治疗乙脑的特效药物，在日常生活中应提高保护意识，特别是提高对疫苗接种、防蚊灭蚊、预防乙脑重要性的认识，及时给宝宝接种疫苗，并做好卫生工作。

小儿麻痹症

小儿麻痹症又称脊髓灰质炎，多发于夏秋两个季节，是由脊髓灰质炎病毒引起的急性传染病，主要由消化道传染。当宝宝患小儿麻痹症时常常会有发热、肢体疼痛的症状，少数病例会出现肢体弛缓性瘫痪。

小儿麻痹症后遗症的出现对宝宝的伤害很大，及时地发现小儿麻痹症后遗症的基本症状对治疗小儿麻痹症后遗症的帮助很大。目前临床治疗小儿麻痹症后遗症的方法最常见的就是三维立体神经修复疗法。

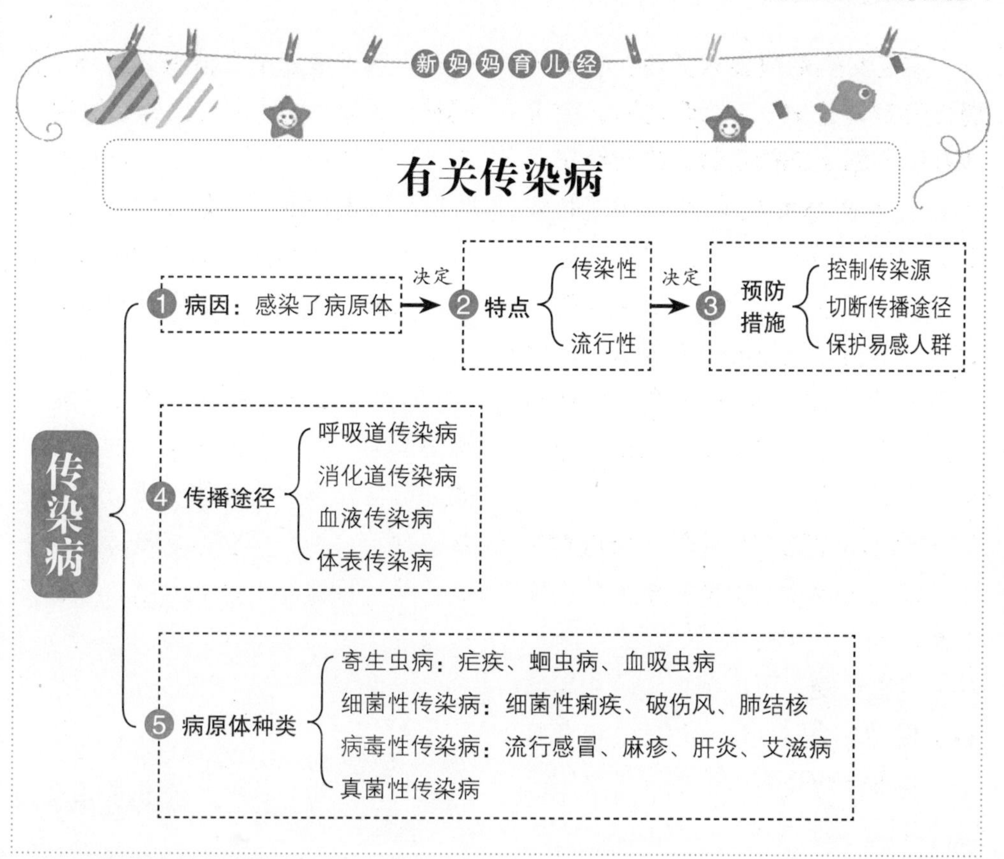

风疹

风疹多发于冬春两季，是一种急性呼吸道传染病，由风疹病毒引起，出疹特别快，主要通过飞沫传播。出疹前宝宝的耳后、枕后淋巴结肿大，轻压会有痛感；1~2天之后面部出现浅红色斑丘疹，再过1天浅红色斑丘疹即会迅速遍及全身。患风疹的宝宝常常会有低热、咳嗽、咽痛、流涕、打喷嚏等症状。

由于风疹并无特效药物治疗，所以应对的关键是护理。要保持宝宝的口腔卫生，早晚要刷牙，饭后要漱口；保持室内空气的新鲜；宝宝发热时一定要及时降温；宝宝患风疹的同时还有心慌、气喘、喉炎症状出现时，一定要立即带宝宝去医院。

宝宝出水痘

水痘是冬春季节常见的急性传染病，主要通过病人的飞沫、衣物、玩具等传播，多发于1~5岁的宝宝，病程为10~14天，宝宝的精神、饮食不受影响，都比较正常。

宝宝发病初期会有低热、咳嗽、腹泻等轻微症状，1~2天之后，宝宝的发际、躯干部的皮肤会出现红斑，到第二天就会变成大小不一、椭圆形的疱疹。再经1~2天，疱疹开始干枯，结成痂盖，数天之后就会脱落。脱落之后会有明显的色素沉着，但会渐渐消失。由于疱疹处的皮肤比较痒，若宝宝抓挠继发感染的话，很容易就会形成疤痕。

水痘的传染性比较强，所以对宝宝应该隔离治疗。护理时要保持宝宝皮肤的清洁干燥，常换贴身衣服；避免宝宝抓挠，可以把宝宝的指甲剪短；保持室内通风。若宝宝并发脑炎、病毒性肺炎时，要立即带宝宝去医院就医。

百日咳

百日咳是宝宝常见的急性呼吸道传染病，致病菌是百日咳杆菌。患病宝宝会表现为阵发性痉挛性咳嗽，同时会有肺炎、窒息、脑病等并发症，病程长达3个月左右，故有百日咳之称。护理患有百日咳的宝宝时，家长要注意做到以下几点：

1.保持室内空气新鲜。宝宝由于频繁剧烈的咳嗽，易氧气不足，需要较多的氧气补充。

2.让宝宝远离烟尘。在宝宝生病期间，家人最好不要抽烟。另外，做饭时，尽量不要让宝宝接触到油烟。

3.让宝宝适量地运动。百日咳的咳嗽是阵发性的，多带宝宝到空气新鲜的地方，适当做些活动和游戏可以减轻咳嗽，但注意一定要适量，不可过度。

4.让宝宝适量饮食。不要让宝宝吃得太饱，否则会加重宝宝的胃肠功能的负担，不利于身体的康复。在日常饮食中，少吃多餐，尽量让其吃一些易消化且营养丰富的食物，增加抵抗力。

猩红热

猩红热以冬春季为高发季节，多发于2 ~10个月的宝宝，主要通过吸入病人排出的飞沫和与病人接触而传播。在防治过程中家长要注意以下几点：

1.注意宝宝的饮食营养，让宝宝食用清淡且易于消化的食物。

2.平时应让宝宝多加运动，多喝水，提高其抵抗力。

3.加强个人和居家环境卫生。

4.家中的宝宝若有疑似猩红热的症状，应尽早带宝宝去医院。

5.宝宝患此病时按时服药及静养最重要。不可任意中止服药，即使症状减轻，也应当在医生配合下继续治疗，直至宝宝彻底康复。

百日咳

百日咳是由百日咳杆菌导致的急性呼吸道传染疾病，病程长达2～3个月，幼婴易发生窒息、死亡，多见于5岁以下的小儿。

按摩疗法

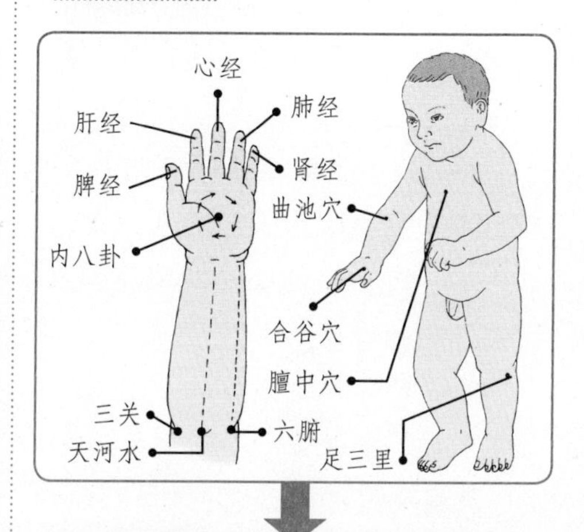

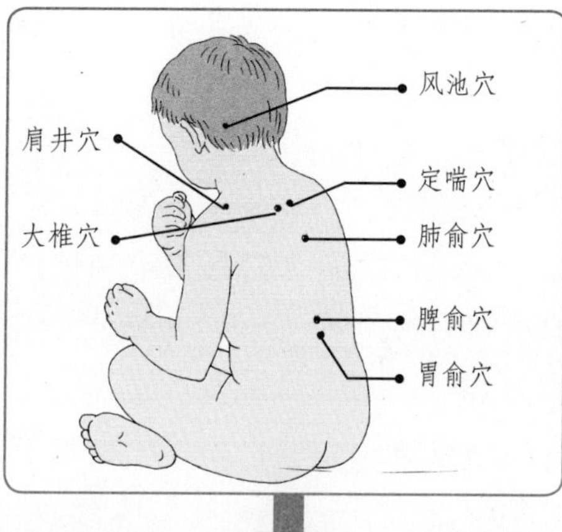

基本操作方法：补脾经及肾经300次，清肝经、心经各200次，肺经300次，推三关300次，推天河水100次，推六腑200次。反复捏挤膻中穴周围的肌肉，以局部肌肉发红为宜。按揉足三里、丰隆穴各1分钟。以掌心横擦肩胛骨内侧缘，以透热为度。在按揉大椎穴、肺俞穴、定喘穴各1分钟。

饮食禁忌

宜

❶ 多吃茄子、扁豆、芹菜、梨等新鲜水果和蔬菜。

❷ 宜食萝卜汁、梨汁、蜂蜜等润肺滋阴的食品。

❸ 进食粥类、软饭等清淡易消化的食物。

❹ 豆腐、大蒜、牛胆、核桃仁等也是很好的食物。

忌

❶ 忌油烟等刺激性气味。

❷ 忌食辣椒等刺激性食物。

流行性腮腺炎

流行性腮腺炎是一种急性呼吸道传染病，由腮腺炎病毒引起，主要经呼吸道传播，在冬春季节多发于5～15岁的儿童。宝宝患流行性腮腺炎时会有发热、头痛、畏寒、乏力、恶心、呕吐、食欲缺乏等症状，一般三天左右达到高峰，该病严重时可引发脑膜炎、脑炎。

预防措施：

1.家长要合理安排好宝宝的作息时间，加强宝宝的营养，并鼓励宝宝适当运动，增强其抵抗力。

2.注意保持口腔卫生，让宝宝多喝水。

3.根据天气冷暖及时添减衣服。

4.在腮腺炎流行时，尽量少去公共场所。

5.在冬春季节坚持室内通风、空气消毒；要保证餐饮具和玩具消毒。

6.在多发季节密切关注宝宝的身体健康状况，宝宝患了腮腺炎应尽快请医生做隔离治疗。

细菌性痢疾

细菌性痢疾是宝宝常见的肠道传染病，由痢疾杆菌引起，在夏秋季节发病最多。

主要是因为宝宝的小手不干净而感染此病，如宝宝吃饭之前没有洗手，喜欢吸吮手指等，这样的行为很容易让细菌进入体内而致病。当宝宝患病以后，其粪便中也会含有很多痢疾杆菌，容易污染水源或食物。

细菌性痢疾主要是与宝宝的卫生习惯有关系。为了预防宝宝感染细菌性痢疾，在日常生活生活中要注意以下几个方面：

1.不让宝宝吃不干净或过期的食物，不让宝宝喝不干净的水，食物和饮用水一定要经过必要的高温加热以后再享用。

2.让宝宝养成良好的卫生习惯，如饭前便后要洗手、不吸吮手指等。

3.给宝宝经常换衣服，经常剪指甲，宝宝使用的玩具也要经常消毒。

4.保持室内通风，在痢疾多发季节，最好对室内的环境进行消毒处理，避免宝宝受痢疾杆菌的感染。

5.让宝宝多喝水，注意饮食营养，适当运动，提高身体抵抗力。

节后语

许多传染病是可控可防的，让宝宝做一个卫生宝宝，在传染病高发期避免去有传染源的地方，以及提高宝宝抵抗力是预防传染病关键并且非常有效的措施。

流行性腮腺炎与细菌性痢疾

流行性腮腺炎

◆ **护理**

1. 合理安排作息，鼓励锻炼，加强营养。
2. 及时添加衣服。
3. 腮腺炎流行时，少去公共场所。
4. 冬春季坚持室内通风、空气消毒。
5. 早发现，早隔离治疗。
6. 保持口腔卫生，多饮水。

预防细菌性痢疾的九字经

喝开水

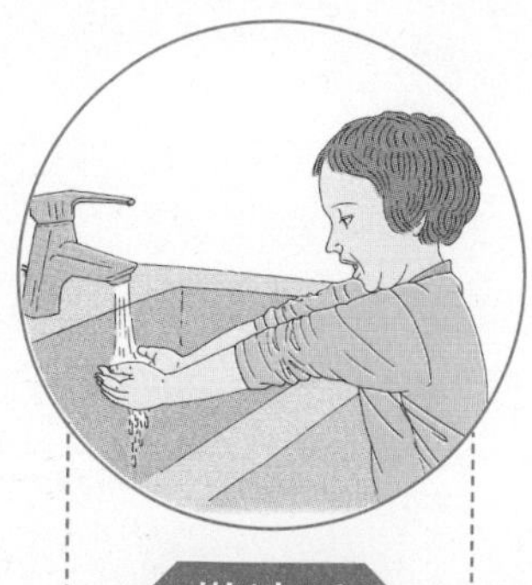

勤洗手

4 意外伤害

意外伤害并不“意外”，因为它有其发生、发展的规律，有与其相匹配的危险因素，更有预防和诊治的有效方法……

意外急救的原则

宝宝意外伤害有两大急救原则：

1.抢救生命。对于那些迅速危及生命的意外事故如淹溺、触电、雷击、外伤大出血、气管异物、车祸等必须在现场争分夺秒进行抢救，防止可以避免的死亡。

2.预防残疾。一些意外伤害如各种烧烫伤、骨折等，如果迟迟不作处理或处理不当，也可造成死亡或终身残疾。

异物卡于咽部

当异物卡在宝宝的咽部时，千万不要企图让宝宝把异物咽下去，因为宝宝的食道壁非常容易破损，如果强行让宝宝用食物将异物尤其是尖锐的异物咽下时，很容易将异物压出食道外，导致食道穿孔，甚至会导致宝宝死亡。

当异物卡于宝宝咽部时，应该立刻带宝宝去医院处理，一定要争分夺秒，不让异物在宝宝的咽部停留太长时间。

气管有异物

异物可能停留在呼吸道任何部位，严重者甚至会造成宝宝窒息而死亡。当异物进入气管时，家长要及时做到以下几点：

1.首先清除宝宝鼻内和口腔内的呕吐物或食物残渣。

2.让宝宝俯卧在抢救者两腿间，头低脚高，然后用手掌用力在宝宝两肩胛间脊柱上拍打，令其咳嗽呕吐出来。若不见效，把宝宝翻成仰卧，背贴抢救者腿上，然后抢救者用食指和中指用力向上向后挤压上腹部，压后放松反复进行，以便异物排出。

上述方法均未奏效时，应尽快地把宝宝送医院处理，呼吸停止时要给予宝宝口对口的人工呼吸。

意外伤害与急救

发生意外伤害的主要原因

- 生活方式的改变，如家用电器的普及。
- 儿童缺乏安全意识。
- 儿童养育方式的影响导致缺乏生活技能。
- 儿童自身体质弱。
- 儿童所处环境的安全工作不过关。

意外伤害的预防

- 加强安全知识教育和社会宣传。
- 建立儿童意外伤害自然保护体系，加强公路车辆行驶规范。
- 父母要看护好自己的孩子。

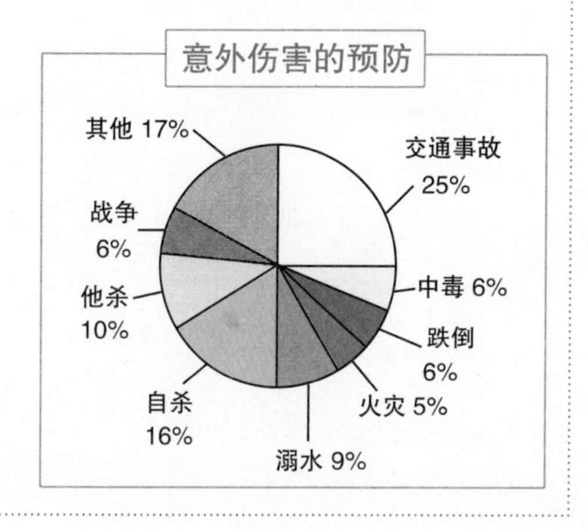

意外急救原则

- 迅速危及生命的要在现场争分夺秒地抢救。
- 不会顷刻致命但也十分严重地也要及时进行妥当处理，如狗咬伤。
- 轻微的意外伤害可在家进行简单处理，必要时要到医院处理。

意外窒息

意外窒息是我国儿童意外死亡的最主要原因，儿童意外窒息死亡与不适当的护理习惯密切相关，为了预防意外窒息，家长要注意以下三点：

1.避免母婴同床，让宝宝有自己一个单独的小床。

2.不要用大被子盖过宝宝的头部；宝宝趴着睡时，不要裹住宝宝。

3.避免边吃边睡，妈妈喂奶时要将宝宝抱起，喂奶后，把宝宝抱在身上轻轻拍拍，让宝宝打几个嗝，排排气，放下躺着时以右侧卧最安全。

鼻腔里有异物

如果宝宝鼻腔的异物比较小时，家长可以用手按住没有异物的另一侧鼻子，让宝宝把异物擤出鼻外；家长也可以用头发丝或棉花等刺激宝宝的鼻腔，让宝宝打喷嚏，从而将异物喷出鼻外。但是当异物比较大或位置比较深时，家长或宝宝千万不要去夹取，否则很容易就把异物推得更深，从而加大了取出异物的难度，这时家长一定带宝宝去医院请医生处理。

耳朵里有异物

若宝宝的耳朵里爬入了小虫子，家长可用手电筒照射把小虫子引出来，若此法无效的话可以在耳朵内滴入食物油。

当宝宝耳朵里的异物比较小且位置较浅时，让宝宝把头歪向异物侧，现时还要同侧单脚跳，以求异物自行掉出来，而不要自己给宝宝往外掏，因为这样很容易损伤宝宝的耳朵。

昏厥

昏厥在我们的日常生活中时有发生，如受惊吓、站立过久等而昏厥，这是暂时性脑缺血引起的短时间意识丧失现象。宝宝会出现衰弱无力、眼睛发黑、皮肤及口唇苍白、四肢发冷以及出虚汗等症状。当宝宝出现昏厥时应让其躺下，采取头低脚高姿势的卧位，使脑部增加回流血液，并且要注意给宝宝保暖，保持周围环境的安静，还要给宝宝喂温热的糖水。

如果是大出血和有心脏病史引起的昏厥，爸爸妈妈要立即送宝宝去医院急救。

触电

当宝宝触电时，家长一定要及时做到以下几点：

1.立即切断其身体与电流的接触，如拉下电闸，或用干木棒拨开电线，或用干的衣服套住其身体某个部位，将他从电流上拖开。

2.若宝宝呼吸停止，则要立刻进行人工呼吸。对已昏迷、心跳停止、瞳孔扩大的宝宝，也应积极抢救，因电流的强刺激作用，常出现“假死”的现象。

3.一定要尽快送医院治疗。

为了避免宝宝触电，家长一定要对其进行宣传教育；同时电源安置应远离宝宝能触摸到的地方；经常检验电器运行情况，对漏电的物品应及时停用和修理。

食物中毒

食物中毒是因细菌污染食物而引起的一种以急性胃肠炎为主要症状的疾病，多发生在夏秋季，大多数宝宝会出现恶心、呕吐、腹痛、腹泻、体温高等症状，严重者甚至会发生休

耳朵进入异物

一些小虫子会从外耳道进入耳内，或者有时因饮生水，蚂蝗从咽鼓管进入内耳。异物进入耳朵后要将其及时拨出来。

急救

豆入耳道，选一根细竹管轻轻地插入耳道，然后嘴对着竹管外口，用力吸气，豆子会被吸出来。

耳道进水时，将头侧身患侧，用手将耳朵往下拉，然后用同侧脚在地上跳数下，水会很快流出。

小虫飞入耳道，马上用灯光等在暗处照有虫子的耳道，虫见光会飞出来。

用食油滴3~5滴入耳，按摩膻中穴3分钟，把头歪向患侧，小虫会随油淌出来。

预防

耳垢可防止灰尘、小虫等直接接触鼓膜，所以不要随便挖耳垢。

遇小虫等飞入耳道，用双手捂住耳朵，张口，以防鼓膜震伤。

教育儿童不将小物件塞入耳内。

原有鼓膜穿孔者，不宜用冲洗法。本病以外治法为主。

克。当宝宝食物中毒时，一定要及时救治，具体的急救方法有下面几点：

1.立即呼叫救护车。

2.在等待救护车期间，若宝宝出现了呕吐和腹泻，暂时就不要止吐和止泻，让污染的食物排出体内，从而减少毒素的吸收。若宝宝没有呕吐和腹泻时应催吐，让宝宝大量饮用温开水或稀盐水，然后把手指伸进咽部来催吐，以减少毒素的吸收。

3.当宝宝出现了脱水现象时，最好让其饮用淡盐水，增加血容量，防止休克的发生。对于昏迷的宝宝，不要强行饮水，以免发生窒息。

烫伤

若宝宝被烫伤，一定要尽早用凉水冲洗或进行冷敷来减轻宝宝的痛苦，但时间不宜过长，否则会容易让宝宝的体温下降。

轻度烫伤，可以给宝宝涂紫药水，不必包扎；当宝宝的皮肤起疱时，不要把水疱弄破，可用涂有凡士林的纱布轻轻地包扎以减少疼痛；当宝宝烫伤面积大，症状严重时，爸爸妈妈应该及时送宝宝去医院治疗。

为了避免宝宝烫伤，家里的热水瓶及吃饭时的热粥一定要放在安全的地方，尽量远离宝宝。

预防煤气中毒

1.临睡前关闭煤气总开关。

2.一定不要在装有煤气灶的房间内睡觉。

3.把煤炉放在室外，或者给室内的煤炉安装烟囱、风斗等安全设置。

4.使用煤气取暖的房间一定要有良好的通风设置。

5.提高宝宝的安全意识，严禁宝宝在煤气灶前玩耍。

被狗咬伤

现在，养狗的家庭越来越多，被狗咬的现象也越来越多。因为狗的唾液里有狂犬病毒，被咬伤的人，则有患上狂犬病的可能性，所以被狗咬伤后，应立即进行伤口处理。

1.如果伤口流血，流血不多的情况下，不急于止血。因为，流出的血液可以将残留在伤口的猫狗的唾液一并带走。对于渗血的伤口，尽量从近心端（伤口离心脏近的位置）挤压伤口出血，利于排除残留的唾液。

2.用肥皂水反复冲洗，然后用干纱布揾干伤口，再用70%的酒精或碘酒消毒伤口和周围的皮肤。伤口较深时，更应反复冲洗、消毒。

伤口处理后，尽快到医院或卫生防疫站注射狂犬疫苗。

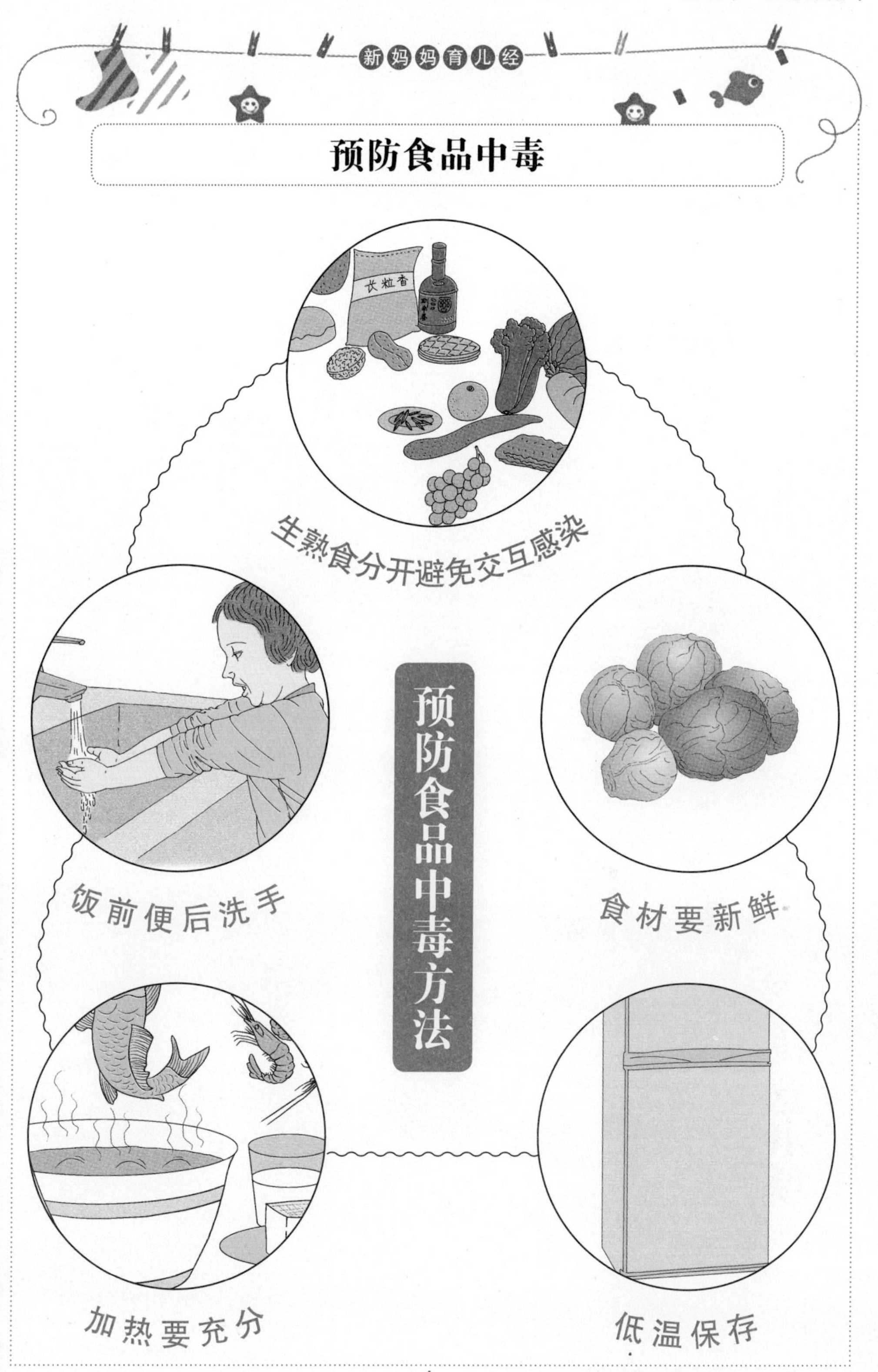
新妈妈育儿经
预防食品中毒
长粒香
生熟食分开避免交互感染
预防食品中毒方法
饭前便后洗手
食材要新鲜
加热要充分
低温保存

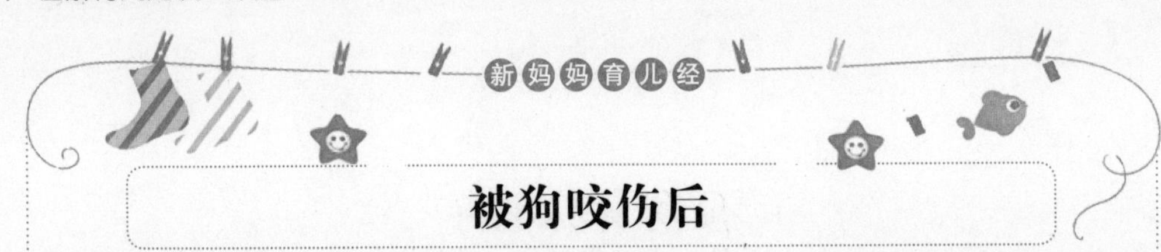

被狗咬伤后

狗的唾液里有狂犬病毒，被咬伤的人，有患上狂犬病的可能性，所以被狗咬伤后，应立即进行伤口处理。

犬咬伤程度

	情形	暴露程度	处理原则
一度	完好的皮肤被舔。	无	确认病史可靠则不需处理。
二度	皮肤被轻咬或无出血的轻微抓伤或擦伤。	轻度	处理伤口并接种狂犬病疫苗。
三度	❶单处或多处贯穿性皮肤咬伤或抓伤。 ❷被损皮肤被舔。 ❸黏膜被动物体液污染。	重度	立即处理伤口并注射狂犬病疫苗和狂犬病人免疫球蛋白。

一定要打狂犬疫苗

被狗咬伤后一定要打狂犬病疫苗，若被狗咬伤头部、上肢、躯干等靠进大脑中枢神经系统或身体多部位，还应遵医嘱同时注射抗狂犬病血清。

犬咬伤注意事项

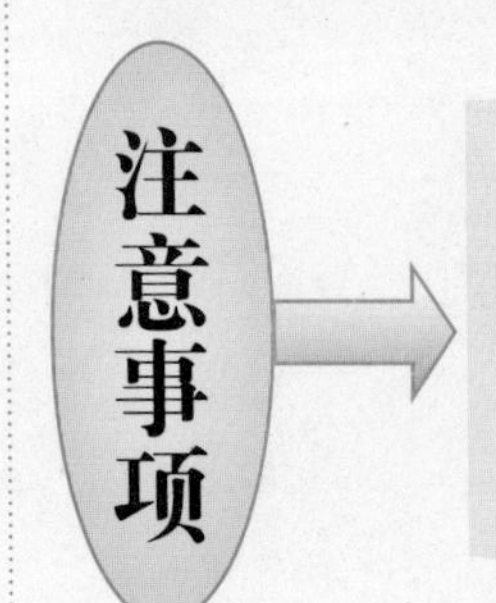

在注射疫苗期间，应注意不要饮酒、喝浓茶、咖啡。

不要吃有刺激性的食物，诸如辣椒、葱、大蒜等。

要避免受凉、剧烈运动或过度疲劳，防止感冒。

被狗咬伤后能否包扎

狗的唾液里有狂犬病毒，被咬伤的人，有患上狂犬病的可能性，所以被狗咬伤后，应立即进行伤口处理。

将狗赶跑

不能包扎

流血不多的情况下，不急于止血。因为，流出的血液可以将残留在伤口的猫狗的唾液一并带走。对于渗血的伤口，尽量从近心端（伤口离心脏近的位置）挤压伤口出血，利于排除残留的唾液。

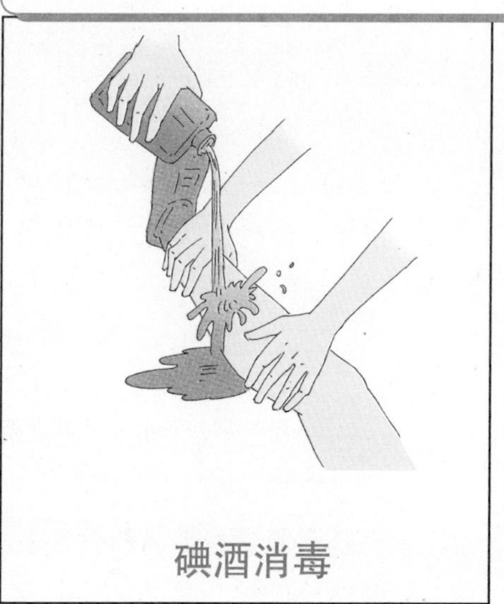

碘酒消毒

注射狂犬疫苗

宝宝的用药

是药三分毒，父母给宝宝用药时一定要慎重！

新生儿不宜使用的药物

新生儿肝脏解毒功能极差，肾排泄功能低，所以在给新生儿用药时必须注意，有一些药物是不宜给新生儿使用的，如：

1.四环素族药物。该类药比较易于沉积于骨组织，阻碍骨骼发育，服用数月可使牙齿变黄。

2.维生素K_4、维生素K_3、磺胺类药物、新生霉素、三乙酰竹桃霉素、伯氨喹啉等易引起新生儿黄疸。

3.氯霉素可抑制骨髓，并发灰白色综合征。

4.卡那、庆大霉素疗程不要超过10天，以免听神经及肾功能受损。

5.链霉素对听神经和肾脏不利。

6.吗啡、度冷丁、可待因会引起敏感者中毒，应慎用。

给宝宝使用外用药的注意事项

1.新生儿的皮肤上切忌敷贴胶布、氧化锌软膏及膏药，否则容易引起新生儿患接触性皮炎。

2.不给宝宝使用刺激性很强的药物，如碘酒、水杨酸等，若必须使用的话也要兑成低浓度的，否则很容易让宝宝的皮肤发生脱皮、水疱或受到腐蚀。

3.给宝宝涂抹药物时，面积不可过大，否则很容易因发生急性中毒而引起宝宝全身水肿。

以上三点均与宝宝的皮肤娇嫩、角质层薄有关系，父母在给宝宝的皮肤用药时一定要十分小心。

注意药物的服用时间

为了避免药物刺激胃部以及促进人体对药物的吸收，大部分药物都是

新妈妈育儿经

家用药箱

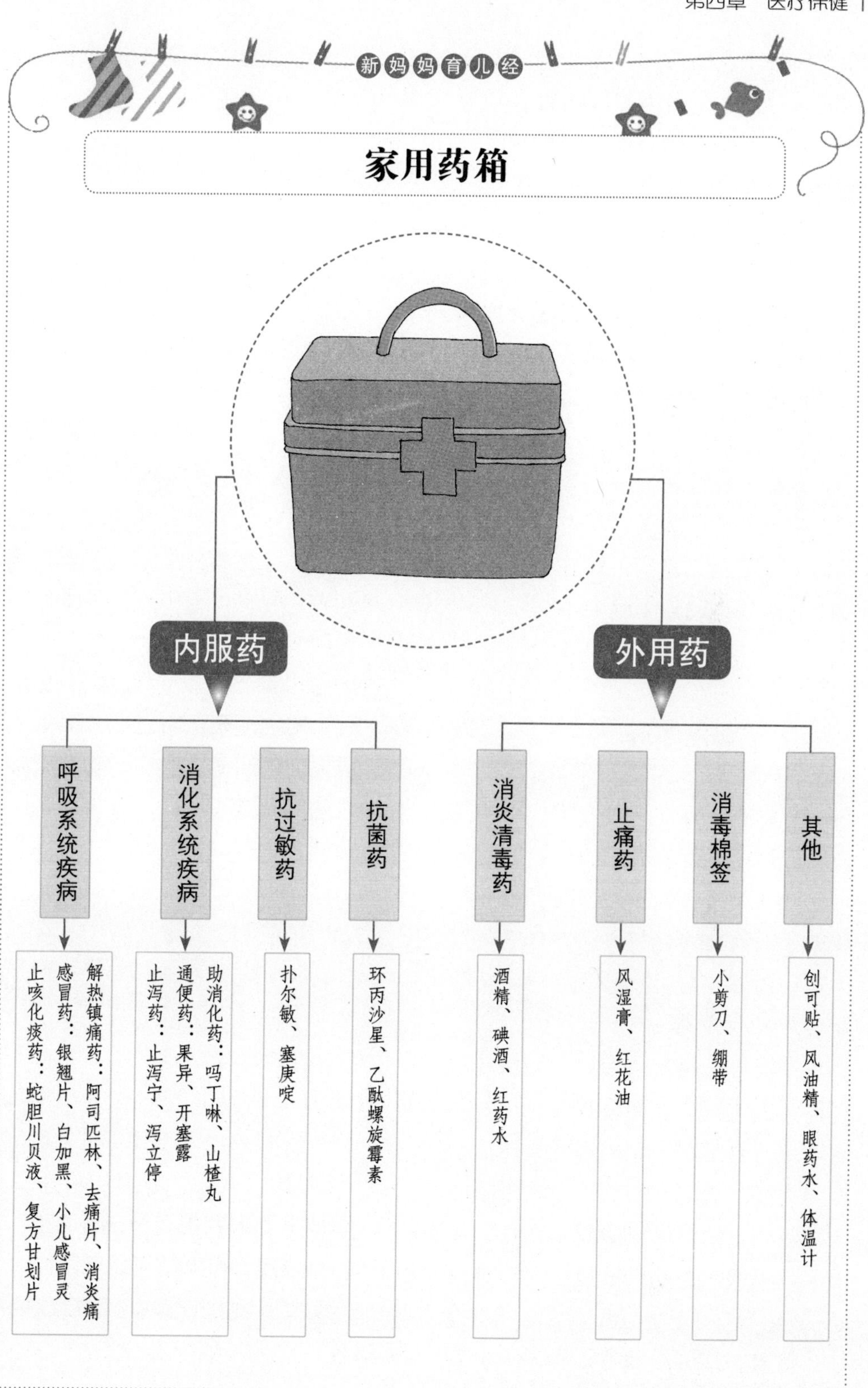
内服药
外用药
呼吸系统疾病
消化系统疾病
抗过敏药
抗菌药
消炎清毒药
止痛药
消毒棉签
其他
解热镇痛药：阿司匹林、去痛片、消炎痛
感冒药：银翘片、白加黑、小儿感冒灵
止咳化痰药：蛇胆川贝液、复方甘划片
助消化药：吗丁啉、山楂丸
通便药：果异、开塞露
止泻药：止泻宁、泻立停
扑尔敏、塞庚啶
环丙沙星、乙酰螺旋霉素
酒精、碘酒、红药水
风湿膏、红花油
小剪刀、绷带
创可贴、风油精、眼药水、体温计

在饭后半个小时服用，如红霉素、阿司匹林等药物，若空腹服用很容易引起呕吐。但是有的药物的服用时间是有特殊要求的，家长一定要注意。

有些药物如驱虫药必须饭前服用。有些药物需与食物同服，如淀粉酶、胃蛋白酶等，这样可以充分发挥酶的消化作用。一些感冒药需要在宝宝睡前服用，这样有助于宝宝的睡眠和药效的发挥。

在给宝宝喂药前一定要仔细地询问医生或仔细看说明书，在适当地时间给宝宝喂药，把药的副作用降到最小，让药效得到最大程度的发挥。

药物、果汁、牛奶、茶

果汁不宜与一些健胃药、止咳药同用。果汁口味甜爽，而一些健胃药是通过其苦味来刺激宝宝的食欲并且帮助宝宝消化的，与果汁混合其药效降低；当果汁与止咳药混合时，止咳药的药效也被削弱。

牛奶与药同食会影响药物药性的释放和人体对药物的吸收，进而使药效降低。这是因为牛奶进入人体后会在胃黏膜的表面和药的表面均形成一成薄膜，这两层薄膜阻碍了药性的释放和胃黏膜对药物的吸收，因而降低了药效。

很多药都可以和茶水中的一种物质发生作用而产生沉淀，从而使药物根本无法发生作用，所以药物不能与茶水同服。

维生素D中毒

维生素D中毒是由于在防治佝偻病时使用维生素D所导致。维生素D中毒的宝宝通常会表现为厌食、恶心、倦怠、心律不齐、尿频等。

父母在给宝宝补充维生素D时，需讲究科学，如果怀疑宝宝维生素D中毒，应立即停止服用。本来宝宝对维生素D的需求量就不是很大的，过度地摄入只能增加宝宝肾脏的负担。在平时让宝宝适当地接触阳光一般是不会造成佝偻病的，而且父母还要注意宝宝的饮食营养，让宝宝多增加一些运动。

宝宝忌滥用维生素C

维生素C的毒性非常小，但是过量服用时也会对宝宝的身体造成伤害。当宝宝体内的维生素C过量时，会出现水肿、疲乏、皮疹、消化不良、胡萝卜素的利用受影响等症状，甚至还有可能产生肾结石。

其实，只要在日常生活中能够平衡膳食，宝宝一般不会缺乏维生素C

宝宝发热

宝宝发热时，家长不可盲目地给宝宝吃退热药，一则宝宝发热不严重，可能没有必要专门吃药治疗；二则容易掩盖症状。当宝宝发热时，家长要冷静处理。

物理降温——擦拭法

30分钟后复测体温

降温

后背擦拭

颈部擦拭

腋下擦拭

心前区

腹股沟擦拭

禁止擦拭

手部擦拭

足部保暖

物理降温——冷敷法

如果宝宝发热在38.5℃以下，父母最好采用物理降温的方法，如冷水袋、冷毛巾敷头部，并且让宝宝多饮温开水。

的，妈妈可以让宝宝多食用如西红柿、橘子、弥猴桃等富含丰富维生素C的水果来补充其生长发育所需要的维生素。

服用退热药要慎重

很多时候，宝宝一发热，家长就着急给其吃退热药，其实这种做法是很不科学的。

体温升高是机体对疾病的自然防御反应，可增强吞噬细胞的杀敌能力。发热的高低和热型还有利于疾病的诊断。在疾病未诊断清楚之前，退热可掩盖症状，延误诊断及治疗，退热只治标不治本，它不能阻止炎症的继续发展。

通常，是否给宝宝用退热药决定于宝宝发热的程度和宝宝的年龄。有的疾病如伤寒、结核病需要观察热型才能做出正确诊断，发热甚至是疾病给人们的一种信号。

所以给宝宝使用退热药要慎重。同时，如果宝宝发热在38.5℃以下，父母最好采用物理降温的方法，如冷水袋、冷毛巾敷头部，并且让宝宝多饮温开水，这种方法不仅安全舒适，还可避免出大汗而消耗体液。

2岁以下的宝宝忌服驱虫药

2岁以下的宝宝内脏器官发育得尚不完善，尤其是宝宝肝脏内的消化酶分泌量少，肝脏的解毒功能比较差，而且肾脏的排泄功能也比较弱，而驱虫药进入人体以后需要经过肝脏分解代谢后再经肾脏排出，这样势必会损伤宝宝娇嫩的肝脏和肾脏。

所以2岁以下的宝宝最好不服驱虫药。

滴药的三要素

在给宝宝滴药时，有三要素需要父母注意：

1.为了避免药液滴入时宝宝会感到凉，在滴之前父母可以把滴药的药瓶放入温水中温热几分钟。

2.在给宝宝滴药时不要让滴管触碰到宝宝的眼、耳或鼻，否则容易使药瓶里的药液受到污染，若不慎碰到应该彻底洗净。

3.滴药的使用时间不宜过长，最好不要超过三天。

宝宝少喝止咳糖浆

止咳糖浆口味较甜，宝宝容易接

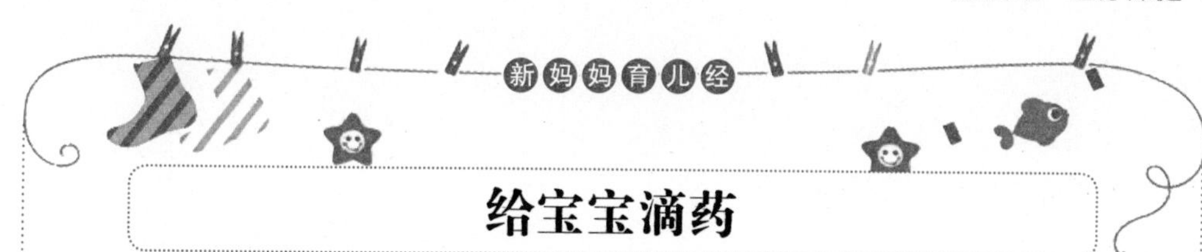

给宝宝滴药

◆ 滴药时宝宝仰卧，黑眼珠向头顶上方看。

◆ 家长左手指牵拉下眼睑下方的皮肤呈小囊状。

◆ 右手将眼药水滴入囊内。

◆ 用拇指提起上眼皮轻轻活动，使眼药水布满眼珠。

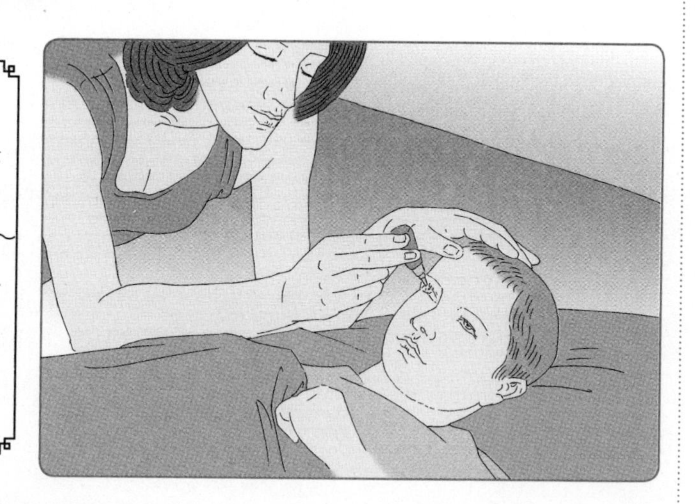

◆ 宝宝仰卧，肩下垫枕头，使鼻孔向上。

◆ 左手拇指推起宝宝鼻尖。

◆ 右手持滴管沿鼻腔壁滴药液。

◆ 右手轻捏鼻翼，使药液散布鼻腔。

◆ 让宝宝保持原姿势6分钟后再起来。

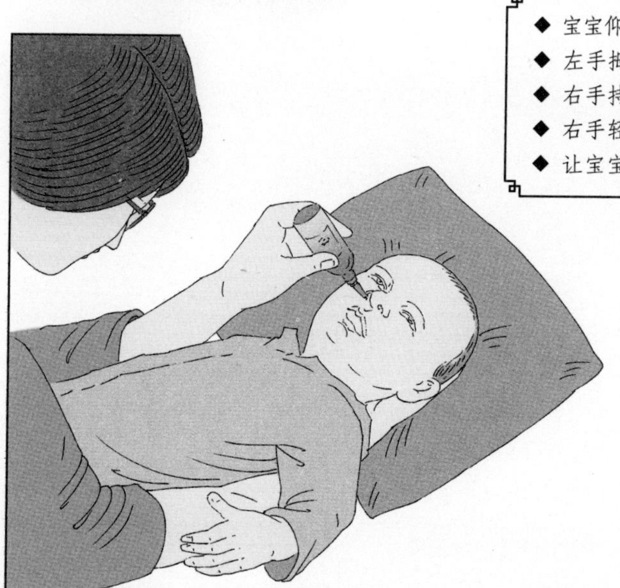

受，所以很多家长都喜欢给喝止咳糖浆。其实，“是药三分毒”，止咳糖浆也需要科学服用，否则也会对宝宝的身体造成伤害。

咳嗽是人体的一种保护性动作，宝宝通过咳嗽，可以将病菌以及组织破坏后的产物排出体外，使呼吸道保持通畅和清洁。对于一般的咳嗽，应以祛痰为主，不要单纯使用止咳药，更不要过量地服用止咳糖浆，服用过多不但对宝宝的咳嗽缓解不利，也会有副作用，宝宝可能会出现头昏、呕吐、心率增快、血压上升、烦躁不安甚至休克等中毒反应。

因此，当宝宝咳嗽时，不要盲目止咳，家长最好按医生的吩咐给宝宝服药。

使用某些抗生素之前要做皮试

青霉素类、头孢菌素类药物会对一部分宝宝产生过敏反应，轻则会让宝宝头昏、恶心、哮喘，重则会让宝宝休克，甚至会有生命危险，所以在使用这两类药物之前一定要做皮试。

将这两类药物的试敏液注射在宝宝的前臂内侧皮内，20分钟后看注射处有无红肿反应，若局部红肿，则不能使用该药物；若不红肿，则可以使用该药物，但在注射完此药物之后也要在医院停留观察一段时间，确保宝宝没有不适以后方可离开医院。